Wolfram Heitsch
Mathematik und Weltanschauung

Wolfram Heitsch

Mathematik und Weltanschauung

AKADEMIE-VERLAG · BERLIN
1976

Erschienen im Akademie-Verlag · 108 Berlin, Leipziger Str. 3–4

Lizenznummer: 202 · 100/4/76
Gesamtherstellung: IV/2/14 VEB Druckerei »Gottfried Wilhelm Leibniz«,
445 Gräfenhainichen · 4527
Umschlaggestaltung: Rolf Kunze
Bestellnummer: 752 323 9 (6112) LSV 0155
Printed in GDR
EVP 19,50

Vorwort

Die vorliegende Abhandlung stellt in erster Linie einen Beitrag zur Lösung der weltanschaulichen Grundprobleme der Mathematik dar. Ein kurzer historischer Abriß des Verhältnisses von Philosophie und Mathematik ermöglicht ein besseres Verständnis der gegenwärtigen Probleme. Der philosophische Ausgangspunkt bei der Behandlung dieser Probleme wird durch F. Engels' Charakterisierung der Mathematik als abstrakte Wissenschaft und durch K. Marx' Thesen über Feuerbach bestimmt.

Die Frage nach dem Verhältnis von Mathematik und Wirklichkeit erscheint als Grundfrage der Philosophie in ihrem Bezug auf die Mathematik. Die materialistische Beantwortung dieser Frage ist mit dem Nachweis verbunden, daß grundlegende mathematische Begriffe ihren Ursprung in der wirklichen Welt haben. So wie F. Engels die Herkunft der Begriffe von Zahl und Figur aus der wirklichen Welt nachgewiesen hat, so wird auch der Ursprung des Mengenbegriffs in der wirklichen Welt aufgewiesen.

F. Engels' Bestimmung des Gegenstandes der Mathematik, wonach die Mathematik Raumformen und Quantitätsverhältnisse der wirklichen Welt zum Gegenstand hat, erweist sich auch für die moderne Mathematik als tragfähig. Allerdings ist dabei zu beachten, daß die Begriffe der Zahl und des Raumes in verschiedener Hinsicht verallgemeinert wurden und daß die bei der Erforschung der Zahlensysteme und geometrischen Räume entdeckten ordnungstheoretischen, algebraischen und topologischen Strukturen als abstrakte Strukturen den Untersuchungsgegenstand der Mathematik erweitert haben.

Die systematische Darstellung einer mathematischen Theorie erfolgt in der Regel durch Anwendung der axiomatischen Methode. Dabei werden die Grundbegriffe und Grundaussagen an die Spitze der Theorie gestellt. Aus ihnen werden die weiteren Begriffe und Aussagen der Theorie mit Hilfe von Definitionen und Beweisen logisch abgeleitet. Als Beispiele werden das Peanosche Axiomensystem für die Arithmetik der natürlichen Zahlen, das Hilbertsche Axiomensystem für die Euklidische Geometrie und ein Axiomensystem für die Gruppentheorie ausgewählt. Die als Beispiele gewählten axiomatischen Theorien werden im Prädikatenkalkül der 1. Stufe formalisiert. Der Modellbegriff, der Folgerungsbegriff, der Definierbarkeitsbegriff und der Beweisbarkeitsbegriff werden definiert. Die für die Methodologie der deduktiven Wissenschaften bedeutsamen Resultate werden referiert.

Bei der philosophischen Interpretation der axiomatischen Methode dient ein von F. Engels hervorgehobener wesentlicher Aspekt als Ausgangspunkt. Die von F. Engels in dem Zusammenhang angenommene Übereinstimmung von Denkgesetzen und Naturgesetzen wird durch den Nachweis einer formalen Strukturgleichheit von Denknotwendigkeit und Naturnotwendigkeit belegt. Außerdem wird darauf hingewiesen, daß W. I. Lenin die Entstehung logischer Figuren und Schlußregeln aus der praktischen Tätigkeit der Menschen erklärt hat.

Bei der Behandlung des mengentheoretischen Aufbaus der Mathematik werden einerseits der auf Russell und Whitehead zurückgehende homogene Stufenaufbau der Mengenlehre und andererseits der auf Zermelo und Fraenkel zurückgehende stufenfreie Aufbau der Mengenlehre bis zur Begründung der Arithmetik der natürlichen Zahlen durch einen Beweis der Peanoschen Axiome vollzogen. Schließlich werden einige Grundgedanken des Aufbaus der Cantorschen Theorie der transfiniten Kardinal- und Ordinalzahlen skizziert, ohne dabei ein bestimmtes Axiomensystem der allgemeinen Mengenlehre zugrunde zu legen.

Während die axiomatische Mathematik (axiomatische Mengenlehre) darauf gerichtet ist, den Bestand der klassischen Mathematik unter Vermeidung logischer Antinomien zu sichern, ist die konstruktive Mathematik bestrebt, nur für fundamentale Teile der klassischen Mathematik eine neue Begründung zu geben. Es werden einerseits Grundgedanken der Algorithmentheorie von A. A. Markov und andererseits die operative Mathematik von P. Lorenzen bis zur Begründung der Arithmetik der natürlichen Zahlen durch einen protologischen „Beweis" der operativ gedeuteten Peanoschen Axiome dargestellt.

Die Möglichkeiten und Grenzen der verschiedenen Versuche einer Grundlegung der Mathematik werden ausführlich diskutiert. Typische Züge der platonistischen Auffassung werden zunächst im

Zusammenhang mit der Charakterisierung der Weltanschauung G. Cantors aufgezeigt. Schließlich wird verdeutlicht, daß die für den objektiven Idealismus platonischer Prägung typischen Vorstellungen vom materialistischen Standpunkt aus unhaltbar sind.

Sowohl bei der Charakterisierung des logizistischen Standpunktes, der vor allem von B. Russell, A. N. Whitehead und R. Carnap eingenommen wurde, als auch bei der Darlegung des formalistischen Programms, das in seinen wesentlichen Zügen von D. Hilbert, P. Bernays und J. v. Neumann entwickelt wurde, erfolgt eine Auseinandersetzung einerseits mit dem Apriorismus Kants und andererseits mit dem Positivismus des Wiener Kreises. Es wird der Nachweis erbracht, daß es grundlegende mathematische Sätze gibt, die weder synthetisch-apriorische Sätze im Sinne Kants noch analytische Sätze im Sinne Carnaps sind. Dadurch wird die entscheidende These der positivistischen Mathematikauffassung, die besagt, daß die Sätze der Mathematik nichts über die erfahrbare Wirklichkeit aussagen und demzufolge inhaltsleer sind, eindeutig widerlegt.

Extreme Formalisten gelangen unweigerlich zum Positivismus. Es ist daher bemerkenswert, daß D. Hilbert keineswegs ein extremer Formalist war. Eine eingehende Analyse der Weltanschauung Hilberts läßt vielmehr erkennen, daß Hilbert in wesentlichen Punkten eine materialistische Position vertreten hat. Allerdings findet man in Hilberts Auffassungen auch Zugeständnisse sowohl an den Apriorismus Kants als auch an den Positivismus des Wiener Kreises.

Bei der Darstellung der intuitionistischen Richtung in der Mathematik, die vor allem von L. E. J. Brouwer, A. Heyting und H. Weyl vertreten wurde, wird die subjektiv-idealistische Position der Intuitionisten einer Kritik unterzogen. Die Vertreter des Intuitionismus gehen von der sogenannten „Urintuition“ der natürlichen Zahlen aus und gründen ihre Konstruktionen allein auf die „intuitive Einsicht“, die sie auch zum Kriterium der Wahrheit in der Mathematik erheben. Von diesem Subjektivismus distanzieren sich diejenigen Vertreter der konstruktiven Mathematik, die einen materialistischen Standpunkt einnehmen.

Daß die Mathematik keine weltanschauungsfreie Wissenschaft ist, wird noch einmal unter Bezugnahme auf die Cantorsche Kontinuumhypothese, das vierte Peanosche Axiom und das Euklidische Parallelenpostulat verdeutlicht. Die Aufweisung der weltanschaulichen Voraussetzungen der Mathematik geht von einer Charakterisierung der Mathematik durch F. Engels aus und berücksichtigt, daß der Mathematiker seine Weltanschauung ausgehend von den Objekten bildet, mit denen er sich in der Mathematik beschäftigt. In den weltanschaulichen Voraussetzungen der Mathematik werden ein Moment der materiellen Welt, eine Komponente der praktischen Tätigkeit und ein Aspekt der realen Unendlichkeit erfaßt.

Ausgehend von den weltanschaulichen Voraussetzungen der Mathematik, werden dann die weltanschaulichen Grundannahmen, die der Mathematiker bisher mit der platonischen Ontologie verbunden hat, materialistisch präzisiert und begründet. Will die Mathematik diese Grundannahmen in ihrem System garantieren, so muß sie sich zweiseitig limitieren. Die weltanschaulichen Voraussetzungen der Mathematik wirken dabei als untere Grenze ebenso systembegründend wie die klassische Lösung der logischen Antinomien der Mathematik als obere Grenze systemabschließend wirkt.

Verschiedene idealisierende Abstraktionen der Mathematik werden charakterisiert. Außer der Abstraktion durch Identifizierung, die sowohl für die klassische als auch für die konstruktive Mathematik grundlegend ist, werden die für die konstruktive Mathematik typische Abstraktion der potentiellen Realisierbarkeit und die für die klassische Mathematik typische Abstraktion der absoluten Realisierbarkeit behandelt. Es wird Bezug genommen auf die von W. I. Lenin hervorgehobene Bedeutung wissenschaftlicher Abstraktionen für die Erkenntnis der objektiven Realität. Es wird der Nachweis erbracht, daß die verschiedenen mathematischen Unendlichkeitsbegriffe durch Abstraktion aus der objektiven Realität gewonnen wurden. Dadurch wird schließlich eine Äußerung von F. Engels über das mathematische Unendliche bestätigt.

Die logischen Widersprüche der Mathematik werden einerseits von Paradoxien und andererseits von Aporien, die beim logisch widerspruchsfreien Erfassen dialektischer Verhältnisse auftreten, abgegrenzt. Bei den logischen Widersprüchen werden semantische und logische Antinomien unterschieden. Eine Analyse der logischen Antinomien der Cantorschen Mengenlehre läßt erkennen, daß Cantors Erschließung des Transfinitums durch eine dialektische Begriffserzeugung geprägt ist. Insgesamt stellt sich heraus, daß die Cantorsche Mengenlehre, die viele Gebiete der Mathematik stark beeinflußt hat, für das Studium der logischen und philosophischen

Grundlagen der Mathematik von fundamentaler Bedeutung geworden ist.

Mein besonderer Dank gilt Herrn Prof. Dr. Heinrich Vogel für wertvolle Anregungen und Herrn Hans Metzner für die verständnisvolle Aufnahme der Abhandlung durch den Akademie-Verlag.

Berlin, den 1. September 1974

Wolfram Heitsch

Inhalt

1. Das Verhältnis von Philosophie und Mathematik

1.1. Die historische Entwicklung

Schon mit den ersten Formen menschlichen Zusammenlebens und menschlicher Tätigkeit sind sowohl Elemente philosophischen als auch Elemente mathematischen Denkens entstanden. „In der griechischen Geistesgeschichte" liegt aber erst die „Geburtsstunde der wirklichen Philosophie" (19, S. 25). Ähnlich verhält es sich mit der Mathematik.

„Wenn wir die mathematischen Leistungen der alten Ägypter würdigen wollen, so dürfen wir nicht vergessen, daß das, was sie uns bieten, aus der Praxis des Lebens gewonnene Kenntnisse waren. Ob wir diese Dinge überhaupt ‚Mathematik' in unserem heutigen Sinne nennen können, ist zum mindesten fraglich. Jedenfalls sind uns kaum Tatsachen überliefert, aus denen sich schließen ließe, daß sie das Bedürfnis zur Abstraktion hatten, das heißt das Bedürfnis, die gewonnenen Kenntnisse zu einem logisch begründeten einwandfreien System zu entwickeln" (92, S. 12). Während sich die ägyptische Arithmetik noch im rein Numerischen bewegte und die ägyptische Geometrie, die ihre Ergebnisse unmittelbaren empirischen Einsichten verdankte, lediglich als praktisches Hilfsmittel fungierte, fand die babylonische Geometrie auch zur Einkleidung algebraischer Fragestellungen Verwendung.

Erst die griechischen Mathematiker bedienten sich wieder der für die Babylonier charakteristischen algebraischen Normalformen. Wenn auch in der babylonischen Algebra „die *reale Möglichkeit* einer Systematisierung" und „Axiomatisierung der Mathematik" bereits ansatzweise gegeben war (135, S. 18), so erfolgte die Herausbildung der mathematischen Methode doch erst in der griechischen Mathematik. „Mathematik als Wissenschaft begann, als erstmals irgendein Mensch, wahrscheinlich ein Grieche, Lehrsätze über beliebige und gewisse Dinge bewies, ohne nähere Angaben über bestimmte Einzeldinge zu machen" (158, S. 12). In der griechischen Geistesgeschichte entstanden also Philosophie und Mathematik als Wissenschaften.

In dieser Epoche war die Mathematik einerseits mit philosophischen Strömungen und Schulen eng verbunden und andererseits mit der Herausbildung eigener Methoden und Beweisverfahren beschäftigt. Einige Gelehrte jener Zeit waren zugleich Mathematiker und Philosophen. Es seien nur Thales (624–547 v. u. Z.), Pythagoras (580–500 v. u. Z.) und Eudoxos (400–348 v. u. Z.) erwähnt. Sie gehören zusammen mit Heraklit (544–483 v. u. Z.), Zenon (490–430 v. u. Z.), Demokrit (460–370 v. u. Z.), Platon (427–347 v. u. Z.), Aristoteles (384–322 v. u. Z.) und anderen zu den großen Denkern des Altertums.

Es waren gerade die griechischen Mathematiker der pythagoreischen Periode, die sich wieder der für die Babylonier charakteristischen algebraischen Normalformen bedienten. So suchten die Pythagoreer nach Dreiecken, deren Seitenlängen a, b, c der Gleichung $a^2+b^2=c^2$ genügen. Dabei entdeckten sie, daß sich die Seiten und die Diagonalen eines Quadrats nicht vergleichen lassen. Auch für andere elementare Verhältnisse geometrischer Gebilde wurde nachgewiesen, daß sie nicht in ganzen Zahlen ausdrückbar sind. Diese Entdeckung des Irrationalen war bereits eine logische Schlußfolgerung aus dem Satz von Pythagoras, der anfangs lediglich die Beschreibung eines empirisch festgestellten geometrischen Sachverhalts darstellte. In logischer Konsequenz führte er aber zu einem Ergebnis, das in strengem Sinne keinen empirischen Inhalt mehr hat. Die Divergenz der logisch erschlossenen mit den empirisch ermittelten Werten führte zwangsläufig zur Herausbildung von Elementen der mathematischen Methode. Der Prozeß der Herausbildung der mathematischen Methode wurde nicht zuletzt dadurch gefördert, daß die mit der Entdeckung des Irrationalen ausgelöste Grundlagenkrise der griechischen Mathematik eng mit dem Unendlichkeitsproblem verbunden war. Die Pythagoreer haben das Unendlichkeitsproblem „*rein geometrisch*" umgangen, indem sie auf die „Darstellung der Strecken durch Zahlen" verzichteten und „mit den endlichen Strecken selbst" operierten (135, S. 34). Wie dies im einzelnen geschah, wurde im I. Buch der „*Elemente*" Euklids ausgeführt. Eine arithmetische Lösung des Problems erfolgte erst in der Proportionenlehre des Eudoxos. Er ging von der auf die Pythagoreer zurückgehenden Definition der Verhältnisgleichheit aus und zeigte, „wie man auch solche Verhältnisse, die sich einer unmittelbaren Darstellung durch zwei ganze Zahlen entziehen, *indirekt durch alleinige Betrachtung ganzzahliger Verhältnisse vollständig beherrscht*" (135, S. 114). Die von Eudoxos entwickelte Methode wurde im

V. Buch der „*Elemente*" Euklids angewandt. „Mit Eudoxos bricht die Reihe der vor Euklid zu nennenden Mathematiker ab, die an der Ausbildung des axiomatischen Systems der Geometrie beteiligt waren" (135, S. 118). Die großen Leistungen der griechischen Mathematiker waren letztlich „das Ergebnis der engen Verbindung von Mathematik und Philosophie" (135, S. 119). Dabei ist vor allem die platonische Philosophie zu nennen. Auch Eudoxos pflegte einige Jahre engen philosophischen Gedankenaustausch mit Platon.

Besonderes Interesse verdienen Platons Auffassung über das Verhältnis von Philosophie und Mathematik und seine Stellung zur mathematischen Methode. Nach Meinung Platons ist den Gegenständen der mathematischen und der philosophischen Erkenntnis gemeinsam, daß sie „*nicht empirisch bestimmt sind, daß vielmehr ihre Bestimmung nur auf dem Wege reinen Denkens möglich ist*" (135, S. 50). Durch die „auf dem Prinzip der Wiedererinnerung" beruhende „Denkbestimmtheit" sind „beide Erkenntnisgebiete miteinander verbunden" (135, S. 54). Als hervorragendes Merkmal der Mathematik erscheint die „*Apriorität der mathematischen Gegenstände und Erkenntnisse*". Der „mathematische Erkenntnisbereich" erweist sich als „aus *idealen* Gegenständen bestehend", für die das Axiom, „das die *Identität eines Gegenstandes mit sich selbst* fordert", „volle Gültigkeit" besitzt (135, S. 55). Die idealen Gegenstände der Mathematik sind schließlich durch das Denken bestimmte „Repräsentationen platonischer Ideen" (135, S. 57). Platonische Ideen existieren an sich in einem geordneten Ideenkosmos als „Wesen, welche sich immer gleich bleiben" (135, S. 55). „Wenn nun die Mathematik mit der Ideenlehre durch die Erfahrungsunabhängigkeit ihrer sich ewig gleichbleibenden Gegenstände verbunden ist" (135, S. 58) und die Philosophie „das immer *sich völlig Gleichbleibende*" zu erfassen vermag (135, S. 55), dann ergibt sich einerseits die große Bedeutung der Mathematik für die Philosophie (135, S. 55) und andererseits die Bestimmung der Philosophie als weitaus höchste Wissenschaft (135, S. 57).

„Die *Dialektik*" bezieht sich nun gerade auf das, „was seinem Wesen nach ewig ein und dasselbe ist" (135, S. 57). Sie ist „die Wissenschaft von der richtigen Bestimmung und dem richtigen Gebrauch der Begriffe" (135, S. 54) bzw. „die Kunst des nach logischen Regeln geführten Dialogs" (135, S. 104). Platon glaubte an „die Macht der Dialektik als der einzigen voraussetzungslosen Wissenschaft" (135, S. 98). Der Mathematik, die von Voraussetzungen ausgehen muß, wies er „die zweite Stelle nach der einen und höchsten Wissenschaft" zu (135, S. 100).

Platons Stellung zur axiomatischen Methode kann wie folgt charakterisiert werden: „1. Daß in einer Wissenschaft wie der Mathematik bei den beweisenden ... Operationen von klaren Voraussetzungen ... ausgegangen werden muß, ist berechtigt und notwendig... 2. Die auf Wahrheit zielende Vernunfterkenntnis verlangt über die Aufstellung der mathematischen Voraussetzungen hinaus auch noch deren Begründung, nämlich den Nachweis ihrer objektiven Seinsgeltung ... 3. Nicht ... der Mathematiker ... *als solcher* ist jener letztbegründenden Vernunfterkenntnis fähig, sondern allein der Philosoph als Dialektiker“ (135, S. 101/102).

Platons Schüler Aristoteles begründete eine axiomatische Wissenschaftslehre. Er zog „aus allen ihm bekanntgewordenen axiomatischen Bemühungen ein großartiges methodologisches Fazit, indem er abstrahierend die Prinzipien“ entwickelte, „nach denen eine beweisende Wissenschaft aufzubauen ist ... jedoch ist seine Lehre ... mit philosophischen Voraussetzungen belastet, die teils für eine axiomatische Methodologie irrelevant sind, teils ihr sogar abträglich scheinen“ (135, S. 120). Aristoteles löste sich von den ontologischen Überspitzungen der platonischen Ideenlehre, indem er der Überzeugung Ausdruck verlieh, daß die Ideen nur in sekundärer Beziehung Wesenheiten sind, daß sie aber primär „nicht an und für sich neben der Welt der individuell-wirklichen Gegenstände existieren“, sondern vielmehr das diesen Gegenständen immanente Allgemeine darstellen (135, S. 126). Allerdings ist „die Metaphysik des Aristoteles“ auch „*Ontologie*, nämlich ... *Wissenschaft vom Seienden als solchem*“. Diese Ontologie ist eng „mit den *logisch-methodologischen* Elementen der aristotelischen Philosophie“ verflochten. Erkenntnis bedeutet für Aristoteles die „Aufdeckung einer vorgegebenen natürlichen Seinsordnung“ (135, S. 144). In dem Zusammenhang besteht für ihn nicht der geringste Zweifel daran, daß die Struktur des erkennenden Bewußtseins mit der Struktur des an sich Seienden übereinstimmt. Für Aristoteles ist daher Logik immer gleichzeitig „Logik des Seienden“.

Die bei einer deduktiven Anordnung der Erkenntnisse an die Spitze gestellten Prinzipien sind für Aristoteles „Fundamentalsätze über Seiendes“ und nicht nur „methodologische ... Stützen der Erkenntnisgewinnung“. Sie „stehen *auch innerhalb der natürlichen Seinsordnung* an oberster Stelle“ (135, S. 145). Auch vom „wissenschaftlichen Beweis“ sagt Aristoteles ausdrücklich, „daß er sich auf das an sich Seiende beziehe und auf an sich Seiendem fuße“ (135, S. 147). Entsprechend bedeutet eine Definition im aristotelischen Sinne stets „Aufdeckung der Wesenszüge eines seienden Gegenstandes oder Erklärung eines Ereignisses aus seinen bestimmenden Ursachen" (135, S. 148). Dabei ist zu beachten, daß „das aristotelische Seiende" niemals als dynamisches, der Veränderung unterliegendes System, sondern letztlich „als ein Ordnungsgefüge von Dingen zu begreifen ist, die statisch ... erfaßt und der Erkenntnis zugänglich gemacht werden" (135, S. 149). Man hat schließlich nicht nur „die direkte Gegenstandsbezogenheit der aristotelischen Definitionen *und* den dinghaft-statischen Seinscharakter der zu definierenden Gegenstände" zu beachten (135, S. 150), sondern auch, daß das Definieren für Aristoteles stets aufs engste „mit dem Existenznachweis des Definierten" verbunden ist. „Fragen, *was* etwas ist, ohne sicher zu sein, *daß* es ist, heißt für Aristoteles: nach nichts fragen" (135, S. 168).

In seiner „*Metaphysik*" entwickelte Aristoteles die Prinzipienlehre in allgemeiner Form. „Prinzip nennt Aristoteles zunächst ... alles, woraus etwas folgt oder hervorgeht." Zu einem Prinzip gelangt man nicht „auf Grund eines von ihm selbst verschiedenen Ausgangspunktes" (135, S. 154). Im folgenden interessieren nur die Prinzipien, die dem wissenschaftlichen Beweis zugrunde liegen und daher selbst unbeweisbar sind. Sie werden apodiktische Prinzipien genannt und in „*Thesen*" und „*Axiome*" eingeteilt. Thesen sind die nur zu einer Einzelwissenschaft gehörenden Prinzipien. Sie werden wiederum in Hypothesen und Definitionen unterteilt. Hypothesen besagen, daß etwas ist oder nicht ist. Definitionen dagegen sagen, was etwas ist. Axiome sind allgemeine Prinzipien. Sie sind allen Wissenschaften gemeinsam, wenn auch jede Wissenschaft sich ihrer in gegenstandsspezifischer Weise bedient. Durch sie stehen die Einzelwissenschaften miteinander in Verbindung. Von allen apodiktischen Prinzipien fordert Aristoteles „*Unableitbarkeit*", „*Wahrheit*", „*Notwendigkeit*", „*Allgemeinheit*" und „*Evidenz*". Von den Thesen wird außerdem „*Bereichsbezogenheit*" gefordert. Diesen Forderungen müssen alle einer beweisenden bzw. axiomatisch-deduktiven Wissenschaft zugrunde gelegten apodiktischen Prinzipien einschließlich der allgemeinen Axiome genügen. „Für die Gesamtheit *aller Erkenntnisse* der betreffenden Wissenschaft ... gelten dann" genau die nicht prinzipienspezifischen Eigenschaften, nämlich: „*Wahrheit, Notwendigkeit, Allgemeinheit* und *Bereichsbezogenheit*" (135, S. 283).

Nun kann Aristoteles' Auffassung über das Verhältnis von Philosophie und Mathematik dargestellt werden. „*Die Prinzipien des Seienden aufzustellen und zu untersuchen, ist Sache der Philosophie, nicht der Einzelwissenschaften*". Denn „die Wissenschaft des Philosophen" ist „auf das Seiende als Seiendes" gerichtet, „sie steht allen anderen Disziplinen gegenüber wie das Allgemeine dem Besonderen" (135, S. 150).

„Der hierdurch zum Ausdruck kommende Vorrang der Philosophie gegenüber den Einzelwissenschaften, insbesondere der Mathematik, beruht also auf dem Charakter der Axiome, Prinzipien des Seienden überhaupt, und nicht nur einer Gattung desselben, zu sein." „Der Philosophie als Metaphysik" kommt es also zu, die allen Einzelwissenschaften „gemeinsamen Prinzipien zu erhärten" (135, S. 152). „Wenn Aristoteles der Philosophie die Aufgabe zuweist, die ‚gemeinsamen Prinzipien zu erhärten', so leitet ihn die Überzeugung, daß alle Gattungen des Seienden einen der axiomatisch-deduktiven Erkenntnismethode entsprechenden inneren Aufbau besitzen" (135, S. 153). Zu den von Aristoteles angegebenen allgemeinen Prinzipien gehören: „daß man alles bejahen oder verneinen muß", „daß Gleiches, von Gleichem abgezogen, Gleiches läßt" (135, S. 152) und „daß dasselbe demselben nicht zugleich und in derselben Hinsicht ... zukommen und nicht zukommen kann" (135, S. 159).

Von dem zuletzt genannten allgemeinen Prinzip der Beweisführung, welches den Satz vom ausgeschlossenen Widerspruch in ontologischer Formulierung darstellt, sagt Aristoteles selbst in seiner „*Metaphysik*": „das ist das sicherste unter allen Prinzipien" (135, S. 159). Schließlich verdeutlicht das Prinzip, „daß Gleiches, von Gleichem abgezogen, Gleiches läßt", daß auch „die Axiome der Mathematik" zu den allgemeinen Prinzipien gehören, weil sich „ihre Geltung" nicht nur auf „ein Gebiet des Seienden" bezieht, sondern auf „das Seiende überhaupt" (135, S. 150). Wenn nun auch Aristoteles im Unterschied zu Platon der Mathematik keine besondere Stellung unter den Einzelwissenschaften eingeräumt hat, so ist doch seine axiomatische Wissenschaftslehre „unverkennbar an mathematischem Vorgehen orientiert" (135, S. 187). Außerdem bezieht „er sich in seinen Beispielen mit Vorliebe auf die mathematischen Disziplinen" (135, S. 164).

Während Platon weniger durch seine Ideenlehre, sondern viel mehr durch seine Definitionslehre Eingang in die um 300 v. u. Z. entstandenen Elemente des Euklid gefunden hat, hat Aristoteles durch seine Prinzipienlehre Einfluß auf die Darstellung der 13 Bücher der Elemente genommen. „Die Darstellung Euklids wird auf eine streng logische Deduktion der Sätze aus einer Anzahl von Definitionen, Postulaten und Axiomen gegründet" (140, S. 48). Unter den Definitionen befinden sich einige, die auf Platon zurückgehen. Platons Beispiele für „Definitionen mathematischer Begriffe" haben nämlich „großenteils, gelegentlich mit geringfügigen Änderungen, im System Euklids Verwendung gefunden" (135, S. 65). Die Unterscheidung von Postulaten und Axiomen entspricht der von Aristoteles eingeführten Unterscheidung von Hypothesen und Axiomen. Tatsächlich können Euklids Postulate ohne weiteres „in Existenzsätze oder Hypothesen im aristotelischen Sinne" umgeformt werden (135, S. 163). Außerdem „gelten die euklidischen Axiome" – mit einer Ausnahme – „allgemein ... für alles Quantitative" (135, S. 160). Schließlich schafft Proklos Diadochus (410–485 u. Z.) „mit seinem *Euklid*-Kommentar eine Philosophie der Mathematik, in der die platonisch-aristotelische Problematik der Rechtfertigung der mathematischen Prinzipien aufgegriffen wird" (135, S. 309).

Mit der Herausbildung für die Mathematik spezifischer Methoden und Beweisverfahren entwickelte sich die Mathematik sehr schnell zum klassischen Ideal der Wissenschaft. Die mathematische Erkenntnis erschien als Paradigma jeglicher wissenschaftlicher Erkenntnis wegen der ihr eigenen Gewißheit und die mathematische Methode als Paradigma jeglicher wissenschaftlicher Methode wegen der ihr eigenen Exaktheit. Daraus erklärt sich das große Interesse der älteren Philosophie am mathematischen Denken. Das gilt auch für die „im antiken Denken wurzelnde Scholastik". „*Anselm von Canterbury* (1033 bis 1109) fordert von allen hierzu Befähigten, sich des Glaubensgutes auch verstandesmäßig zu bemächtigen, und er selbst liefert den ersten explizit axiomatisierten Beweis für Dasein und Einmaligkeit Gottes. *Abälard* (1079 bis 1142) geht so weit, daß er die ... schlußfolgernde, logisch-axiomatische Dialektik noch *über* die Glaubensgewißheiten stellt. *Alanus* (um 1114 bis 1203) verwendet die mathematische Methode, um durch unwiderlegliche Beweise die wichtigsten kirchlichen Lehren gegen die Kritik Andersgläubiger abzusichern" (135, S. 310).

Man kann sagen: „Seitdem die antike Mathematik die Aufmerksamkeit der Philosophen auf sich gezogen hat, konnte sich *kein* klassisches System der Philosophie als vollständig betrachten, solange es keine Rechenschaft seiner Beziehung zu diesem Zweig der Tätigkeit des menschlichen Geistes geleistet hatte" (16, S. 1). Dieses Interesse der Philosophie an der Mathematik blieb jedenfalls bestehen bis zum 18. Jahrhundert. Wir finden gerade im 17. und zu Beginn des 18. Jahrhunderts wieder namhafte Forscherpersönlichkeiten, die zugleich Mathematiker und Philosophen waren. Es seien nur J. Jungius (1587 – 1657), R. Descartes (1596 – 1650) und G. W. Leibniz (1646 – 1716) erwähnt. Diese Gelehrten waren zusammen mit B. Spinoza (1632 – 1677) und C. Wolf (1679 – 1754) die bedeutendsten Vertreter des Rationalismus. Es ist charakteristisch für den Rationalismus, daß er dem mathematisch-logischen Denken hohe Wertschätzung zollte, den propädeutischen Nutzen der Mathematik für die Philosophie erkannte und schließlich die Forderung erhob, daß die Verbesserung der Philosophie vor allem von der Mathematik auszugehen habe. So erklärte J. Jungius: „Das . . . ist die wegbereitende Macht der Mathematik, die ich mir in erster Linie zu illustrieren vorgenommen habe. Ich preise sie als eine propädeutische Macht nach dem Beispiel der Alten, die eben die Mathematik die Wegbereiterin der Philosophie genannt haben“ (65, S. 108).

G. W. Leibniz würdigte das Wirken von Jungius mit den Worten: „Unter allen, die jemals die wahre Kunst des Beweisens in Angriff genommen haben, kenne ich keinen, der tiefer in diesen Gegenstand eingedrungen wäre wie Joachim Jungius aus Lübeck . . . Wäre es ihm vergönnt gewesen, seine Gedanken zu vollenden, so hätte er uns vieles gegeben, was für die Begründung einer streng wissenschaftlichen, beweiskräftigen Philosophie von größtem Nutzen gewesen wäre“ (100, S. 146). Schließlich „konzipiert *Leibniz* einen die Mathematik verallgemeinernden universellen Kalkül, der es ermöglichen soll, die ‚Wahrheiten der Vernunft‘ durch exakte Schlußfolgerungen zu gewinnen“ (135, S. 313). Er schreibt selbst: „Man hat nicht bedacht, von welcher Bedeutung es sein würde, die Prinzipien der Metaphysik . . . mit derselben Gewißheit aufstellen zu können wie die Elemente der Mathematik. Nun habe ich gefunden, daß man mit diesem Mittel nicht nur eine gesicherte Erkenntnis mehrerer wichtiger Wahrheiten erreichen, sondern auch zu einer bewundernswürdigen Erfindungskunst . . . gelangen würde“ (82, S. 15). „Das einzige Mittel, unsere Schlußfolgerungen zu verbessern, ist, sie ebenso anschaulich zu machen, wie es die der Mathematiker sind“ (82, S. 16).

Als Mathematiker hat Leibniz unabhängig von Newton die Differential- und Integralrechnung entwickelt. Newton „besaß“ sie bereits 1665/66, „aber Leibniz veröffentlichte sie zuerst“ 1684/86. „Die Leibnizsche Darstellungsweise war wesentlich eleganter als die von Newton“ (140, S. 121). „Während Newtons Vorgehen in erster Linie kinematisch orientiert war, war das von Leibniz geometrischer

Natur" (140, S. 126). „Die infinitesimalen Größen werden bei Newton ‚Momente der Fluxionen' genannt und durch ... ẋo, ẏo ... bezeichnet, wobei o ‚eine unendlich kleine Größe' ist" (140, S. 123). „Die Leibnizsche Erklärung der Grundlagen des neuen Kalküls litt unter derselben Unbestimmtheit wie die Newtonsche. Manchmal waren seine dx, dy endliche Größen, manchmal aber Größen, die kleiner als jede angebbare Zahl und doch nicht Null waren" (140, S. 128). Diese Unbestimmtheit des Kalküls löste die zweite Grundlagenkrise der Mathematik aus. Sie wurde erst 1823 durch A. Cauchy überwunden, der eine präzise Grundlegung der Analysis unter Verwendung des exakt definierten Grenzwertbegriffes vornahm. Beachtung verdient auch das Verhältnis von Philosophie und Mathematik zu jener Zeit.

Bereits mit der klassischen deutschen Philosophie wurde das Verhältnis von Philosphie und Mathematik ein grundsätzlich anderes. „In der *Kritik der reinen Vernunft*", deren erste Auflage 1781 erschien, „greift *Kant* die Problematik des Verhältnisses zwischen philosophischer und mathematischer Methodik ... auf. Keines der drei Stücke, auf denen die Gründlichkeit der Mathematik beruhe: *Definitionen*, *Axiome* und *Beweise*, könne die Philosophie sinnvoll leisten. Ein empirischer Begriff sei überhaupt nicht definierbar, sondern nur explizierbar; sein vollständiges Explikat, das in gewissem Sinne der exakten mathematischen Definition entspricht, stehe nicht am Anfang, sondern am Ende der Analyse. Entsprechend verhalte es sich mit den Axiomen, d. h. den unmittelbar gewissen synthetischen Grundsätzen a priori. Solche Grundsätze könne es zwar in der Mathematik, nicht aber in der Philosophie geben" (135, S. 316/317). Auf diese Weise „bringt Kant in seiner kritischen Periode das prinzipielle Argument hervor, daß ein Aufbau der Philosophie entsprechend der Konstruktion der Mathematik eine Fähigkeit der intellektuellen Intuition erfordern würde, die der Mensch nicht besitzt. Mit dieser Lehre initiierte Kant die Entfremdung zwischen Mathematik und Philosophie, die bis in die Gegenwart fortgesetzt ist..." (16, S. 4). Auch Hegel (1770 – 1831) erklärte: „Die Philosophie ... kann ... ihre Methode nicht von einer untergeordneten Wissenschaft, wie die Mathematik ist, borgen..." (45, S. 15). „*Spinoza*, *Wolf* und andere haben sich verführen lassen, sie auch auf die Philosophie anzuwenden ... Bisher hatte die Philosophie ihre Methode noch nicht gefunden; sie betrachtete mit Neid das systematische Gebäude der Mathematik und borgte sie ... von ihr ..." (45, S. 50).

Mit der klassischen deutschen Philosophie setzte also das Selbstverständnis der Philosophie hinsichtlich ihrer Methode ein. Die deduktiven Systembildungen der Philosophie fanden dadurch ihr Ende. Obwohl Aristoteles auf die materialistische und idealistische Philosophie großen Einfluß hatte und über die arabische Philosophie und die Scholastik bis in die Gegenwart fortwirkte, kann man sagen: Die Autorität des altgriechischen Philosophen Aristoteles hat nicht vermocht, den dialektischen Widerspruch, den Heraklit als erster und für lange Zeit einziger als Quelle der Bewegung dachte, endgültig aus dem menschlichen Denken zu verbannen. Ausgehend von den Überlegungen Kants, erklärt nämlich Hegel: „*Alle Dinge sind an sich selbst widersprechend* . . .; nur insofern etwas in sich selbst einen Widerspruch hat, bewegt es sich . . ." (46, S. 79/80). Mit Hilfe des Widerspruchsprinzips wurde nun die dialektische Methode in idealistischer Form entwickelt und damit die Entfremdung der Philosophie von der Mathematik in methodischer Hinsicht eingeleitet. Es ist nämlich bemerkenswert, daß Hegel klar erkannt hat, daß die Mathematik ihrerseits auch nicht die Methode der Philosophie übernehmen kann. Er behauptete sogar, daß die Mathematik ihrem Wesen nach undialektisch ist und sein muß.

Die Mathematik des 19. Jahrhunderts ist dadurch gekennzeichnet, daß die Mathematiker sich auf einzelnen Gebieten zu spezialisieren begannen. Obwohl Cauchy bereits 1823 eine neue, auf dem exakt definierten Grenzwertbegriff beruhende Behandlungsweise in die Analysis eingeführt hatte, lag noch „für viele Mathematiker ein mystisches Dunkel über den Fundamenten der Infinitesimalrechnung". Auch der bekannte Mathematiker E. E. Kummer erklärte noch im Jahre 1842 „den Begriff des Differentials für in sich widerspruchsvoll: ‚Differentiale sind Größen, und sie sind es nicht'" (99, S. 117). Sehr treffend schildert F. Engels diese Situation mit den Worten: „das Unendliche wird etwas total Mysteriöses, und die Art und Weise, wie damit in der Analysis operiert wird, erscheint als etwas rein Unbegreifliches, aller Erfahrung und allem Verstand Widersprechendes". Ergänzend fügt er hinzu, daß „die Mathematiker diese ihre Verfahrungsweise, die sonderbarerweise immer zu richtigen Resultaten führt, mehr entschuldigt als erklärt haben" (31, S. 464). Man kann daraus schließen, daß sich Cauchys Grundlegung der Analysis nur langsam durchsetzte. Auch K. Marx, der sich in seinen „Mathematischen Manuskripten" (95) sehr ausführlich mit der Differentialrechnung beschäftigte, kannte Cauchys Arbeiten nicht. Dennoch verdient sein methodisches Vorgehen besonderes Interesse.

1873 gelang G. Cantor die Begründung der Mengenlehre durch den Beweis des Satzes, daß die Menge der reellen Zahlen nicht abzählbar ist. Durch den Nachweis der Unmöglichkeit einer eineindeutigen Zuordnung zwischen der Menge der reellen Zahlen und der Menge der natürlichen Zahlen wurde der erste Schritt zur Unterscheidung von unendlichen Mengen verschiedener Mächtigkeit getan. Allerdings wurden in Cantors Mengenlehre sehr bald logische Widersprüche entdeckt, die zur Auslösung der dritten Grundlagenkrise der Mathematik führten.

Wir können, historisch gesehen, im wesentlichen zwei Perioden in der Beziehung zwischen Mathematik und Philosophie unterscheiden. Die erste Periode beginnt mit der griechischen Geistesgeschichte und endet mit Kants kritischer Philosophie. Sie läßt sich als Periode der engen Verbindung zwischen Mathematik und Philosophie charakterisieren. Sie ist nicht zuletzt dadurch gekennzeichnet, daß der dialektische Widerspruch im philosophischen Denken nicht reflektiert wird und die Mathematik hinsichtlich ihrer Erkenntnis und Methode als das Ideal der Wissenschaft erscheint. Die Entwicklung der Philosophie der Mathematik erfolgt in enger Verbindung mit den Systemen der allgemeinen Philosophie und ist daher Philosophen leicht zugänglich. Die Mathematik gerät am Anfang und am Ende dieser Periode in eine Grundlagenkrise. Die erste Grundlagenkrise der Mathematik wurde ca. 500 v. u. Z. ausgelöst mit der Entdeckung der Existenz inkommensurabler Größen durch Pythagoras und die Pythagoreer. Die zweite Grundlagenkrise der Mathematik wurde ca. 1700 mit der Entwicklung der Differential- und Integralrechnung durch Leibniz und Newton eingeleitet.

Die zweite Periode in der Beziehung zwischen Mathematik und Philosophie beginnt mit Kants kritischer Philosophie und besteht heute noch fort. Sie läßt sich als Periode der Entfremdung zwischen Mathematik und Philosophie charakterisieren. Sie setzt genau zu dem Zeitpunkt ein, zu dem die Philosophie wieder den dialektischen Widerspruch im Denken erfaßt und die ihr eigentümliche Methode hervorbringt. Die Entwicklung der Philosophie der Mathematik in Gestalt der Grundlagenforschung der Mathematik erfolgt unabhängig von den Systemen der allgemeinen Philosophie und ist daher Philosophen schwer zugänglich. Die Mathematik befindet sich in dieser Periode in einer permanenten Grundlagenkrise. Diese dritte Grundlagenkrise der Mathematik wurde ca. 1900 ausgelöst durch die Entdeckung logischer Antinomien in Cantors Mengenlehre. „Doch sind diese Antinomien keineswegs die Ursache der auch heute noch andauernden Krise. Weit nachhaltiger wirkt die Erkenntnis, daß die jahrzehntelang fortgeführten Versuche einer Ausschaltung der Antinomien eine unerwartete und erschreckende Divergenz der Meinungen über die Grundbegriffe der Mathematik und den logischen Charakter ihrer Methode enthüllten" (39, S. 336).

1.2. Die gegenwärtigen Probleme

Die gegenwärtige Situation im Verhältnis von Philosophie und Mathematik ist dadurch gekennzeichnet, daß die Mathematik in Gestalt der mathematischen Grundlagenforschung ihre eigene „Philosophie" geschaffen hat. Doch enthüllte diese Philosophie der Mathematik eine „erschreckende Divergenz der Meinungen über die Grundbegriffe der Mathematik und den logischen Charakter ihrer Methode" (39, S. 336), wie A. A. Fraenkel feststellte. Außerdem ließ sie Zweifel darüber offen, ob ihr diese „von der Systemerzeugung in der allgemeinen Philosophie unabhängige Entwicklung ganz willkommen ist" (16, S. 4/5), bemerkte E. W. Beth. Tatsächlich führte die Divergenz der Meinungen über die Grundbegriffe der Mathematik und den Charakter ihrer Methode zur Aufspaltung der Mathematik in klassische und konstruktive Mathematik.

H. Hermes erklärt nun: Es ist zweckmäßig, den Weg zur Philosophie ausgehend von den Dingen zu suchen, mit denen man sich täglich beschäftigt, da man diese Dinge am besten kennt. „Ein Mathematiker sollte sich daher die philosophische Frage nach der Natur der Mathematik vorlegen" (48, S. 1). Auch G. Asser schreibt, indem er sich „der Frage nach der Natur der mathematischen Begriffe" zuwendet: „Ich möchte zunächst behaupten, daß es sich hierbei um eine zutiefst philosophische Frage handelt, deren exakte Beantwortung mir nur im Rahmen eines umfassenden philosophischen Systems möglich erscheint, obwohl es in der Geschichte der Grundlagen der Mathematik nicht an Versuchen gefehlt hat, diese Frage innermathematisch zu beantworten" (6, S. 174).

Der klassische und der konstruktive Mathematiker beantworten die philosophische Frage nach der Natur der mathematischen Objekte unterschiedlich. Während der klassische Mathematiker von einem Erfassen an sich existierender mathematischer Objekte spricht, spricht der konstruktive Mathematiker von einem Erzeugen mathematischer Objekte durch gedankliche Operationen. Entsprechend erscheint das mathematische Erkennen dem klassischen Mathematiker als Erfassen oder Entdecken mathematischer Objekte und dem konstruktiven Mathematiker als Erzeugen oder Erfinden mathematischer Objekte. Wird nun außer acht gelassen, daß sowohl die mathematische Abstraktion als auch die mathematische Konstruktion ihren Ausgangspunkt in der materiellen Welt haben, dann kann der klassische Mathematiker zum objektiven Idealismus und der konstruktive Mathematiker zum subjektiven Idealismus gelangen. Für den objektiv-idealistisch orientierten klassischen Mathematiker existieren dann die mathematischen Objekte an sich wie die platonischen Ideen. Für den subjektiv-idealistisch orientierten konstruktiven Mathematiker dagegen sind die mathematischen Objekte freie Schöpfungen des menschlichen Geistes, wobei freie Schöpfungen als willkürliche Schöpfungen aufzufassen sind. Da auch umgekehrt eine einseitige Orientierung des objektiven Idealismus an der klassischen Mathematik und des subjektiven Idealismus an der konstruktiven Mathematik erfolgte, konnten weder der objektive Idealismus noch der subjektive Idealismus die dialektische Einheit von klassischer und konstruktiver Mathematik begreifen. Sowohl der objektive Idealismus als auch der subjektive Idealismus stehen „vor einer ungeklärten und nicht überblickbaren Dialektik zwischen Ansichsein und durch gedankliche Operationen Setzbarsein“ (146, S. 89), was B. Thum bezüglich des platonischen Idealismus klar erkannte. Außerdem vermögen weder der objektive Idealismus noch der subjektive Idealismus die Anwendbarkeit der Mathematik bei der Erkenntnis der materiellen Welt zu erklären, eben weil der Ausgangspunkt der mathematischen Erkenntnis selbst nicht in der materiellen Welt gesehen wird.

Der Mathematiker, der den Ausgangspunkt der mathematischen Erkenntnis in der materiellen Welt begreift, gelangt zum Materialismus. Der Mathematiker, der darüber hinaus das dialektische Verhältnis zwischen Entdeckung an sich existierender mathematischer Objekte und Erzeugung mathematischer Objekte durch gedankliche Operationen als innere Triebkraft der mathematischen Erkenntnis begreift, wird sich zum dialektischen Materialismus bekennen. Dennoch wird der Mathematiker nicht behaupten, daß in den mathematischen Theorien die objektive Dialektik der materiellen Welt widergespiegelt wird. Allerdings hat F. Engels recht, wenn er schreibt: „Die Mathematik ... betritt mit der Behandlung der veränderlichen Größen das dialektische Gebiet“ (31, S. 148). „Die Differentialrechnung macht es der Naturwissenschaft erst möglich, *Prozesse*“ und „nicht nur *Zustände* mathematisch darzustellen“ (30, S. 290). Trotzdem kann die Differentialrechnung auch Bewegungsprozesse nur als Folgen von Ruhezuständen darstellen. Ein durch Anfangs- und Endzustand begrenzter wirklicher Bewegungsprozeß wird durch die Menge aller möglichen vom Anfangszustand ausgehenden und gegen den Endzustand konvergierenden unendlichen Folgen von Ruhezuständen mathematisch erfaßt. Der dialektische Widerspruch als Quelle der Bewegung und das Umschlagen quantitativer Veränderungen in qualitative innerhalb der Bewegung werden in der Mathematik jedenfalls nicht reflektiert. Folgerichtig fand daher K. Marx „in der höheren Mathematik“ „die dialektische Bewegung in ihrer logischsten und zugleich einfachsten Form wieder“ (93, S. 42), wie P. Lafargue bemerkte.

Von diesem Ausgangspunkt her ist nun verständlich, daß die metaphysische Anschauungsweise in logischer Form in der Mathematik in gewissen Grenzen ihre Berechtigung hat. Dabei wird der Term „metaphysisch“ in Übereinstimmung mit F. Engels im Sinne von „nicht dialektisch“, jedoch nicht – wie im allgemeinen heute üblich – im Sinne von „antidialektisch“ verstanden. Will nun der dialektisch-materialistische Philosoph zu einem Verständnis der Mathematik und ihrer Denkweise gelangen, so muß er auch den Hinweis von F. Engels beachten, daß „die metaphysische Anschauungsweise . . . auf . . . weiten, je nach der Natur des Gegenstandes ausgedehnten Gebieten . . . berechtigt und sogar notwendig ist“ (31, S. 24). Tatsächlich fordert der Mathematiker von seinen Objekten, daß sie dem Identitätsgesetz genügen. D. Klaua definiert: „a ist ein *Ding* genau dann, wenn $a=a$ gilt“ (71, S. 33). Da der Mathematiker seine Weltanschauung ausgehend von den Objekten bildet, mit denen er sich in der Mathematik beschäftigt, schaut er die Gegenstände der materiellen Welt auch als Objekte an, die mit sich selbst identisch und von allen anderen unterschieden sind. F. Engels bezeichnet das Identitätsgesetz „$a=a$“ als „Fundamentalsatz der alten Anschauung“ und meint die metaphysische Anschauung (30, S. 228). Er nennt ferner die Identität, für die das Identitätsgesetz charakteristisch ist, abstrakte Identität (30, S. 227) und schreibt: „Nur in der Mathematik – einer abstrakten Wissenschaft, die sich mit Gedankendingen beschäftigt . . . – ist die abstrakte Identität und ihr Gegensatz gegen den Unterschied am Platz. . .“ und weiter: „Daß die *Identität mit sich* von vornherein den *Unterschied von allem andern* zur Ergänzung nötig hat, ist selbstredend“ (30, S. 228). Der Mathematiker erfaßt daher in seiner abstrakten Weltanschauung nur das Ansichsein, die bloße Existenz der Gegenstände in der materiellen Welt, nicht ihr Wirklichsein, ihr Gegeneinanderwirken. F. Engels bemerkt nämlich sehr treffend: „Im Ansich besteht ... die ursprüngliche Identität der in einem Ding ... verborgenen unentwickelten Gegensätze; im Fürsich tritt die Unterscheidung und Trennung dieser verborgenen Elemente ein und ihr Widerstreit beginnt" (31, S. 69). Der Mathematiker abstrahiert also vom dialektischen Widerspruch als Quelle der Bewegung, wie bereits erwähnt wurde.

Der klassische Mathematiker, der die objektive Existenz mathematischer Objekte besonders hervorhebt, begreift die Wirklichkeit in erster Linie rein kontemplativ „unter der Form des *Objekts*" und die Objekte selbst in ihrem Ansichsein. Unter diesem Gesichtspunkt findet er in einem Moment der materiellen Welt die Individuen, die ursprünglichsten zu Mengen zusammenfaßbaren Dinge. Für sie sind relative Beständigkeit und Isoliertheit kennzeichnend. Würde nun der Mathematiker nur als klassischer Mathematiker der Wirklichkeit gegenübertreten, so würde er im anschauenden Materialismus verharren. Sehr überzeugend hebt nämlich K. Marx in seiner 9. Feuerbach-These hervor: „Das höchste, wozu der *anschauende* Materialismus es bringt, d. h. der Materialismus, der die Sinnlichkeit nicht als praktische Tätigkeit begreift, ist die Anschauung der einzelnen Individuen ..." (94, S. 63). In der 1. und 5. Feuerbach-These charakterisiert K. Marx schließlich den „Hauptmangel alles bisherigen Materialismus". Er schreibt: „Der Hauptmangel alles bisherigen Materialismus – den Feuerbachschen mit eingerechnet – ist, daß ... die Wirklichkeit ... nur unter der Form des *Objekts* oder der *Anschauung* gefaßt wird; nicht aber ... subjektiv" „als *menschliche sinnliche Tätigkeit*", als „*Praxis*" (94, S. 61). „Feuerbach, mit dem *abstrakten Denken* nicht zufrieden, appelliert an die *sinnliche Anschauung;* aber er faßt die Sinnlichkeit nicht als praktische, menschlich-sinnliche Tätigkeit" (94, S. 62), und „er faßt die menschliche Tätigkeit selbst nicht als *gegenständliche* Tätigkeit" (94, S. 61).

Der konstruktive Mathematiker, der im Unterschied zum klassischen Mathematiker die „*tätige* Seite" der Erzeugung mathematischer Objekte besonders hervorhebt, begreift nun die Wirklichkeit in erster Linie „als *menschliche sinnliche Tätigkeit*". Wenn er die menschliche Tätigkeit allerdings auch als sinnlich-gegenständliche Tätigkeit erfassen will, so muß er die Gegenstände und die Tätigkeit näher bestimmen. Es war in historischer Zeit, als der Mathematiker auch an den Gegenständen der materiellen Welt praktisch tätig war.

Allerdings war seine Tätigkeit dadurch gekennzeichnet, daß sie die Gegenstände nicht veränderte, sondern den Gegenständen nur äußerliche Eigenschaften und Beziehungen herstellte oder hervorhob. Für diese Tätigkeit war ferner eine wesentliche Voraussetzung, daß sich die Gegenstände selbst während der Tätigkeit nicht verändern, d. h., daß sie durch relative Beständigkeit und Isoliertheit gekennzeichnet sind. Die im Resultat dieser Tätigkeit entstandenen oder verdeutlichten Eigenschaften und Beziehungen haben die Individualität der ursprünglichen Gegenstände nicht aufgehoben, sondern aufbewahrt. Die so charakterisierte sinnlich-gegenständliche Tätigkeit des Mathematikers kann, für sich genommen, nicht im Sinne der 3. Feuerbach-These von K. Marx „als *umwälzende Praxis* gefaßt und rationell verstanden werden" (94, S. 62). Allerdings ist sie eine Komponente jeder praktischen Tätigkeit, die letztlich auf die Veränderung der materiellen Welt gerichtet ist. In der 11. Feuerbach-These schreibt nämlich K. Marx: „Die Philosophen haben die Welt nur verschieden *interpretiert;* es kommt aber darauf an, sie *zu verändern*" (94, S. 63).

Der konstruktive Mathematiker kann jedenfalls in einer Komponente der praktischen Tätigkeit den Ursprung seiner konstruktiven Erzeugung mathematischer Objekte finden. Die Besonderheiten dieser sinnlich-gegenständlichen Tätigkeit ermöglichten es ihm, die Gegenstände symbolisch zu repräsentieren und die Tätigkeit in Form von Konstruktionen und Operationen nur noch gedanklich auszuführen. Erst der klassische Mathematiker hat den „Übergang von Möglichkeiten des gedanklichen Bildens und Setzens zum objektiv Bestehenden" vollzogen (146, S. 89), wie B. Thum bemerkte. Als der klassische Mathematiker über die durch Vorschriften „bis ins Unendliche" determinierten gedanklichen Konstruktionen und Operationen des konstruktiven Mathematikers nachdachte, hat er sie als denkend ausgeführt gedacht und somit „auf den Hintergrund des Seins" projiziert, indem er das Bildungsgesetz abstrahierte und als Seinsgesetz postulierte. Auf diese Weise wurde der erwähnte Übergang von Möglichkeiten des gedanklichen Bildens und Setzens zum objektiv Existierenden vollzogen. Mit „objektiver Existenz" ist dabei nicht im geringsten die Existenz in einer platonischen Ideenwelt gemeint, sondern lediglich die objektive Existenz im menschlichen Bewußtsein. H. Vogel bemerkt nämlich völlig richtig: „Ideelles kann sehr wohl auch objektiv, nie aber materiell sein" (150, S. 76), und er definiert: *„Objektiv ist das, was unabhängig vom Einzelbewußtsein existiert,* was unabhängig vom Wollen, Wünschen, Denken des einzelnen Subjekts oder einer

Gruppe von Menschen ist“ (150, S. 78). Er schreibt weiter: „In diesem Sinn ist jede echte Wissenschaft objektiv. Das heißt aber nicht, daß die Wissenschaft unabhängig vom Bewußtsein existiert. Ohne menschliches Bewußtsein gäbe es keine Wissenschaft auf unserem Planeten“ (150, S. 78). Was hier über die Wissenschaft ganz allgemein gesagt wurde, gilt insbesondere für die klassische Mathematik. Auch die Untersuchungsobjekte der klassischen Mathematik existieren ideell und objektiv, d. h. innerhalb des menschlichen Bewußtseins und unabhängig vom Bewußtsein des einzelnen Subjekts. Die Voraussetzungen dieser objektiv-ideellen Existenz sind einerseits in einer bestimmten Beschaffenheit der materiellen Welt und andererseits in einer durch die gesellschaftliche Praxis vom Subjekt erworbenen Fähigkeit zu einer bestimmten Konstruktion und Abstraktion zu sehen.

Der klassische Mathematiker hat, ausgehend von dem objektiv Bestehenden, weitere Möglichkeiten des gedanklichen Bildens und Setzens erschlossen und von diesen wiederum den Übergang zum objektiv Bestehenden vollzogen. Auf diese Weise wird deutlich, daß sich der klassische Mathematiker stets am „Schnittpunkt von Gebundenheit und Freiheit“ befindet (156, S. 3), wie sich H. Weyl einmal ausdrückte. Seine Freiheit zeigt sich in den Möglichkeiten des gedanklichen Bildens und Setzens auf der Grundlage des Bildungsgesetzes, und seine Gebundenheit wird durch die Zugrundelegung der klassischen Logik „fertig vorgestellter Dinge“ offensichtlich. Im Sinne dieser Logik wird die Widerspruchsfreiheit zum Kriterium der Existenz erhoben.

Der klassische Mathematiker hat nun spätestens mit der Entdeckung logischer Antinomien in der „naiven“ Mengenlehre Cantors verstehen können, daß die metaphysische Denkweise früher oder später auf eine Schranke stößt, jenseits welcher sie sich in unlösbare Widersprüche verirrt. Die logischen Widersprüche der Mengenlehre, die an den Begriff des aktual Unendlichen gebunden sind, kamen nämlich gerade dadurch zustande, daß man eine werdende Folge, z. B. die werdende Folge der transfiniten Ordinalzahlen, „auf den Hintergrund des Seins“ projizierte, d. h. als aktual unendliche fertig vorliegende Menge dachte, und sodann über ihrem Sein ihr Werden bzw. Gewordensein vergaß. Der klassische Mathematiker muß daher den folgenden Hinweis von F. Engels beachten: „. . . die metaphysische Anschauungsweise . . . stößt . . . jedesmal früher oder später auf eine Schranke, jenseits welcher sie einseitig . . . wird und sich in unlösliche Widersprüche verirrt, weil sie über den einzelnen Dingen deren Zusammenhang, über ihrem Sein ihr Werden und Vergehn, über ihrer Ruhe ihre Bewegung vergißt" (31, S. 24/25).

Nun kehren wir zum Ausgangspunkt unserer Betrachtung der metaphysischen Anschauungsweise in logischer Form zurück. Man könnte sie auch den Kern der mathematisch-logischen Denkweise nennen, wenn man beachtet, daß sie ein wesentlicher Bestandteil der an die Logik „fertig vorgestellter Dinge" gebundenen Denkweise der klassischen Mathematik ist. Für diese Denkweise ist der von D. Klaua definierte Dingbegriff charakteristisch: „a ist ein *Ding* genau dann, wenn $a=a$ gilt" (71, S. 33). Im Sinne dieser Denkweise bestimmen D. Hilbert und W. Ackermann auch den Eigenschaftsbegriff: „Eine Eigenschaft ist das, was gewissen Einzeldingen zukommen oder auch nicht zukommen kann" (62, S. 43). P. Ruben fügt hinzu: „Wir können auch formulieren: Eine Eigenschaft ist das, was gewissen Einzeldingen nicht zugleich zukommen und nicht zukommen kann" (110, S. 173). Schließlich wird diese Denkweise durch die ontologische Deutung der logischen Gesetze von der Identität, vom ausgeschlossenen Widerspruch und vom ausgeschlossenen Dritten als Seinsgesetze fundiert. Auch H. Scholz hat in seiner Abhandlung „Metaphysik als strenge Wissenschaft" (118) weiter nichts getan, als die moderne mathematisch-logische Theorie der Identität ontologisch gedeutet. Allerdings hat er dies von der objektiv-idealistischen Position des Platonismus aus getan, die auch in diesem Zusammenhang in keiner Weise gerechtfertigt ist.

Jedenfalls wird die metaphysische Denkweise in logischer Form durch die ontologische Deutung der drei genannten logischen Gesetze und die auf dieser Grundlage definierten Begriffe von Ding und Eigenschaft vollständig bestimmt. Sie ist ein wesentlicher Bestandteil der mathematisch-logischen Denkweise, erschöpft sie jedoch nicht. Sie ist nicht an den objektiven Idealismus platonischer Prägung gebunden. Ein Bekenntnis zu dieser Denkweise kann vielmehr auch vom Standpunkt des dialektischen Materialismus aus erfolgen, wenn das Sein im Sinne von objektiver Existenz im menschlichen Bewußtsein oder im Sinne des bloßen Seins der materiellen Welt verstanden wird. Allerdings kann der dialektisch-materialistische Philosoph diese Denkweise des klassischen Mathematikers nicht zu seiner eigenen machen, da er die materielle Welt in ihrem Wirklichsein erfassen muß.

Dem klassischen Mathematiker ermöglicht das Verständnis seiner Denkweise die Beantwortung der Frage nach den weltanschaulichen

Voraussetzungen der Mathematik und die für ihn charakteristische Lösung der logischen Antinomien der Mathematik. Dem Philosophen dagegen verhilft das Verständnis dieser Denkweise dazu, seine eigene Denkweise als die dialektische Negation der Denkweise des klassischen Mathematikers zu begreifen. Die erste Voraussetzung dafür ist, daß er die Berechtigung der mathematisch-logischen Denkweise anerkennt. Ganz entsprechend darf der klassische Mathematiker seine Denkweise nicht verabsolutieren, d. h. als die einzig mögliche Denkweise unterstellen.

Klassischer Mathematiker und dialektisch-materialistischer Philosoph treten der objektiven Realität von einander dialektisch entgegengesetzten Standpunkten aus gegenüber. P. Ruben hat diesen Gedanken in seiner Abhandlung „Zum Verhältnis von Philosophie und Mathematik" mit aller Konsequenz ausgeführt. Bezüglich des mathematischen Dingbegriffs schreibt P. Ruben völlig richtig: „Wenn nun dieser mathematische Dingbegriff unvermittelt auf die ‚Dinge der Realität' übertragen wird. . ., so wird nichts anderes als Metaphysik (im negativen Sinne – d. V.) betrieben, d. h., der Standpunkt der Mathematik wird als Standpunkt der Philosophie . . . genommen. Es wird behauptet, daß die ‚Dinge der Realität' allein Seiende seien. Damit wird die Bewegung als den realen Dingen äußerlich aufgefaßt; der mathematische Sinn hat sich in philosophischen Unsinn verwandelt" (110, S. 173). Wir stimmen auch mit P. Ruben überein, wenn er schreibt: „Mathematik und Philosophie sind die einander bedingenden Weisen der Erfassung des Allgemeinen. Als solche sind sie Voraussetzung wie Resultat der einzelwissenschaftlichen Erkenntnis, in der sie ihre wirkliche Vermittlung finden" (110, S. 177). „Mathematik und Philosophie sind die Wissenschaften von aller Bewegung überhaupt . . . Während dem abstrakten Denken die materielle Bewegung als Relation und Operation gegenständlich wird, bestimmt das konkrete Denken sie als inneren Zusammenhang und wirkliches Geschehen. Hat es daher die Mathematik mit allen Möglichkeiten zu tun, so die Philosophie mit der einen bestimmten Wirklichkeit, die aber nicht *eine von vielen* Möglichkeiten, sondern vielmehr die *geschichtliche Einheit aller* ihrer Möglichkeiten ist" (110, S. 179). Abschließend bekennen wir uns zu dem sowohl von Mathematikern als auch von Philosophen gern zitierten Ausspruch von Leibniz: Ohne die Mathematik kommt man nicht auf den Grund der Philosophie. Ohne die Philosophie kommt man nicht auf den Grund der Mathematik. Ohne beide kommt man auf den Grund von gar nichts (48, S. 1; 110, S. 172).

2. Die Besonderheiten des Gegenstandes der Mathematik

2.1. Die materielle Existenz

Ein echtes Bekenntnis zur Mathematik und ihrem Anliegen verlangt nach einer Klärung der weltanschaulichen Grundproblematik der Mathematik. „Vor allem die Frage nach dem Verhältnis von Mathematik und Wirklichkeit führt den Mathematiker auf philosophisches Gebiet... Diese Frage ist die spezifische Form der Grundfrage der Philosophie, wie sie sich bezüglich der Mathematik stellt" (154, S. 155), schreibt H. Wessel.

Wir werden nun die Herkunft mathematischer Begriffe materialistisch erklären und dabei den Gegenstand der Mathematik bestimmen. Den Zusammenhang der auf den Begriffen von Zahl und Figur beruhenden Mathematik mit der materiellen Welt hat bereits F. Engels sehr klar erkannt. Er schreibt: „Die Begriffe von Zahl und Figur sind nirgends anders hergenommen, als aus der wirklichen Welt. Die zehn Finger, an denen die Menschen zählen, also die erste arithmetische Operation vollziehn gelernt haben, sind alles andre, nur nicht eine freie Schöpfung des Verstandes. Zum Zählen gehören nicht nur zählbare Gegenstände, sondern auch schon die Fähigkeit, bei Betrachtung dieser Gegenstände von allen ihren übrigen Eigenschaften abzusehn außer ihrer Zahl – und diese Fähigkeit ist das Ergebnis einer langen geschichtlichen, erfahrungsmäßigen Entwicklung. Wie der Begriff Zahl, so ist der Begriff Figur ausschließlich der Außenwelt entlehnt, nicht im Kopf aus dem reinen Denken entsprungen. Es mußte Dinge geben, die Gestalt hatten und deren Gestalten man verglich, ehe man auf den Begriff Figur kommen konnte. Die reine Mathematik hat zum Gegenstand die Raumformen und Quantitätsverhältnisse der wirklichen Welt, also einen sehr realen Stoff. Daß dieser Stoff in einer höchst abstrakten Form erscheint, kann seinen Ursprung aus der Außenwelt nur oberflächlich verdecken. Um diese Formen und Verhältnisse in ihrer Reinheit untersuchen zu können, muß man sie aber vollständig von ihrem Inhalt trennen, diesen als gleichgültig beiseite setzen ... Auch die scheinbare Ableitung mathematischer Größen aus einander beweist nicht ihren apriorischen Ursprung, sondern nur ihren rationellen Zusammenhang... Wie alle andern Wissenschaften ist die Mathematik aus den *Bedürfnissen* der Menschen hervorgegangen... Aber wie in allen Gebieten des Denkens werden auf einer gewissen Entwicklungsstufe die aus der wirklichen Welt abstrahierten Gesetze von der wirklichen Welt getrennt, ihr als etwas Selbständiges gegenübergestellt, als von außen kommende Gesetze, wonach die Welt sich zu richten hat... so und nicht anders wird die *reine* Mathematik nachher auf die Welt *angewandt*, obwohl sie eben dieser Welt entlehnt ist und nur einen Teil ihrer Zusammensetzungsformen darstellt – und gerade *nur deswegen* überhaupt anwendbar ist" (31, S. 44/45).

Wir weisen nun den Zusammenhang der auf dem Mengenbegriff beruhenden modernen Mathematik mit der materiellen Welt nach. F. Hausdorff schreibt: „Eine Menge entsteht durch Zusammenfassung von Einzeldingen zu einem Ganzen. Eine Menge ist eine Vielheit, als Einheit gedacht." Von Definitionen kann bei diesen Sätzen nicht die Rede sein, wohl aber von Hinweisen auf einen elementaren, „allen Menschen vertrauten Denkakt", der einer weiteren „Auflösung ... weder fähig noch bedürftig" zu sein scheint (44, S. 11). Tatsächlich erfolgt bei jeder Begriffsbildung auch eine Mengenbildung. Jeder Begriff ist Allgemeinbegriff. Es gibt keine Individualbegriffe. Man kann Eigenschafts- und Beziehungsbegriffe unterscheiden. Für unsere Zwecke ist eine Unterscheidung nicht erforderlich. Eine n-stellige Beziehung ($n \geqq 2$) wird als Eigenschaft aufgefaßt, die genau den n-Tupeln von Dingen zukommt, in denen n Dinge geordnet zusammengefaßt sind, die in dieser Anordnung in der n-stelligen Beziehung stehen. Dabei wird ein n-Tupel von Dingen auch als ein Ding betrachtet. Auf diese Weise werden Beziehungsbegriffe auf Eigenschaftsbegriffe zurückgeführt. Ein Eigenschaftsbegriff hat eine Eigenschaft, die ihrerseits als Komplex von Merkmalen erscheinen kann, als Intension (Begriffsinhalt) und die Menge der Dinge, denen die Eigenschaft zukommt, als Extension (Begriffsumfang) aufzuweisen. Ein allen Menschen vertrauter elementarer Denkakt ist nun die von der Wahrnehmung ausgehende Begriffsbildung.

In der materiellen Welt werden vom Menschen zu verschiedenen Zeiten an verschiedenen Orten Objekte mit gleichen inhärenten Eigenschaften wahrgenommen. Die Wahrnehmungen setzen sich aus einzelnen Empfindungen zusammen und sind anschauliche ganzheitliche Abbilder der Objekte mit ihren Eigenschaften. Sie existieren sinnlich-ideell nur während der unmittelbaren Einwirkung der Objekte auf die Sinnesorgane. Allerdings lassen sich die Wahrnehmungen in Form von Vorstellungen reproduzieren, die auch sinnlich-ideell existieren, aber im Unterschied zu den Wahrnehmungen nicht mehr an die unmittelbare Einwirkung der Objekte auf die Sinnesorgane gebunden sind. Daher sind Vorstellungen als Gedächtnisleistungen immer ungenauer und verschwommener als Wahrnehmungen. Das Vorstellungsvermögen läßt mit der Zeit nach. Außerdem ist zu beachten, daß man sich nur etwas vorstellen kann, was man schon einmal wahrgenommen hat. Allerdings kann man auch Bestandteile ganz verschiedener Wahrnehmungen reproduzieren und konstruktiv zu einer neuen Vorstellung zusammenfügen. Vorstellungen können durch Bilder, die Objekte repräsentieren, aber auch durch Worte, die Begriffe bedeuten, und Sätze, die Beschreibungen darstellen, ausgelöst bzw. hervorgerufen werden, Wahrnehmungen dagegen nicht. Dabei ist zu beachten, daß Begriffe und Beschreibungen als Verknüpfungen von Begriffen bereits rational-ideell existieren. Der Übergang von sinnlich-ideellen Wahrnehmungen und Vorstellungen zu rational-ideellen Begriffen erfolgt durch Abstraktion.

Durch analytische Denkakte, insbesondere durch Zerlegung und Vergleich von Wahrnehmungen und Vorstellungen, werden einzelne, verschiedenen Dingen inhärente Eigenschaften als untereinander gleich festgestellt. Während die als untereinander gleich festgestellten Eigenschaften an den sinnlichen Abbildern der Dinge hervorgehoben werden, wird von allen anderen Eigenschaften der Dinge abgesehen. Schließlich werden die hervorgehobenen untereinander gleichen Eigenschaften abgehoben und miteinander identifiziert. Die auf diese Weise abstrahierte Eigenschaft wird im Unterschied zu den zugrunde liegenden untereinander gleichen, verschiedenen Dingen inhärenten Eigenschaften abstrakte Eigenschaft genannt. Die abstrakte Eigenschaft erscheint als Intension eines Begriffes. Nun werden alle die Dinge aus Vergangenheit, Gegenwart und Zukunft als zusammengefaßt gedacht, denen irgendeine der untereinander gleichen, der abstrakten Eigenschaft zugrunde liegenden Eigenschaften inhärent ist. Auf diese Weise erscheint die Menge der Dinge, denen die abstrakte Eigenschaft zukommt, als Extension des Begriffes. Der erkenntnistheoretische Zusammenhang zwischen materiellen Objekten, Wahrnehmungen und Begriffen läßt sich wie folgt ausdrücken: Die materiellen Objekte sind die wahrzunehmenden und zu begreifenden und schließlich auch die wahrgenommenen und begriffenen Objekte. Da einem materiellen Objekt verschiedene Eigenschaften inhärent sind, wird es durch verschiedene Begriffe erfaßt. Der ontologische Unterschied zwischen materiellen Objekten, Wahrnehmungen und Begriffen kann dagegen wie folgt formuliert werden: Die materiellen Objekte existieren außerhalb und unabhängig vom menschlichen Bewußtsein, dagegen die Wahrnehmungen sinnlich und die Begriffe rational innerhalb des menschlichen Bewußtseins.

Das Verständnis der von der Wahrnehmung ausgehenden Begriffsbildung führt zu der Einsicht, daß auch die den abstrakten Eigenschaften eindeutig zugeordneten Mengen ihr „materielles Anderssein" durch untereinander gleiche, aber verschiedenen materiellen Dingen inhärente Eigenschaften haben. Werden doch durch die einer abstrakten Eigenschaft eindeutig zugeordnete Menge genau die Dinge zusammengefaßt, denen irgendeine der untereinander gleichen, der abstrakten Eigenschaft zugrunde liegenden Eigenschaften inhärent ist. Die Dinge, welche durch eine Menge zusammengefaßt werden, werden die Elemente der Menge genannt. Die ursprünglichsten zu Mengen zusammenfaßbaren Dinge werden als Individuen bezeichnet. Die Individuen müssen wie alle Dinge dem Identitätsgesetz, welches die Reflexivität der Identität zum Ausdruck bringt, genügen. Wir stimmen nun im wesentlichen mit der Auffassung von G. Küng überein, wonach eine „reflexive Relation" strenggenommen keine materielle Relation sein kann, sondern eine ideelle Relation sein muß, die „auf der begrifflichen Verdoppelung" eines Dinges beruht, welches in der materiellen Welt nur *eines* ist (80, S. 138). Da es aber keine Individualbegriffe gibt, sollte statt von einer begrifflichen Verdoppelung von einer sinnlichen Verdoppelung die Rede sein. Wenn die in Raum und Zeit existierenden Dinge der materiellen Welt, denen verschiedene Eigenschaften inhärent sind, wahrgenommen werden, dann werden ihre Konturen verschärft und endlich viele ihrer inhärenten Eigenschaften sinnlich-ideell erfaßt. Die Vorstellung eines Dinges, die eine reproduzierte frühere Wahrnehmung des Dinges darstellt, kann nun mit einer späteren Wahrnehmung des Dinges verglichen werden. Werden dabei die gleichen endlich vielen Eigenschaften festgestellt, so kann das Ding der materiellen Welt als mit sich selbst identisch und daher als Individuum betrachtet werden. Auf diese Weise werden in den räumlich und zeitlich begrenzt exisitierenden, relativ beständigen und voneinander relativ isolierten Dingen der materiellen Welt, deren Bewegung auch nur als ihnen äußerlich erscheint, die Individuen vorgefunden. Als Träger in der Wahrnehmung oder Vorstellung erfaßter endlich vieler inhärenter Eigenschaften werden sie bei der Begriffsbildung zu Mengen zusammengefaßt. Die Zusammenfassung von Individuen zu Mengen erfolgt aber nicht nur bei der Begriffsbildung.

Indem Individuen sich relativ zueinander bewegen, stellen sie Eigenschaften her, die ihnen nur äußerlich sind und sie umfassen. Derartige Eigenschaften werden wir im Unterschied zu den inhärenten Eigenschaften der Individuen den Individuen exhärente Eigenschaften nennen. Die Eigenschaft, zu irgendeinem Zeitpunkt oder während der ganzen Zeitspanne eines Zeitintervalls in einem Raumbereich existiert zu haben bzw. zu existieren, ist eine bestimmten Individuen exhärente Eigenschaft. Genau denselben Individuen und keinen anderen kann aber auch die Eigenschaft, zu irgendeinem Zeitpunkt oder während der ganzen Zeitspanne eines anderen Zeitintervalls in einem anderen Raumbereich existiert zu haben bzw. zu existieren, exhärent sein. Die exhärenten Eigenschaften von Individuen sind auch materiell, da Raum und Zeit als Existenzformen der Materie materiell existieren. Exhärente Eigenschaften von Individuen werden nun genau dann als untereinander gleich betrachtet, wenn sie genau denselben Individuen exhärent sind. Werden schließlich untereinander gleiche exhärente Eigenschaften miteinander identifiziert, dann wird von Raum und Zeit abstrahiert. Auf diese Weise entsteht eine Menge als „ein überzeitliches und überräumliches Ding, das wir . . . in keinem Falle mit unseren Sinnen wahrnehmen können“. „Eine Menge von Menschen kann man . . . nie sehen, höchstens die Elemente dieser Menge, nämlich die betreffenden Menschen“ (72, S. 3), schreibt D. Klaua. Das Beispiel läßt bereits erkennen, daß Individuen auch durch Kombination der bei der Begriffsbildung erfolgenden Mengenbildung mit der zuletzt beschriebenen Art der Mengenbildung zu Mengen zusammengefaßt werden können. Während bei der Begriffsbildung untereinander gleiche inhärente Eigenschaften von Individuen dominieren, dominieren bei der Mengenbildung allerdings untereinander gleiche exhärente Eigenschaften von Individuen.

Werden nun die bei der Begriffsbildung entstandenen abstrakten Eigenschaften intensionale Eigenschaften und die bei der Mengenbildung entstandenen Mengen extensionale Eigenschaften genannt, so kann man sagen: Jeder intensionalen Eigenschaft ist eindeutig eine extensionale Eigenschaft zugeordnet. Die Umkehrung gilt nicht.

Einer extensionalen Eigenschaft können auch gar keine oder mehr als eine intensionale Eigenschaft zugeordnet sein. Während das „materielle Anderssein" einer intensionalen Eigenschaft untereinander gleiche inhärente Eigenschaften von Individuen sind, sind untereinander gleiche exhärente Eigenschaften von Individuen das „materielle Anderssein" einer extensionalen Eigenschaft. Durch Kombination von intensionalen Eigenschaften eindeutig zugeordneten extensionalen Eigenschaften mit rein extensionalen Eigenschaften entstehen weitere extensionale Eigenschaften. Ferner können extensionale Eigenschaften auch dadurch entstehen, daß in einer n-stelligen Beziehung ($n \geqq 2$) $n-1$ Stellen fixiert oder gebunden werden. Da extensionale Eigenschaften oder Mengen durch Aussageformen beschrieben werden, kann man auch logisch exakt sagen, daß weitere extensionale Eigenschaften oder Mengen durch aussagen- und prädikatenlogische Verknüpfungen von Aussageformen beschrieben werden. Es handelt sich dabei um Verknüpfungen durch Negation, Konjunktion, Alternative, Existenz- und Allquantifikation.

Daß wir Mengen als extensionale Eigenschaften auffassen dürfen, bestätigt D. Klaua, der eine Menge auch eine „*Gesamtheit*", ein „*Charakteristisches Gemeinsames*", eine „*Ideelle ... Zusammenfassung zu einem einheitlichen Ganzen*" oder einen „*Inbegriff*" nennt (72, S. 2). D. Klaua schreibt: „Die Mengen sind *extensional* ...; d. h. eine Menge ist bereits durch ihren Umfang eindeutig bestimmt oder genauer: Eine Menge ist, unabhängig von ihren Beschreibungsmöglichkeiten, bereits durch die in ihr enthaltenen Elemente eindeutig bestimmt. Bezeichnen also M und N gewisse Mengen, welche dieselben Elemente besitzen, so sind M und N in jedem Fall identisch, auch wenn M und N verschiedenartig beschrieben sind ..." (72, S. 4). Wir entnehmen daraus, daß eine endliche Menge auch durch Aufzählung ihrer Elemente beschrieben werden kann. In logisch exakter Form geschieht dies durch eine endliche Alternative von Aussageformen, die alle Gleichungen der Gestalt $x = a$ sind. Dabei ist „x" eine Variable und „a" eine Konstante. Während die Variable mehrdeutig ein beliebiges Element aus dem zugehörigen Variabilitätsbereich bezeichnet, bezeichnet die Konstante eindeutig ein bestimmtes Element aus diesem Bereich. Ist das Element ein Individuum, so ist die Konstante ein Individuenname oder eine individuelle Kennzeichnung. D. Klaua schreibt nun weiter: „Die Mengen fallen mit den Eigenschaften zusammen. Eine Eigenschaft ist ja beim näheren Hinsehen weiter nichts als das charakteristische

Gemeinsame, welches alle die durch die betreffende Eigenschaft gekennzeichneten Dinge aufweisen... Eine Menge ist andererseits das charakteristische Gemeinsame ihrer Elemente, also diejenige Eigenschaft, welche auf genau die Elemente dieser Menge zutrifft. *Eigenschaft* ist also eine weitere und sogar sehr treffende Bezeichnung für eine Menge. Von einem in einer Menge M gelegenen Element e sagt man dann auch, e *besitzt die ... Eigenschaft* M oder *die Eigenschaft* M *trifft auf* e *zu*" (72, S. 4).

Die extensionalen Eigenschaften oder Mengen von Individuen haben ihr „materielles Anderssein" in untereinander gleichen exhärenten Eigenschaften von Individuen. Die leere Menge, die gar kein Individuum als Element enthält, und die Einermenge, die genau ein Individuum als Element enthält, werden in der Regel als durch Idealisierung entstanden betrachtet. Tatsächlich gibt es keine materielle Eigenschaft, die nur einem Individuum inhärent ist. Zu jeder einem Individuum inhärenten Eigenschaft gibt es gleiche, anderen Individuen inhärente Eigenschaften. Wäre dies nicht der Fall, so gäbe es Individualbegriffe. Allerdings gibt es materielle Eigenschaften, die nur einem Individuum exhärent sind. Es sind die untereinander gleichen exärenten Eigenschaften des Individuums, die sich auf seine Existenz in dem Raum-Zeit-Bereich beziehen, der nur seine materielle Existenzform darstellt. Diese materiellen Eigenschaften sind von dem Individuum selbst verschieden. Sie können als das „materielle Anderssein" der Einermenge des Individuums aufgefaßt werden. Es kann nun auch vorkommen, daß in einem Raumbereich in einem Zeitintervall keine Individuen wahrgenommen werden. Dabei ist allerdings zu beachten, daß wir eine bestimmte Auffassung über die Individuen der materiellen Welt entwickelt haben, die vermutlich nur für den Makrokosmos, jedoch nicht für den Mikrokosmos Berechtigung hat. Unsere Auffassung über die Individuen der materiellen Welt ist das Resultat einer Idealisierung, die nur in gewissen Grenzen für bestimmte Zwecke berechtigt ist. Allein auf Grund dieser Idealisierung ergibt sich aber bereits, daß die Raum-Zeit-Bereiche, in denen kein Individuum im Sinne unserer Auffassung wahrnehmbar ist, als das „materielle Anderssein" der leeren Menge aufgefaßt werden können. Man kann auch auf andere Weise zu der leeren Menge gelangen. Man kombiniert intensionale Eigenschaften, von denen jede für sich wenigstens einem Individuum zukommt, derart, daß die kombinierten Eigenschaften alle zusammen keinem Individuum zukommen. Einer derartigen Eigenschaftskombination ist dann eindeutig die leere Menge zugeordnet. Eine derartige Eigenschaftskombination existiert aber nur ideell. Sie hat kein „materielles Anderssein“.

Es ist nun nur noch die Menge aller Individuen zu betrachten. Es wird angenommen, daß diese Menge eine unendliche Menge ist. Eine Menge ist unendlich genau dann, wenn sie eine echte Teilmenge enthält, mit der sie gleichmächtig ist (auf die sie eineindeutig abbildbar ist). Da man stets nur endlich viele Individuen wahrnehmen kann, ist die Annahme der Unendlichkeit der Menge aller Individuen das Resultat einer „Extrapolation nach Unendlich“. Die Menge aller Individuen ist zugleich die Extension des Individuenbegriffs. Sie hat daher ihr „materielles Anderssein“ durch die den Individuen exhärente Eigenschaft, als wahrnehmbare Erscheinungsform der Materie zu existieren. Eine wahrnehmbare Erscheinungsform der Materie ist nämlich genau das, was wie ein Individuum im Sinne unserer Auffassung außerhalb und unabhängig vom menschlichen Bewußtsein existiert. Die Annahme der Unendlichkeit der Menge aller Individuen kann deshalb durch die philosophische These von der Unendlichkeit der Materie gestützt werden. Diese These besagt: Die Materie ist unerschaffbar und unzerstörbar, ewig veränderlich, raum-zeitlich unbegrenzt, qualitativ unerschöpflich, systemmäßig abgeschlossen und unendlich mannigfaltig.

Wir wenden uns nun wieder der Begriffsbildung zu. Intensionale Eigenschaften mit ihren eindeutig zugeordneten extensionalen Eigenschaften, also die Eigenschaftsbegriffe, nennen wir auch intensionale Begriffe. Von ihnen unterscheiden wir die extensionalen Eigenschaften, also die Mengen, die wir von nun an auch extensionale Begriffe nennen werden. Durch intensionale Begriffe werden untereinander gleiche, Individuen inhärente Eigenschaften und durch extensionale Begriffe untereinander gleiche, Individuen exhärente Eigenschaften der materiellen Welt rational-ideell abgebildet bzw. begriffen. Wenn nun inhärente oder exhärente Eigenschaften von Individuen begriffen sind, dann sind sie auch in intensionalen oder extensionalen Begriffen rational-ideell gegeben. In den durch die Begriffe hervorgerufenen Vorstellungen sind sie darüber hinaus sinnlich-ideell gegeben, auch dann noch, wenn sie nicht mehr wahrnehmbar sind. Mit den Individuen existieren nicht nur ihre inhärenten und exhärenten Eigenschaften, sondern auch die Eigenschaften dieser Eigenschaften materiell. Allerdings können die Eigenschaften der Eigenschaften von Individuen erst dann begriffen werden, wenn die ihnen zugrunde liegenden Eigenschaften der Individuen begriffen sind. Dann existieren aber die ihnen zugrunde liegenden Eigenschaften der Individuen auch rational-ideell in Begriffen. Vergißt man nun die Herkunft dieser Begriffe aus der materiellen Welt, dann erscheinen die Eigenschaften der Eigenschaften von Individuen lediglich als Eigenschaften von in begrifflicher Form ideell existierenden Eigenschaften, d. h. von Ideen. In dieser Besonderheit des menschlichen Erkenntnisprozesses liegt eine Ursache für die Entstehung des Idealismus. Wenn auch die Eigenschaften der Eigenschaften von Individuen materiell existieren, so können sie doch nur deshalb begriffen werden, weil sie nach dem Begreifen der ihnen zugrunde liegenden Eigenschaften der Individuen auch als Eigenschaften von in Begriffen gegebenen Eigenschaften ideell existieren. Der weitere Erkenntnisprozeß kann daher von diesen Begriffen ausgehen. Durch ihn werden auch Eigenschaften höherer Ordnung begriffen.

Sieht man von der Geometrie ab, so kann man sagen, daß in der Mathematik keine inhärenten Eigenschaften von Individuen auf den Begriff gebracht, d. h. begriffen werden. In der Geometrie wird die Gestalt der Individuen und, über sie vermittelt, die Struktur des Raumes untersucht. Wenn auch die Gestalt den Individuen nicht innewohnt, so haftet sie ihnen doch an und ist insofern noch eine inhärente Eigenschaft der Individuen. Wenn die exhärenten Eigenschaften von Individuen begriffen sind, dann existieren sie auch ideell als extensionale Begriffe oder Mengen von Individuen. Dabei ist lediglich zu beachten, daß bestimmte exhärente Eigenschaften durch bestimmte Mengen und beliebige exhärente Eigenschaften durch beliebige Mengen von Individuen begriffen werden. In der Mathematik werden nun vor allem Eigenschaften und Eigenschaften höherer Ordnung der exhärenten Eigenschaften von Individuen erforscht. Sie existieren auch ideell als Eigenschaften und Eigenschaften höherer Ordnung von Mengen, sobald die exhärenten Eigenschaften von Individuen begriffen sind. Wenn nun ihrerseits Eigenschaften und Eigenschaften höherer Ordnung von Mengen begriffen sind, dann existieren sie auch als Mengen von Mengen und Mengen höherer Stufe. Nach dem Begreifen beliebiger exhärenter Eigenschaften von Individuen durch einen elementaren, „allen Menschen vertrauten Denkakt“ konnte jedenfalls der mathematische Erkenntnisprozeß in der von allen Umwegen der Geschichte freien logischen Form von beliebigen Mengen von Individuen ausgehen. Da auch die Mengen als Dinge aufgefaßt werden, erscheint die Mathematik völlig zu Recht als abstrakte „Wissenschaft, die sich mit Gedankendingen beschäftigt“.

Wir betrachten nun die natürlichen Zahlen im Sinne von endlichen Kardinalzahlen (Anzahlen). Natürliche Zahlen existieren materiell als Eigenschaften der exhärenten Eigenschaften von Individuen. Seitdem die exhärenten Eigenschaften von Individuen begriffen sind, existieren natürliche Zahlen auch ideell als Eigenschaften der Mengen von Individuen. Aber erst nachdem eine bestimmte endliche Menge M als mit anderen Mengen gleichmächtig erkannt wurde, konnte die Menge aller mit M gleichmächtigen Mengen als die Kardinalzahl (Elementeanzahl) von M und somit als eine bestimmte natürliche Zahl gebildet werden. Das Bilden einer bestimmten natürlichen Zahl war zugleich das Begreifen einer natürlichen Zahl, die zuvor zwar als eine inhärente Eigenschaft von Mengen, nicht aber selbst als eine Menge (Menge von Mengen) ideell existierte. Durch das Begreifen natürlicher Zahlen, die nach dem Begreifen der exhärenten Eigenschaften von Individuen nicht nur materiell als Eigenschaften der exhärenten Eigenschaften von Individuen, sondern auch ideell als inhärente Eigenschaften der Mengen von Individuen gegeben sind, werden natürliche Zahlen auch als Mengen von Mengen existent. Dadurch werden sie selbst zu Objekten (Dingen), die es zu untersuchen gilt.

Erst nachdem die Eigenschaft einer Menge, Menge von Individuen zu sein, begriffen war, existierte auch die Menge aller Mengen von Individuen als Extension des auf Mengen von Individuen relativierten Mengenbegriffs. Nunmehr konnte die Gleichmächtigkeit als eine Äquivalenzrelation, d. h. reflexive, transitive und symmetrische Relation, in der Menge aller Mengen von Individuen erkannt werden. Da für Äquivalenzrelationen das Abstraktionsprinzip gilt, welches die Abstraktion durch Identifikation oder Identifizierung gestattet, konnten nun die Mengen von untereinander gleichmächtigen Mengen als Äquivalenzklassen der Gleichmächtigkeitsrelation abstrahiert werden. Bei der Abstraktion dieser Äquivalenzklassen werden in der Gleichmächtigkeitsrelation stehende Mengen von Individuen identifiziert, indem die Eigenschaft der Mächtigkeit oder Kardinalzahl hervorgehoben und von allen anderen Eigenschaften abgesehen wird. Auf diese Weise erscheinen die begriffenen Kardinalzahlen als Mengen von untereinander gleichmächtigen Mengen. Die Kardinalzahl einer Menge M ist dann und nur dann mit der Kardinalzahl einer Menge N identisch, wenn die Menge M mit der Menge N gleichmächtig ist. Aus dem Hauptsatz über Äquivalenzrelationen folgt schließlich, daß die Gleichmächtigkeitsrelation eine vollständige Einteilung der Menge aller Mengen von Individuen in paarweise disjunkte nichtleere Äquivalenzklassen bestimmt. Jeder Menge von Individuen ist also eindeutig eine Kardinalzahl zugeordnet. Nun werden die natürlichen Zahlen als Kardinalzahlen endlicher Mengen (endliche Kardinalzahlen) eingeführt. Erst jetzt kann man sagen, daß die Eigenschaft von Mengen von Mengen, eine natürliche Zahl zu sein, begriffen ist. Als Extension des Begriffes der natürlichen Zahl erscheint die Menge aller natürlichen Zahlen. Die Menge Nz aller natürlichen Zahlen wird zum Untersuchungsobjekt der Mathematik. Die natürliche Zahl 0 wird als Kardinalzahl der leeren Menge definiert.

Nachdem die allen natürlichen Zahlen gemeinsame Eigenschaft, endliche Kardinalzahl zu sein, begriffen war, kam es darauf an, die Unterschiede zwischen den natürlichen Zahlen zu erkennen. Um die Unterschiede zwischen den natürlichen Zahlen zu erkennen, mußte man die in den natürlichen Zahlen als Elemente enthaltenen Mengen von Individuen, auch Repräsentanten der natürlichen Zahlen genannt, vergleichen. Dabei ergab sich als kleinste mögliche Differenz der Repräsentanten zweier natürlicher Zahlen die Einermenge eines Individuums. Als „der geringste mögliche Unterschied" zwischen zwei natürlichen Zahlen erscheint daher der Unterschied ihrer Repräsentanten „um ein Element". „Denn jeder andere (quantitative) Unterschied läßt sich auf diesen zurückführen und durch ihn herstellen" (78, S. 36/37), schreibt V. Kraft. Erst nachdem dies erkannt war, konnte auch die Nachfolgerbeziehung für natürliche Zahlen definiert werden. Dann wurde bewiesen, daß es zu jeder natürlichen Zahl n genau eine natürliche Zahl m gibt, die (unmittelbarer) Nachfolger von n ist. Sie wird n' (n Strich) genannt. Nun können für die Menge Nz aller natürlichen Zahlen, für die Zahl 0 und für die Nachfolgerfunktion ' die 5 Peanoschen Axiome bewiesen werden.

Die Addition von natürlichen Zahlen kann auf die Nachfolgerbildung zurückgeführt werden. Sie wird als eine algebraische Operation in der Menge der natürlichen Zahlen induktiv durch die 2 Rekursionsgleichungen $m+0=m$ und $m+n'=(m+n)'$ definiert. Diese induktive Definition wird gerechtfertigt durch den Nachweis, daß es genau eine Operation gibt, die den beiden Rekursionsgleichungen genügt. Daher kann die Addition auch explizit als diejenige Operation in der Menge der natürlichen Zahlen definiert werden, die den Rekursionsgleichungen genügt. Nun kann die Multiplikation von natürlichen Zahlen auf die Addition zurückgeführt werden. Sie wird induktiv durch die 2 Rekursionsgleichungen $m \cdot 0=0$ und $m \cdot n'=m \cdot n+m$ definiert. Diese induktive Definition kann auch gerechtfertigt und daher expliziert werden. Schließlich können die Kleinergleichbeziehung und die Kleinerbeziehung für natürliche Zahlen mit Hilfe der Addition wie folgt explizit definiert werden: $m \leqq n$ genau dann, wenn es eine natürliche Zahl x gibt, so daß gilt: $m + x = n$. $m < n$ genau dann, wenn es eine von 0 verschiedene natürliche Zahl x gibt, so daß gilt: $m + x = n$.

Auf Grund der definierten Operationen und Relationen erscheint die Menge der natürlichen Zahlen als ein geordnetes Zahlensystem. Sehr treffend faßt I. Adler die Ergebnisse der Erforschung des Zahlensystems wie folgt zusammen: „Der Mathematiker betrachtet das Zahlsystem als einen Komplex von untereinander zusammenhängenden *Strukturen*. Er untersucht diese Strukturen einzeln und auch ihr Verhältnis zueinander. Die Erforschung dieser Strukturen hat ergeben, daß wir nicht *ein* Zahlsystem haben, sondern Zahlsysteme; keine Algebra, sondern Algebren; keine Geometrie, sondern Geometrien; keinen Raum, sondern Räume“ (1, S. 7).

Wir wenden uns nun noch den Geometrien zu. In der Euklidischen Geometrie wird die Gestalt der Individuen und, über sie vermittelt, die Struktur des Raumes untersucht. Tatsächlich faßte Euklid seine Geometrie als eine Theorie auf, die die Struktureigenschaften des uns umgebenden Raumes beschreibt, der als Existensform der Materie materiell existiert. Zunächst mußte jedoch die Gestalt der Individuen untersucht werden. Beim Vergleich der Gestalt von Individuen konnten Individuen als gleichgestaltet festgestellt werden. Untereinander gleichgestaltete Individuen wurden identifiziert. Auf diese Weise wurde die Gestalt als geometrischer Körper abstrahiert. Geometrische Körper sind allseitig begrenzte Teile des Raumes. Die geometrischen Körper werden von ebenen oder gekrümmten Flächen begrenzt, die auch eine bestimmte Gestalt haben. Gleichgestaltete Flächen wurden ebenfalls identifiziert. Auf diese Weise wurde die Gestalt als geometerische Figur abstrahiert. Geometrische Figuren werden von geraden oder krummen Linien vollständig begrenzt. Schließlich werden Punkte als Grenzen begrenzter Linien aufgefaßt. Punkte, Geraden und Ebenen bilden nun die Elemente der Euklidischen Geometrie des dreidimensionalen Raumes. Da der uns umgebende Raum dreidimensional ist, kann man sich Punkte, Geraden und Ebenen nur als durch Idealisierung entstandene Dinge denken. Die Idealisierung ging von Individuen bestimmter Gestalt aus. Während Punkte als unteilbare, ausdehnungslose Gebilde erscheinen, erscheinen Geraden als eindimensionale und Ebenen als zweidimensionale unbegrenzt ausgedehnte

Gebilde. Daraus ist ersichtlich, daß diese Idealisierung von einer „Extrapolation nach Unendlich" begleitet wurde.

D. Hilbert schreibt nun in seiner Abhandlung „Grundlagen der Geometrie": „Wir denken die Punkte, Geraden, Ebenen in gewissen gegenseitigen Beziehungen und bezeichnen diese Beziehungen durch Worte wie: ‚liegen', ‚zwischen', ‚kongruent', ‚parallel', ‚stetig'; die genaue und für mathematische Zwecke vollständige Beschreibung dieser Beziehungen erfolgt durch die *Axiome der Geometrie.* Die Axiome der Geometrie können wir in fünf Gruppen teilen; jede einzelne dieser Gruppen drückt gewisse zusammengehörige Grundtatsachen unserer Anschauung aus" (58, S. 2). Während die 8 Axiome der Verknüpfung, die 4 Axiome der Anordnung und die 5 Axiome der Kongruenz tatsächlich mit unserer Erfahrung übereinstimmen, sind das Axiom der Parallelen (Euklidisches Axiom) und die 2 Axiome der Stetigkeit (Axiom des Messens oder Archimedisches Axiom und Axiom der linearen Vollständigkeit) nicht unmittelbar empirisch überprüfbar.

Nachdem die Mathematiker lange Zeit vergeblich versucht hatten, das Parallelenaxiom aus den anderen Axiomen der Euklidischen Geometrie zu beweisen, versuchten sie, die Unabhängigkeit dieses Axioms von den anderen Axiomen nachzuweisen. Schließlich wurde die Unabhängigkeit des Euklidischen Parallelenaxioms von den anderen Axiomen der Euklidischen Geometrie mit modelltheoretischen Methoden bewiesen. Dadurch kam es zu einer Verzweigung der Geometrie. Neben der Euklidischen Geometrie entstanden durch Verneinung des Euklidischen Parallelenaxioms die Lobatschewskische und die Riemannsche Geometrie als nichteuklidische Geometrien. Außerdem entstand durch Ausschluß des Archimedischen Stetigkeitsaxioms die sogenannte nichtarchimedische Geometrie. Zu einer Verallgemeinerung des Gegenstandes der Geometrie kam es auch dadurch, daß das Axiomensystem der Euklidischen Geometrie als formales Axiomensystem aufgefaßt wurde und neben dem Standardmodell (der Euklidischen Geometrie) auch andere Modelle betrachtet wurden.

Auf andere Weise kann man den Gegenstand der Geometrie durch „Vergrößerung der Anzahl der Raumdimensionen" verallgemeinern. Man läßt neben dem dreidimensionalen Raum noch „verschiedene Typen abstrakter mehrdimensionaler und sogar unendlich-dimensionaler Räume" zu (113, S. 36), schreibt G. I. Rusawin. Der Übergang vom dreidimensionalen zu einem mehrdimensionalen Raum war prinzipiell schon nach der Begründung der analytischen Geometrie durch Descartes und Fermat möglich. Durch die Einführung eines Koordinatensystems konnten Descartes und Fermat die Sätze der Geometrie in die Sprache der Algebra übersetzen und die Eigenschaften geometrischer Figuren mit rein algebraischen Methoden analysieren. Dennoch fanden erst nach den Forschungen Riemanns zur Topologie und zu den Grundlagen der Geometrie die abstrakten mehrdimensionalen Räume Eingang in die Mathematik. Nachdem Galois den Gruppenbegriff eingeführt und algebraische Gleichungen gruppentheoretisch behandelt hatte, hat schließlich F. Klein im Erlanger Programm jede Geometrie als Invariantentheorie gegenüber einer Transformationsgruppe charakterisiert. I. Adler schreibt: „Eine Geometrie ist jetzt definiert als das Studium von Figuren, die bei einer Gruppe von Abbildungen ineinander übergeführt werden können, und von Eigenschaften von Figuren, die bei den Abbildungen dieser Gruppe ungeändert bleiben“ (1, S. 163). Neben der Euklidischen Geometrie, in der Kongruenzen untersucht wurden, erschienen auf diese Weise auch noch die affine und die projektive Geometrie.

Die bei der Erforschung der Zahlensysteme und geometrischen Räume entdeckten ordnungstheoretischen, algebraischen und topologischen Strukturen wurden nun abstrahiert. Sie wurden als akstrakte Strukturen auch Untersuchungsgegenstand der Mathematik. Für viele Mathematiker erscheinen nun die abstrakten Strukturen als alleiniger Gegenstand der Mathematik. Wir stimmen dagegen mit I. Adler überein, wenn er schreibt: Es hat „den Anschein, daß die Mathematik von ihrem alten Hauptgegenstand abgekommen sei und sich nicht mehr länger mit der Untersuchung von Zahl und Raum beschäftigt. Dies ist natürlich nicht richtig. Zahl und Raum gehören immer noch zu den zentralen Begriffen der Mathematik. Die neuen Ideen ... sind im Laufe einer tiefergehenden Untersuchung ihrer Eigenschaften entstanden.“ „Während die Eigenschaften der Zahl und des Raumes verallgemeinert wurden, hat sich der Hauptgegenstand der Mathematik erweitert“ (1, S. 7). Wir nehmen diese Feststellung zum Anlaß, nochmals auf die von F. Engels angegebene Bestimmung des Gegenstandes der Mathematik besonders hinzuweisen.

F. Engels' Bestimmung des Gegenstandes der Mathematik, wonach die Mathematik Raumformen und Quantitätsverhältnisse der wirklichen Welt zum Gegenstand hat, erweist sich auch für die moderne Mathematik als tragfähig. Allerdings ist dabei zu beachten, daß die Begriffe der Zahl und des Raumes in verschiedener Hinsicht verallgemeinert wurden und daß die bei der Erforschung der Zahlensysteme und geometrischen Räume entdeckten ordnungstheoretischen, algebraischen und topologischen Strukturen als abstrakte Strukturen den Untersuchungsgegenstand der Mathematik erweitert haben. Abschließend bestimmen wir daher den Gegenstand der Mathematik wie folgt: Die Mathematik hat die Wirklichkeit als diskret und kontinuierlich strukturierte unendliche Mannigfaltigkeit voneinander unterschiedener Dinge zum Gegenstand.

2.2. Der ideelle Objektbereich

Wir haben bereits die Menge der natürlichen Zahlen in bezug auf die Addition, die Multiplikation, die Kleinergleichbeziehung ($\leqq$-Beziehung) und die Kleinerbeziehung ($<$-Beziehung) ein geordnetes Zahlensystem genannt. I. Adler schreibt: „*Ein Zahlsystem ist eine Gesamtheit von Dingen, in welcher zwei zweistellige Verknüpfungen, Addition und Multiplikation genannt, definiert sind, und zwar so, daß die Addition kommutativ und assoziativ, die Multiplikation kommutativ und assoziativ und die Multiplikation distributiv in bezug auf die Addition ist*“ (1, S. 26). Tatsächlich genügen die in der Menge der natürlichen Zahlen definierte Addition und Multiplikation für beliebige natürliche Zahlen a, b, c den folgenden 5 Gesetzen:

1. $a+b=b+a$
2. $(a+b)+c=a+(b+c)$
3. $a \cdot b=b \cdot a$
4. $(a \cdot b) \cdot c=a \cdot (b \cdot c)$
5. $a \cdot (b+c)=a \cdot b+a \cdot c$.

Man beweist diese Gesetze durch vollständige Induktion. Die für natürliche Zahlen definierte Kleinergleichbeziehung erweist sich nun als eine reflexive und die für natürliche Zahlen definierte Kleinerbeziehung als eine irreflexive *Ordnungsbeziehung (Ordnung)* im System der natürlichen Zahlen. Man kann nämlich beweisen, daß die beiden Beziehungen für beliebige natürliche Zahlen a, b, c die folgenden Eigenschaften besitzen:

$a \leqq a$ (Reflexivität)	$a \not< a$ (Irreflexivität)
$a \leqq b \wedge b \leqq c \rightarrow a \leqq c$ (Transitivität)	$a < b \wedge b < c \rightarrow a < c$ (Transitivität)

$a \leqq b \wedge b \leqq a \rightarrow a = b$ (Antisymmetrie) $\quad a < b \rightarrow b \nless a$ (Asymmetrie)

$a \leqq b \vee b \leqq a$ (Linearität) $\quad a < b \vee a = b \vee b < a$ (Konnexität).

Die durch die Kleinergleich- bzw. Kleinerbeziehung geregelte Menge der natürlichen Zahlen ist daher eine geordnete Menge. Da die Kleinergleich- bzw. Kleinerbeziehung auch die Minimalbedingung in der Menge Nz der natürlichen Zahlen erfüllt, ist die Kleinergleichbeziehung sogar eine reflexive und die Kleinerbeziehung eine irreflexive *Wohlordnung* in der Menge Nz. Die Minimalbedingung in der Menge Nz (das Prinzip der kleinsten Zahl) bringt G. Asser mit folgenden Worten zum Ausdruck: „*In jeder nichtleeren Menge ... von natürlichen Zahlen gibt es eine kleinste Zahl, d. h. eine Zahl, die kleiner als alle anderen Zahlen der betrachteten Menge ist*" (4, S. 55). Unter Verwendung der Symbole „$\emptyset$" (zur Bezeichnung der leeren Menge), „$\in$" (zur Bezeichnung der Elementbeziehung) und „$\subseteqq$" (zur Bezeichnung der Enthaltenseinsbeziehung oder Inklusion) kann man die Minimalbedingung auch wie folgt formulieren:

$$\forall X(X \subseteqq Nz \wedge X \neq \emptyset \rightarrow \exists x(x \in X \wedge \forall y(y \in X \rightarrow x \leqq y))) \text{ bzw.}$$
$$\forall X(X \subseteqq Nz \wedge X \neq \emptyset \rightarrow \exists x(x \in X \wedge \forall y(y \in X \rightarrow x < y \vee x = y))) .$$

Während „x" und „y" Variable für natürliche Zahlen sind, ist „X" eine Variable für Mengen von natürlichen Zahlen. Die durch die Kleinergleich- bzw. Kleinerbeziehung geregelte Menge der natürlichen Zahlen ist also auch eine wohlgeordnete Menge. Wohlgeordnete Mengen sind genauso wie geordnete Mengen, halbgeordnete Mengen und quasigeordnete Mengen ordnungstheoretische Strukturen.

Wir skizzieren nun, wie der Gegenstand der Mathematik durch Ausweitung des Zahlensystems, ausgehend von den natürlichen Zahlen, übergehend zu den ganzen, zu den rationalen, zu den reellen und zu den komplexen Zahlen, sukzessiv erweitert wurde. Wir werden dabei bestätigt finden, was I. Adler mit folgenden Worten zum Ausdruck bringt: „In jedem Konstruktionsstadium des erweiterten Zahlsystems treffen wir auf einige Strukturen wie Gruppen, Ringe und Körper, denen in der modernen Mathematik soviel Aufmerksamkeit gewidmet wird" (1, S. 8). Bevor wir uns nun den Fragestellungen (Problemstellungen) zuwenden, die zur konstruktiven Erweiterung des Systems der natürlichen Zahlen geführt haben, möchten wir noch erwähnen, daß man auch ohne diese Erweiterungen einsehen kann, daß es mehr als ein Zahlensystem im bereits definierten Sinne gibt. Jeder distributive Verband ist nämlich auch ein Zahlensystem. Eine Menge V wird genau dann ein *distributiver Verband* genannt, wenn in ihr zwei Operationen, die Durchschnittsbildung $\cap$ und die Vereinigungsbildung $\cup$, definert sind, die für beliebige Elemente a, b, $c \in V$ den folgenden Gesetzen genügen:

$a \cap b = b \cap a, \qquad a \cup b = b \cup a$

(Kommutative Gesetze)

$(a \cap b) \cap c = a \cap (b \cap c), \qquad (a \cup b) \cup c = a \cup (b \cup c)$

(Assoziative Gesetze)

$a \cap (a \cup b) = a, \qquad a \cup (a \cap b) = a$

(Verschmelzungsgesetze)

$a \cap (b \cup c) = (a \cap b) \cup (a \cap c), \quad a \cup (b \cap c) = (a \cup b) \cap (a \cup c)$

(Distributive Gesetze).

Die kommutativen, assoziativen und Verschmelzungsgesetze heißen zusammen die Verbandsaxiome. Durch Hinzufügung der distributiven Gesetze erhält man die Axiome des distributiven Verbandes. Besondere distributive Verbände sind die Booleschen Verbände. „Ein Verband V ist ein *Boolescher Verband* oder eine *Boolesche Algebra* genau dann, wenn V distributiv und komplementär ist" (72, S. 214), schreibt D. Klaua. Da die Booleschen Algebren auch die Gesetze der Konjunktion, der Alternative und der Negation von Aussagen widerspiegeln, schreibt I. Adler zu Recht über sie: „Die durch sie festgelegten Strukturen sind nicht nur mathematische Kuriositäten. Sie erfahren eine wichtige praktische Anwendung beim Studium der Logik und bei der Konstruktion von elektronischen Rechenmaschinen" (1, S. 47). Daraus ist ersichtlich, daß Boolesche Algebren „Zahlsysteme ohne Zahlen" sind.

Wir wenden uns nun einem Typ von Fragen zu, von denen einige bei Zugrundelegung des Systems der natürlichen Zahlen keine Antwort haben. Eine Frage bringt dabei eine Unkenntnis zum Ausdruck und fordert zugleich zum Beheben der Unkenntnis auf. Man kann auch sagen: Eine Frage besteht aus der Kennzeichnung (Beschreibung) einer Wissenslücke und aus der Aufforderung, die gekennzeichnete (beschriebene) Wissenslücke zu schließen. Die uns jetzt interessierenden Fragen sind von folgendem Typ: Welche natürliche Zahl x ergibt, zu der natürlichen Zahl m addiert, die natürliche Zahl n? Dabei ist zu beachten, daß „m" und „n" als Parameter erscheinen. Ein Parameter nimmt eine Zwischenstellung ein zwischen einer Variablen und einer Konstanten. Ein Parameter ist ein sprachliches Zeichen, welches ein beliebig wählbares, aber wenn gewählt, dann als bestimmt zu betrachtendes Element aus einem fest vorgegebenen Bereich, in unserem Falle aus der Menge der natürlichen Zahlen, mehrdeutig bezeichnet. Ein Parameter ist also in einer Hinsicht wie eine Variable, in einer anderen Hinsicht wie eine Konstante zu behandeln. Wird nun noch das Fragezeichen „?" als Frageoperator verwandt, so können die Fragen des betrachteten Typs auch wie folgt ausgedrückt werden:

$$? \, x \, (m + x = n) \, .$$

Diese Fragen haben dann und nur dann eine Antwort über dem System der natürlichen Zahlen, wenn $m \leqq n$ gilt. Für $n < m$ hat die zugehörige Frage keine Antwort über dem System der natürlichen Zahlen. Man kann auch beweisen, daß es zu gegebenen natürlichen Zahlen m und n höchstens eine natürliche Zahl x gibt, für die $m + x = n$ gilt. G. Asser schreibt nun: „Wir können also feststellen, daß die auf Grund der Gültigkeit des kommutativen Gesetzes für die Addition von natürlichen Zahlen eindeutig bestimmte Umkehroperation der Addition zwar eindeutig, aber nicht unbeschränkt ausführbar ist. Es entsteht nun, und zwar aus Anforderungen der Praxis, das Problem, den Bereich der natürlichen Zahlen so zu erweitern, daß im erweiterten Bereich die Umkehroperation der Addition unbeschränkt ausführbar ist" (5, S. 3). Über dem so erweiterten Bereich hat dann auch jede Frage des betrachteten Typs genau eine Antwort. Allerdings ist eine derartige Erweiterung des Bereiches der natürlichen Zahlen mit einem Abstraktionsprozeß verbunden.

Wir betrachten die Menge Np aller geordneten Paare (m, n) von natürlichen Zahlen und definieren die Relation der Differenzengleichheit wie folgt:

$(m_1, n_1) \underset{D}{=} (m_2, n_2)$ genau dann, wenn $m_1 + n_2 = m_2 + n_1$.

Man kann beweisen, daß die Differenzengleichheit eine Äquivalenzrelation in der Menge Np ist. Sie besitzt daher für beliebige geordnete Paare (m_1, n_1), (m_2, n_2), (m_3, n_3) von natürlichen Zahlen folgende Eigenschaften:

$(m_1, n_1) \underset{D}{=} (m_1, n_1)$ (Reflexivität)

$(m_1, n_1) \underset{D}{=} (m_2, n_2) \rightarrow (m_2, n_2) \underset{D}{=} (m_1, n_1)$ (Symmetrie)

$(m_1, n_1) \underset{D}{=} (m_2, n_2) \wedge (m_2, n_2) \underset{D}{=} (m_3, n_3) \rightarrow (m_1, n_1) \underset{D}{=} (m_3, n_3)$ (Transitivität).

Gemäß dem Abstraktionsprinzip, welches die Abstraktion durch Identifizierung gestattet, werden nun die *ganzen Zahlen* als Äquivalenzklassen der Differenzengleichheit eingeführt. Die Menge Gz aller ganzen Zahlen ist auf Grund des Hauptsatzes über Äquivalenzrelationen ein System von paarweise disjunkten, nichtleeren Mengen von Paaren von natürlichen Zahlen. Ist g eine ganze Zahl, d. h. eine Menge von untereinander differenzengleichen Paaren von natürlichen Zahlen, und ist (m, n) ein Element von g, dann wird (m, n) ein Repräsentant von g genannt. Es ist ganz offensichtlich, daß eine ganze Zahl f dann und nur dann mit einer ganzen Zahl g identisch ist, wenn jeder Repräsentant von f auch Repräsentant von g ist und umgekehrt. Da das System Gz disjunkt ist, kann man auch sagen, daß ganze Zahlen f und g genau dann identisch sind, wenn sie wenigstens einen gemeinsamen Repräsentanten besitzen. Die Addition, die Multiplikation und die reflexive und irreflexive Ordnungsbeziehung ganzer Zahlen werden nun repräsentantenweise erklärt. Sind $g_1, g_2 \in Gz$ mit $(m_1, n_1) \in g_1$ und $(m_2, n_2) \in g_2$, so ist ihre Summe $g_1 + g_2$ diejenige ganze Zahl $g \in Gz$, für die $(m_1 + m_2, n_1 + n_2) \in g$ gilt, und ihr Produkt $g_1 \cdot g_2$ diejenige ganze Zahl $g \in Gz$, für die $(m_1 \cdot m_2 + n_1 \cdot n_2, m_1 \cdot n_2 + m_2 \cdot n_1) \in g$ gilt; es ist $g_1 \leqq g_2$ genau dann, wenn $m_1 + n_2 \leqq m_2 + n_1$ gilt, und $g_1 < g_2$ genau dann, wenn $m_1 + n_2 < m_2 + n_1$ gilt. Zur Rechtfertigung der angegebenen Definitionen kann bewiesen werden, daß sie unabhängig sind von der Auswahl der Repräsentanten. Die Addition ist nun diejenige Operation in der Menge Gz der ganzen Zahlen, die je zwei ganzen Zahlen g_1 und g_2 ihre Summe $g_1 + g_2$ eindeutig zuordnet, und entsprechend ist die Multiplikation diejenige Operation in der Menge Gz, die je zwei ganzen Zahlen g_1 und g_2 ihr Produkt $g_1 \cdot g_2$ eindeutig zuordnet. Da man nun beweisen kann, daß für die Addition und die Multiplikation in Gz das kommutative und das assoziative Gesetz und für die Multiplikation bezüglich der Addition auch das distributive Gesetz gelten, ist die Menge Gz der ganzen Zahlen ein Zahlensystem.

Es folgen weitere Definitionen. Nachdem gezeigt ist, daß es zu beliebigen ganzen Zahlen g_1 und g_2 stets eine und nur eine ganze Zahl g gibt, für die $g_1 + g = g_2$ gilt, kann man definieren: Die Differenz $g_2 - g_1$ der ganzen Zahlen g_2 und g_1 ist diejenige ganze Zahl $g \in Gz$ mit $g_1 + g = g_2$. Weiterhin kann man definieren: Die ganze Zahl 0 ist dasjenige Element $g \in Gz$ mit $(0,0) \in g$. Die ganze Zahl 1 ist dasjenige Element $g \in Gz$ mit $(0', 0) \in g$. Abgesehen von der Symbolik, schreibt nun D. Klaua: „Diejenigen ganzen Zahlen $g \in Gz$, für die es ein Paar (n, 0) gibt mit $(n, 0) \in g$, heißen die *natürlichen ganzen Zahlen*. . . Die Menge Nz der natürlichen Zahlen . . . und die Menge der natürlichen ganzen Zahlen . . . sind in bezug auf die in ihnen erklärten Additionen, Multiplikationen und Ordnungsbeziehungen isomorph, so daß sich das Rechnen mit natürlichen ganzen Zahlen nicht unterscheidet vom Rechnen mit natürlichen Zahlen; der betreffende Isomorphismus zwischen beiden Mengen ist diejenige Funktion F über Nz, welche jedem n∈Nz die ganze Zahl g mit (n, 0)∈g zuordnet“ (73, S. 23). Da außerdem die eindeutig bestimmte Umkehroperation der Addition, die Subtraktion, nicht in Nz, aber in Gz unbeschränkt ausführbar ist, stellt das Zahlensystem Gz eine echte Erweiterung des Zahlensystems Nz dar. Es enthält neben den natürlichen ganzen Zahlen noch die negativen ganzen Zahlen. Diejenigen ganzen Zahlen g∈Gz, für die es ein Paar (0, n) gibt mit (0, n)∈g und $n \neq 0$, heißen die negativen ganzen Zahlen. Die von der ganzen Zahl 0 verschiedenen natürlichen ganzen Zahlen werden auch positive ganze Zahlen genannt. Man kann nun beweisen: Jede ganze Zahl ist eine positive ganze Zahl oder eine negative ganze Zahl oder die ganze Zahl 0. Die eindeutig bestimmte Differenz $0-g$ der ganzen Zahlen 0 und g wird auch die zu g entgegengesetzte ganze Zahl $-g$ genannt. Nun lassen sich für die ganzen Zahlen die bekannten Rechengesetze beweisen.

Die Menge Gz der ganzen Zahlen bildet in bezug auf die Addition eine Gruppe, da für beliebige ganze Zahlen g, g_1, g_2, g_3 folgendes gilt:

1. $(g_1+g_2)+g_3=g_1+(g_2+g_3)$
2. $g+0=0+g=g$
3. $g+(-g)=(-g)+g=0$.

Eine Menge G ist in bezug auf eine in ihr definierte Operation · genau dann eine *Gruppe*, wenn folgende Bedingungen erfüllt sind:

1. Für beliebige Elemente a, b, c∈G gilt:
   $(a \cdot b) \cdot c = a \cdot (b \cdot c)$ (Assoziatives Gesetz)
2. Es gibt ein Element e∈G, so daß für jedes Element a∈G gilt:
   $a \cdot e = e \cdot a = a$ (Existenz eines Einselementes)
3. Zu jedem Element a∈G gibt es ein Element a^{-1}∈G, so daß gilt:
   $a \cdot a^{-1} = a^{-1} \cdot a = e$ (Existenz der inversen Elemente).

Die drei Bedingungen heißen zusammen auch Gruppenaxiome. Eine andere logisch gleichwertige Definition wird von D. Klaua angegeben (73, S. 51). Sie lautet sinngemäß: Eine nichtleere Menge G wird genau dann eine Gruppe genannt, wenn in ihr eine Operation · definiert ist, die für beliebige Elemente a, b, c∈G folgenden Gesetzen genügt:

1. $(a \cdot b) \cdot c = a \cdot (b \cdot c)$
2. $\exists x\, (x \in G \land a \cdot x = b)$, $\exists y\, (y \in G \land y \cdot a = b)$.

Eine Abelsche Gruppe liegt vor, wenn außerdem für beliebige Elemente $a, b \in G$ das kommutative Gesetz $a \cdot b = b \cdot a$ gilt. Da die Addition in der Menge Gz kommutativ ist, bildet die Menge Gz in bezug auf die Addition sogar eine Abelsche Gruppe. Wird schließlich auch noch die Multiplikation ganzer Zahlen in die Betrachtung einbezogen, so erweist sich die Menge Gz der ganzen Zahlen in bezug auf die Addition und die Multiplikation als ein kommutativer Ring. Eine Menge R wird genau dann ein *Ring* genannt, wenn in ihr zwei Operationen, die Addition + und die Multiplikation ·, definiert sind, für die folgende Bedingungen erfüllt sind:

1. R ist in bezug auf die Addition eine Abelsche Gruppe.
2. Die Multiplikation in R ist assoziativ.
3. Die Multiplikation ist bezüglich der Addition distributiv, d. h., für beliebige Elemente $a, b, c \in R$ gilt:
   $a \cdot (b+c) = a \cdot b + a \cdot c, \ (b+c) \cdot a = b \cdot a + c \cdot a$.

Ist die Multiplikation in R außerdem kommutativ, dann heißt R ein *kommutativer Ring*.

Wir wenden uns nun einem anderen Typ von Fragen zu, von denen einige bei Zugrundelegung des Systems der ganzen Zahlen keine Antwort haben. Die Fragen dieses Typs können symbolisch wie folgt ausgedrückt werden:

$$?\,x\,(f \cdot x = g).$$

Diese Fragen haben dann und nur dann eine eindeutig bestimmte Antwort über dem System der ganzen Zahlen, wenn $f \neq 0$ und f ein Teiler von g ist. Ist $f = 0$ oder ist f kein Teiler von g, dann hat die zugehörige Frage keine Antwort über dem System der ganzen Zahlen. Der Bereich der ganzen Zahlen ist daher so zu erweitern, daß über dem erweiterten Bereich jede Frage des betrachteten Typs, in der die Zahl 0 nicht als Multiplikand auftritt, genau eine Antwort hat. G. Asser schreibt nun: „Das Verfahren, das wir hierbei verwenden, ist im Prinzip dasselbe, wie das ... bei der Erweiterung des Bereichs der natürlichen Zahlen zum Bereich der ganzen Zahlen benutzte ... Dort gingen wir aus von der inhaltlich bekannten Tatsache, daß man jede ganze Zahl als Differenz von natürlichen Zahlen darstellen kann. Hier vergegenwärtigen wir uns, daß man jede rationale Zahl als Quotient von ganzen Zahlen darstellen kann, dessen Nenner von Null verschieden ist“ (5, S. 32). Dementsprechend betrachten wir die Menge Gp aller geordneten Paare (f, g) von ganzen Zahlen, deren zweites Glied g von 0 verschieden ist, und definieren die Relation der Quotientengleichheit wie folgt:

$(f_1, g_1) \underset{Q}{=} (f_2, g_2)$ genau dann, wenn $f_1 \cdot g_2 = f_2 \cdot g_1$.

Man kann zeigen, daß die Quotientengleichheit eine Äquivalenzrelation in der Menge Gp ist. Gemäß dem Abstraktionsprinzip, welches die Abstraktion durch Identifizierung gestattet, werden nun die *rationalen Zahlen* als Äquivalenzklassen der Quotientengleichheit eingeführt. In der Menge Rz aller rationalen Zahlen werden die Addition, die Multiplikation und die reflexive und irreflexive Ordnungsbeziehung repräsentantenweise erklärt. Sind $r_1, r_2 \in Rz$ mit $(f_1, g_1) \in r_1$ und $(f_2, g_2) \in r_2$, so ist ihre Summe $r_1 + r_2$ diejenige rationale Zahl $r \in Rz$, für die $(f_1 \cdot g_2 + f_2 \cdot g_1, g_1 \cdot g_2) \in r$ gilt, und ihr Produkt $r_1 \cdot r_2$ diejenige rationale Zahl $r \in Rz$, für die $(f_1 \cdot f_2, g_1 \cdot g_2) \in r$ gilt; es ist $r_1 \leqq r_2$ genau dann, wenn $(f_2 \cdot g_1 - f_1 \cdot g_2) \cdot g_1 \cdot g_2 \geqq 0$ gilt, und $r_1 < r_2$ genau dann, wenn $(f_2 \cdot g_1 - f_1 \cdot g_2) \cdot g_1 \cdot g_2 > 0$ gilt. Die angegebenen Definitionen sind unabhängig von der Auswahl der Repräsentanten. Nach erfolgter Rechtfertigung werden noch folgende Definitionen hinzugefügt: Die Differenz $r_2 - r_1$ der rationalen Zahlen r_2 und r_1 ist diejenige rationale Zahl $r \in Rz$ mit $r_1 + r = r_2$. Die rationale Zahl 0 ist dasjenige Element $r \in Rz$ mit $(0,1) \in r$. Die rationale Zahl 1 ist dasjenige Element $r \in Rz$ mit $(1,1) \in r$. Wenn $r_1 \neq 0$ ist, dann ist der Quotient $\frac{r_2}{r_1}$ der rationalen Zahlen r_2 und r_1 diejenige rationale Zahl $r \in Rz$ mit $r_1 \cdot r = r_2$. Schließlich wird der Betrag $|r|$ einer rationalen Zahl $r \in Rz$ wie folgt erklärt: $|r| = r$ für $r \geqq 0$ und $|r| = 0 - r$ für $r < 0$. Abgesehen von der Symbolik, schreibt nun D. Klaua: „Diejenigen rationalen Zahlen $r \in Rz$, für die es ein Paar (g, 1) gibt mit $(g, 1) \in r$, heißen die *ganzen rationalen Zahlen* ... Die Menge Gz der ganzen Zahlen ... und die Menge der ganzen rationalen Zahlen ... sind in bezug auf die in ihnen erklärten Additionen, Multiplikationen und Ordnungsbeziehungen isomorph, so daß sich das Rechnen mit ganzen rationalen Zahlen nicht unterscheidet vom Rechnen mit ganzen Zahlen; der betreffende Isomorphismus zwischen beiden Mengen ist diejenige Funktion F über Gz, welche jedem $g \in Gz$ die rationale Zahl r mit $(g, 1) \in r$ zuordnet. Mit Gz ist dann auch Nz isomorph in Rz enthalten, da Nz isomorph in Gz enthalten ist" (73, S. 24). Da außerdem die eindeutig bestimmte Umkehroperation der Multuplikation, die Division, nicht in Gz, aber in Rz mit Ausnahme der Division durch 0 unbeschränkt ausführbar ist, stellt das Zahlensystem Rz eine echte Erweiterung des Zahlensystems Gz dar. Die Menge Rz ist tatsächlich ein Zahlensystem, da die in ihr erklärte

Addition und Multiplikation den 5 für ein Zahlensystem charakteristischen Gesetzen genügen.

Die eindeutig bestimmte Differenz $0-r$ der rationalen Zahlen 0 und r wird die zu r entgegengesetzte rationale Zahl $-r$ genannt. Wenn $r \neq 0$ ist, dann wird der eindeutig bestimmte Quotient $\frac{1}{r}$ der rationalen Zahlen 1 und r die zu r reziproke rationale Zahl r^{-1} genannt. Nun lassen sich für die rationalen Zahlen die bekannten Rechengesetze beweisen. Abgesehen von der Symbolik, schreibt G. Asser: „Schließlich zeigt man, daß die Menge Rz der rationalen Zahlen die folgende Minimalbedingung erfüllt: *Die Menge* Rz *der rationalen Zahlen ist die kleinste Menge, die die Zahlen Null und Eins enthält, die ferner mit Zahlen* r_1 *und* r_2 *ihre Summe* r_1+r_2 *und ihr Produkt* $r_1 \cdot r_2$ *enthält, und die schließlich mit einer Zahl* $r \neq 0$ *auch die zu* r *entgegengesetzte Zahl* $-r$ *und die zu* r *reziproke Zahl* r^{-1} *enthält*" (5, S. 39). Man kann ferner zeigen, daß die Menge Rz der rationalen Zahlen in bezug auf die in ihr erklärte Addition und Multiplikation nicht nur ein Zahlensystem, sondern auch einen kommutativen Ring bildet. Da auch bezüglich der Multiplikation rationaler Zahlen ein Einselement (die rationale Zahl 1) und zu jeder von 0 verschiedenen rationalen Zahl ein inverses Element (die zu ihr reziproke Zahl) existiert, bildet die Menge Rz in bezug auf die in ihr erklärte Addition und Multiplikation sogar einen Körper. Man kann also sagen: Die Menge Rz der rationalen Zahlen bildet in bezug auf die Addition und die Multiplikation einen Körper, da für beliebige rationale Zahlen r, r_1, r_2, r_3 folgendes gilt:

1. $(r_1+r_2)+r_3=r_1+(r_2+r_3)$
2. $r_1+r_2=r_2+r_1$
3. $r+0=0+r=r$
4. $r+(-r)=(-r)+r=0$
5. $(r_1 \cdot r_2) \cdot r_3=r_1 \cdot (r_2 \cdot r_3)$
6. $r_1 \cdot r_2=r_2 \cdot r_1$
7. $r \cdot 1=1 \cdot r=r$
8. $r \neq 0 \rightarrow r \cdot r^{-1}=r^{-1} \cdot r=1$
9. $r_1 \cdot (r_2+r_3)=r_1 \cdot r_2+r_1 \cdot r_3$.

Die beiden Ausdrücke 3. und 4. können unter Berücksichtigung der anderen angegebenen Ausdrücke logisch gleichwertig durch das Gesetz der Umkehrbarkeit der Addition ersetzt werden. Dieses Gesetz besagt: Zu beliebigen rationalen Zahlen r_1 und r_2 gibt es wenigstens eine rationale Zahl r, so daß gilt: $r_1+r=r_2$. Ganz entsprechend können die Ausdrücke 7. und 8. in dem Zusammenhang logisch gleichwertig durch das Gesetz der Umkehrbarkeit der Multiplikation ersetzt werden. Dieses Gesetz besagt: Zu jeder von 0 verschiedenen rationalen Zahl r_1 und zu jeder rationalen Zahl r_2 gibt es wenigstens eine rationale Zahl r, so daß gilt: $r_1 \cdot r = r_2$. Beachtet man diese logische Gleichwertigkeit, so erweist sich die Menge Rz in bezug auf die Addition und die Multiplikation auch als ein Körper im Sinne der folgenden von D. Klaua angegebenen Definition (73, S. 52). Eine wenigstens zwei Elemente enthaltende Menge K wird genau dann ein *Körper* genannt, wenn in ihr zwei Operationen, die Addition + und die Multiplikation · , definiert sind, die für beliebige Elemente a, b, $c \in K$ den folgenden Gesetzen genügen:

1. $(a+b)+c=a+(b+c)$
2. $a+b=b+a$
3. $\exists x\,(x \in K \wedge a+x=b)$
4. $(a \cdot b) \cdot c=a \cdot (b \cdot c)$
5. $a \cdot b=b \cdot a$
6. $a \neq \iota x\,(x \in K \wedge \forall y\,(y \in K \rightarrow y+x=y)) \rightarrow \exists x\,(x \in K \wedge a \cdot x=b)$
7. $a \cdot (b+c)=a \cdot b+a \cdot c$.

Diese Gesetze heißen zusammen die Körperaxiome. Körper sind genauso wie Ringe und Gruppen algebraische Strukturen.

Man kann nun leicht feststellen, daß jede algebraische Gleichung ersten Grades der Form $r_1 \cdot x + r_2 = 0$ mit $r_1 \neq 0$ im System Rz der rationalen Zahlen stets eine Lösung besitzt. Aber schon bei algebraischen Gleichungen zweiten Grades ist dies nicht immer der Fall. Außerdem ergeben sich bei der Veranschaulichung der rationalen Zahlen auf einer Geraden noch gewisse Lücken. I. Adler schreibt: „Das System der rationalen Zahlen liefert für einige, aber nicht für alle Punkte der Geraden zugeordnete Zahlen. Obgleich die rationalen Zahlen dicht über die Gerade ausgebreitet sind, gibt es Löcher, die durch sie nicht ausgefüllt werden. Wenn wir zu jedem Punkt der Geraden eine Zahl haben wollen, die diesen darstellt, müssen wir das Zahlsystem nochmals erweitern“ (1, S. 106). Zu diesem Zweck kann man verschiedene Wege einschlagen. Man kann sich der Dedekindschen Schnitte bedienen, die Intervallschachtelungen gemäß der Weierstraßschen Methode verwenden oder der Cantorschen Begründung der reellen Zahlen folgen. Wir werden einen Weg wählen, der im wesentlichen auf G. Cantor zurückgeht. Wir gehen von dem Begriff der Folge von rationalen Zahlen aus. Eine Folge $\{r_n\}$ von rationalen Zahlen ist eine eindeutige Abbildung von der Menge der natürlichen Zahlen in die Menge der rationalen Zahlen. Die rationale Zahl r_n, die der natürlichen Zahl n zugeordnet ist, wird das n-te Glied der Folge $\{r_n\}$ genannt. Es ist nun offensichtlich, daß Folgen dann und nur dann identisch sind, wenn sie gliedweise übereinstimmen. Eine Folge $\{r_n\}$ von rationalen Zahlen heißt eine Fundamentalfolge (Cauchy-Folge), wenn es zu jeder rationalen Zahl $d > 0$ eine natürliche Zahl $m \in Nz$ gibt, so daß $|r_{n_1} - r_{n_2}| < d$ für alle n_1, $n_2 \in Nz$ mit $n_1, n_2 \geqq m$ gilt.

Wir betrachten nun die Menge aller Fundamentalfolgen von rationalen Zahlen und definieren die Relation der Grenzwertgleichheit wie folgt:

$\{r_n\} \underset{G}{=} \{s_n\}$ genau dann, wenn es zu jeder rationalen Zahl $d > 0$ eine natürliche Zahl $m \in Nz$ gibt, so daß $|r_n - s_n| < d$ für alle $n \in Nz$ mit $n \geqq m$ gilt.

Man kann zeigen, daß die Grenzwertgleichheit eine Äquivalenzrelation in der Menge aller Fundamentalfolgen ist. Gemäß dem Abstraktionsprinzip, welches die Abstraktion durch Identifizierung gestattet, werden nun die *reellen Zahlen* als Äquivalenzklassen der Grenzwertgleichheit eingeführt. In der Menge Re aller reellen Zahlen werden die Addition, die Multiplikation und die Ordnungsbeziehung repräsentantenweise erklärt. Sind $x, y \in Re$ mit $\{r_n\} \in x$ und $\{s_n\} \in y$, so ist ihre Summe $x + y$ diejenige reelle Zahl $z \in Re$, für die $\{r_n + s_n\} \in z$ gilt, und ihr Produkt $x \cdot y$ diejenige reelle Zahl $z \in Re$, für die $\{r_n \cdot s_n\} \in z$ gilt; es ist $x < y$ genau dann, wenn es eine rationale Zahl $d > 0$ und eine natürliche Zahl $m \in Nz$ gibt, so daß $s_n - r_n \geqq d$ für alle $n \in Nz$ mit $n \geqq m$ gilt, und $x \leqq y$ genau dann, wenn $x < y$ oder $x \doteq y$ gilt. Die angegebenen Definitionen sind unabhängig von der Auswahl der Repräsentanten. Nach erfolgter Rechtfertigung werden noch folgende Definitionen hinzugefügt: Die Differenz $y - x$ der reellen Zahlen y und x ist diejenige reelle Zahl $z \in Re$ mit $x + z = y$. Die reelle Zahl 0 ist dasjenige Element $z \in Re$ mit $\{0\} \in z$. $\{0\}$ ist in diesem Zusammenhang die Fundamentalfolge $\{r_n\}$ mit $r_n = 0$ für alle $n \in Nz$. Entsprechend ist für eine beliebige rationale Zahl r in diesem Zusammenhang $\{r\}$ die Fundamentalfolge $\{r_n\}$ mit $r_n = r$ für alle $n \in Nz$. Die reelle Zahl 1 ist dasjenige Element $z \in Re$ mit $\{1\} \in z$. Wenn $x \neq 0$ ist, dann ist der Quotient $\frac{y}{x}$ der reellen Zahlen y und x diejenige reelle Zahl $z \in Re$ mit $x \cdot z = y$. Schließlich wird der Betrag $|z|$ einer reellen Zahl $z \in Re$ wie folgt erklärt: $|z| = z$ für $z \geqq 0$ und $|z| = 0 - z$ für $z < 0$. Die eindeutig bestimmte

Differenz $0-z$ der reellen Zahlen 0 und z wird die zu z entgegengesetzte reelle Zahl $-z$ genannt. Wenn $z \neq 0$ ist, dann wird der eindeutig bestimmte Quotient $\frac{1}{z}$ der reellen Zahlen 1 und z die zu z reziproke reelle Zahl z^{-1} genannt. Nun lassen sich für die reellen Zahlen die bekannten Rechengesetze beweisen.

Abgesehen von der Symbolik, schreibt D. Klaua: „Diejenigen reellen Zahlen $x \in Re$, für die es eine rationale Zahl $r \in Rz$ gibt mit $\{r\} \in x$, heißen die *rationalen reellen Zahlen* ..., alle anderen reellen Zahlen die *irrationalen Zahlen* ... Die Menge Rz der rationalen Zahlen ... und die Menge der rationalen reellen Zahlen ... sind in bezug auf die in ihnen erklärten Additionen, Multiplikationen und Ordnungsbeziehungen isomorph, so daß sich das Rechnen mit rationalen reellen Zahlen nicht unterscheidet vom Rechnen mit rationalen Zahlen; der betreffende Isomorphismus zwischen beiden Mengen ist diejenige Funktion F über Rz, welche jedem $r \in Rz$ die reelle Zahl x mit $\{r\} \in x$ zuordnet. Mit Rz sind dann auch Gz und Nz isomorph in Re enthalten, da Nz isomorph in Gz und Gz isomorph in Rz enthalten ist" (73, S. 24). Man kann nun zeigen, daß auch die Menge Re der reellen Zahlen in bezug auf die in ihr erklärte Addition und Multiplikation nicht nur ein Zahlensystem, sondern sogar einen Körper bildet. Man kann ferner beweisen, daß der Körper der reellen Zahlen in bezug auf die in Re definierte $<$-Beziehung ein *geordneter Körper* ist, indem man zeigt, daß die $<$-Beziehung eine irreflexive Ordnung in Re ist, die für beliebige reelle Zahlen x, y, z folgende weitere Eigenschaften besitzt:

$$x<y \rightarrow x+z<y+z$$
$$z>0 \wedge x<y \rightarrow x \cdot z<y \cdot z$$
$$z<0 \wedge x<y \rightarrow x \cdot z>y \cdot z.$$

Wir nennen nun eine reelle Zahl z positiv genau dann, wenn $z>0$ gilt. Man kann zeigen, daß der Körper der reellen Zahlen in bezug auf die so definierte Eigenschaft, positiv zu sein, auch ein *angeordneter Körper* ist, indem man folgende zwei Sätze beweist:

1. Für jede reelle Zahl z besteht genau einer der folgenden Fälle: z ist positiv, $z=0$, $-z$ ist positiv.
2. Die Summe und das Produkt von positiven reellen Zahlen sind positiv.

Man kann nun noch beweisen, daß der angeordnete Körper der reellen Zahlen *archimedisch* ist, d. h., daß es zu jeder reellen Zahl y und zu jeder reellen Zahl $x > 0$ eine natürliche Zahl n gibt, so daß $n \cdot x > y$ gilt. Dabei ist unter $n \cdot x$ das n-fache der Zahl x zu verstehen, das durch die Rekursionsgleichungen $0 \cdot x = 0$ und $(n+1) \cdot x = n \cdot x + x$ induktiv definiert werden kann. Auf Grund des Rechtfertigungssatzes für induktive Definitionen ist das n-fache der Zahl x, also $n \cdot x$, eindeutig durch die Rekursionsgleichungen festgelegt. Außerdem kann noch gezeigt werden, daß der angeordnete Körper der reellen Zahlen *vollständig* ist, d. h., daß jede Fundamentalfolge von reellen Zahlen einen Grenzwert besitzt. Dabei versteht man unter einem *Grenzwert* einer Folge $\{x_n\}$ von reellen Zahlen eine reelle Zahl x, für die es zu jeder reellen Zahl $\varepsilon > 0$ eine natürliche Zahl $m \in Nz$ gibt, so daß $|x_n - x| < \varepsilon$ für alle $n \in Nz$ mit $n \geqq m$ gilt. Nachdem gezeigt ist, daß jede Folge von reellen Zahlen höchstens einen Grenzwert besitzt, nennt man die Folgen, die einen Grenzwert besitzen, *konvergent* und die Folgen, die keinen Grenzwert besitzen, *divergent*. Ist $\{x_n\}$ eine konvergente Folge von reellen Zahlen und x der Grenzwert der Folge $\{x_n\}$, so schreibt man: $\lim_{n \to \infty} x_n = x$. Man kann nun die Gesetze der Grenzwertrechnung beweisen. Schließlich kann man zeigen, daß jede konvergente Folge $\{x_n\}$ von reellen Zahlen eine Fundamentalfolge ist, d. h., wenn die Folge $\{x_n\}$ konvergiert, dann gibt es zu jeder reellen Zahl $\varepsilon > 0$ eine natürliche Zahl $m \in Nz$, so daß $|x_{n_1} - x_{n_2}| < \varepsilon$ für alle $n_1, n_2 \in Nz$ mit $n_1, n_2 \geqq m$ gilt (Cauchysches Konvergenzkriterium).

Man nennt nun ganz allgemein einen angeordneten Körper K, in dem das Archimedische Axiom und das Vollständigkeitsaxiom gelten, einen *stetigen Körper*. Dabei ist lediglich zu beachten, daß die $<$-Beziehung in dem angeordneten Körper in der Regel auf die Eigenschaft, positiv zu sein, zurückgeführt wird und nicht umgekehrt. Man definiert in diesem Fall: $a < b$ genau dann, wenn $b - a$ positiv ist. Das Archimedische Axiom besagt nun ganz allgemein: Zu jedem Element $a \in K$ gibt es eine natürliche Zahl n, so daß gilt: $n \cdot e > a$. Dabei ist e das Einselement von K. Schließlich lautet das Vollständigkeitsaxiom ganz allgemein: Jede Fundamentalfolge in K besitzt in K einen Grenzwert. Diese Formulierungen findet man auch bei G. Asser (5, S. 61).

Wir werden nun zeigen, daß das System der reellen Zahlen nicht nur ordnungstheoretische und algebraische Strukturen aufzuweisen hat, sondern auch topologische Strukturen besitzt. Zu diesem Zweck sind zunächst noch zwei Begriffe einzuführen. Für beliebige reelle Zahlen $y \in Re$ und positive reelle Zahlen $\varepsilon > 0$ wird die *ε-Umgebung von* y $U_\varepsilon(y)$ wie folgt definiert: $U_\varepsilon(y)$ ist die Menge aller reellen

Zahlen $x \in Re$ mit $|x-y| < \varepsilon$. Eine Teilmenge $G \subseteq Re$ heißt *offen* genau dann, wenn es zu jeder reellen Zahl $x \in G$ eine reelle Zahl $\varepsilon > 0$ gibt mit $U_\varepsilon(x) \subseteq G$. Die Menge Re aller reellen Zahlen bildet nun in bezug auf die Gesamtheit ihrer offenen Teilmengen einen topologischen Raum, da folgende drei Sätze bewiesen werden können:

1. Die Menge Re aller reellen Zahlen und die leere Menge $\emptyset$ sind offene Teilmengen von Re.
2. Die Vereinigung beliebig vieler offener Teilmengen von Re ist eine offene Teilmenge von Re.
3. Der Durchschnitt zweier beliebiger offener Teilmengen von Re ist eine offene Teilmenge von Re.

I. Adler, der sich die Menge Re der reellen Zahlen auf einer Geraden veranschaulicht denkt, schreibt: „Die Bedeutung des Begriffs der offenen Menge besteht darin, daß sie eine Verallgemeinerung des Begriffs der Umgebung erlaubt... Diese Verallgemeinerung zielt darauf ab, den Begriff der Umgebung von der Vorstellung eines Abstandes loszulösen. Dann ist eine Umgebung lediglich eine Gesamtheit von Nachbarn mit den Eigenschaften einer offenen Menge. Von diesem Gesichtspunkt aus kann die ganze Gerade als ein System ineinandergreifender Umgebungen oder offener Mengen aufgefaßt werden. Die ineinandergreifenden Umgebungen auf der Geraden bestimmen das, was man topologische Struktur nennt, und machen sie zu einem topologischen Raum" (1, S. 134). Wird nun noch die Menge aller Teilmengen einer Menge E mit PE bezeichnet, so kann man ganz allgemein definieren: Eine Menge E ist in bezug auf ein Mengensystem $T \subseteq PE$ genau dann ein *topologischer Raum*, wenn für beliebige Mengensysteme $M \subseteq PE$ und beliebige Teilmengen G_1, $G_2 \subseteq E$ gilt:

1. $E, \emptyset \in T$
2. $M \subseteq T \rightarrow \bigcup M \in T$
3. $G_1, G_2 \in T \rightarrow G_1 \cap G_2 \in T$.

Die 3 Bedingungen heißen zusammen die Axiome des topologischen Raumes. Die Elemente aus E werden auch Punkte und die Elemente aus T offene Mengen des topologischen Raumes E genannt. „Jede offene Menge des Raumes E, die einen gegebenen Punkt $x \in E$ enthält, heißt *Umgebung* des Punktes x im Raume E" (2, S. 184), schreibt P. S. Alexandroff, der lediglich an Stelle des Buchstabens „E" den Buchstaben „R" verwendet. Auf der Grundlage des so verallgemeinerten Umgebungsbegriffes können schließlich auch der Grenzwertbegriff und der Stetigkeitsbegriff verallgemeinert werden. Auf diese Weise werden gewisse Vorstellungen über den uns umgebenden Raum in sehr abstrakter Form mathematisch erfaßt.

Einen anderen Typ topologischer Strukturen stellen die metrischen Räume dar. Wird die Menge aller geordneten Paare von Elementen aus einer Menge E mit $E \times E$ bezeichnet, so kann man ganz allgemein definieren: Eine Menge E ist in bezug auf eine Funktion r von $E \times E$ in die Menge Re der reellen Zahlen genau dann ein *metrischer Raum*, wenn für beliebige Elemente a, b, $c \in E$ gilt:

1. $r(a, b) = 0 \leftrightarrow a = b$
2. $r(a, b) = r(b, a)$
3. $r(a, c) \leqq r(a, b) + r(b, c)$.

Die drei Bedingungen heißen zusammen die Axiome des metrischen Raumes. Man kann nun zeigen, daß die Menge Re in bezug auf die Funktion r mit $r(x, y) = |x - y|$ für beliebige reelle Zahlen x, $y \in Re$ auch einen metrischen Raum bildet. Metrische Räume sind genauso wie topologische Räume topologische Strukturen.

Nachdem wir nun das System der reellen Zahlen kennengelernt haben, müssen wir feststellen, daß auch im System Re der reellen Zahlen nicht jede algebraische Gleichung zweiten Grades eine Lösung besitzt. Wir müssen daher das Zahlensystem nochmals erweitern. Da das System der reellen Zahlen eineindeutig auf die Menge der Punkte einer Geraden abbildbar ist, können die reellen Zahlen durch die Punkte einer Geraden veranschaulicht werden. Es ist nun anzustreben, daß das erweiterte Zahlensystem eineindeutig auf die Menge der Punkte einer Ebene abbildbar ist. Da nach Einführung eines Koordinatensystems die Punkte einer Ebene durch ihre beiden Koordinaten, die reelle Zahlen sind, eindeutig bestimmt sind, liegt es nahe, die *komplexen Zahlen* als geordnete Paare reeller Zahlen einzuführen. Die Menge Ko der komplexen Zahlen ist dann die Menge aller geordneten Paare von reellen Zahlen. Es gilt also $Ko = Re \times Re$. Die Addition und die Multiplikation komplexer Zahlen werden folgendermaßen erklärt: Sind $k_1, k_2 \in Ko$ mit $k_1 = (x_1, y_1)$ und $k_2 = (x_2, y_2)$, so ist ihre Summe $k_1 + k_2$ die komplexe Zahl $k = (x_1 + x_2, y_1 + y_2)$ und ihr Produkt $k_1 \cdot k_2$ die komplexe Zahl $k = (x_1 \cdot x_2 - y_1 \cdot y_2, x_1 \cdot y_2 + x_2 \cdot y_1)$. Abgesehen von der Symbolik, schreibt nun D. Klaua: „Diejenigen komplexen Zahlen $k \in Ko$ mit $k = (x, 0)$ heißen die *reellen komplexen Zahlen* ...; die komplexen Zahlen $k \in Ko$ mit $k = (0, x)$ die *imaginären Zahlen* ... Die Menge Re der reellen Zahlen ... und die Menge der reellen komplexen Zahlen ... sind in bezug auf die in ihnen erklärten Additionen und Multiplikationen isomorph, so daß sich das Rechnen mit reellen komplexen Zahlen nicht unterscheidet vom Rechnen mit reellen Zahlen; der betreffende Isomorphismus zwischen beiden Mengen ist diejenige Funktion F über Re, welche jedem $x \in Re$ die komplexe Zahl $k = (x, 0)$ zuordnet“ (73, S. 25).

Es folgen nun noch einige Definitionen. Nachdem gezeigt ist, daß es zu beliebigen komplexen Zahlen k_1 und k_2 stets genau eine komplexe Zahl k gibt, für die $k_1 + k = k_2$ gilt, kann man definieren: Die Differenz $k_2 - k_1$ der komplexen Zahlen k_2 und k_1 ist diejenige komplexe Zahl $k \in Ko$ mit $k_1 + k = k_2$. Weiterhin kann man definieren: Die komplexe Zahl 0 ist die komplexe Zahl $k = (0,0)$. Die komplexe Zahl 1 ist die komplexe Zahl $k = (1,0)$. Die komplexe Zahl i ist die komplexe Zahl $k = (0,1)$. Nachdem gezeigt ist, daß es zu jeder von 0 verschiedenen komplexen Zahl k_1 und zu jeder komplexen Zahl k_2 genau eine komplexe Zahl k gibt, für die $k_1 \cdot k = k_2$ gilt, kann man definieren: Wenn $k_1 \neq 0$ ist, dann ist der Quotient $\frac{k_2}{k_1}$ der komplexen Zahlen k_2 und k_1 diejenige komplexe Zahl $k \in Ko$ mit $k_1 \cdot k = k_2$. Die eindeutig bestimmte Differenz $0 - k$ der komplexen Zahlen 0 und k wird die zu k entgegengesetzte komplexe Zahl $-k$ genannt. Wenn $k \neq 0$ ist, dann wird der eindeutig bestimmte Quotient $\frac{1}{k}$ der komplexen Zahlen 1 und k die zu k reziproke komplexe Zahl k^{-1} genannt. Nun lassen sich für die komplexen Zahlen die bekannten Rechengesetze beweisen. Insbesondere kann man zeigen, daß die Menge Ko der komplexen Zahlen in bezug auf die in ihr erklärte Addition und Multiplikation nicht nur ein Zahlensystem, sondern auch einen Körper bildet. Schließlich kann man den *Fundamentalsatz der Algebra* formulieren, der zuerst von C. F. Gauß bewiesen wurde. Er besagt: Jede algebraische Gleichung n-ten Grades $(n \geqq 1)$ der Form $a_n x^n + a_{n-1} x^{n-1} + \cdots + a_1 x + a_0 = 0$ mit $a_n \neq 0$, deren Koeffizienten komplexe Zahlen sind, hat genau n Lösungen im System der komplexen Zahlen.

Die sukzessive Erweiterung des Zahlensystems, ausgehend vom System der natürlichen Zahlen, endend im System der komplexen Zahlen, hat uns ordnungstheoretische, algebraische und topologische Strukturen erkennen lassen und darüber hinaus verdeutlicht, daß es nicht nur *ein* Zahlensystem, sondern Zahlensysteme und nicht nur *einen* Raum, sondern Räume gibt. Dabei ist zu beachten, daß die verschiedenen Strukturen bei der Erforschung von Zahl und Raum entdeckt wurden. Als abstrakte Strukturen haben sie den Untersuchungsgegenstand der Mathematik erweitert.

3. Die Darstellungsweise der modernen Mathematik

3.1. Die axiomatische Methode

Die systematische Darstellung einer mathematischen Theorie erfolgt in der Regel durch Anwendung der axiomatischen Methode. Dabei werden Grundbegriffe (Grundtermini) und Grundaussagen (Grundsätze) an die Spitze der Theorie gestellt. Aus ihnen werden die weiteren Begriffe und Aussagen der Theorie mit Hilfe von Definitionen und Beweisen logisch abgeleitet. Die Grundaussagen der Theorie werden auch Axiome genannt. Sie bilden zusammen das Axiomensystem der Theorie. Die Grundbegriffe der Theorie sind die in dem Axiomensystem vorkommenden nichtlogischen Begriffe. Während die abgeleiteten Aussagen durch Beweise auf die Grundaussagen zurückgeführt werden, werden die abgeleiteten Begriffe durch Definitionen auf die Grundbegriffe zurückgeführt. Wollte man jede Aussage der Theorie beweisen und jeden Begriff der Theorie definieren, so müßte man Zirkelfehler begehen oder einen unendlichen Regreß vollziehen. Da Zirkelfehler weder beim Beweisen noch beim Definieren statthaft sind und da ein unendlicher Regreß sowohl beim Beweisen als auch beim Definieren unvollziehbar ist, ergibt sich mit Notwendigkeit die Voraussetzung von Grundaussagen und Grundbegriffen. Sie konstituieren das Axiomensystem der Theorie. H. Hermes schreibt: „Man kann nun sagen, daß die Mathematik die Theorie der . . . durch Axiomensysteme beschreibbaren . . . Strukturen sei. Diese inhaltliche Kennzeichnung der Mathematik, die der Auffassung des Bourbakismus . . . nahekommt, wird allerdings nicht von allen Mathematikern anerkannt, insbesondere nicht von den Intuitionisten, Konstruktivisten und Vertretern ähnlicher Auffassungen“ (50, S. 6). Die Metamathematik ist nun nach P. Lorenzen ebenfalls eine mathematische Theorie, aber „eine *konstruktive* mathematische Theorie, die die gesamte Mathematik, soweit sie als eine *axiomatische* Theorie vorliegt, zum Gegenstand hat“ (89, S. 7).

Wir müssen nun verschiedene Arten von Axiomensystemen unterscheiden. Eine Art von Axiomensystemen haben wir bereits bei der sukzessiven Erweiterung des Zahlensystems kennengelernt. Ordnungstheoretische, algebraische und topologische Strukturen wurden durch derartige Axiomensysteme gekennzeichnet. Die entsprechenden Strukturbegriffe wurden dadurch axiomatisch festgelegt. Man kann sagen, daß u. a. die Begriffe der wohlgeordneten Menge, der Abelschen Gruppe und des topologischen Raumes durch Angabe der entsprechenden Axiomensysteme explizit definiert wurden. Es handelt sich bei derartigen Begriffen um abstrakte Strukturbegriffe, unter die ganz verschiedene Objektbereiche in bezug auf verschiedene Eigenschaften, Beziehungen, Funktionen oder Operationen fallen können. In den Zahlensystemen fanden wir Beispiele für unendliche ordnungstheoretische, algebraische und topologische Strukturen. Es gibt aber auch endliche derartige Strukturen. Beispielsweise ist die Menge {0, 1, 2, 3} der natürlichen Zahlen 0, 1, 2, 3 in bezug auf die Ordnung der Größe nach eine wohlgeordnete Menge. Die Ordnungsaxiome sind erfüllt. Außerdem gilt das auf diese Menge relativierte Prinzip der kleinsten Zahl. Die Menge {0, 1, 2, 3} ist darüber hinaus in bezug auf die Addition modulo 4, bei der von Summen, die größer oder gleich 4 sind, die Zahl 4 noch zu subtrahieren ist, eine Abelsche Gruppe. Die Gruppenaxiome sind erfüllt. Außerdem gilt auch für die Addition modulo 4 das kommutative Gesetz. Schließlich ist die Menge {0, 1, 2, 3} in bezug auf das Mengensystem {{0, 1, 2, 3}, {0, 1}, {2, 3}, ∅} auch ein topologischer Raum. Die Axiome des topologischen Raumes sind erfüllt.

Wir nennen nun die Axiomensysteme, die zur expliziten Definition abstrakter Strukturbegriffe verwendet und beim Aufbau der entsprechenden Strukturtheorien an die Spitze gestellt werden, abstrakte oder nichtobjektgebundene Axiomensysteme. P. Lorenzen bezieht sich gerade auf Theorien, an deren Spitze abstrakte Axiomensysteme stehen, wenn er schreibt: „Diese axiomatischen Theorien sind nicht auf Grund einer Kritik an dem inhaltlichen Denken der klassischen Mathematik entstanden, sondern durch die Entdeckung von ‚Strukturgleichheiten' innerhalb der klassischen Mathematik" (89, S. 134/135). P. Lorenzen sieht ferner in der Anwendung der auf abstrakte Axiomensysteme bezogenen axiomatischen Methode ein wichtiges Kennzeichen der modernen Mathematik. Er schreibt daher weiter: „Da mit jedem System von Aussagen, das in irgendeinem Gebiet der Mathematik gilt, dort auch alle logischen Folgerungen aus diesem System gelten, lohnt es sich dann, wenn man in verschiedenen Gebieten Aussagensysteme derselben Form gefunden hat, die logischen Folgerungen dieser Systeme von Aussageformen zu untersuchen – ohne Bezugnahme auf ein ‚konkretes' Gebiet der

Mathematik. Diese Wendung von der konkreten Mathematik zur ‚abstrakten‘ oder axiomatischen Mathematik ist eines der wichtigsten Kennzeichen der modernen Mathematik“ (89, S. 135).

Während man abstrakte oder nichtobjektgebundene Axiomensysteme aufstellt, wenn in verschiedenen Gebieten der Mathematik Aussagensysteme derselben Form gefunden und somit gleiche Strukturen entdeckt werden, stellt man konkrete oder objektgebundene Axiomensysteme auf, wenn in bestimmten Gebieten der Mathematik anschauliche Vorstellungen über den Zusammenhang der in den Grundbegriffen erfaßten Objekte, Eigenschaften und Beziehungen formuliert werden. Konkrete oder objektgebundene Axiomensysteme sind z. B. das durch die Rekursionsgleichungen für die Addition und die Multiplikation erweiterte Peanosche Axiomensystem der Arithmetik der natürlichen Zahlen und das von Hilbert angegebene Axiomensystem der Euklidischen Geometrie.

In dem erweiterten Peanoschen Axiomensystem der Arithmetik werden anschauliche Vorstellungen über den Zusammenhang der natürlichen Zahlen, der Zahl Null, der Nachfolgerbeziehung, der Addition und der Multiplikation zum Ausdruck gebracht. Das 1. Peanosche Axiom lautet: 0 ist eine natürliche Zahl. Durch dieses Axiom wird die „Existenz“ wenigstens einer natürlichen Zahl garantiert. Das 2. Peanosche Axiom lautet: Zu jeder natürlichen Zahl x gibt es genau eine natürliche Zahl y, die unmittelbar auf x folgt. Durch dieses Axiom werden einerseits „Lücken“ und andererseits „Vorwärtsverzweigungen“ einer Folge natürlicher Zahlen ausgeschlossen. Das 3. Peanosche Axiom lautet: Es gibt keine natürliche Zahl x, auf die unmittelbar 0 folgt. Durch dieses Axiom wird die natürliche Zahl 0 als „Anfang“ einer Folge natürlicher Zahlen gesetzt. Es wird damit auch ausgeschlossen, daß es einen „Zyklus“ natürlicher Zahlen gibt, in dem die natürliche Zahl 0 vorkommt. Das 4. Peanosche Axiom lautet: Zu jeder natürlichen Zahl x gibt es höchstens eine natürliche Zahl y, auf die unmittelbar x folgt. Durch dieses Axiom werden „Rückwärtsverzweigungen“ ausgeschlossen. Außerdem wird damit auch das „Abbrechen“ einer Folge natürlicher Zahlen verhindert. Das 5. Peanosche Axiom lautet: Die Menge der natürlichen Zahlen ist die kleinste Menge, die die natürliche Zahl 0 und mit jeder natürlichen Zahl x auch deren unmittelbaren Nachfolger y als Element enthält. Dabei ist der unmittelbare Nachfolger einer natürlichen Zahl x diejenige natürliche Zahl y, die unmittelbar auf x folgt. Durch das 5. Peanosche Axiom wird schließlich garantiert, daß es nur eine Folge natürlicher Zahlen gibt.

Man kann nun zusammenfassend sagen: Von 0 ausgehend, erhält man durch sukzessive Bildung des unmittelbaren Nachfolgers jede natürliche Zahl. Die natürliche Zahl n erhält man durch n-fache Nachfolgerbildung, ausgehend von der Zahl 0. Die Folge der natürlichen Zahlen endet weder in einem sich ständig wiederholenden Zyklus, noch bricht sie an einer bestimmten Stelle ab, indem von dieser Stelle an alle natürlichen Zahlen miteinander identisch werden. Die von 0 ausgehende und durch sukzessive Nachfolgerbildung entstehende Folge der natürlichen Zahlen ist daher potentiell unendlich. Unsere anschaulichen Vorstellungen über den Zählvorgang haben also im Peanoschen Axiomensystem ihren Niederschlag gefunden.

In den bereits angegebenen Rekursionsgleichungen für die Addition und die Multiplikation natürlicher Zahlen werden ebenfalls anschauliche Vorstellungen zum Ausdruck gebracht. Die Addition wird auf sukzessive Nachfolgerbildung zurückgeführt. Die Summe m + n der natürlichen Zahlen m und n erhält man durch n-fache Nachfolgerbildung, ausgehend von der Zahl m. Die Multiplikation wird auf sukzessive Addition zurückgeführt. Das Produkt m · n der natürlichen Zahlen m und n erhält man durch n-fache Addition der Zahl m, ausgehend von der Zahl 0.

In dem Hilbertschen Axiomensystem der Euklidischen Geometrie werden anschauliche Vorstellungen über den Zusammenhang der Punkte, der Geraden, der Ebenen, der Lagebeziehung, der Zwischenbeziehung, der Kongruenz, der Parallelität und der Stetigkeit zum Ausdruck gebracht. Statt von der Lagebeziehung spricht man auch von der Inzidenzbeziehung. Die Kongruenz kann man noch in Streckenkongruenz und Winkelkongruenz unterteilen. Es würde uns zu weit führen, wenn wir alle 20 Axiome der 5 Axiomengruppen angeben wollten. D. Hilbert hat sie in dem Abschnitt „Die Elemente der Geometrie und die fünf Axiomgruppen“ umgangssprachlich sehr klar formuliert (58, S. 2–33). Wir geben lediglich in geringfügig modifizierter Form die drei „ebenen“ Axiome der Verknüpfung und das Axiom der Parallelen an. Diese Axiome lauten: Zu zwei Punkten A, B gibt es genau eine Gerade g, auf der die Punkte A, B liegen. Zu einer Geraden g gibt es wenigstens zwei Punkte A, B, die auf der Geraden g liegen. Es gibt wenigstens drei Punkte A, B, C, die nicht auf einer Geraden g liegen. Zu einer Geraden g und einem nicht auf ihr gelegenen Punkt A gibt es in der Ebene e, in der die Gerade g und der Punkt A liegen, genau eine Gerade h, auf der der Punkt A liegt und die zu der Geraden g parallel ist. Statt von der Ebene, in der die Gerade g und der Punkt A liegen, spricht man auch von der durch g und A bestimmten Ebene. Statt zu sagen, daß der Punkt A auf der Geraden h liegt, kann man auch sagen, daß die Gerade h durch den Punkt A geht. Schließlich sagt man auch, daß die Gerade h die Gerade g nicht schneidet, statt zu sagen, daß die Gerade h zu der Geraden g parallel ist.

Die vier ausgewählten Axiome lassen bereits erkennen, daß anschauliche Vorstellungen über den uns umgebenden Raum bei der Formulierung der Axiome der Euklidischen Geometrie berücksichtigt wurden. Zieht man auch die anderen Axiome der Euklidischen Geometrie in Betracht, so kann man sagen, daß auch unsere anschaulichen Vorstellungen über die Raumvermessung in das Hilbertsche Axiomensystem Eingang gefunden haben. D. Hilbert und P. Bernays schreiben in dem Zusammenhang: „Diese Darstellung entspricht . . . noch der inhaltlichen Axiomatik, bei welcher die Grundbeziehungen als etwas in der Erfahrung oder in anschaulicher Vorstellung Aufweisbares und somit inhaltlich Bestimmtes angesehen werden, worüber die Sätze der Theorie Behauptungen enthalten“ (63, S. 6/7). Dabei ist nur noch zu beachten, daß aus den inhaltlich verstandenen Axiomen „der weitere Inhalt der Theorie mit Hilfe von Definitionen und Beweisen logisch abgeleitet wird“ (63, S. 1).

Da das Definieren und das Beweisen im wesentlichen auf der formalen Logik beruhen und da die Regeln der formalen Logik sich nur auf die logische Form bzw. auf die logische Struktur der Aussagen, nicht jedoch auf deren Inhalt beziehen, kann der Übergang von der inhaltlichen zur formalen Axiomatik vollzogen werden. D. Hilbert und P. Bernays schreiben nun: „In der formalen Axiomatik . . . werden die Grundbeziehungen nicht als von vornherein inhaltlich bestimmt angenommen, vielmehr erhalten sie erst implizite ihre Bestimmung durch die Axiome; und es wird auch in allen Überlegungen einer axiomatischen Theorie nur dasjenige von den Grundbeziehungen benutzt, was in den Axiomen ausdrücklich formuliert ist“ (63, S. 7). In der formalen Axiomatik geht also die Verbindung zu anschaulichen Vorstellungen verloren. Es tritt dafür die logische Struktur der Aussagen in den Vordergrund.

Der Übergang von der inhaltlichen zur formalen Axiomatik erfolgt durch Formalisierung. Formalisierung ist Darstellung in einer formalisierten Sprache. Eine formalisierte Sprache ist eine Sprache, mit deren Zeichen man nach Regeln operieren kann, die sich nur auf die Form (Gestalt) der Zeichen, nicht jedoch auf deren Inhalt

(Bedeutung) beziehen. Statt von der Formalisierung einer Theorie spricht man auch von der Darstellung einer Theorie in Form eines Kalküls. Der Aufbau des Aussagenkalküls, des Prädikatenkalküls der 1. und der 2. Stufe und des Stufenkalküls aus gewissen Grundzeichen sowie die anschließende Interpretation dieser Logikkalküle werden hier nicht behandelt. Allerdings erfolgt die Formalisierung einer mathematischen Theorie stets in einem Logikkalkül. Durch den zugrunde gelegten Logikkalkül werden die zugelassenen Definitions- und Beweismittel genau festgelegt. Im Aussagenkalkül wird keine mathematische Theorie formalisiert. Eine Formalisierung mathematischer Theorien erfolgt in der Regel im Prädikatenkalkül der 1. Stufe.

Zum Alphabet der Sprache einer im Prädikatenkalkül der 1. Stufe formalisierten mathematischen Theorie gehören folgende Grundzeichen: Individuenvariablen a_0, a_1, a_2, a_3, ... (die Anzahl der Individuenvariablen ist abzählbar unendlich), Individuenkonstanten, Funktionenkonstanten mit vorgegebener Stellenzahl, Relationenkonstanten mit vorgegebener Stellenzahl (die Anzahl der Konstanten der verschiedenen Arten ist beliebig; sie wird erst durch die zu formalisierende Theorie bestimmt; die Stellenzahl ist stets eine positive ganze Zahl), die prädikatenlogischen Funktoren $\sim$, $\wedge$, $\vee$, $\rightarrow$, $\leftrightarrow$, $\forall$, $\exists$ und die technischen Zeichen (,). Durch Verkettung (Aneinanderreihung) von Grundzeichen des Alphabets entstehen Zeichenreihen. Unter den Zeichenreihen werden durch induktive Definitionen zunächst die Terme und dann die Ausdrücke der Sprache ausgesondert. Aussagen sind dabei Ausdrücke, in denen keine Variable frei vorkommt.

Durch eine Interpretation der Sprache werden nun allgemeingültige Ausdrücke und wahre Aussagen charakterisiert. Ein Quadrupel (I, f_1, f_2, f_3) ist eine Interpretation der vorliegenden Sprache genau dann, wenn I ein nichtleerer Individuenbereich ist und wenn f_1, f_2 und f_3 Funktionen sind, von denen f_1 jeder Individuenkonstanten genau ein Individuum aus I, f_2 jeder Funktionenkonstanten genau eine Funktion gleicher Stellenzahl über I und f_3 jeder Relationenkonstanten genau eine Relation gleicher Stellenzahl über I zuordnet. Eine 1-stellige Relation über I wird auch Eigenschaft über I genannt. Eine n-stellige Funktion über I kann auch als $(n+1)$-stellige Relation über I aufgefaßt werden. Bei einer fest vorgegebenen Interpretation (I, f_1, f_2, f_3) der vorliegenden Sprache werden nun zunächst der Begriff des Wertes eines Termes T bei einer Belegung B und dann der Begriff der Erfüllung eines Ausdrucks H durch eine Belegung B induktiv definiert. Dabei ist eine

Belegung B eine Funktion, die jeder Individuenvariablen genau ein Individuum aus I zuordnet. Wird nun ein Ausdruck von jeder Belegung erfüllt, so heißt er *allgemeingültig* bei der vorgegebenen Interpretation. Wird eine Aussage von jeder Belegung erfüllt, so heißt sie *wahr* bei der vorgegebenen Interpretation. Wird eine Aussage von keiner Belegung erfüllt, so heißt sie *falsch* bei der vorgegebenen Interpretation. Jede Aussage ist bei einer vorgegebenen Interpretation entweder wahr oder falsch (Satz der Zweiwertigkeit).

P. Ruben und H. Wolter definieren nun den *Modellbegriff* für im Prädikatenkalkül der 1. Stufe formalisierte mathematische Theorien wie folgt: Es sei X eine beliebige Menge von Ausdrücken der oben angeführten Sprache. Die Interpretation (I, f_1, f_2, f_3) ist ein Modell für die Menge X genau dann, wenn jeder Ausdruck aus X bei dieser Interpretation allgemeingültig ist (112, S. 1227). Der Modellbegriff ist ein semantischer (inhaltlicher) Begriff, da er auf die Interpretation der Sprache und somit auf die Bedeutung der sprachlichen Ausdrücke Bezug nimmt. Das gleiche gilt für die Begriffe der Allgemeingültigkeit und der Wahrheit. Ein anderer semantischer Begriff ist der *Folgerungsbegriff*. Er kann mit Hilfe des Modellbegriffs definiert werden: Es sei X eine beliebige Menge von Ausdrücken und H ein beliebiger Ausdruck der oben angegebenen Sprache. Aus der Menge X von Ausdrücken *folgt* der Ausdruck H genau dann, wenn H bei jeder Interpretation, die ein Modell für die Menge X ist, allgemeingültig ist. Dieser Folgerungsbegriff geht auf *Bolzano* zurück. Statt „Aus der Menge X von Ausdrücken folgt der Ausdruck H" schreibt man auch abkürzend: X Fol H.

Nachdem der semantische Folgerungsbegriff definiert ist, wird nun der syntaktische *Beweisbarkeitsbegriff* definiert. Ein Beweis eines Ausdrucks H aus einer Menge X von Ausdrücken ist eine Folge (Kette) logischer Schlüsse, die von Ausdrücken aus X ausgeht und zu dem Ausdruck H führt. Logische Schlüsse beruhen auf Schlußregeln. Schlußregeln erlauben Umformungsoperationen, die sich nur auf die Form (Struktur) der sprachlichen Ausdrücke, nicht jedoch auf ihre Bedeutung beziehen. Aus diesem Grunde ist der in diesem Zusammenhang einzuführende Beweisbarkeitsbegriff ein syntaktischer (formaler) Begriff. Eine Schlußregel gestattet nun, aus der Beweisbarkeit gewisser Ausdrücke $H_1, \ldots, H_n$ aus einer Menge X auf die Beweisbarkeit eines Ausdrucks H zu schließen, falls der Ausdruck H durch die auf Grund der Schlußregel erlaubte Umformungsoperation aus den Ausdrücken $H_1, \ldots, H_n$ hervorgeht. Da bei der Anwendung mancher Schlußregeln auch Veränderungen an der Menge X, aus der bewiesen wird, vorgenommen werden müssen, ist es zweckmäßig, die Schlußregeln in der Metametasprache zu der oben angegebenen Sprache zu formulieren. Dann beziehen sich die durch die Schlußregeln erlaubten formalen Umformungsoperationen unmittelbar auf metasprachliche Ausdrücke der Form „Aus der Menge X von Ausdrücken ist der Ausdruck H beweisbar“. Statt „Aus der Menge X von Ausdrücken ist der Ausdruck H beweisbar“ schreibt man auch abkürzend: X Bew H. Da in der Mathematik jeder Beweis durch Anwendung von Schlußregeln der Methode des natürlichen Schließens geführt werden kann, wird der Beweisbarkeitsbegriff wie folgt definiert: Es sei X eine beliebige Menge von Ausdrücken und H ein beliebiger Ausdruck der oben angegebenen Sprache. Aus der Menge X von Ausdrücken ist der Ausdruck H *beweisbar* (X Bew H) genau dann, wenn es eine natürliche Zahl n mit $n \geqq 0$ gibt, so daß der Ausdruck X Bew H, ausgehend von Ausdrücken der Form X′ Bew H′ mit $H' \in X'$, durch n-malige Anwendung von Schlußregeln der Methode des natürlichen Schließens erhalten werden kann. Dabei ist zu beachten, daß ein Ausdruck der Form X Bew H immer dann in Anführungszeichen stehen müßte, wenn er nicht gebraucht, sondern genannt wird. Da aus dem Kontext stets hervorgeht, ob ein derartiger Ausdruck genannt oder gebraucht wird, werden keine Anführungszeichen gesetzt. Eine triviale Schlußfolgerung aus der Definition des Beweisbarkeitsbegriffes, die erst nach Angabe der 16 Schlußregeln der Methode des natürlichen Schließens vollständig ist, lautet: Wenn $H \in X$, dann X Bew H. Die Methode des natürlichen Schließens geht auf *Gentzen* zurück. Die 16 Schlußregeln der Methode des natürlichen Schließens werden in Anlehnung an K. Schröter (126) wie folgt formuliert:

1. Man darf von einem Ausdruck der Form X Bew H_1 und einem Ausdruck der Form X Bew H_2 zu einem Ausdruck der Form X Bew $(H_1 \wedge H_2)$ übergehen. $(\wedge E)$
2. Man darf von einem Ausdruck der Form X Bew $(H_1 \wedge H_2)$ zu einem Ausdruck der Form X Bew H_1 und zu einem Ausdruck der Form X Bew H_2 übergehen. $(\wedge B)$
3. Man darf von einem Ausdruck der Form X Bew H_1 oder von einem Ausdruck der Form X Bew H_2 zu einem Ausdruck der Form X Bew $(H_1 \vee H_2)$ übergehen. $(\vee E)$
4. Man darf von einem Ausdruck der Form X Bew $(H_1 \vee H_2)$ und einem Ausdruck der Form $X \cup \{H_1\}$ Bew H und einem Aus-

druck der Form $X \cup \{H_2\}$ Bew H zu einem Ausdruck der Form X Bew H übergehen. ($\vee$B)

5. Man darf von einem Ausdruck der Form $X \cup \{H_1\}$ Bew H_2 zu einem Ausdruck der Form X Bew $(H_1 \rightarrow H_2)$ übergehen. ($\rightarrow$E)
6. Man darf von einem Ausdruck der Form X Bew $(H_1 \rightarrow H_2)$ und einem Ausdruck der Form X Bew H_1 zu einem Ausdruck der Form X Bew H_2 übergehen. ($\rightarrow$B)
7. Man darf von einem Ausdruck der Form X Bew $(H_1 \rightarrow H_2)$ und einem Ausdruck der Form X Bew $(H_2 \rightarrow H_1)$ zu einem Ausdruck der Form X Bew $(H_1 \leftrightarrow H_2)$ übergehen. ($\leftrightarrow$E)
8. Man darf von einem Ausdruck der Form X Bew $(H_1 \leftrightarrow H_2)$ zu einem Ausdruck der Form X Bew $(H_1 \rightarrow H_2)$ und zu einem Ausdruck der Form X Bew $(H_2 \rightarrow H_1)$ übergehen. ($\leftrightarrow$B)
9. Man darf von einem Ausdruck der Form $X \cup \{H\}$ Bew H' und einem Ausdruck der Form $X \cup \{H\}$ Bew $\sim$H' zu einem Ausdruck der Form X Bew $\sim$H übergehen. ($\sim$E)
10. Man darf von einem Ausdruck der Form X Bew $\sim\sim$H zu einem Ausdruck der Form X Bew H übergehen. ($\sim$B)

Damit auch die noch folgenden 6 Schlußregeln verständlich sind, werden zunächst einige Erklärungen vorangestellt. $H(a_i)$ ist ein Ausdruck, in dem a_i vollfrei vorkommt. $H(a_i/T)$ ist der Ausdruck, der aus $H(a_i)$ dadurch entsteht, daß für a_i an allen Stellen, an denen a_i in $H(a_i)$ vorkommt, der Term T eingesetzt wird. $Z_1 Qa_i\, H(a_i) Z_2$ ist ein Ausdruck, in dem der Ausdruck $Qa_i\, H(a_i)$ vorkommt. Dabei ist Q der Quantifikator $\forall$ oder der Quantifikator $\exists$. Z_1 und Z_2 sind Zeichenreihen, die auch leer sein können. Nun werden die 6 weiteren Schlußregeln formuliert:

11. Wenn $X' \subseteq X$ und a_i nicht in X' vorkommt, dann darf man von einem Ausdruck der Form X' Bew $H(a_i)$ zu einem Ausdruck der Form X Bew $\forall a_i\, H(a_i)$ übergehen. ($\forall$E)
12. Man darf von einem Ausdruck der Form X Bew $\forall a_i\, H(a_i)$ zu einem Ausdruck der Form X Bew $H(a_i)$ übergehen. ($\forall$B)
13. Man darf von einem Ausdruck der Form X Bew $H(a_i)$ zu einem Ausdruck der Form X Bew $\exists a_i\, H(a_i)$ übergehen. ($\exists$ E)
14. Wenn $X' \subseteq X$ und a_i weder in X' noch in H' vorkommt, dann darf man von einem Ausdruck der Form X' Bew $\exists a_i\, H(a_i)$ und einem Ausdruck der Form $X' \cup \{H(a_i)\}$ Bew H' zu einem Ausdruck der Form X Bew H' übergehen. ($\exists$B)
15. Wenn a_j nicht in $H(a_i)$ vorkommt und $Qa_i\, H(a_i)$ in $Z_1 Qa_i\, H(a_i)\, Z_2$ an der angegebenen Stelle nicht in einem Wirkungsbereich von a_j steht, dann darf man von einem Ausdruck der Form

X Bew Z_1Qa_i $(Ha_i)Z_2$ zu einem Ausdruck der Form X Bew Z_1Qa_j $H(a_i/a_j)Z_2$ übergehen. (GU)

16. Wenn $X' \subseteqq X$ und a_i weder in X' vorkommt noch in $H(a_i)$ an einer Stelle in einem Wirkungsbereich einer in T vorkommenden Variablen steht, dann darf man von einem Ausdruck der Form X' Bew $H(a_i)$ zu einem Ausdruck der Form X Bew $H(a_i/T)$ übergehen. (TE)

Man kann nun sagen: Jede Regel (genauer: jedes Regelschema) ist eine bedingte oder unbedingte Aufforderung von der Modalität einer Erlaubnis. Jede der Regeln 1 bis 14 gestattet entweder die Einführung oder die Beseitigung eines prädikatenlogischen Funktors. Während die Regel 15 die gebundene Umbenennung gestattet, gestattet die Regel 16 die Termeinsetzung. Während die Regel 4 das Prinzip der Fallunterscheidung und die Regel 5 das Prinzip der Deduktion zum Ausdruck bringen, bringt die Regel 9 das Prinzip des indirekten Beweises zum Ausdruck.

Wir haben uns bisher auf im Prädikatenkalkül der 1. Stufe formalisierte mathematische Theorien beschränkt. Man nennt im Prädikatenkalkül der 1. Stufe formalisierte mathematische Theorien auch *elementare Theorien.* Nun skizzieren wir den Aufbau einer im Prädikatenkalkül der 2. Stufe formalisierten mathematischen Theorie. Das Alphabet der Sprache einer im Prädikatenkalkül der 2. Stufe formalisierten mathematischen Theorie enthält noch weitere Grundzeichen. Neben den Individuenvariablen enthält es noch Relationenvariablen 1. Stufe mit vorgegebener Stellenzahl, und neben den Funktionenkonstanten und Relationenkonstanten 1. Stufe enthält es in der Regel noch Funktionenkonstanten und Relationenkonstanten 2. Stufe mit vorgegebener Stellenzahl. Schließlich gehören die prädikatenlogischen Funktoren und die technischen Zeichen auch zum Alphabet jeder derartigen Sprache. Beim weiteren Aufbau und bei der Interpretation der Sprache wählt man eine zu der bereits skizzierten ganz analoge Verfahrensweise. Dabei ist lediglich folgendes zu beachten: Nicht nur die Individuenvariablen, sondern auch die Relationenvariablen dürfen durch die Quantifikatoren $\forall$ und $\exists$ gebunden werden. Bei der Interpretation der Funktionenkonstanten und der Relationenkonstanten sind diesen Funktionen und Relationen gleicher Stellenzahl und gleicher Stufe über dem nichtleeren Individuenbereich I zuzuordnen. Eine Belegung ist nun ein Funktionenpaar, von dem die eine Funktion jeder Individuenvariablen genau ein Individuum aus I und die andere Funktion jeder Relationenvariablen genau eine Relation gleicher Stellenzahl über I zuordnet. Die semantischen Begriffe der Allgemeingültigkeit, der Wahrheit, des Modells und der Folgerung können in analoger Weise eingeführt werden. Der syntaktische Begriff der Beweisbarkeit wird auch ganz analog definiert. Dabei ist nur zu beachten, daß zu den 16 angegebenen Schlußregeln noch die den Regeln 11 bis 16 entsprechenden Schlußregeln für die Relationenvariablen hinzukommen. Es sei schließlich noch erwähnt, daß auch der Aufbau und die Interpretation der Sprache einer im Stufenkalkül formalisierten mathematischen Theorie in analoger Weise erfolgen. Jede mathematische Theorie kann nun in einem Logikkalkül formalisiert werden. Statt von einer in einem Logikkalkül formalisierten mathematischen Theorie spricht man auch einfach von einer formalisierten mathematischen Theorie.

Wir geben nun für den bereits definierten Beweisbarkeitsbegriff bezüglich beliebiger formalisierter mathematischer Theorien einige Sätze an, die K. Schröter in seiner Abhandlung „Theorie des logischen Schließens II" formuliert hat (127, S. 20). Zu diesem Zweck bezeichnen wir die Menge der aus einer Ausdrucksmenge X beweisbaren Ausdrücke mit Bew(X). Es gilt dann für einen beliebigen Ausdruck H: $H \in$ Bew(X) genau dann, wenn X Bew H. Für beliebige Ausdrucksmengen X, X_1 und X_2 und für beliebige Ausdrücke H, H_1 und H_2 gelten schließlich folgende 6 Sätze: $X \subseteq$ Bew(X) (*Satz der Einbettung*). Wenn $X_1 \subseteq X_2$, dann Bew(X_1) $\subseteq$ Bew(X_2) (*Satz der Monotonie*). Bew(Bew(X)) $\subseteq$ Bew(X) (*Satz der Abgeschlossenheit*). Wenn $H \in$ Bew(X), dann gibt es eine endliche Teilmenge X^* von X, so daß $H \in$ Bew(X^*) (*Endlichkeitssatz*). Wenn $(H_1 \to H_2) \in$ Bew(X), dann $H_2 \in$ Bew($X \cup \{H_1\}$) (*Ableitbarkeitstheorem*). Wenn $H_2 \in$ Bew($X \cup \{H_1\}$), dann $(H_1 \to H_2) \in$ Bew(X) (*Deduktionstheorem*). Während der Satz der Einbettung und das Deduktionstheorem trivial sind, werden der Satz der Monotonie und der Endlichkeitssatz durch vollständige Induktion über eine zunächst einzuführende Beweisbarkeitsstufe bewiesen. Die Beweise für das Ableitbarkeitstheorem und den Satz der Abgeschlossenheit werden unter Verwendung der anderen Sätze mit Hilfe der Abtrennungsregel (Regel 6) geführt.

Unter Verwendung der 6 Sätze lassen sich noch weitere Sätze für den Beweisbarkeitsbegriff beweisen. Zunächst wird der Begriff der Generalisierten eines Ausdrucks eingeführt. $H'(a_{i_1}, \ldots, a_{i_n})$ sei ein beliebiger Ausdruck, in dem die n Variablen $a_{i_1}, \ldots, a_{i_n}$ mit $0 \leqq i_1 < i_2 < \cdots < i_n$ vollfrei und keine weiteren Variablen frei vorkommen. Dann ist der Ausdruck $\forall a_{i_1} \ldots \forall a_{i_n} H'(a_{i_1}, \ldots, a_{i_n})$ die

Generalisierte des Ausdrucks $H'(a_{i_1}, \ldots, a_{i_n})$. Durch eine Umbenennung gebundener Variablen kann man stets erreichen, daß die in einem Ausdruck H frei vorkommenden Variablen in einem durch Umbenennung gebundener Variablen aus H hervorgehenden Ausdruck H' vollfrei vorkommen. Da man darüber hinaus die Umbenennung gebundener Variablen so festlegen kann, daß H' durch H eindeutig bestimmt ist, ist die Generalisierte des Ausdrucks H' zugleich die Generalisierte des Ausdrucks H. Ist der Ausdruck H eine Aussage, dann ist die Aussage selbst die Generalisierte des Ausdrucks H. Die Generalisierte eines Ausdrucks H wird durch $(\forall)H$ angedeutet. Wird nun jeder Ausdruck aus einer Ausdrucksmenge X durch seine Generalisierte ersetzt, dann entsteht die der Menge X eindeutig zugeordnete generalisierte Ausdrucksmenge (die Generalisierte der Ausdrucksmenge X). Sie wird durch $(\forall)X$ angedeutet. Es gelten nun für eine beliebige Ausdrucksmenge X und für einen beliebigen Ausdruck H folgende 3 Sätze: 1. Wenn X Bew $(\forall)H$, dann X Bew H. 2. Wenn X Bew H, dann $(\forall)X$ Bew H. 3. $(\forall)X$ Bew H genau dann, wenn $(\forall)X$ Bew$(\forall)H$.

Wir gehen nun zu dem bereits definierten semantischen Folgerungsbegriff über. Zunächst definieren wir aber noch den Begriff der Allgemeingültigkeitsgleichheit. Beliebige Ausdrücke H_1 und H_2 sind genau dann *allgemeingültigkeitsgleich*, wenn für jede Interpretation (I, f_1, f_2, f_3) gilt: H_1 ist genau dann bei der Interpretation (I, f_1, f_2, f_3) allgemeingültig, wenn H_2 bei der Interpretation (I, f_1, f_2, f_3) allgemeingültig ist. Man kann sich leicht davon überzeugen, daß jeder Ausdruck H mit seiner Generalisierten $(\forall)H$ allgemeingültigkeitsgleich ist. Da die Generalisierte eines Ausdrucks H stets eine Aussage ist, gilt für jede Interpretation (I, f_1, f_2, f_3): H ist genau dann bei der Interpretation (I, f_1, f_2, f_3) allgemeingültig, wenn $(\forall)H$ bei der Interpretation (I, f_1, f_2, f_3) wahr ist. Bezeichnen wir nun die Menge der aus einer Ausdrucksmenge X folgenden Ausdrücke mit Fol(X), so können wir bezüglich beliebiger formaisierter mathematischer Theorien ohne weiteres auch die Sätze der Einbettung, der Monotonie und der Abgeschlossenheit und das Ableitbarkeitstheorem für den Folgerungsbegriff beweisen. Um auch das Deduktionstheorem für den Folgerungsbegriff beweisen zu können, dürfen wir an Stelle eines beliebigen Ausdrucks H_1 lediglich eine beliebige Aussage H_1' wählen. Schließlich ist der Endlichkeitssatz für den Folgerungsbegriff nur bezüglich elementarer Theorien beweisbar.

Die folgenden Sätze bringen den Zusammenhang zwischen dem

syntaktischen Beweisbarkeitsbegriff und dem semantischen Folgerungsbegriff zum Ausdruck. Bezüglich jeder formalisierten mathematischen Theorie gilt der *Satz über die Deduktionserblichkeit der Allgemeingültigkeit.* Er besagt: ***Für eine beliebige Ausdrucksmenge X und für einen beliebigen Ausdruck H gilt: Wenn X Bew H, dann X Fol H.*** Nur für elementare Theorien gilt auch die Umkehrung dieses Satzes, falls man statt einer beliebigen Ausdrucksmenge X lediglich eine beliebige Aussagenmenge X′ in Betracht zieht. Der auf *Tarski* zurückgehende *Hauptsatz der mathematischen Logik* lautet nun: ***Für eine beliebige Aussagenmenge X′ und für einen beliebigen Ausdruck H einer elementaren Theorie gilt: X′ Bew H genau dann, wenn X′ Fol H.*** Etwas allgemeiner kann man den Hauptsatz der mathematischen Logik auch wie folgt formulieren: Für eine beliebige Ausdrucksmenge X und für einen beliebigen Ausdruck H einer elementaren Theorie gilt: (∀)X Bew H genau dann, wenn X Fol H. Die Beschränkung auf die Generalisierte der Ausdrucksmenge X ist bezüglich des von uns zugrunde gelegten Beweisbarkeitsbegriffes erforderlich, da stets $\{H(a_i)\}$ Fol $\forall a_i H(a_i)$, aber nicht $\{H(a_i)\}$ Bew $\forall a_i H(a_i)$ gilt.

Auf Grund des Hauptsatzes gilt nun insbesondere für Aussagen einer elementaren Theorie: Eine Aussage H′ ist genau dann aus einem Aussagensystem X′ beweisbar, wenn sie in jedem Modell für das Aussagensystem X′ wahr ist (wenn sie bei jeder Interpretation (I, f_1, f_2, f_3), die ein Modell für das Aussagensystem X′ ist, wahr ist).

Da jede Interpretation (I, f_1, f_2, f_3) ein Modell für die leere Menge ∅ ist, gilt nun auf Grund der Definition des Folgerungsbegriffes für einen beliebigen Ausdruck H: ∅ Fol H genau dann, wenn H bei jeder Interpretation (I, f_1, f_2, f_3) allgemeingültig ist. Ausdrücke, die bei jeder Interpretation allgemeingültig sind, heißen *logisch allgemeingültige* Ausdrücke. Aussagen, die bei jeder Interpretation wahr sind, heißen *logisch wahre* Aussagen. Es gilt also für einen beliebigen Ausdruck H: H ist logisch allgemeingültig genau dann, wenn ∅ Fol H. Da der Hauptsatz der mathematischen Logik insbesondere auch für die leere Menge ∅ gültig ist, gilt außerdem in elementaren Theorien für einen beliebigen Ausdruck H: H ist logisch allgemeingültig genau dann, wenn ∅ Bew H. In diesem Satz ist bereits der *Gödelsche Vollständigkeitssatz* enthalten. Er besagt: ***Für jeden Ausdruck H einer elementaren Theorie gilt: Wenn H logisch allgemeingültig ist, dann ist H aus der leeren Menge beweisbar.***

Der Endlichkeitssatz für den Folgerungsbegriff lautet nun für eine beliebige Ausdrucksmenge X und für einen beliebigen Ausdruck H einer elementaren Theorie: Wenn X Fol H, dann gibt es eine endliche Teilmenge X* von X, so daß X* Fol H. Bezeichnen wir einen durch konjunktive Verknüpfung aller Elemente einer nichtleeren endlichen Ausdrucksmenge X* entstehenden Ausdruck mit Kj(X*), so gilt für eine beliebige nichtleere endliche Ausdrucksmenge X* und einen beliebigen Ausdruck H : X* Fol H genau dann, wenn {Kj(X*)} Fol H. Wenn außerdem X* eine Aussagenmenge ist, dann gilt: X* Fol H genau dann, wenn (Kj(X*) → H) logisch allgemeingültig ist. Wenn wir nun noch vereinbaren: Falls X* = ∅, so ist {Kj(X*)} = ∅ und (Kj(X*) → H) = H, dann gelten die angegebenen Sätze auch für die leere Ausdrucksmenge.

Im folgenden beziehen wir uns nur auf elementare Theorien. X' sei eine beliebige Aussagenmenge, X* sei eine beliebige endliche Aussagenmenge und H sei ein beliebiger Ausdruck. Unter diesen Voraussetzungen gilt auf Grund des Endlichkeitssatzes und des Satzes der Monotonie für den Beweisbarkeitsbegriff und auf Grund des Hauptsatzes der mathematischen Logik: X' Bew H genau dann, wenn es eine endliche Teilmenge X* von X' gibt, so daß (Kj(X*) → H) logisch allgemeingültig ist. Insbesondere gilt für eine beliebige Aussage H': X' Bew H' genau dann, wenn es eine endliche Teilmenge X* von X' gibt, so daß (Kj(X*) → H') logisch wahr ist. Es gilt also für Aussagen einer elementaren Theorie: Eine Aussage H' ist genau dann aus einem Aussagensystem X' beweisbar, wenn eine Implikation, deren Prämisse eine Konjunktion von Aussagen aus X' und deren Konklusion die Aussage H' ist, logisch wahr ist. Es sei abschließend erwähnt, daß in der Mathematik stets Aussagen aus Aussagensystemen bewiesen werden und daß mathematische Theorien meistens im Prädikatenkalkül der 1. Stufe formalisiert, d. h. als elementare Theorien behandelt werden.

Wir führen nun noch weitere metatheoretische Begriffe ein. Zunächst wird der semantische *Definierbarkeitsbegriff* unter Bezugnahme auf eine Interpretation (I, f_1, f_2, f_3) definiert. Wird ein Individuum aus I durch die Eigenschaft über I, dieses Individuum zu sein, ersetzt und werden ferner Eigenschaften über I als 1-stellige Relationen über I und n-stellige Funktionen über I als (n + 1)-stellige Relationen über I aufgefaßt, dann genügt es, die Definierbarkeit n-stelliger Relationen über I zu betrachten. Wir beschränken uns dabei auf elementare Theorien, obwohl man bei jeder formalisierten mathematischen Theorie in analoger Weise vorgehen kann. H'(a_{i_1}, . . ., a_{i_n}) sei wieder ein beliebiger Ausdruck, in dem die n

Individuenvariablen $a_{i_1}, \ldots, a_{i_n}$ mit $0 \leqq i_1 < i_2 < \cdots < i_n$ vollfrei und keine weiteren Individuenvariablen frei vorkommen. Man kann dann definieren: Eine n-stellige Relation $\mathfrak{R}$ über I ist bei der vorgegebenen Interpretation genau dann *definierbar*, wenn es einen Ausdruck $H'(a_{i_1}, \ldots, a_{i_n})$ derart gibt, daß bei der vorgegebenen Interpretation für jede Belegung B gilt: B erfüllt $H'(a_{i_1}, \ldots, a_{i_n})$ genau dann, wenn das n-Tupel $(B(a_{i_1}), \ldots, B(a_{i_n}))$ von Individuen aus I in der n-stelligen Relation $\mathfrak{R}$ steht. Statt zusagen, daß ein n-Tupel von Individuen in der n-stelligen Relation $\mathfrak{R}$ steht, kann man auch sagen, daß die n-stellige Relation $\mathfrak{R}$ auf das n-Tupel von Individuen zutrifft. Eine n-stellige Relation $\mathfrak{R}$ über I kann dabei einerseits als eine Menge von n-Tupeln von Individuen aus I und andererseits als ein Attribut über I, welches jedem n-Tupel von Individuen aus I eindeutig einen Wahrheitswert zuordnet, aufgefaßt werden. Unter Voraussetzung des logischen Satzes der Zweiwertigkeit sind beide Auffassungen gleichwertig. Wir wählen die Mengenauffassung und nicht die Attributenauffassung.

Man kann noch bemerken, daß in einem Ausdruck $H'(a_{i_1}, \ldots, a_{i_n})$, abgesehen von den Individuenvariablen $a_{i_1}, \ldots, a_{i_n}$, außer prädikatenlogischen Funktoren, gebundenen Individuenvariablen und technischen Zeichen nur Konstanten (Individuen-, Funktionen- und Relationenkonstanten) aus dem zugrunde gelegten Alphabet vorkommen können. Wir bezeichnen die Menge der zum Alphabet gehörenden Konstanten mit K. Bei einer Interpretation (I, f_1, f_2, f_3) wird der Menge K der zum Alphabet gehörenden Konstanten eindeutig ein Begriffssystem zugeordnet. Zu einem solchen Begriffssystem können nur Mengen von n-Tupeln $(n \geqq 1)$ von Individuen aus I gehören, da wir die Mengenauffassung für n-stellige Relationen über I gewählt haben. Gemäß unserer Voraussetzung erscheinen bei dieser Auffassung n-stellige Funktionen über I als Mengen von $(n+1)$-Tupeln von Individuen aus I mit *eindeutiger* Bestimmtheit des an der $(n+1)$-ten Stelle stehenden Individuums in Abhängigkeit von den an den n vorangehenden Stellen stehenden Individuen. Außerdem erscheinen Eigenschaften über I als Mengen von Individuen aus I. Schließlich erscheinen statt der Individuen aus I die Einermengen dieser Individuen. Wir sprechen von einem Begriffssystem, da wir früher bereits Mengen als extensionale Begriffe aufgefaßt haben.

Man kann nun sagen, daß jeder Ausdruck $H'(a_{i_1}, \ldots, a_{i_n})$ bei einer Interpretation (I, f_1, f_2, f_3) eine n-stellige Relation $\mathfrak{R}$ über I (einen n-stelligen Relationsbegriff $\mathfrak{R}$ über I) definiert. Man nennt daher einen Ausdruck $H'(a_{i_1}, \ldots, a_{i_n})$ auch einen definierenden Ausdruck. Von dem durch den Ausdruck $H'(a_{i_1}, \ldots, a_{i_n})$ bei der Interpretation (I, f_1, f_2, f_3) definierten n-stelligen Relationsbegriff $\mathfrak{R}$ über I sagt man auch, daß er in der Menge K, genauer, in dem der Menge K bei der Interpretation (I, f_1, f_2, f_3) eindeutig zugeordneten Begriffssystem, definiert ist. Der durch den Ausdruck $H'(a_{i_1}, \ldots, a_{i_n})$ bei der Interpretation (I, f_1, f_2, f_3) in der Menge K definierte n-stellige Relationsbegriff $\mathfrak{R}$ über I trifft genau dann auf ein vorgegebenes n-Tupel von Individuen aus I zu, wenn dieses n-Tupel durch eine Belegung B, die den Ausdruck $H'(a_{i_1}, \ldots, a_{i_n})$ bei der Interpretation (I, f_1, f_2, f_3) erfüllt, dem n-Tupel $(a_{i_1}, \ldots, a_{i_n})$ der Individuenvariablen $a_{i_1}, \ldots, a_{i_n}$ gliedweise eindeutig zugeordnet ist.

Es sind nun zwei Fälle zu unterscheiden.

1. Fall: Zu dem zugrunde gelegten Alphabet gehört eine n-stellige Relationenkonstante R, der durch die Funktion f_3 die durch den Ausdruck $H'(a_{i_1}, \ldots, a_{i_n})$ bei der Interpretation (I, f_1, f_2, f_3) definierte n-stellige Relation $\mathfrak{R}$ über I eindeutig zugeordnet ist. In diesem Fall ist der Ausdruck $(Ra_{i_1} \ldots a_{i_n} \leftrightarrow H'(a_{i_1}, \ldots, a_{i_n}))$ bei der Interpretation (I, f_1, f_2, f_3) allgemeingültig. Die durch Generalisierung aus ihm entstehende Aussage $\forall a_{i_1} \ldots \forall a^{i}_{n} (Ra_{i_1} \ldots a_{i_n} \leftrightarrow H'(a_{i_1}, \ldots, a_{i_n}))$ ist dann bei der Interpretation (I, f_1, f_2, f_3) wahr. Diese Aussage wird auch Definitionsaussage für die n-stellige Relationenkonstante R genannt, wenn die n-stellige Relationenkonstante R nicht in dem Ausdruck $H'(a_{i_1}, \ldots, a_{i_n})$ vorkommt. Die einschränkende Bedingung ist jetzt erforderlich, um Zirkeldefinitionen zu vermeiden. Bisher wurde sie noch nicht benötigt, da wir uns lediglich für die Ausdrucksfähigkeit der zugrunde gelegten Sprache bei einer vorgegebenen Interpretation (I, f_1, f_2, f_3) interessiert haben. Dabei war von Interesse, welche n-stelligen Relationen über I bei der Interpretation (I, f_1, f_2, f_3) durch Ausdrücke der zugrunde gelegten Sprache definierbar (genauer: repräsentierbar) sind. In dem Zusammenhang war bei der Interpretation (I, f_1, f_2, f_3) die durch die Funktion f_3 der zum Alphabet gehörenden n-stelligen Relationenkonstanten R eindeutig zugeordnete n-stellige Relation $\mathfrak{R}$ über I auch durch den prädikativen Ausdruck $Ra_{i_1} \ldots a_{i_n}$ definierbar (repräsentierbar). Sobald aber die Definitionsaussage für die n-stellige Relationenkonstante R in der zugrunde gelegten Sprache formuliert wird, darf die n-stellige Relationenkonstante R nicht mehr in dem definierenden Ausdruck $H'(a_{i_1}, \ldots, a_{i_n})$ vorkommen. Insbesondere erscheint dann auch der prädikative Ausdruck $Ra_{i_1} \ldots a_{i_n}$ nicht mehr als definierender Ausdruck, sondern nur noch als definierter Ausdruck. Wenn nun die n-

stellige Relationenkonstante R nicht in dem Ausdruck $H'(a_{i_1}, \ldots, a_{i_n})$ vorkommt, dann bringt die Definitionsaussage für die n-stellige Relationenkonstante R in diesem Fall bei der Interpretation (I, f_1, f_2, f_3) eine *Realdefinition* für die n-stellige Relation $\mathfrak{R}$ über I (für die n-stellige Relationenkonstante R) zum Ausdruck.

2. Fall: Zu dem zugrunde gelegten Alphabet gehört keine n-stellige Relationenkonstante, der durch die Funktion f_3 die durch den Ausdruck $H'(a_{i_1}, \ldots, a_{i_n})$ bei der Interpretation (I, f_1, f_2, f_3) definierte n-stellige Relation $\mathfrak{R}$ über I eindeutig zugeordnet ist. In diesem Fall wird eine bisher noch nicht zum Alphabet gehörende n-stellige Relationenkonstante R dem Alphabet hinzugefügt und die induktive Ausdrucksdefinition entsprechend ergänzt. Die Funktion f_3 wird dann so fortgesetzt, daß sie der n-stelligen Relationenkonstanten R die n-stellige Relation $\mathfrak{R}$ über I eindeutig zuordnet. Es ist offensichtlich, daß in diesem Fall die n-stellige Relationenkonstante R gar nicht in dem Ausdruck $H'(a_{i_1}, \ldots, a_{i_n})$ vorkommen kann. Nach der Erweiterung des Alphabets, der Ergänzung der Ausdrucksdefinition und der Fortsetzung der Interpretation kann man auch sagen, daß der Ausdruck $(Ra_{i_1} \ldots a_{i_n} \leftrightarrow H'(a_{i_1}, \ldots, a_{i_n}))$ bei der Interpretation (I, f_1, f_2, f_3) allgemeingültig und die Aussage $\forall a_{i_1} \ldots \forall a_{i_n} (Ra_{i_1} \ldots a_{i_n} \leftrightarrow H'(a_{i_1}, \ldots, a_{i_n}))$ bei der Interpretation (I, f_1, f_2, f_3) wahr ist. Diese Aussage wird wieder Definitionsaussage für die n-stellige Relationenkonstante R genannt, da die n-stellige Relationenkonstante R nicht in dem Ausdruck $H'(a_{i_1}, \ldots, a_{i_n})$ vorkommt. Die Definitionsaussage für die n-stellige Relationenkonstante R bringt in diesem Fall bei der Interpretation (I, f_1, f_2, f_3) eine *Nominaldefinition* für die n-stellige Relation $\mathfrak{R}$ über I (für die n-stellige Relationenkonstante R) zum Ausdruck.

Man kann nun sagen: Durch Realdefinitionen kann die Menge der zum Alphabet gehörenden Konstanten reduziert werden, ohne daß dabei die Ausdrucksfähigkeit der Sprache vermindert wird. Es sind nach der Reduktion des Alphabets nicht weniger n-stellige Relationen über I bei einer vorgegebenen Interpretation (I, f_1, f_2, f_3) definierbar als vorher. Durch Nominaldefinitionen kann die Menge der zum Alphabet gehörenden Konstanten erweitert werden, ohne daß dabei die Ausdrucksfähigkeit der Sprache vermehrt wird. Es sind nach der Erweiterung des Alphabets nicht mehr n-stellige Relationen über I bei einer vorgegebenen Interpretation (I, f_1, f_2, f_3) definierbar als vorher. Außerdem gestatten Nominaldefinitionen die Ersetzung komplizierter, unübersichtlicher und langer Ausdrücke durch einfache, übersichtliche und kurze Ausdrücke unter Verwendung bisher noch nicht zum Alphabet gehörender signifikanter n-stelliger Relationenkonstanten. Man kann das Gesagte beweisen, indem man zeigt, daß die durch Definitionsaussagen zum Ausdruck gebrachten Real- und Nominaldefinitionen den Kriterien der Eliminierbarkeit und der Nichtkreativität genügen.

Wir bezeichnen die Definitionsaussage $\forall a_{i_1} \ldots \forall a_{i_n} (Ra_{i_1} \ldots a_{i_n} \leftrightarrow H'(a_{i_1}, \ldots, a_{i_n}))$ für die n-stellige Relationenkonstante R mit D. Man sagt nun auch: Die Definitionsaussage D definiert die n-stellige Relationenkonstante R durch den Ausdruck $H'(a_{i_1}, \ldots, a_{i_n})$ in der Menge K bei jeder Interpretation (I, f_1, f_2, f_3), bei der sie wahr ist. Wir setzen nun ferner folgendes voraus: H^+ sei ein beliebiger Ausdruck, in dem die n-stellige Relationenkonstante R vorkommt. H, H_1 und H_2 seien beliebige Ausdrücke, in denen die n-stellige Relationenkonstante R nicht vorkommt. Unter den angegebenen Voraussetzungen kann man folgende 2 Sätze beweisen: 1. *Zu jedem Ausdruck H^+ gibt es einen Ausdruck H, so daß gilt: $\{D\}$ Fol $(H^+ \leftrightarrow H)$.* Dieser *Satz über die Eliminierbarkeit einer Definition* besagt, daß die Definitionsaussage D bezüglich der n-stelligen Relationenkonstanten R in der Menge K *Eliminierbarkeit* gewährleistet. 2. *Für beliebige Ausdrücke H_1 und H_2 gilt: Wenn $\{H_1, D\}$ Fol H_2, dann $\{H_1\}$ Fol H_2.* Dieser *Satz über die Nichtkreativität einer Definition* besagt, daß die Definitionsaussage D bezüglich der n-stelligen Relationenkonstanten R in der Menge K *nichtkreativ* ist.

Wird nun noch der Begriff der semantischen Äquivalenz eingeführt, dann kann der Satz über die Eliminierbarkeit einer Definition auch anders formuliert werden. Man definiert: Beliebige Ausdrücke H_1 und H_2 sind genau dann bei einer Interpretation (I, f_1, f_2, f_3) *semantisch äquivalent*, wenn der Ausdruck $(H_1 \leftrightarrow H_2)$ bei dieser Interpretation allgemeingültig ist. Auf Grund dieser Definition kann der Satz über die Eliminierbarkeit einer Definition wie folgt formuliert werden: Zu jedem Ausdruck H^+, in dem R vorkommt, gibt es einen Ausdruck H, in dem R nicht vorkommt, so daß H^+ und H bei jeder Interpretation (I, f_1, f_2, f_3), bei der die Definitionsaussage D für R wahr ist, semantisch äquivalent sind. Man kann diesen Satz mit Hilfe des semantischen Ersetzbarkeitstheorems und des semantischen Einsetzungstheorems beweisen. Es sei $H(H_1//H_2)$ ein Ausdruck, der dadurch aus dem Ausdruck H entsteht, daß der Ausdruck H_1 an beliebig vielen (nicht notwendig allen, eventuell gar keinen) Stellen seines Vorkommens in H durch den Ausdruck H_2 ersetzt wird. Das *semantische Ersetzbarkeitstheorem* besagt dann für beliebige Ausdrücke H, H_1 und H_2: Wenn

H_1 und H_2 bei einer Interpretation (I, f_1, f_2, f_3) semantisch äquivalent sind, dann sind auch H und $H(H_1//H_2)$ bei dieser Interpretation semantisch äquivalent. Es gilt außerdem für den bereits definierten Beweisbarkeitsbegriff das *syntaktische Ersetzbarkeitstheorem.* Es lautet für eine beliebige Ausdrucksmenge X und für beliebige Ausdrücke H, H_1 und H_2: Wenn X Bew $(H_1 \leftrightarrow H_2)$, dann X Bew $(H \leftrightarrow H(H_1//H_2))$. Schließlich lautet das *semantische Einsetzungstheorem* für einen beliebigen Term T und einen beliebigen Ausdruck $H(a_i)$, in dem a_i vollfrei vorkommt, wie folgt: Wenn a_i in $H(a_i)$ an keiner Stelle in einem Wirkungsbereich einer in T vorkommenden Variablen steht, dann gilt: Wenn $H(a_i)$ bei einer Interpretation (I, f_1, f_2, f_3) allgemeingültig ist, dann ist auch $H(a_i/T)$ bei dieser Interpretation allgemeingültig.

Da bei einer Interpretation (I, f_1, f_2, f_3) die Definitionsaussage D für R genau dann wahr ist, wenn bei dieser Interpretation der prädikative Ausdruck $Ra_{i_1} \ldots a_{i_n}$ und der definierende Ausdruck $H'(a_{i_1}, \ldots, a_{i_n})$ semantisch äquivalent sind, können wir nun den Satz über die Eliminierbarkeit einer Definition mit Hilfe der beiden angegebenen semantischen Theoreme beweisen. (I, f_1, f_2, f_3) sei eine beliebige Interpretation, bei der die Definitionsaussage D für R wahr ist, und H^+ sei ein beliebiger Ausdruck, in dem R vorkommt. Dann gehört zu jeder Stelle, an der R in H^+ vorkommt, ein prädikativer Ausdruck $R\,T_1 \ldots T_n$, der ebenfalls in H^+ vorkommt und in dem $T_1, \ldots, T_n$ Terme sind. Wenn ferner $H''(a_{i_1}, \ldots, a_{i_n})$ ein Ausdruck ist, der aus dem definierenden Ausdruck $H'(a_{i_1}, \ldots, a_{i_n})$ durch eine Umbenennung der gebundenen Variablen in Variablen, die nicht in H^+ vorkommen, entsteht, dann gilt für jeden in H^+ vorkommenden prädikativen Ausdruck $R\,T_1 \ldots T_n$ auf Grund des semantischen Einsetzungstheorems: $R\,T_1 \ldots T_n$ und $H''(a_{i_1}/T_1, \ldots, a_{i_n}/T_n)$ sind bei der Interpretation (I, f_1, f_2, f_3) semantisch äquivalent. Wird nun an allen Stellen, an denen in H^+ ein prädikativer Ausdruck $R\,T_1 \ldots T_n$ vorkommt, $R\,T_1 \ldots T_n$ durch $H''(a_{i_1}/T_1, \ldots, a_{i_n}/T_n)$ ersetzt, so entsteht aus H^+ ein Ausdruck H, in dem R nicht vorkommt und für den auf Grund des semantischen Ersetzbarkeitstheorems gilt: H^+ und H sind bei der Interpretation (I, f_1, f_2, f_3) semantisch äquivalent.

Wir führen nun einen indirekten Beweis für den Satz über die Nichtkreativität einer Definition. H_1 und H_2 seien beliebige Ausdrücke, in denen R nicht vorkommt. Gemäß der Voraussetzung gilt $\{H_1, D\}$ Fol H_2. Wir nehmen nun an, daß $\{H_1\}$ Fol H_2 nicht gilt. Dann gibt es eine Interpretation $(I^+, f_1^+, f_2^+, f_3^+)$, bei der zwar H_1, aber nicht H_2 allgemeingültig ist. Wenn dies der Fall ist, dann gibt es auch eine Interpretation $(I^+, f_1^+, f_2^+, f_3^*)$, die sich von der Interpretation $(I^+, f_1^+, f_2^+, f_3^+)$ höchstens bezüglich der Relationenkonstanten R unterscheidet und bei der die Definitionsaussage D für R wahr ist. Da R weder in H_1 noch in H_2 vorkommt, ist auch bei der Interpretation $(I^+, f_1^+, f_2^+, f_3^*)$ zwar H_1, aber nicht H_2 allgemeingültig. Die Interpretation $(I^+, f_1^+, f_2^+, f_3^*)$ ist daher ein Modell für die Ausdrucksmenge $\{H_1, D\}$. Auf Grund der Voraussetzung ist dann auch H_2 bei der Interpretation $(I^+, f_1^+, f_2^+, f_3^*)$ allgemeingültig. Das führt schließlich zu einem Widerspruch. Also ist die Annahme falsch. Es gilt daher $\{H_1\}$ Fol H_2.

Es sei nun noch erwähnt, daß für elementare Theorien allein auf Grund des Hauptsatzes der mathematischen Logik in den Sätzen über die Nichtkreativität und die Eliminierbarkeit einer Definition der semantische Folgerungsbegriff (Fol) gleichwertig durch den syntaktischen Beweisbarkeitsbegriff (Bew) ersetzt werden kann, wenn dabei lediglich statt des Ausdrucks H_1 seine Generalisierte $(\forall)H_1$ als Element der Ausdrucksmengen gewählt wird.

Bei Zugrundelegung einer beliebigen formalisierten mathematischen Theorie definieren wir nun weitere metatheoretische Begriffe. Eine Menge X von Ausdrücken ist genau dann bei einer fest vorgegebenen Interpretation (I, f_1, f_2, f_3) *semantisch (inhaltlich) widerspruchsfrei*, wenn jeder aus X beweisbare Ausdruck bei dieser Interpretation allgemeingültig ist. Um die semantische Widerspruchsfreiheit einer Menge X von Ausdrücken bei der Interpretation (I, f_1, f_2, f_3) nachzuweisen, genügt es, zu zeigen, daß jeder Ausdruck aus der Menge X bei dieser Interpretation allgemeingültig ist. Dies ist der Fall, da bezüglich jeder formalisierten mathematischen Theorie gemäß dem Satz über die Deduktionserblichkeit der Allgemeingültigkeit für eine beliebige Ausdrucksmenge X und für einen beliebigen Ausdruck H gilt: Wenn X Bew H, dann X Fol H. *Eine Menge X von Ausdrücken ist also genau dann bei der Interpretation (I, f_1, f_2, f_3) semantisch widerspruchsfrei, wenn diese Interpretation ein Modell für die Menge X ist.* Eine Menge X von Ausdrücken ist genau dann bei einer fest vorgegebenen Interpretation (I, f_1, f_2, f_3) *semantisch (inhaltlich) vollständig*, wenn jeder bei dieser Interpretation allgemeingültige Ausdruck aus X beweisbar ist. Eine Menge X von Ausdrücken ist genau dann *(klassisch) widerspruchsfrei*, wenn aus X kein Ausdruck zusammen mit seiner Negation beweisbar ist. Eine Menge X von Ausdrücken ist genau dann *deduktiv (klassisch) vollständig*, wenn für jede Aussage gilt: Die Aussage selbst oder ihre

Negation ist aus X beweisbar. Eine Menge X von Ausdrücken ist genau dann *syntaktisch (formal) widerspruchsfrei*, wenn es wenigstens einen Ausdruck gibt, der nicht aus X beweisbar ist. Eine Menge X von Ausdrücken ist genau dann *syntaktisch (formal) vollständig*, wenn nach Hinzunahme eines aus X nicht beweisbaren Ausdrucks aus der erweiterten Menge jeder Ausdruck beweisbar ist.

Zwischen den verschiedenen Widerspruchsfreiheitsbegriffen bestehen bei einer fest vorgegebenen Interpretation (I, f_1, f_2, f_3) für eine beliebige Ausdrucksmenge X folgende Zusammenhänge: *Wenn X semantisch widerspruchsfrei ist, dann ist X auch klassisch widerspruchsfrei.* Die Umkehrung gilt im allgemeinen nicht. Aus einer klassisch widerspruchsfreien Menge X können daher auch Aussagen beweisbar sein, die bei der vorgegebenen Interpretation falsch sind. Es gilt ferner: Wenn X klassisch widerspruchsfrei ist, dann ist X auch syntaktisch widerspruchsfrei. Für den bereits definierten Beweisbarkeitsbegriff kann man auch leicht die Umkehrung beweisen, da für eine beliebige Ausdrucksmenge X und für beliebige Ausdrücke H_1 und H_2 gilt: X Bew ($H_1 \rightarrow (\sim H_1 \rightarrow H_2)$). Die Umkehrung lautet: Wenn X syntaktisch widerspruchsfrei ist, dann ist X auch klassisch widerspruchsfrei. Es gilt also insgesamt der Satz: *X ist syntaktisch widerspruchsfrei genau dann, wenn X klassisch widerspruchsfrei ist.* In elementaren Theorien gilt nun ferner bezüglich des zugrunde liegenden Beweisbarkeitsbegriffes für eine beliebige Ausdrucksmenge X der folgende Satz: *(∀)X ist klassisch widerspruchsfrei genau dann, wenn X ein Modell besitzt (wenn es eine Interpretation gibt, die ein Modell für X ist).* Dieser Satz ist ohne weiteres mit Hilfe des Hauptsatzes der mathematischen Logik beweisbar. Für elementare Theorien gilt auch der *Endlichkeitssatz für Modelle.* Er besagt: *Wenn jede endliche Teilmenge einer beliebigen Ausdrucksmenge X ein Modell besitzt, dann besitzt auch die gesamte Menge X ein Modell.* Dieser Satz gilt nur für elementare Theorien. Er ist lediglich für unendliche Mengen X von besonderem Interesse. Die Umkehrung dieses Satzes gilt trivialerweise. In elementaren Theorien mit abzählbarem Alphabet gilt darüber hinaus der *Löwenheim-Skolemsche Satz.* Er besagt für eine beliebige Ausdrucksmenge X: *Wenn X ein Modell mit überabzählbarem Individuenbereich besitzt, dann besitzt X auch schon ein Modell mit abzählbarem Individuenbereich.* Man kann nun sagen: Wenn eine Menge X' von Aussagen einer elementaren Theorie mit abzählbarem Alphabet klassisch widerspruchsfrei ist, dann gibt es wenigstens eine Interpretation mit höchstens abzählbarem (endlichem oder abzählbarem) Individuenbereich, bei der sie auch semantisch widerspruchsfrei ist. Man kann schließlich die definierenden Ausdrücke für die Widerspruchsfreiheitsbegriffe gleichwertig so formulieren, daß sie als Umkehrungen der definierenden Ausdrücke für die entsprechenden Vollständigkeitsbegriffe erscheinen. Eine Ausnahme bildet nur der definierende Ausdruck für den klassischen Widerspruchsfreiheitsbegriff.

Zwischen den verschiedenen Vollständigkeitsbegriffen bestehen bei einer fest vorgegebenen Interpretation (I, f_1, f_2, f_3) für eine beliebige Ausdrucksmenge X folgende Zusammenhänge: *Wenn X semantisch vollständig ist, dann ist X auch klassisch vollständig.* Die Umkehrung gilt auch, falls X semantisch widerspruchsfrei ist. Es gilt dann insgesamt: *Wenn X semantisch widerspruchsfrei ist, dann ist X genau dann semantisch vollständig, wenn X klassisch vollständig ist.* Beim Beweis dieses Satzes ist lediglich zu beachten, daß ein Ausdruck mit seiner Generalisierten allgemeingültigkeitsgleich ist und daß die Generalisierte eines Ausdrucks eine Aussage ist, die bei einer fest vorgegebenen Interpretation entweder wahr oder falsch ist. Da für eine beliebige Ausdrucksmenge X und für einen beliebigen Ausdruck H gilt: X Bew ($H \vee \sim H$), gilt auch der Satz: *Wenn X syntaktisch vollständig ist, dann ist X auch klassisch vollständig.* Man kann nun mit Hilfe der Sätze der Einbettung, der Monotonie und der Abgeschlossenheit und mit Hilfe des Endlichkeitssatzes für den Beweisbarkeitsbegriff den *Lindenbaumschen Vervollständigungssatz* beweisen. Er lautet: *„Jede syntaktisch widerspruchsfreie Menge von Ausdrücken läßt sich zu einer syntaktisch widerspruchsfreien und syntaktisch vollständigen deduktiv abgeschlossenen Menge ergänzen“* (161, S. 69). Dabei heißt eine Menge X von Ausdrücken genau dann *deduktiv abgeschlossen*, wenn X = Bew (X) gilt.

Wir wenden uns nun weiteren metatheoretischen Begriffen zu. Dabei legen wir wieder eine beliebige formalisierte mathematische Theorie zugrunde. Eine Menge X von Ausdrücken ist genau dann *unabhängig*, wenn es keinen Ausdruck H mit $H \in X$ gibt, so daß $X \setminus \{H\}$ Bew H (wenn kein in X enthaltener Ausdruck aus der Menge der anderen in X enthaltenen Ausdrücke beweisbar ist). Unabhängigkeitsbeweise werden in der Regel nach der Modellmethode geführt. Gemäß dem Satz über die Deduktionserblichkeit der Allgemeingültigkeit gilt nämlich: Wenn nicht $X \setminus \{H\}$ Fol H, dann nicht $X \setminus \{H\}$ Bew H. Auf Grund der Definition des Folgerungsbegriffes gilt ferner: Wenn es ein Modell für $X \setminus \{H\}$ gibt, in dem H nicht allgemeingültig ist, dann ist H nicht aus $X\setminus\{H\}$ beweisbar. Um die Nichtbeweisbarkeit von H aus $X\setminus\{H\}$ nachzuweisen, braucht man also nur ein Modell für $X\setminus\{H\}$ zu konstruieren, in dem H nicht allgemeingültig ist. Man kann natürlich die Modellmethode nicht nur bei Unabhängigkeitsbeweisen, sondern auch bei anderen Nichtbeweisbarkeitsnachweisen anwenden. Jeder Nichtbeweisbarkeitsnachweis kann also nach der Modellmethode erbracht werden.

Eine Menge X von Ausdrücken ist genau dann *kategorisch*, wenn je zwei Modelle (I, f_1, f_2, f_3) und (I', f_1', f_2', f_3') von X so beschaffen sind, daß I in bezug auf die durch f_1, f_2 und f_3 den Konstanten eindeutig zugeordneten Relationen über I und I' in bezug auf die durch f_1', f_2' und f_3' den Konstanten eindeutig zugeordneten Relationen über I' isomorph sind (wenn je zwei Modelle von X isomorph sind). Durch Relationen geregelte (strukturierte) Mengen I^+ und I^* mit $I^+ = (I, \mathfrak{R}_1^{n_1}, \ldots, \mathfrak{R}_m^{n_m})$ und $I^* = (I', \mathfrak{R}_1'^{n_1}, \ldots, \mathfrak{R}_m'^{n_m})$ sind genau dann *isomorph*, wenn es eine isomorphe Abbildung von I^+ auf I^* gibt.

Wenn I^+ und I^* durch Relationen geregelte Mengen sind mit $I^+ = (I, \mathfrak{R}_1^{n_1}, \ldots, \mathfrak{R}_m^{n_m})$ und $I^* = (I', \mathfrak{R}_1'^{n_1}, \ldots, \mathfrak{R}_m'^{n_m})$, dann ist f genau dann eine *isomorphe Abbildung* (ein Isomorphismus) von I^+ auf I^*, wenn f eine eineindeutige (umkehrbar eindeutige) Abbildung von I auf I' ist, für die gilt:

$$\forall x_1 \ldots \forall x_{n_1} \; ((x_1, \ldots, x_{n_1}) \in \mathfrak{R}_1^{n_1} \leftrightarrow (f(x_1), \ldots, f(x_{n_1})) \in \mathfrak{R}_1'^{n_1})$$
$$\vdots$$
$$\forall x_1 \ldots \forall x_{n_m} \; ((x_1, \ldots, x_{n_m}) \in \mathfrak{R}_m^{n_m} \leftrightarrow (f(x_1), \ldots, f(x_{n_m})) \in \mathfrak{R}_m'^{n_m}).$$

Wenn I^+ und I^* durch Relationen geregelte Mengen sind mit $I^+ = (I, \mathfrak{R}_1^{n_1}, \ldots, \mathfrak{R}_m^{n_m})$ und $I^* = (I', \mathfrak{R}_1'^{n_1}, \ldots, \mathfrak{R}_m'^{n_m})$, dann ist f genau dann eine *homomorphe Abbildung* (ein Homomorphismus) von I^+ auf I^*, wenn f eine eindeutige Abbildung von I auf I' ist, für die gilt:

$$\forall x_1 \ldots \forall x_{n_1} \; ((x_1, \ldots, x_{n_1}) \in \mathfrak{R}_1^{n_1} \rightarrow (f(x_1), \ldots, f(x_{n_1})) \in \mathfrak{R}_1'^{n_1})$$
$$\vdots$$
$$\forall x_1 \ldots \forall x_{n_m} \; ((x_1, \ldots, x_{n_m}) \in \mathfrak{R}_m^{n_m} \rightarrow (f(x_1), \ldots, f(x_{n_m})) \in \mathfrak{R}_m'^{n_m}).$$

Die logischen Zeichen $\forall$, $\leftrightarrow$ und $\rightarrow$ wurden hier als Abkürzungen benutzt.

Die durch Relationen geregelte Menge I^* mit $I^* = (I', \mathfrak{R}_1'^{n_1}, \ldots, \mathfrak{R}_m'^{n_m})$ ist genau dann ein *homomorphes Bild* der durch Relationen geregelten Menge I^+ mit $I^+ = (I, \mathfrak{R}_1^{n_1}, \ldots, \mathfrak{R}_m^{n_m})$, wenn es eine homomorphe Abbildung von I^+ auf I^* gibt. Eine Menge X von Ausdrücken ist genau dann *monotransformabel*, wenn es zu beliebigen Modellen (I, f_1, f_2, f_3) und (I', f'_1, f'_2, f'_3) von X höchstens eine isomorphe Abbildung von I^+ auf I^* gibt. Dabei sind I^+ und I^* durch Relationen geregelte Mengen, von denen I^+ dem Modell (I, f_1, f_2, f_3) und I^* dem Modell (I', f'_1, f'_2, f'_3) eindeutig zugeordnet ist. Jede monotransformable Menge von Ausdrücken ist begrifflich vollständig. Eine Menge X von Ausdrücken ist genau dann *begrifflich vollständig (vollständig in bezug auf Konstanten)*, wenn für jede kategorische Menge Y von Ausdrücken gilt: Wenn die Menge X in der Menge Y enthalten ist, dann ist jede in Y vorkommende Konstante bereits in der Menge der in X vorkommenden Konstanten definierbar. Auch die Kategorizität ist eine besondere Art von Vollständigkeit.

Wir definieren nun den Begriff der Axiomatisierbarkeit bei Zugrundelegung einer beliebigen formalisierten mathematischen Theorie. Eine Menge Y von Ausdrücken ist genau dann *axiomatisierbar*, wenn es eine Menge X von Ausdrücken gibt, die ein Axiomensystem für die Menge Y ist. Eine Menge X von Ausdrücken ist genau dann ein *Axiomensystem* für eine Menge Y von Ausdrücken, wenn X entscheidbar ist und wenn für jeden Ausdruck H gilt: X Bew H genau dann, wenn $H \in Y$. Eine Menge X von Ausdrücken ist genau dann *entscheidbar*, wenn es einen Algorithmus gibt, mit dessen Hilfe man für jeden Ausdruck in endlich vielen Schritten effektiv feststellen kann, ob er zu der Menge X gehört oder nicht. Ein *Algorithmus* ist eine geordnete Menge von Vorschriften, die das Vorgehen schrittweise eindeutig festlegt, die eine rein formale Ausführung der einzelnen Schritte gestattet und deren rein formale Abarbeitung mit Sicherheit zum Ziel führt. Jede Vorschrift ist dabei eine Aufforderung von der Modalität eines Gebots. Auf Grund der Definition des Begriffs des Axiomensystems sind je zwei Axiomensysteme für eine Ausdrucksmenge Y syntaktisch äquivalent. Beliebige Ausdrucksmengen X_1 und X_2 sind genau dann *syntaktisch äquivalent*, wenn gilt: $\text{Bew}(X_1) = \text{Bew}(X_2)$. Eine notwendige und hinreichende Bedingung für die syntaktische Äquivalenz zweier Ausdrucksmengen X_1 und X_2 lautet: $X_1 \subseteqq \text{Bew}(X_2)$ und $X_2 \subseteqq \text{Bew}(X_1)$.

Von besonderem Interesse ist nun die Frage nach der Axiomatisierbarkeit der Menge Y aller bei der Standardinterpretation $(I^0, f^0_1, f^0_2, f^0_3)$ allgemeingültigen Ausdrücke einer formalisierten mathematischen Theorie. Die Standardinterpretation der zugrunde gelegten formalisierten Sprache ist dabei diejenige Interpretation, die zu der mathematischen Theorie führt, die formalisiert wurde. Ein Axiomensystem für die Menge Y der bei der Standardinterpretation (I^0, f_1^0, f_2^0, f_3^0) allgemeingültigen Ausdrücke müßte nun nicht nur entscheidbar, sondern auch bei dieser Interpretation semantisch widerspruchsfrei und semantisch vollständig sein. Die semantische Vollständigkeit ist jedoch für hinreichend ausdrucksfähige formalisierte mathematische Theorien nicht erreichbar. Der *Gödelsche Unvollständigkeitssatz* besagt nämlich, daß in jeder hinreichend ausdrucksfähigen formalisierten mathematischen Theorie kein vollständiges Axiomensystem für die Menge aller bei der Standardinterpretation allgemeingültigen Ausdrücke existiert. Jede hinreichend ausdrucksfähige formalisierte mathematische Theorie gestattet es, zu jeder entscheidbaren und bei der Standardinterpretation semantisch widerspruchsfreien Ausdrucksmenge X einen Ausdruck zu konstruieren, der nachweisbar bei der Standardinterpretation allgemeingültig, aber nicht aus X beweisbar ist. Daher kann in diesem Fall keine Ausdrucksmenge X ein Axiomensystem für die Menge der bei der Standardinterpretation allgemeingültigen Ausdrücke sein. Aus dem Gödelschen Unvollständigkeitssatz folgt nun unmittelbar, daß in jeder hinreichend ausdrucksfähigen formalisierten mathematischen Theorie die Menge der bei der Standardinterpretation allgemeingültigen Ausdrücke nicht entscheidbar ist. Wäre sie entscheidbar, so wäre sie ein Axiomensystem für die Menge der bei der Standardinterpretation allgemeingültigen Ausdrücke (für sich selbst), da sie bei der Standardinterpretation trivialerweise semantisch widerspruchsfrei und semantisch vollständig ist. Das würde aber dem Gödelschen Unvollständigkeitssatz widersprechen. Ein Beispiel für eine hinreichend ausdrucksfähige formalisierte mathematische Theorie, die kein vollständiges Axiomensystem für die Menge der bei der Standardinterpretation allgemeingültigen Ausdrücke besitzt, ist die elementare Arithmetik der natürlichen Zahlen, in der auch die Addition und die Multiplikation ausdrückbar sind.

Wir werden nun den Aufbau der elementaren Arithmetik der natürlichen Zahlen, in der auch die Addition und die Multiplikation ausdrückbar sind, skizzieren. Wir legen folgendes *Alphabet* zugrunde:
Individuenvariablen: a_0, a_1, a_2, a_3, . . .
Individuenkonstante: 0
Funktionenkonstanten: $'$ (einstellig), $+$ (zweistellig), $\cdot$ (zweistellig)
Relationenkonstante: $=$ (zweistellig)
Prädikatenlogische Funktoren: $\sim$, $\wedge$, $\vee$, $\rightarrow$, $\leftrightarrow$, $\forall$, $\exists$
Technische Zeichen: (,).

Unter den Zeichenreihen über diesem Alphabet werden zunächst die *Terme* durch folgende induktive Definition ausgesondert:

(1) Die Individuenkonstante 0 und die Individuenvariablen a_0, a_1, a_2, a_3, ... sind Terme.
(2) Wenn T ein Term ist, dann ist auch T′ ein Term.
(3) Wenn T_1 und T_2 Terme sind, dann sind auch (T_1+T_2) und $(T_1 \cdot T_2)$ Terme.
(4) Eine Zeichenreihe ist nur dann ein Term, wenn das auf Grund von (1), (2) und (3) der Fall ist.

Nun werden die *Ausdrücke* durch eine induktive Definition bestimmt:

(1) Wenn T_1 und T_2 Terme sind, dann ist $T_1=T_2$ ein Ausdruck.
(2) Wenn H ein Ausdruck ist, dann ist auch $\sim$ H ein Ausdruck.
(3) Wenn H_1 und H_2 Ausdrücke sind, dann sind auch $(H_1 \wedge H_2)$, $(H_1 \vee H_2)$, $(H_1 \rightarrow H_2)$ und $(H_1 \leftrightarrow H_2)$ Ausdrücke.
(4) Wenn $H(a_i)$ ein Ausdruck ist, in dem a_i vollfrei vorkommt, dann sind auch $\forall a_i H(a_i)$ und $\exists a_i H(a_i)$ Ausdrücke.
(5) Eine Zeichenreihe ist nur dann ein Ausdruck, wenn das auf Grund von (1), (2), (3) und (4) der Fall ist.

Es sei noch bemerkt, daß a_i in $H(a_i)$ genau dann vollfrei vorkommt, wenn a_i in $H(a_i)$ vorkommt, aber weder $\forall a_i$ noch $\exists a_i$ in $H(a_i)$ vorkommen. Die Eigenschaften von Zeichenreihen, Term zu sein und Ausdruck zu sein, sind entscheidbar. Wir geben nun das bekannte *Axiomensystem* für die elementare Arithmetik an:

A_1: $\forall a_0 \sim a_0' = 0$
A_2: $\forall a_1 \; \forall a_2 \; (a_1' = a_2' \rightarrow a_1 = a_2)$
A_3: $(\forall) \; ((H(a_1/0) \wedge \forall a_1 \; (H(a_1) \rightarrow H(a_1/a_1'))) \rightarrow \forall a_2 H(a_1/a_2))$.

Bei diesen 3 Axiomen handelt es sich um Peanosche Axiome, die im Prädikatenkalkül der 1. Stufe formalisiert sind. Das Axiom A_3 ist strenggenommen ein Axiomenschema. Dabei ist $H(a_1)$ ein beliebiger Ausdruck der elementaren Arithmetik, in dem a_1 vollfrei und a_2 nicht vorkommt. Es wird außerdem vorausgesetzt, daß jede in $H(a_1)$ vorkommende Variable entweder vollfrei oder nur gebunden vorkommt. Die ersten beiden Peanoschen Axiome werden nicht formalisiert, da sie ja nur besagen, daß bei einer Interpretation (I, f_1, f_2, f_3) der Konstanten 0 ein bestimmtes Element aus I und der Konstanten ′ eine bestimmte einstellige Funktion über I eindeutig zuzuordnen sind. Das versteht sich aber in diesem Zusammenhang von selbst. Da in der elementaren Arithmetik die Addition (+) und die Multiplikation (·) nicht in der Menge der Konstanten 0, ′ und = definierbar sind, müssen die Rekursionsgleichungen für die Addition und die Multiplikation als Axiome hinzugenommen werden:

A_4: $\forall a_0\, (a_0 + 0) = a_0$
A_5: $\forall a_1 \forall a_2\, (a_1 + a_2') = (a_1 + a_2)'$
A_6: $\forall a_0\, (a_0 \cdot 0) = 0$
A_7: $\forall a_1 \forall a_2\, (a_1 \cdot a_2') = ((a_1 \cdot a_2) + a_1)$.

Da die Identität im Prädikatenkalkül der 1. Stufe nicht definierbar ist, müssen wir auch noch identitätstheoretische Axiome hinzunehmen:

A_8: $\forall a_0\, a_0 = a_0$
A_9: $\forall a_1 \forall a_2 \forall a_3\, ((a_1 = a_2 \wedge a_2 = a_3) \rightarrow a_1 = a_3)$
A_{10}: $\forall a_1 \forall a_2\, (a_1 = a_2 \rightarrow a_2 = a_1)$
A_{11}: $\forall a_1 \forall a_2\, (a_1 = a_2 \rightarrow a_1' = a_2')$
A_{12}: $\forall a_1 \forall a_2 \forall a_3 \forall a_4\, ((a_1 = a_2 \wedge a_3 = a_4) \rightarrow (a_1 + a_3) = (a_2 + a_4))$
A_{13}: $\forall a_1 \forall a_2 \forall a_3 \forall a_4\, ((a_1 = a_2 \wedge a_3 = a_4) \rightarrow (a_1 \cdot a_3) = (a_2 \cdot a_4))$.

Bei den identitätstheoretischen Axiomen handelt es sich um die Sätze der Reflexivität, der Transitivität und der Symmetrie und um Sätze der Ersetzbarkeit. Für jede zum Alphabet gehörende Funktionenkonstante und Relationenkonstante wird ein Satz der Ersetzbarkeit als Axiom aufgenommen. Der Satz der Ersetzbarkeit für das Gleichheitszeichen $\forall a_1 \forall a_2 \forall a_3 \forall a_4\, ((a_1 = a_2 \wedge a_3 = a_4) \rightarrow (a_1 = a_3 \leftrightarrow a_2 = a_4))$ ist allerdings unmittelbar aus den Axiomen A_9 und A_{10} beweisbar und muß daher nicht zu dem Axiomensystem hinzugenommen werden.

Auf Grund der identitätstheoretischen Axiome kann das Gleichheitszeichen im wesentlichen nur durch die Identität interpretiert werden. Man kann nämlich ganz allgemein folgenden Satz beweisen: Zu jeder Interpretation (I, f_1, f_2, f_3), die ein Modell für die Menge der identitätstheoretischen Axiome ist, gibt es eine Interpretation (I', f_1', f_2', f_3') derart, daß f_3' dem Gleichheitszeichen die Identität über I' einteutig zuordnet und für jeden Ausdruck H der betrachteten elementaren Theorie gilt: H ist genau dann bei der Interpretation (I', f_1', f_2', f_3') allgemeingültig, wenn H bei der Interpretation (I, f_1, f_2, f_3) allgemeingültig ist. Wir skizzieren nun den Beweisgang. (I, f_1, f_2, f_3) sei ein Modell für die Menge der identitätstheoretischen Axiome. Dann ist wegen der Axiome A_8, A_9 und A_{10} $f_3(=)$ eine Äquivalenzrelation über I. f sei die eindeutige Abbildung, die jedem Individuum aus I diejenige Äquivalenzklasse bezüglich $f_3(=)$ eindeutig zuordnet, die es repräsentiert. Nun konstruieren wir eine Interpretation (I', f_1', f_2', f_3'), die die genannten Bedingungen erfüllt. I' sei die Menge aller Äquivalenzklassen bezüglich $f_3(=)$. $f_1'(0)$ sei die Äquivalenzklasse $f(f_1(0))$ aus I', und $f_3'(=)$ sei die Identität über I'. X und Y seien beliebige Äquivalenzklassen aus I'. rX sei ein beliebiger Repräsentant von X, und rY sei ein beliebiger Repräsentant von Y. Nun werden $f_2'(')$, $f_2'(+)$ und $f_2'(\cdot)$ unter Verwendung der für Funktionen üblichen Schreibweise wie folgt definiert:

$$f_2'(')(X) = f(f_2(')(rX))$$
$$f_2'(+)(X, Y) = f(f_2(+)(rX, rY))$$
$$f_2'(\cdot)(X, Y) = f(f_2(\cdot)(rX, rY)) .$$

Das Gleichheitszeichen wird hier auch metatheoretisch zum Ausdruck der Identität verwandt. Die Zuordnung der Funktionswerte ist eindeutig, da sie auf Grund der Axiome A_{11}, A_{12} und A_{13} von der Wahl der Repräsentanten unabhängig ist. Es ist nun ganz offensichtlich, daß I^* mit $I^* = (I', f_1'(0), f_2'('), f_2'(+), f_2'(\cdot), f_3'(=))$ ein homomorphes Bild von I^+ mit $I^+ = (I, f_1(0), f_2('), f_2(+), f_2(\cdot), f_3(=))$ ist und daß f eine homomorphe Abbildung von I^+ auf I^* ist. Den Nachweis dafür, daß für jeden Ausdruck H der elementaren Arithmetik gilt: H ist genau dann bei der Interpretation (I', f_1', f_2', f_3') allgemeingültig, wenn H bei der Interpretation (I, f_1, f_2, f_3) allgemeingültig ist, erbringen wir hier nicht. Wir können jedenfalls auf Grund dieses Satzes das Gleichheitszeichen im wesentlichen nur durch die Identität interpretieren. Deshalb wird das Gleichheitszeichen in der Regel auch zu den logischen Zeichen gezählt, die im Unterschied zu den anderen Konstanten nur eine Interpretation gestatten.

Aus der Menge axi der identitätstheoretischen Axiome sind nun folgende 2 identitätstheoretische Ersetzbarkeitstheoreme beweisbar:

$(\forall)\, \forall a_i \forall a_j (a_i = a_j \rightarrow T(a_i) = T(a_i//a_j))$

$(\forall)\, \forall a_i \forall a_j (a_i = a_j \rightarrow (H(a_i) \leftrightarrow H(a_i//a_j)))$ *(Leibnizsches Theorem).*

Der Nachweis erfolgt in beiden Fällen induktiv. Dabei ist lediglich zu beachten, daß es sich um eine Ersetzbarkeit nach Belieben handelt und daß a_j in $H(a_i)$ nicht gebunden vorkommen darf. Außerdem wird vorausgesetzt, daß jede in $H(a_i)$ vorkommende Variable entweder vollfrei oder nur gebunden vorkommt.

Wir betrachten nun die Standardinterpretation $(I^0, f_1^0, f_2^0, f_3^0)$ der elementaren Arithmetik, wobei I^0 die Menge der natürlichen Zahlen, $f_1^0(0)$ die natürliche Zahl Null, $f_2^0(')$ die Nachfolgerfunktion für natürliche Zahlen, $f_2^0(+)$ die Addition und $f_2^0(\cdot)$ die Multiplikation natürlicher Zahlen und schließlich $f_3^0(=)$ die Identität über der Menge der natürlichen Zahlen sind. Bei dieser Interpretation ist das Axiomensystem ax, welches aus den 13 Axiomen besteht, semantisch widerspruchsfrei. Auf Grund bereits angegebener Sätze ist das Axiomensystem ax auch klassisch und syntaktisch widerspruchsfrei, da die Standardinterpretation $(I^0, f_1^0, f_2^0, f_3^0)$ ein Modell für das Axiomensystem ax ist und die klassische mit der syntaktischen Widerspruchsfreiheit zusammenfällt. Wegen des Gödelschen Unvollständigkeitssatzes ist aber das Axiomensystem ax bei dieser Interpretation nicht semantisch vollständig. Auf Grund bereits angegebener Sätze ist das Axiomensystem ax auch weder klassisch noch syntaktisch vollständig, da die syntaktische Vollständigkeit die klassische und diese wegen der semantischen Widerspruchsfreiheit auch die semantische Vollständigkeit zur Folge hätte. Tatsächlich kann man eine Aussage der elementaren Arithmetik konstruieren, die zwar bei der Standardinterpretation $(I^0, f_1^0, f_2^0, f_3^0)$ wahr, jedoch nicht aus dem Axiomensystem ax beweisbar ist. K. Schröter hat den Gedankengang skizziert, der zu einer solchen Aussage führt (124). Nach dem Hauptsatz der mathematischen Logik folgt daraus, daß es ein Modell für das Axiomensystem ax gibt, in dem die konstruierte Aussage falsch ist.

Wir zeigen nun, daß die natürliche Zahl Null, die Eigenschaft natürlicher Zahlen, gerade zu sein, die Kleinerbeziehung und die Nachfolgerfunktion für natürliche Zahlen in der elementaren Arithmetik bei der Standardinterpretation $(I^0, f_1^0, f_2^0, f_3^0)$ definierbar sind. Zu diesem Zweck geben wir einfach die Definitionsaussagen an:

$$\forall a_1(a_1 = 0 \leftrightarrow (a_1 + a_1) = a_1)$$
$$\forall a_1(Ga_1 \leftrightarrow \exists a_0(a_0 + a_0) = a_1)$$
$$\forall a_1 \forall a_2(a_1 < a_2 \leftrightarrow \exists a_0(\sim a_0 = 0 \wedge (a_1 + a_0) = a_2))$$
$$\forall a_1 \forall a_2(a_1 = a_2' \leftrightarrow (a_2 < a_1 \wedge \sim \exists a_0(a_2 < a_0 \wedge a_0 < a_1))) .$$

Da für die elementare Arithmetik wie für jede elementare Theorie der Endlichkeitssatz für Modelle gilt, kann man ohne Schwierigkeiten auch eine Interpretation $(I^+, f_1^+, f_2^+, f_3^+)$ der elementaren Arithmetik konstruieren, die ein Nichtstandardmodell für das Axiomensystem ax ist. Die Standardinterpretation und alle zu ihr isomorphen Interpretationen werden Standardmodelle des Axiomensystems ax genannt. Ein Nichtstandardmodell für das Axiomensystem ax ist daher eine Interpretation, die zwar ein Modell für das Axiomensystem ax, jedoch nicht zur Standardinterpretation isomorph ist.

Um ein solches Nichtstandardmodell zu konstruieren, nehmen wir zunächst die Individuenkonstante c zum Alphabet der elementaren Arithmetik hinzu. Nun betrachten wir folgende Aussagenmenge X über dem durch die Individuenkonstante c erweiterten Alphabet: $X = ax \cup \{\sim c = 0, \sim c = 0', \sim c = 0'', \sim c = 0''', \ldots\}$. Man sieht nun sofort ein, daß jede endliche Teilmenge X^+ von X ein Modell besitzt. Jede endliche Teilmenge X^+ von X kann nämlich auch nur eine endliche Teilmenge der Menge $\{\sim c=0, \sim c=0', \sim c=0'', \sim c=0''', \ldots\}$ von c-Termungleichungen enthalten. Jeder derartigen c-Termungleichung wird nun eindeutig die natürliche Zahl zugeordnet, die die Anzahl der Striche (') angibt, die in ihr vorkommen. Schließlich wird jeder endlichen Teilmenge X^+ von X diejenige natürliche Zahl n eindeutig zugeordnet, die unter den natürlichen Zahlen, die den in X^+ als Element enthaltenen c-Termungleichungen eindeutig zugeordnet sind, die größte ist. Die Standardinterpretation (I^0, f_1^0, f_2^0, f_3^0), die so auf die Individuenkonstante c fortgesetzt wird, daß $f_1^0(c)=n+1$ gilt, ist dann ein Modell für jede endliche Teilmenge X^+ von X, der die natürliche Zahl n eindeutig zugeordnet ist. Auf diese Weise wird jeder endlichen Teilmenge X^+ von X eindeutig eine Interpretation zugeordnet, die ein Modell für sie ist. Jede endliche Teilmenge X^+ von X besitzt also ein Modell. Nach dem Endlichkeitssatz für Modelle besitzt auch die gesamte Menge X ein Modell, welches natürlich zugleich ein Modell für das Axiomensystem ax ist, da ax eine Teilmenge von X ist. Es sei nun noch darauf hingewiesen, daß die Ausführungen dieses Abschnitts auch dann gültig sind, wenn statt des Axiomensystems ax die gesamte Menge W der bei der Standardinterpretation (I^0, f_1^0, f_2^0, f_3^0,) wahren Aussagen gewählt wird. In diesem Fall kann man ganz analog nach dem Endlichkeitssatz für Modelle schließen, daß die Menge Y mit $Y=W\cup\{\sim c=0, \sim c=0', \sim c=0'', \sim c=0''', \ldots\}$ ein Modell besitzt.

Wir betrachten nun eine beliebige Interpreation (I^+, f_1^+, f_2^+, f_3^+), die ein Modell für Y ist. Es gilt dann auf Grund des Satzes der Zweiwertigkeit für jede Aussage H' der elementaren Arithmetik, in der die Individuenkonstante c nicht vorkommt: H' ist genau dann bei der Interpretation (I^+, f_1^+, f_2^+, f_3^+) wahr, wenn H' bei der Interpretation (I^0, f_1^0, f_2^0, f_3^0) wahr ist. Da nach dem Löwenheim-Skolemschen Satz die Menge Y auch schon ein Modell mit abzählbarem Individuenbereich besitzt, beschränken wir uns auf eine Interpretation (I^+, f_1^+, f_2^+, f_3^+), die ein Modell für Y ist und einen abzählbaren Individuenbereich I^+ besitzt.

Da die vollständige Konstruktion einer derartigen Interpretation technische Schwierigkeiten bereitet, werden wir lediglich den Individuenbereich I^+ in bezug auf die Ordnungsbeziehung $f_3^+(<)$ mit dem Individuenbereich I^0 in bezug auf die Ordnungsbeziehung $f_3^0(<)$ vergleichen. Da bei der Standardinterpretation (I^0, f_1^0, f_2^0, f_3^0) die natürliche Zahl Null kleiner als alle anderen natürlichen Zahlen ist, da außerdem durch sukzessive Nachfolgerbildung, ausgehend von der natürlichen Zahl Null, weitere natürliche Zahlen erhalten werden können und da schließlich zwischen einer natürlichen Zahl und ihrem unmittelbaren Nachfolger keine weitere natürliche Zahl liegt, gilt Entsprechendes auch bei der betrachteten Interpretation (I^+, f_1^+, f_2^+, f_3^+). I^+ besitzt daher in bezug auf $f_3^+(<)$ ein natürliches Anfangsstück vom Ordnungstyp ω der Menge der natürlichen Zahlen. Man erhält dieses Anfangsstück, ausgehend von dem Element $f_1^+(0)$ aus I^+, durch sukzessive Nachfolgerbildung gemäß der Nachfolgerfunktion $f_2^+(')$. Da die betrachtete Interpretation (I^+, f_1^+, f_2^+, f_3^+) ein Modell für die Menge Y ist, ist sie auch ein Modell für die Teilmenge $\{\sim c = 0, \sim c = 0', \sim c = 0'', \sim c = 0''', \ldots\}$ von Y. Aus diesem Grunde muß $f_1^+(c)$ ein unnatürliches Element aus I^+ sein, dem im Sinne der Ordnungsbeziehung $f_3^+(<)$ alle natürlichen Elemente aus I^+ vorangehen. Da bei der Standardinterpretation (I^0, f_1^0, f_2^0, f_3^0) alle von Null verschiedenen natürlichen Zahlen nicht nur einen unmittelbaren Nachfolger, sondern auch einen unmittelbaren Vorgänger haben, muß Entsprechendes auch bei der betrachteten Interpretation (I^+, f_1^+, f_2^+, f_3^+) der Fall sein. Ausgehend von $f_1^+(c)$, kann man daher einerseits durch sukzessive Nachfolgerbildung und andererseits durch sukzessive Vorgängerbildung gemäß der Funktion $f_2^+(')$ zu einer Abteilung von unnatürlichen Elementen aus I^+ gelangen, die in bezug auf $f_3^+(<)$ den Ordnungstyp $(\omega^* + \omega)$ der Menge der ganzen Zahlen besitzt, wobei ω^* der Ordnungstyp der Menge der negativen ganzen Zahlen ist. Da bei der Standardinterpretation (I^0, f_1^0, f_2^0, f_3^0) die Addition in der Menge der natürlichen Zahlen eindeutig und unbeschränkt ausführbar ist, gilt Entsprechendes auch bei der betrachteten Interpretation (I^+, f_1^+, f_2^+, f_3^+). Betrachten wir nun das Element $f_2^+(+)(f_1^+(c), f_1^+(c))$ aus I^+, so stellen wir fest, daß es im Sinne der Ordnungsbeziehung $f_3^+(<)$ auf alle Elemente der Abteilung, in der $f_1^+(c)$ liegt, folgen muß. Es muß daher ein weiteres unnatürliches Element sein, von dem ausgehend man durch sukzessive Nachfolger- und Vorgängerbildung zu einer weiteren Abteilung vom Ordnungstyp $(\omega^* + \omega)$ gelangt. Schließlich führen die fortgesetzte Addition unnatürlicher Elemente zu sich selbst, ausgehend von dem unnatürlichen Element $f_1^+(c)$, und die nachträgliche Ergänzung der im Ergebnis entstandenen Elemente durch sukzessive Nachfolger- und Vorgängerbildung zu immer neuen Abteilungen vom Ordnungstyp $(\omega^* + \omega)$. Es gibt daher keine letzte derartige Abteilung. Da bei der Standardinterpretation (I^0, f_1^0, f_2^0, f_3^0) auf jede ungerade natürliche Zahl eine gerade natürliche Zahl unmittelbar folgt und da das arithmetische Mittel zweier gerader natürlicher Zahlen zwischen diesen liegt, muß Entsprechendes auch bei der betrachteten Interpretation (I^+, f_1^+, f_2^+, f_3^+) der Fall sein. Betrachten wir nun das arithmetische Mittel eines geraden Elementes aus dem natürlichen Anfangsstück und eines geraden Elementes aus der Abteilung, in der $f_1^+(c)$ liegt, so stellen wir fest, daß es in einer Abteilung liegen muß, die im Sinne der Ordnungsbeziehung $f_3^+(<)$ zwischen dem natürlichen Anfangsstück und der $f_1^+(c)$ enthaltenden Abteilung liegt. Durch fortgesetzte Bildung eines entsprechenden arithmetischen Mittels gelangt man schließlich nach Ergänzung durch sukzessive Nachfolger- und Vorgängerbildung zu immer neuen Abteilungen vom Ordnungstyp $(\omega^* + \omega)$, die alle der $f_1^+(c)$ enthaltenden Abteilung im Sinne der Ordnungsbeziehung $f_3^+(<)$ vorangehen und die alle auf das natürliche Anfangsstück im Sinne der Ordnungsbeziehung $f_3^+(<)$ folgen. Es gibt daher unter den Abteilungen vom Ordnungstyp $(\omega^* + \omega)$ keine erste. Betrachten wir schließlich noch das arithmetische Mittel eines geraden Elementes aus einer beliebigen Abteilung und eines geraden Elementes aus einer anderen sonst beliebigen Abteilung, so stellen wir fest, daß es im Sinne der Ordnungsbeziehung $f_3^+(<)$ in einer Abteilung zwischen beiden liegen muß. Man kann also sagen, daß zwischen je zwei verschiedenen Abteilungen vom Ordnungstyp $(\omega^* + \omega)$ eine weitere Abteilung von diesem Ordnungstyp liegt. Die Abteilungen vom Ordnungstyp $(\omega^* + \omega)$ liegen daher dicht. Da der Individuenbereich I^+ gemäß unserer Voraussetzung abzählbar ist, ist auch die Anzahl der Abteilungen abzählbar. Da die geordnete Menge der Abteilungen abzählbar und dicht ist und weder ein erstes noch ein letztes Element besitzt, hat sie nach einem Satz von Cantor (18, S. 304) den Ordnungstyp η der Menge der rationalen Zahlen. Der Individuenbereich I^+ hat daher in bezug auf die Ordnungsbeziehung $f_3^+(<)$ den Ordnungstyp $\omega + (\omega^* + \omega) \cdot \eta$. Da I^0 in bezug auf die Ordnungsbeziehung $f_3^0(<)$ den Ordnungstyp ω besitzt, können die geordneten Mengen (I^+, $f_3^+(<)$) und (I^0, $f_3^0(<)$) nicht isomorph sein. Die betrachtete Interpretation (I^+, f_1^+, f_2^+, f_3^+) ist daher im Unterschied zu der Standardinterpretation (I^0, f_1^0, f_2^0, f_3^0) ein Nichtstandardmodell für die elementare Arithmetik. Da die betrachtete Interpretation (I^+, f_1^+, f_2^+, f_3^+) insbesondere auch ein Nichtstandardmodell für das Axiomensystem ax ist, kann das Axiomensystem ax der elementaren Arithmetik nicht kategorisch sein.

Die Existenz eines Nichtstandardmodells für das Axiomensystem ax der elementaren Arithmetik ist im wesentlichen dadurch begründet, daß in der elementaren Arithmetik nicht ausdrückbar ist, daß die Menge der natürlichen Zahlen die kleinste Menge ist, die die natürliche Zahl Null und mit jeder natürlichen Zahl auch deren unmittelbaren Nachfolger als Element enthält. Insbesondere ist das Induktionsaxiom (Induktionsschema) A_3 auf Grund der beschränkten Ausdrucksmittel der elementaren Arithmetik zu schwach, um diese Eigenschaft zum Ausdruck zu bringen. Diese Eigenschaft kann allerdings bei einer Formalisierung der Arithmetik im Prädikatenkalkül der 2. Stufe zum Ausdruck gebracht werden.

Wir formalisieren nun die Arithmetik der natürlichen Zahlen im Prädikatenkalkül der 2. Stufe. Dabei wird zunächst das Alphabet der elementaren Arithmetik durch eine einstellige Relationenvariable M ergänzt und die induktive Ausdrucksbestimmung wie folgt erweitert:

Wenn T ein Term ist, dann ist MT ein Ausdruck.
Wenn H(M) ein Ausdruck ist, in dem M vollfrei vorkommt, dann sind auch $\forall M\, H(M)$ und $\exists M\, H(M)$ Ausdrücke.

Da wir die Mengenauffassung für Relationen gewählt haben, schreiben wir statt MT auch $T \in M$. Dabei ist zu beachten, daß wir bei jeder Interpretation das Zeichen $\in$ durch die Elementbeziehung standardinterpretieren müssen. Die Peanoschen Axiome lassen sich nun im Prädikatenkalkül der 2. Stufe wie folgt formalisieren:

P_1: $\forall a_0 \sim a_0' = 0$

P_2: $\forall a_1 \forall a_2 (a_1' = a_2' \rightarrow a_1 = a_2)$

P_3: $\forall M((0 \in M \wedge \forall a_1 (a_1 \in M \rightarrow a_1' \in M)) \rightarrow \forall a_2 a_2 \in M)$.

Die Identität ist im Prädikatenkalkül der 2. Stufe definierbar. Die Definition kann durch die Leibnizsche Definitionsaussage erfolgen. Sie lautet:

$\forall a_1 \forall a_2 (a_1 = a_2 \leftrightarrow \forall M (a_1 \in M \leftrightarrow a_2 \in M))$.

Wie schon Dedekind gezeigt hat, lassen sich schließlich bei einer Formalisierung der Arithmetik im Prädikatenkalkül der 2. Stufe die Addition (+) und die Multiplikation (·) in der Menge der Konstanten 0 und ′ definieren. Zu diesem Zweck muß man lediglich noch einstellige und zweistellige Funktionenvariablen zum Alphabet hinzunehmen und die induktive Termdefinition entsprechend erweitern. Außerdem sind die Quantifikatoren $\exists!$ (es gibt höchstens ein), $\exists!!$ (es gibt genau ein) und ι (dasjenige) definitorisch einzuführen. Wir werden dieses Anliegen nicht verfolgen und uns wieder dem Peanoschen Axiomensystem zuwenden.

Man kann zeigen, daß das Peanosche Axiomensystem, bestehend aus den Axiomen P_1, P_2 und P_3, kategorisch ist. Je zwei Modelle dieses Axiomensystems sind isomorph. Die natürlichen Zahlen lassen sich daher durch das Peanosche Axiomensystem „bis auf

Isomorphie" festlegen. Eine eindeutige Charakterisierung der natürlichen Zahlen kann jedoch durch das Peanosche Axiomensystem nicht erfolgen, obwohl jedes seiner Modelle ein Standardmodell ist. Wir geben nun einige Interpretationen an, die Modelle für das Peanosche Axiomensystem sind. Dabei werden die Zeichen $=$ und $\in$ stets durch die Identität bzw. die Elementbeziehung standardinterpretiert.

I	$f_1(0)$	$f_2(')$
Menge der natürlichen Zahlen	Null	Nachfolgerfunktion
Menge der positiven ganzen Zahlen	1	Addition der Zahl 1
Menge der geraden positiven ganzen Zahlen	2	Addition der Zahl 2
Menge der Brüche $\frac{1}{2^n}$ $(n \geqq 1)$	$\frac{1}{2}$	Multiplikation mit $\frac{1}{2}$

Man kann nun zeigen, daß das Peanosche Axiomensystem auch monotransformabel und daher begrifflich vollständig ist. Schließlich läßt sich leicht mit Hilfe der Modellmethode nachweisen, daß das Peanosche Axiomensystem außerdem unabhängig ist. Es ist P_3 nicht aus $\{P_1, P_2\}$ beweisbar, da zwar P_1 und P_2 in dem konstruierten Nichtstandardmodell (I^+, f_1^+, f_2^+) der elementaren Arithmetik wahr sind, P_3 jedoch in dem Nichtstandardmodell falsch ist. In dem Nichtstandardmodell ist nämlich die Negation von P_3 wahr. Eine zur Negation von P_3 logisch äquivalente Aussage läßt sich wie folgt formulieren: $\exists M((0 \in M \wedge \forall a_1(a_1 \in M \rightarrow a_1' \in M)) \wedge \exists a_2 \sim a_2 \in M)$. Dabei heißen zwei beliebige Ausdrücke H_1 und H_2 genau dann logisch äquivalent, wenn der Ausdruck $(H_1 \leftrightarrow H_2)$ logisch allgemeingültig ist. Um nun einzusehen, daß die Negation von P_3 in dem Nichtstandardmodell (I^+, f_1^+, f_2^+) wahr ist, braucht man nur die Variable M mit der Menge der Elemente des natürlichen Anfangsstückes von I^+ und die Variable a_2 mit dem Element $f_1^+(c)$ aus I^+ zu belegen. Es ist auch P_2 nicht aus $\{P_1, P_3\}$ beweisbar. Um dies einzusehen, betrachten wir die Interpretation (I, f_1, f_2) mit $I = \{0^+, 1^+, 2^+, 3^+, 4^+\}$, $f_1(0) = 0^+$, $f_2(')(0^+) = 1^+$, $f_2(')(1^+) = 2^+$, $f_2(')(2^+) = 3^+$, $f_2(')(3^+) = 4^+$ und $f_2(')(4^+) = 4^+$. Bei dieser Interpretation sind tatsächlich P_1 und P_3 wahr. Außerdem ist die zur Negation von P_2 logisch äquivalente Aussage $\exists a_1 \exists a_2(a_1' = a_2' \wedge \sim a_1 = a_2)$ wahr und demzufolge P_2 selbst falsch. Man sieht dies ein, wenn man die

Variable a_1 mit dem Element 3^+ und die Variable a_2 mit dem Element 4^+ belegt.

Es sei noch bemerkt, daß die Interpretation (I, f_1, f_2) die Standardinterpretation der im Prädikatenkalkül der 2. Stufe formalisierten Arithmetik wäre, wenn es nur 3 Gegenstände α, β und γ in der Welt gäbe und die natürlichen Zahlen wie üblich als Eigenschaften von Eigenschaften dieser Gegenstände definiert würden. Die Definitionen der natürlichen Zahlen würden in diesem Fall durch folgende Gleichungen zum Ausdruck gebracht: $0^+ = \{\emptyset_1\}$, $1^+ = \{\{\alpha\}, \{\beta\}, \{\gamma\}\}$, $2^+ = \{\{\alpha, \beta\}, \{\alpha, \gamma\}, \{\beta, \gamma\}\}$, $3^+ = \{\{\alpha, \beta, \gamma\}\}$, $4^+ = \emptyset_2$, $5^+ = \emptyset_2$, $6^+ = \emptyset_2, \ldots$ Dabei sind $\emptyset_1$ die leere Menge 1. Stufe und $\emptyset_2$ die leere Menge 2. Stufe. Verallgemeinernd kann man sagen, daß die Reihe der natürlichen Zahlen an einer bestimmten Stelle abbrechen würde, indem von dieser Stelle an alle natürlichen Zahlen miteinander identisch wären, wenn die materielle Welt nur ein endlicher Individuenbereich wäre. In diesem Fall würde das Axiom P_2 nicht wahr sein. Das ist ein Beleg dafür, daß wesentliche Aussagen der Mathematik nicht logisch wahr sind, sondern auch die Wahrheit einer Aussage der Mathematik davon abhängt, wie die Welt beschaffen ist.

Nun zeigen wir noch, daß auch P_1 nicht aus $\{P_2, P_3\}$ beweisbar ist. Zu diesem Zweck wählen wir die Interpretation (I', f_1', f_2') mit $I' = \{0^+, 1^+, 2^+, 3^+, 4^+\}$, $f_1'(0) = 0^+$, $f_2'(')(0^+) = 1^+$, $f_2'(')(1^+) = 2^+$, $f_2'(')(2^+) = 3^+$, $f_2'(')(3^+) = 4^+$ und $f_2'(')(4^+) = 0^+$. Bei dieser Interpretation sind nun P_2 und P_3 wahr, aber P_1 ist bei dieser Interpretation falsch. Daß die zur Negation von P_1 logisch äquivalente Aussage $\exists a_0 \, a_0' = 0$ bei dieser Interpretation wahr ist, sieht man sofort ein, wenn man die Variable a_0 mit dem Element 4^+ belegt.

Wir konnten auch für die im Prädikatenkalkül der 2. Stufe formalisierte Arithmetik Nichtbeweisbarkeitsnachweise mit der Modellmethode erbringen, da für eine beliebige Ausdrucksmenge X und einen beliebigen Ausdruck H einer beliebigen formalisierten mathematischen Theorie gilt: Wenn X Bew H, dann X Fol H. Für elementare Theorien gilt auch für den von uns zugrunde gelegten Beweisbarkeitsbegriff die Umkehrung dieses Satzes in der Form: Wenn X Fol H, dann ($\forall$)X Bew H. Für im Prädikatenkalkül der 2. Stufe formalisierte mathematische Theorien gilt diese Umkehrung bereits nicht mehr. Für im Prädikatenkalkül der 2. Stufe formalisierte mathematische Theorien gilt vielmehr folgender *Unvollständigkeitssatz*: Jeder vorgegebene Beweisbarkeitsbegriff ist in dem Sinne *unvollständig*, daß es zu ihm eine Menge X von Ausdrücken und einen aus X folgenden Ausdruck H derart gibt, daß H bei Zugrundelegung dieses Beweisbarkeitsbegriffes nicht aus X beweisbar ist.

Wir betrachten nun die elementare zweidimensionale (ebene) Euklidische Geometrie. Dabei beschränken wir uns auf eine Formalisierung der bereits angegebenen 4 Axiome. Zu diesem Zweck legen wir ein Alphabet mit 2 Sorten von Individuenvariablen zugrunde. Zum Alphabet gehören dann außer den prädikatenlogischen Funktoren und den technischen Zeichen:

Punktvariablen: $a_0, a_1, a_2, a_3, \ldots$
Geradenvariablen: $g_0, g_1, g_2, g_3, \ldots$
Relationenkonstanten: $=$ (zweistellig), L (zweistellig), P (zweistellig).

Prädikative Ausdrücke sind: $a_i L g_j$, $g_i P g_j$, $a_i = a_j$, $g_i = g_j$.

Die induktive Ausdrucksbestimmung erfolgt nun in der üblichen Weise. Bei der Standardinterpretation (I_1^0, I_2^0, f_3^0) werden $=$ durch die Identität, L durch die Lagebeziehung und P durch die Beziehung der Parallelität interpretiert. Ist nun $H(g_i)$ ein beliebiger Ausdruck dieser reduzierten elementaren Geometrie, in dem g_i vollfrei und g_j nicht vorkommt, dann kann man die Quantifikatoren $\exists !$ und $\exists !!$ in ihrem Bezug auf Geradenvariablen wie folgt definitorisch einführen, falls man noch voraussetzt, daß jede in $H(g_i)$ vorkommende Variable entweder vollfrei oder nur gebunden vorkommt:

$$(\forall)(\exists ! g_i\, H(g_i) \leftrightarrow \forall g_i \forall g_j((H(g_i) \wedge H(g_i/g_j)) \rightarrow g_i = g_j))$$
$$(\forall)(\exists !! g_i H(g_i) \leftrightarrow (\exists g_i H(g_i) \wedge \exists ! g_i H(g_i)))\,.$$

Nun können die 4 Axiome formalisiert werden:

E_1: $\forall a_1 \forall a_2(\sim a_1 = a_2 \rightarrow \exists !! g_0(a_1 L g_0 \wedge a_2 L g_0))$
E_2: $\forall g_0 \exists a_1 \exists a_2(\sim a_1 = a_2 \wedge (a_1 L g_0 \wedge a_2 L g_0))$
E_3: $\exists a_1 \exists a_2 \exists a_3 \sim \exists g_0((a_1 L g_0 \wedge a_2 L g_0) \wedge a_3 L g_0)$
E_4: $\forall g_1 \forall a_0(\sim a_0 L g_1 \rightarrow \exists !! g_2(a_0 L g_2 \wedge g_2 P g_1))$.

Zu diesen Axiomen müssen wieder entsprechende identitätstheoretische Axiome hinzugenommen werden:

$$\forall a_0 a_0 = a_0, \quad \forall g_0 g_0 = g_0$$
$$\forall a_1 \forall a_2 \forall a_3((a_1 = a_2 \wedge a_2 = a_3) \rightarrow a_1 = a_3)$$
$$\forall g_1 \forall g_2 \forall g_3((g_1 = g_2 \wedge g_2 = g_3) \rightarrow g_1 = g_3)$$
$$\forall a_1 \forall a_2(a_1 = a_2 \rightarrow a_2 = a_1), \quad \forall g_1 \forall g_2(g_1 = g_2 \rightarrow g_2 = g_1)$$
$$\forall a_1 \forall a_2 \forall g_1 \forall g_2((a_1 = a_2 \wedge g_1 = g_2) \rightarrow (a_1 L g_1 \leftrightarrow a_2 L g_2))$$
$$\forall g_1 \forall g_2 \forall g_3 \forall g_4((g_1 = g_2 \wedge g_3 = g_4) \rightarrow (g_1 P g_3 \leftrightarrow g_2 P g_4))\,.$$

Die Beziehung der Parallelität ist bei der Standardinterpretation (I_1^0, I_2^0, f_3^0) durch folgende Definitionsaussage definierbar:

$$\forall g_1 \forall g_2 (g_1 P g_2 \leftrightarrow \sim \exists a_0 (a_0 L g_1 \wedge a_0 L g_2)) .$$

Wir weisen nun die Unabhängigkeit des Parallelenaxioms E_4 von den Axiomen E_1, E_2 und E_3 mit der Modellmethode nach. Das Gleichheitszeichen = wird dabei wieder standardinterpretiert durch die Identität. Wir betrachten die Interpretation (I_1', I_2', f_3'), bei der $I_1' = \{1, 2, 3\}$, $I_2' = \{\{1, 2\}, \{1, 3\}, \{2, 3\}\}$, $f_3'(L)$ die Elementbeziehung und $f_3'(P)$ die Beziehung der Disjunktheit ist. Bei dieser Interpretation sind zwar die Axiome E_1, E_2 und E_3 wahr, aber das Axiom E_4 ist bei dieser Interpretation falsch. Das Parallelenaxiom E_4 ist daher aus den Axiomen E_1, E_2 und E_3 nicht beweisbar. Wir geben nun noch eine Interpretation (I_1^+, I_2^+, f_3^+) an, die ein Modell für die Menge der 4 Axiome ist. Es handelt sich um das sogenannte Vierpunktemodell. Es ist wie folgt beschaffen: $I_1^+ = \{1, 2, 3, 4\}$, $I_2^+ = \{\{1, 2\}, \{1, 3\}, \{1, 4\}, \{2, 3\}, \{2, 4\}, \{3, 4\}\}$, $f_3^+(L)$ ist die Elementbeziehung, und $f_3^+(P)$ ist die Beziehung der Disjunktheit.

Es sei schließlich noch erwähnt, daß die Modellmethode, wenn sie bei Unabhängigkeitsbeweisen angewandt wird, sehr oft zur Entwicklung neuer Theorien führt. So hat der Nachweis der Unabhängigkeit des Parallelenaxioms von den anderen Axiomen der Euklidischen Geometrie mit Hilfe der Modellmethode zur Entwicklung der Riemannschen und der Lobatschewskischen Geometrie geführt. Die Modellmethode wird aber auch mit Erfolg bei relativen Widerspruchsfreiheitsbeweisen angewandt, da für eine beliebige Menge X von Ausdrücken einer beliebigen formalisierten mathematischen Theorie gilt: *Wenn X ein Modell besitzt, dann ist X klassisch widerspruchsfrei*. Für die Axiomensysteme der Lobatschewskischen und der Riemannschen Geometrie wurden Modelle in der Euklidischen Geometrie und für das Axiomensystem der Euklidischen Geometrie wurde ein Modell in der Theorie der reellen Zahlen konstruiert. Aus diesem Grunde gilt: Wenn die Theorie der reellen Zahlen widerspruchsfrei ist, dann ist auch die Euklidische Geometrie widerspruchsfrei, und wenn die Euklidische Geometrie widerspruchsfrei ist, dann sind auch die Lobatschewskische und die Riemannsche Geometrie widerspruchsfrei. Da die Theorie der reellen Zahlen im Rahmen der Mengenlehre entwickelt werden kann, gilt schließlich: Wenn die Mengenlehre widerspruchsfrei ist, dann ist auch die Theorie der reellen Zahlen widerspruchsfrei.

Wir weisen nun noch darauf hin, daß man natürlich auch die

mathematischen Strukturtheorien formalisieren kann. Wir wählen die Gruppentheorie als Beispiel aus und formalisieren sie im Prädikatenkalkül der 1. Stufe. Zum Alphabet der zugrunde gelegten Sprache gehören außer den technischen Zeichen, den prädikatenlogischen Funktoren und dem Gleichheitszeichen Individuenvariablen a_0, a_1, a_2, a_3, ... und eine zweistellige Funktionenkonstante $\cdot$. Die Individuenvariablen sind Terme. Wenn T_1 und T_2 Terme sind, dann ist auch $(T_1 \cdot T_2)$ ein Term. Weitere Terme gibt es nicht. Wenn T_1 und T_2 Terme sind, dann ist $T_1 = T_2$ ein prädikativer Ausdruck. Die induktive Ausdrucksbestimmung erfolgt wieder in der üblichen Weise.

Der Gruppentheorie werden nun die folgenden drei Axiome zugrunde gelegt:

G_1: $\forall a_1 \forall a_2 \forall a_3((a_1 \cdot a_2) \cdot a_3) = (a_1 \cdot (a_2 \cdot a_3))$

G_2: $\forall a_0 \forall a_3 \exists a_1 (a_0 \cdot a_1) = a_3$

G_3: $\forall a_0 \forall a_3 \exists a_2 (a_2 \cdot a_0) = a_3$.

Zu diesen Axiomen müssen wieder identitätstheoretische Axiome hinzugenommen werden:

$$\forall a_0 a_0 = a_0$$

$$\forall a_1 \forall a_2 \forall a_3((a_1 = a_2 \wedge a_2 = a_3) \rightarrow a_1 = a_3)$$

$$\forall a_1 \forall a_2 (a_1 = a_2 \rightarrow a_2 = a_1)$$

$$\forall a_1 \forall a_2 \forall a_3 \forall a_4 ((a_1 = a_2 \wedge a_3 = a_4) \rightarrow (a_1 \cdot a_3) = (a_2 \cdot a_4)) .$$

Ist nun $H(a_i)$ ein beliebiger Ausdruck der Gruppentheorie, in dem a_i vollfrei und a_j nicht vorkommt und außerdem jede vorkommende Variable entweder vollfrei oder nur gebunden vorkommt, dann kann man wieder die Quantifikatoren $\exists!$ und $\exists!!$ wie folgt definitorisch einführen:

$$(\forall)(\exists ! a_i H(a_i) \leftrightarrow \forall a_i \forall a_j((H(a_i) \wedge H(a_i/a_j)) \rightarrow a_i = a_j))$$

$$(\forall)(\exists !! a_i H(a_i) \leftrightarrow (\exists a_i H(a_i) \wedge \exists ! a_i H(a_i))) .$$

Wir erweitern nun den Termbegriff, indem wir zusätzlich ι-Terme (Kennzeichnungsterme) einführen. Wenn $H(a_i)$ ein Ausdruck ist, in dem a_i vollfrei vorkommt, dann ist $\iota a_i H(a_i)$ ein ι-Term. Daß a_i vollfrei in $H(a_i)$ vorkommt, heißt in dem Zusammenhang, daß a_i in $H(a_i)$ vorkommt, aber $\forall a_i$, $\exists a_i$ und ιa_i in $H(a_i)$ nicht vorkommen. Den erweiterten Termbegriff kann man nun wie folgt definieren: Die Individuenvariablen und die ι-Terme sind Terme, und wenn T_1 und T_2 Terme sind, dann ist auch $(T_1 \cdot T_2)$ ein Term. Weitere Terme gibt es nicht.

In den folgenden Ausführungen sollen die Ausdrücke $H(a_i)$ und

$H'(a_i)$ derart sein, daß jede in ihnen vorkommende Variable entweder vollfrei oder nur gebunden vorkommt. Ist $H(a_i)$ ein beliebiger derartiger Ausdruck, in dem a_i vollfrei vorkommt, dann kann man den ι-Term $\iota a_i H(a_i)$ definitorisch einführen, indem durch Definitionsaussagen den prädikativen Ausdrücken, in denen der ι-Term $\iota a_i H(a_i)$ vorkommt, äquivalente Ausdrücke, in denen der ι-Term $\iota a_i H(a_i)$ nicht vorkommt, zugeordnet werden. Da in der Gruppentheorie jeder prädikative Ausdruck eine Termgleichung ist, genügen sicher folgende Definitionsaussagen zur Einführung des ι-Termes $\iota a_i H(a_i)$:

$$(\forall)\ (T = \iota a_i H(a_i) \leftrightarrow (\exists ! a_i H(a_i) \wedge \exists a_i (T = a_i \wedge H(a_i))))$$
$$(\forall)\ (\iota a_i H(a_i) = T \leftrightarrow (\exists ! a_i H(a_i) \wedge \exists a_i (a_i = T \wedge H(a_i))))$$
$$(\forall)\ ((T_1 \cdot \iota a_i H(a_i)) = T_2 \leftrightarrow (\exists ! a_i H(a_i) \wedge \exists a_i ((T_1 \cdot a_i) = T_2 \wedge H(a_i))))$$
$$(\forall)\ ((\iota a_i H(a_i) \cdot T_1) = T_2 \leftrightarrow (\exists ! a_i H(a_i) \wedge \exists a_i ((a_i \cdot T_1) = T_2 \wedge H(a_i))))$$
$$(\forall)\ (T_2 = (T_1 \cdot \iota a_i H(a_i)) \leftrightarrow (\exists ! a_i H(a_i) \wedge \exists a_i (T_2 = (T_1 \cdot a_i) \wedge H(a_i))))$$
$$(\forall)\ (T_2 = (\iota a_i H(a_i) \cdot T_1) \leftrightarrow (\exists ! a_i H(a_i) \wedge \exists a_i (T_2 = (a_i \cdot T_1) \wedge H(a_i)))) .$$

Dabei sollen T, T_1 und T_2 beliebige Terme im Sinne des erweiterten Termbegriffs sein, in denen keine in $H(a_i)$ vorkommende Variable vorkommt. Außerdem sollen die in T, T_1 und T_2 frei vorkommenden Variablen auch vollfrei vorkommen, was durch eine Umbenennung gebundener Variablen stets zu erreichen ist. Schließlich sollen keine in T_1 vollfrei vorkommenden Variablen in T_2 gebunden und keine in T_2 vollfrei vorkommenden Variablen in T_1 gebunden vorkommen, was ebenfalls durch eine Umbenennung gebundener Variablen erreicht werden kann.

Durch die angegebenen 6 Definitionsaussagen ist der Gebrauch des bestimmten Artikels in der Gruppentheorie vollständig festgelegt. Bei Zugrundelegung der Definitionsaussagen, die den Gebrauch des bestimmten Artikels in prädikativen Ausdrücken festlegen, kann man nun ganz allgemein unter Verwendung des leicht zu beweisenden Satzes

$$(\forall)\ (\exists ! a_i H(a_i) \rightarrow (\exists a_i (H'(a_i) \wedge H(a_i)) \leftrightarrow \forall a_i (H(a_i) \rightarrow H'(a_i))))$$

für einen beliebigen Ausdruck $H'(a_i)$, in dem außer der vollfrei vorkommenden Variablen a_i keine in $H(a_i)$ vorkommende Variable vorkommt, den folgenden Satz induktiv beweisen:

$$(\forall)\ (\exists ! a_i H(a_i) \rightarrow (H'(a_i / \iota a_i H(a_i)) \leftrightarrow \exists a_i (H'(a_i) \wedge H(a_i)))) .$$

Aus diesem Satz sind nun wiederum folgende 3 Sätze beweisbar:

$$(\forall)\ (\exists ! a_i H(a_i) \rightarrow (H'(a_i / \iota a_i H(a_i)) \rightarrow \exists a_i H'(a_i)))$$

$(\forall)\ (\exists\,!\,!a_i H(a_i) \rightarrow (\forall a_i H'(a_i) \rightarrow H'(a_i/\iota a_i H(a_i))))$ *(Satz der Termeinsetzung)*

$(\forall)\ (\exists\,!\,!a_i H(a_i) \rightarrow H(a_i/\iota a_i H^+(a_i)))$ *(Satz der Selbstbezeichnung).*

Dabei ist $H'(a_i)$ ein Ausdruck, in dem außer der vollfrei vorkommenden Variablen a_i keine in $H(a_i)$ vorkommende Variable vorkommt. $H^+(a_i)$ ist ein Ausdruck, der dadurch aus $H(a_i)$ entstanden ist, daß alle in $H(a_i)$ gebunden vorkommenden Variablen in Variablen umbenannt wurden, die nicht in $H(a_i)$ vorkommen, wobei voneinander verschiedene Variablen in Variablen umbenannt wurden, die ebenfalls voneinander verschieden sind.

Schließlich ist noch folgender Satz beweisbar:

$(\forall)\ (\exists\,!\,!a_i H(a_i) \leftrightarrow \exists a_j a_j = \iota a_i H(a_i))$.

Dabei ist a_j eine nicht in $H(a_i)$ vorkommende Variable.

Es sei noch erwähnt, daß K. Schröter die „Theorie des bestimmten Artikels" ausführlich dargestellt hat (128).

Man kann nun zeigen, daß das bereits angegebene, durch die identitätstheoretischen Axiome und die Definitionsaussagen für den Gebrauch des bestimmten Artikels ergänzte Axiomensystem der Gruppentheorie mit dem folgenden, ebenfalls durch die identitätstheoretischen Axiome und die Definitionsaussagen für den Gebrauch des bestimmten Artikels ergänzten Axiomensystem syntaktisch äquivalent ist:

G_1': $\forall a_1 \forall a_2 \forall a_3\ ((a_1 \cdot a_2) \cdot a_3) = (a_1 \cdot (a_2 \cdot a_3))$

G_2': $\forall a_2\ ((a_2 \cdot e) = a_2 \wedge (e \cdot a_2) = a_2)$

G_3': $\forall a_3\ ((a_3 \cdot a_3^{-1}) = e \wedge (a_3^{-1} \cdot a_3) = e)$.

Dabei sind e und a_3^{-1} lediglich als signifikante Abkürzungen für ι-Terme eingeführt worden. Die abkürzenden Definitionen werden durch folgende Definitionsaussagen zum Ausdruck gebracht:

$e = \iota a_1 \forall a_0\ ((a_0 \cdot a_1) = a_0 \wedge (a_1 \cdot a_0) = a_0)$ (Definition des Einselementes)

$\forall a_3\ a_3^{-1} = \iota a_2\ ((a_3 \cdot a_2) = e \wedge (a_2 \cdot a_3) = e)$ (Definition der inversen Elemente).

Wir können nun in Übereinstimmung mit H. Hermes folgendes feststellen: „Der Begriff einer formalisierten Theorie kann als Weiterentwicklung des Begriffs der axiomatischen Theorie angesehen werden" (51, S. 138). „Im Hinblick auf die von ihnen erfaßten Gegenstände kann man bei den mathematischen Theorien zwei extreme Tendenzen feststellen: (1) Es gibt Theorien wie die Gruppentheorie und andere moderne mathematische Theorien, unter welche sehr ,viele' Gegenstände fallen und die dieser Tatsache ihre mannigfache Anwendbarkeit verdanken. (2) Andere Theorien werden aufgestellt in der Absicht, daß unter sie möglichst wenige Gegenstände fallen sollen, vielleicht sogar nur einer, so daß eine solche Theorie damit den jeweiligen Gegenstand ,charakterisiert'. Von dieser Art sind die Geometrie und die Arithmetik" (51, S. 139). Wir fügen in Übereinstimmung mit W. N. Molodschi hinzu, daß die Bedeutung der axiomatischen Methode darin besteht, „daß sie, erstens, die Struktur der mathematischen Theorien klarer zum Ausdruck bringt (im Vergleich zu deren inhaltlichem Aufbau); daß sie, zweitens, Probleme zu lösen hilft, die manchmal bei gewöhnlicher inhaltlicher Deutung nicht zu lösen sind; daß sie, drittens, solche Theorien zu einem einheitlichen Ganzen vereinigt, die anfangs voneinander isoliert erschienen, und damit zur Entwicklung neuer mathematischer Disziplinen beiträgt" (101, S. 265).

Besonders erwähnenswert sind noch einige weltanschaulich relevante Schlußfolgerungen, die K. Schröter in seiner Abhandlung „Die Tragweite und die Grenzen der axiomatischen Methode" gezogen hat (125). Wir werden sie im folgenden diskutieren.

1. Bevor die axiomatische Methode zur Anwendung kommen kann, müssen der Gegenstandsbereich und der Bereich der zu behandelnden Relationen bereits festgelegt sein. Um zu einer solchen Festlegung zu gelangen, gibt es gar kein anderes Verfahren als die Gewinnung der ersten mathematischen Begriffe durch Abstraktion aus realen Verhältnissen materieller Objekte. Jeder derartigen Abstraktion liegt eine Äquivalenzrelation zugrunde. Wir haben diesen Abstraktionsprozeß bereits ausführlich dargestellt.

2. Für die Anwendung der axiomatischen Methode sind nun die Charakterisierung der Aussagen über die Gegenstände der betrachteten Theorie sowie die Präzisierung des Begriffs der wahren Aussage erforderlich. Außerdem muß ein Beweisbarkeitsbegriff definiert werden. Wir haben dies beim Aufbau und bei der Interpretation formalisierter Sprachen getan.

3. Bei der Anwendung der axiomatischen Methode geht es im wesentlichen darum, die wahren Aussagen einer mathematischen Theorie aus einem übersehbaren Axiomensystem zu beweisen. „Von einem Axiomensystem ist demnach zu fordern, daß alle wahren und natürlich nur die wahren Aussagen der betreffenden Theorie mit

Hilfe des zugrunde gelegten Beweisbarkeitsbegriffs abgeleitet werden können" (125, S. 482).

4. Die Auffassung, wonach ein Axiom eine Aussage ist, deren Wahrheit eines Nachweises weder fähig noch bedürftig sei, geht auf Kants Apriorismus zurück und ist unhaltbar. Kant betrachtete die Axiome der Arithmetik und der (Euklidischen) Geometrie als synthetische Urteile, die a priori wahr sind. Mit der Entstehung nichteuklidischer Geometrien, die wir bereits skizziert haben, wurde jedoch Kants Auffassung überzeugend widerlegt.

Daß es sich bei den Axiomen mathematischer Theorien in der Regel um synthetische Aussagen handelt, ist ganz offensichtlich, wenn man den Begriff „synthetisch" wie folgt definiert: Eine Aussage einer formalisierten Sprache ist genau dann synthetisch, wenn sie synthetisch wahr oder synthetisch falsch ist. Eine Aussage ist genau dann synthetisch falsch, wenn ihre Negation synthetisch wahr ist. Eine Aussage ist genau dann synthetisch wahr, wenn sie bei der Standardinterpretation wahr, aber nicht analytisch wahr ist. Eine Aussage ist genau dann analytisch wahr, wenn sie aus einer Menge von Definitionsaussagen logisch (im Sinne unseres Folgerungsbegriffes) folgt, was insbesondere schon dann der Fall ist, wenn sie logisch wahr ist. Dabei ist zu beachten, daß Definitionsaussagen nichtkreativ sind und Eliminierbarkeit gewährleisten. Die Axiome einer formalisierten mathematischen Theorie sind nun in der Regel nicht analytisch wahr. Sie sind synthetisch wahr, wenn das Axiomensystem bei der Standardinterpretation semantisch widerspruchsfrei ist.

Wesentlich schwieriger ist nun die Präzisierung des Begriffs „apriorisch" bzw. „a priori". Eine Aussage einer formalisierten Sprache ist genau dann apriorisch, wenn sie a priori wahr oder a priori falsch ist. Eine Aussage ist genau dann a priori falsch, wenn ihre Negation a priori wahr ist. Nun unterscheiden wir einige Fälle.

1. Fall: Eine Aussage ist genau dann bei der Standardinterpretation a priori wahr, wenn sie eine notwendige Voraussetzung dafür ist, daß Erfahrungen gemacht werden können (wenn sie Erfahrung erst ermöglicht). In diesem Sinne verstand Kant die Axiome der Arithmetik und der Geometrie als synthetische Urteile, die a priori wahr sind, denn Zahl und Raum waren für ihn vor jeder Erfahrung gegebene Anschauungsformen. In diesem Sinne sind jedoch die Axiome sicher nicht a priori wahr.

2. Fall: Eine Aussage ist genau dann a priori wahr, wenn sie aus

einem Axiomensystem logisch folgt. In diesem Sinne ist jedes Axiom trivialerweise a priori wahr.

3. Fall: Eine Aussage ist genau dann bei der Standardinterpretation a priori wahr, wenn sie ohne Verwendung von Voraussetzungen, die Erfahrungen beschreiben, als wahr nachweisbar ist. Schon in diesem Sinne sind Axiome nicht mehr a priori wahr. Allerdings ist hierbei der Begriff „Erfahrung" sehr weit zu fassen. Er erfaßt nicht nur die unmittelbare Erfahrung, sondern auch die über bereits vorliegende Erkenntnisse vermittelte Erfahrung. Außerdem dominieren nicht durch Beobachtung und Experiment gewonnene Erfahrungen, sondern Erfahrungen beim Umgang mit abstrakten Objekten, die durch Idealisierung aus realen Verhältnissen materieller Objekte gewonnen wurden. Dabei ist zu beachten, daß die idealisierenden Abstraktionen der Mathematik erst dadurch gerechtfertigt werden, daß es für ein Axiomensystem einer formalisierten mathematischen Theorie wenigstens eine naturwissenschaftliche Interpretation gibt, bei der die Axiome in Hypothesen übergehen, die empirisch (experimentell, praktisch) überprüfbar sind. Wenn sich bei einer derartigen Überprüfung eine annähernde (approximative) Übereinstimmung mit der Wirklichkeit herausstellt, kann man davon sprechen, daß den Axiomen auch eine gegenständliche Wahrheit zukommt. Sehr treffend hat K. Marx diesen Sachverhalt in seiner 2. Feuerbach-These zum Ausdruck gebracht. Er schreibt: „Die Frage, ob dem menschlichen Denken gegenständliche Wahrheit zukomme, ist keine Frage der Theorie, sondern eine *praktische* Frage. In der Praxis muß der Mensch die Wahrheit, d. h. die Wirklichkeit und Macht, die Diesseitigkeit seines Denkens beweisen. Der Streit über die Wirklichkeit oder Nichtwirklichkeit eines Denkens, das sich von der Praxis isoliert, ist eine rein *scholastische* Frage" (94, S. 61).

4. Fall: Eine Aussage einer formalisierten Sprache ist genau dann a priori wahr, wenn sie aus den Aussagen, die den Gebrauch und damit auch den Zusammenhang der außerlogischen Begriffe (Konstanten) dieser Sprache beschreiben, logisch folgt. Für die empirischen Wissenschaften hat ein so fixierter Begriff von „a priori wahr" durchaus einen Sinn, da man bereits den Gebrauch von Begriffen der Umgangssprache beherrschen muß, um Erfahrungsaussagen als bestätigt ansehen zu können. Dies ist jedoch kein Problem, da der Mensch verschiedene Dispositionen geerbt hat, um ein Begriffssystem über die Umwelt aufzubauen. Außerdem verfügt er über eine Sprachkompetenz bezüglich seiner Muttersprache. Sowohl die

Dispositionen als auch die Sprachkompetenz hat die Menschheit in dem historischen Prozeß der praktischen Auseinandersetzung mit der Umwelt erworben. Für den einzelnen Menschen erscheinen sie als unabhängig von der Erfahrung gegeben. Sie stellen daher ein relatives Apriori der Erkenntnis dar. In dem Sinne gibt es nun auch synthetische Aussagen, die a priori wahr sind. In dem Sinne sind sogar die Axiome der Peanoschen Arithmetik und der Euklidischen Geometrie a priori wahr. Es handelt sich dabei jedoch nur um relativ wahre Aussagen und um ein auf den einzelnen Menschen bezogenes relatives Apriori. Das relative Apriori der Erkenntnis besteht daher weder vor aller noch unabhängig von jeder menschlichen Erfahrung.

5. Die vom Neopositivismus vertretene Ansicht, daß sich die Aussagen einer mathematischen Theorie nicht auf die Wirklichkeit beziehen, ist, wie wir schon an einem Beispiel gesehen haben, einfach falsch. Durch ein Axiomensystem einer formalisierten mathematischen Theorie werden nach neopositivistischer Auffassung die Grundbegriffe der Theorie implizit definiert. Sogenannte implizite Definitionen legen angeblich den Gegenstandsbereich mit gewissen zugehörigen Relationen eindeutig fest. Das ist aber sicher unmöglich, da ein Axiomensystem einer formalisierten mathematischen Theorie den Gegenstandsbereich bezüglich gewisser Relationen höchstens „bis auf Isomorphie“ charakterisieren kann. Eine Festlegung „bis auf Isomorphie“ erfolgt nur durch ein kategorisches Axiomensystem.

6. Aus dem Gödelschen Unvollständigkeitssatz wurden häufig agnostizistische Schlußfolgerungen gezogen. Wenn auch Gödel nachgewiesen hat, daß aus dem üblichen Axiomensystem ax der elementaren Arithmetik nicht alle (bei der Standardinterpretation) wahren Aussagen beweisbar sind, so folgt daraus jedoch nicht, daß gewisse Aussagen der elementaren Arithmetik in einem absoluten Sinne unentscheidbar wären. Da das Axiomensystem ax semantisch widerspruchsfrei ist, fallen semantische und klassische Vollständigkeit zusammen. Da das Axiomensystem ax außerdem nicht semantisch vollständig ist, kann es auch nicht klassisch vollständig sein. Daher gibt es wenigstens eine Aussage, von der gilt, daß weder sie selbst noch ihre Negation aus dem Axiomensystem ax beweisbar ist. Eine Aussage heißt nun unentscheidbar, wenn weder sie selbst noch ihre Negation beweisbar ist. Auf Grund des Gödelschen Unvollständigkeitssatzes gibt es also unentscheidbare Aussagen der elementaren Arithmetik. Es gibt wahre Aussagen, die nicht beweisbar sind. Allerdings ist folgendes zu beachten: „Die Aussagen, von denen behauptet wird, daß sie wahr, aber nicht beweisbar sind, sind ... nachweisbar wahr. Denn bei dem Gödelschen Beweis wird tatsächlich effektiv gezeigt, daß es sich bei den betreffenden Aussagen um wahre Aussagen handelt". Allerdings ist der Gödelsche Beweis (Nachweis der Wahrheit) kein Beweis aus dem Axiomensystem ax gemäß dem zugrunde gelegten syntaktischen Beweisbarkeitsbegriff. Es werden vielmehr bei dem Gödelschen Beweis weitere Begriffsbildungen und Beweismethoden verwandt. Da auf diese Weise „die unentscheidbaren Aussagen von Gödel trotzdem in dem Sinne entschieden werden, daß sie als wahr nachgewiesen werden", sind agnostizistische Schlußfolgerungen in keiner Weise berechtigt (125, S. 484).

7. Eine erkenntnisoptimistische Konsequenz ergibt sich aus der Tatsache, daß jedes monotransformable Axiomensystem begrifflich vollständig ist. Wenn eine physikalische Theorie ein kategorisches Axiomensystem besitzt, in dem ein monotransformables Axiomensystem einer mathematischen Theorie enthalten ist, dann können die Grundbegriffe der betreffenden physikalischen Theorie definitorisch auf die Grundbegriffe der enthaltenen mathematischen Theorie zurückgeführt werden. Allerdings ist sicher jede der genannten Voraussetzungen, für sich genommen, problematisch.

F. Engels hat einen wesentlichen Aspekt der axiomatischen Methode mit folgenden Worten zum Ausdruck gebracht: „Wenn wir die Voraussetzungen richtig haben und die Denkgesetze richtig auf sie anwenden, so muß das Resultat mit der Wirklichkeit stimmen ..." (31, S. 418). Den Grund hierfür sieht Engels darin, daß „Denkgesetze und Naturgesetze so sehr zusammenstimmen" (31, S. 41). Er schreibt ausführlich: „Die Tatsache, daß unser subjektives Denken und die objektive Welt denselben Gesetzen unterworfen sind und daher auch beide in ihren Resultaten sich schließlich nicht widersprechen können, sondern übereinstimmen müssen, beherrscht absolut unser gesamtes theoretisches Denken" (31, S. 458). Man kann tatsächlich sagen: Wenn die Axiome (Voraussetzungen) einer formalisierten mathematischen Theorie bei einer Interpretation mit der Wirklichkeit übereinstimmen und die Regeln des logischen Schließens (Denkgesetze) korrekt angewandt werden, dann stimmt auch das abgeleitete Theorem (Resultat) bei dieser Interpretation mit der Wirklichkeit überein. Ein Grund hierfür liegt darin, daß Denknotwendigkeit und Naturnotwendigkeit eine formale Strukturgleichheit aufzuweisen haben. Es läßt sich nämlich ein formales

System für den Notwendigkeitsoperator angeben, dem bei einer Interpretation die in der logischen Folgebeziehung zum Ausdruck gebrachte Denknotwendigkeit und bei anderen Interpretationen die in natürlichen Kausal- und Gesetzesbeziehungen zum Ausdruck gebrachten Naturnotwendigkeiten genügen. Ein anderer Grund hierfür liegt darin, daß sich die praktische Tätigkeit des Menschen dadurch, daß sie sich ständig wiederholt hat, im Bewußtsein des Menschen in Gestalt logischer Schlüsse und Schlußregeln eingeprägt hat. Sehr treffend hat dies W. I. Lenin wie folgt zum Ausdruck gebracht: „Für Hegel ist das *Handeln*, die Praxis, ein *logischer ‚Schluß'*, eine Figur der Logik. Und das ist wahr! Natürlich nicht in dem Sinne, daß die Figur der Logik ihr Anderssein in der Praxis des Menschen hätte (=absoluter Idealismus), sondern daß vice versa die Praxis des Menschen sich dadurch, daß sie sich Milliarden Male wiederholt, im Bewußtsein des Menschen als logische Figuren einprägt. Diese Figuren haben gerade (und nur) kraft dieser milliardenmaligen Wiederholung die Festigkeit eines Vorurteils und axiomatischen Charakter" (84, S. 139). „Die praktische Tätigkeit des Menschen mußte Milliarden Male das Bewußtsein des Menschen zur Wiederholung der verschiedenen logischen Figuren führen, *damit* diese Figuren die Bedeutung von *Axiomen* erhalten *konnten*" (84, S. 110).

Der logische Gebrauch der Begriffe der Notwendigkeit und der Möglichkeit wird durch verschiedene Systeme der Modallogik präzisiert. Die Modalitäten „notwendig" und „möglich" wurden nicht nur im Rahmen der Aussagenlogik, sondern auch im Rahmen der Prädikatenlogik untersucht. Da das Wesentliche über Modalitäten bereits im Rahmen der Aussagenlogik ausgeführt werden kann, beschränken wir uns auf eine Darstellung des von C. I. Lewis aufgestellten Systems S_5, ohne eine Erweiterung für die Belange der Prädikatenlogik vorzunehmen. Das formale System S_5 für den Notwendigkeitsoperator $\square$ wird wie folgt aufgebaut:

Alphabet:
Aussagenvariablen: $p_0, p_1, p_2, p_3, \ldots$
Aussagenlogische Funktoren: $\sim, \wedge, \vee, \rightarrow, \leftrightarrow$
Notwendigkeitsoperator: $\square$
Technische Zeichen: (,).

Induktive Ausdrucksdefinition:

(1) Die Aussagenvariablen $p_0, p_1, p_2, p_3, \ldots$ sind Ausdrücke.

(2) Wenn H ein Ausdruck ist, dann sind auch $\sim H$ und $\Box H$ Ausdrücke.
(3) Wenn H_1 und H_2 Ausdrücke sind, dann sind auch $(H_1 \wedge H_2)$, $(H_1 \vee H_2)$, $(H_1 \rightarrow H_2)$ und $(H_1 \leftrightarrow H_2)$ Ausdrücke.
(4) Eine Zeichenreihe ist nur dann ein Ausdruck, wenn das auf Grund von (1), (2) und (3) der Fall ist.

Angabe eines Axiomensystems:
Max 1: $(\Box H \rightarrow H)$
Max 2: $(\Box (H_1 \rightarrow H_2) \rightarrow (\Box H_1 \rightarrow \Box H_2))$
Max 3: $(\sim \Box H \rightarrow \Box \sim \Box H)$.

Es handelt sich bei diesem Axiomensystem Max um ein System, das aus 3 Axiomenschemata besteht.

Angabe eines Regelsystems:
Die 10 aussagenlogischen Schlußregeln der bereits angegebenen Methode des natürlichen Schließens werden übernommen. Folgende Schlußregel für die Einführung des Notwendigkeitsoperators $\Box$ wird noch hinzugefügt:

$\Box$E: Man darf von einem Ausdruck der Form Max Bew H zu einem Ausdruck der Form Max Bew $\Box$H übergehen.

Es handelt sich bei diesem Regelsystem, welches bei der Festlegung des Beweisbarkeitsbegriffes für das formale System S_5 an die Stelle der Methode des natürlichen Schließens tritt, um ein System, das aus 11 Regelschemata besteht.

S. A. Kripke hat nun als erster vollständige Interpretationen für verschiedene formale Systeme der Modallogik entwickelt. Man spricht daher auch von der Kripke-Semantik dieser Systeme. Wir werden nun die Kripke-Semantik für das formale System S_5 angeben:
Wir führen die Wahrheitswerte W (wahr) und F (falsch) ein und legen den Satz der Zweiwertigkeit zugrunde. Wir verwenden ferner die klassischen zweiwertigen Wahrheitsfunktionen non, et, vel, seq und äq wie G. Asser (7, S. 7). Ein S_5-Modell (M, R, B) wird nun durch folgende Angaben charakterisiert:

1. M ist eine nichtleere Menge.
2. R ist eine Äquivalenzrelation in M.
3. B ist eine Funktion (Belegung), die jeder Aussagenvariablen p_i für jedes $a \in M$ einen Wahrheitswert $(B(p_i, a))$ zuordnet.

Bei Zugrundelegung eines S_5-Modells (M, R, B) wird nun der Wert eines Ausdrucks H für ein beliebiges $a \in M$ bei der Belegung B $(\mathrm{Wert}_B (H, a))$ wie folgt induktiv definiert:
$\mathrm{Wert}_B (p_i, a) = B(p_i, a)$

$\text{Wert}_B(\sim H, a) = \text{non}(\text{Wert}_B(H, a))$
$\text{Wert}_B((H_1 \wedge H_2), a) = \text{et}(\text{Wert}_B(H_1, a), \text{Wert}_B(H_2, a))$
$\text{Wert}_B((H_1 \vee H_2), a) = \text{vel}(\text{Wert}_B(H_1, a), \text{Wert}_B(H_2, a))$
$\text{Wert}_B((H_1 \rightarrow H_2), a) = \text{seq}(\text{Wert}_B(H_1, a), \text{Wert}_B(H_2, a))$
$\text{Wert}_B((H_1 \leftrightarrow H_2), a) = \text{äq}(\text{Wert}_B(H_1, a), \text{Wert}_B(H_2, a))$
$\text{Wert}_B(\Box H, a) = W$ genau dann, wenn für jedes $b \in M$ gilt: Wenn aRb, dann $\text{Wert}_B(H, b) = W$.

Es werden nun noch die Begriffe der Gültigkeit und der Allgemeingültigkeit definiert. Ein Ausdruck H ist genau dann *in einem S_5-Modell* (M, R, B) *gültig*, wenn für jedes $a \in M$ gilt: $\text{Wert}_B(H, a) = W$. Ein Ausdruck H ist genau dann *S_5-allgemeingültig*, wenn H in jedem S_5-Modell gültig ist. Man kann nun die semantische Widerspruchsfreiheit und die semantische Vollständigkeit des formalen Systems S_5 nachweisen, indem man folgenden Satz beweist: *Für jeden Ausdruck H gilt: Max Bew H genau dann, wenn H S_5-allgemeingültig ist.* Insbesondere gilt: Wenn ein Ausdruck H aus dem Axiomensystem Max im Sinne des Beweisbarkeitsbegriffes für das formale System S_5 beweisbar ist, dann ist er in jedem S_5-Modell gültig. Wir werden daher noch eine weltanschaulich relevante Deutung für S_5-Modelle vornehmen.

M sei eine Menge von Situationen. Man kann auch von einer Menge von Zuständen der materiellen Welt sprechen. Eine Äquivalenzrelation R in M gestattet daher, die Notwendigkeit eines Sachverhaltes oder eines Zusammenhanges in einer Situation a aus M zu bestimmen. Ein durch H zum Ausdruck gebrachter Sachverhalt ist genau dann in der Situation a notwendig, wenn er in jeder Situation b existiert, die mit a in der Äquivalenzrelation R steht. Man erkennt nun sofort, daß je nach Wahl der Äquivalenzrelation R in M verschiedene Grade der Notwendigkeit fixiert werden. Es sind zwei Extremfälle möglich. 1. Extremfall: R ist die universelle Relation in M. In diesem Fall wird die logische Notwendigkeit erfaßt. Eine Aussage ist genau dann logisch wahr, wenn sie in jeder Situation wahr ist. Eine Aussage ist also logisch wahr, wenn sie wahr ist, unabhängig davon, wie die Welt beschaffen ist. 2. Extremfall: R ist die identische Relation in M. In diesem Fall wird die kausale Notwendigkeit erfaßt. Man spricht auch von der einfachen, direkten Notwendigkeit. In diesem Sinne ist jeder in einer bestimmten Situation existierende Sachverhalt mit Notwendigkeit hervorgebracht worden. Zwischen diesen beiden Extremfällen liegen verschiedene Fälle, in denen Arten von allgemeinen Notwendigkeiten, die auch Gesetzmäßigkeiten genannt werden, erfaßt werden. Man kann die auf eine bestimmte Gesamtheit von Bedingungen bezogene allgemeine Notwendigkeit dadurch erfassen, daß man Situationen, in denen alle Bedingungen aus der betrachteten Gesamtheit realisiert sind, als äquivalent ansieht. Damit ist deutlich geworden, daß die Menge M von Situationen mit verschiedenen Äquivalenzrelationen in M, die verschiedene Notwendigkeitsbegriffe charakterisieren, in ein S_5-Modell eingehen kann. Das formale System S_5 erfaßt dann gerade das den verschiedenen Notwendigkeitsbegriffen Gemeinsame. Man kann daher nicht davon sprechen, daß die logische Notwendigkeit und die natürliche Notwendigkeit, die in Form der Kausalbeziehungen und der Gesetzeszusammenhänge erscheint, nichts miteinander gemeinsam hätten. Für das Verständnis der Tragweite der axiomatischen Methode ist diese Erkenntnis nicht ohne Bedeutung.

Wenn die axiomatische Methode auch eine große Bedeutung für die Mathematik besitzt, so darf man sie doch nicht überbewerten. R. Courant und H. Robbins schreiben: „Die Betonung des deduktiv-axiomatischen Charakters der Mathematik birgt eine große Gefahr. Allerdings entzieht sich das Element der konstruktiven Erfindung, der schöpferischen Intuition einer einfachen philosophischen Formulierung; dennoch bleibt es der Kern jeder mathematischen Leistung, selbst auf den abstraktesten Gebieten. Wenn die kristallisierte, deduktive Form das letzte Ziel ist, so sind Intuition und Konstruktion die treibenden Kräfte“ (24, S. XV). Auch G. Polya betont die schöpferische Tätigkeit des Mathematikers, wenn er schreibt: „Die Mathematik wird als demonstrative Wissenschaft angesehen. Doch ist das nur einer ihrer Aspekte. Die fertige Mathematik, in fertiger Form dargestellt, erscheint als rein demonstrativ. Sie besteht nur aus Beweisen. Aber die im Entstehen begriffene Mathematik gleicht jeder anderen Art menschlichen Wissens, das im Entstehen ist. Man muß einen mathematischen Satz erraten, ehe man ihn beweist; man muß die Idee eines Beweises erraten, ehe man die Details ausführt. Man muß Beobachtungen kombinieren und Analogien verfolgen; man muß immer und immer wieder probieren. Das Resultat der schöpferischen Tätigkeit des Mathematikers ist demonstratives Schließen, ist ein Beweis; aber entdeckt wird der Beweis durch plausibles Schließen“ (106, S. 10). Demonstratives Schließen ist das auszeichnende Merkmal der Mathematik, plausibles Schließen hingegen ist das Charakteristikum schöpferischer Tätigkeit in der Mathematik.

3.2. Der mengentheoretische Aufbau

Bevor die axiomatische Methode angewendet werden kann, muß der Gegenstandsbereich der darzustellenden Theorie bereits gegeben sein. Die grundlegenden Eigenschaften, die den Gegenständen zukommen, und die grundlegenden Beziehungen, in denen die Gegenstände stehen, müssen bekannt und in begrifflicher Form erfaßt sein. Die Grundbegriffe der betreffenden Theorie können dabei auf verschiedene Weise gewonnen werden. Die Gewinnung von Grundbegriffen durch unmittelbare Abstraktion aus realen Verhältnissen materieller Gegenstände haben wir bereits beim Nachweis der materiellen Existenz des ursprünglichen Gegenstandes der Mathematik behandelt. Eine andere Methode zur Gewinnung von Grundbegriffen ist die genetische Methode, nach der grundlegende mathematische Begriffe im Rahmen der allgemeinen Mengenlehre als mengentheoretische Begriffe definitorisch eingeführt werden. D. Klaua erwähnt in dem Zusammenhang, „daß sich jeder derzeitige mathematische Begriff als mengentheoretischer Begriff erklären läßt und daß damit die heutige Mathematik mit der Mengenlehre zusammenfällt“ (73, S. 1). Wir werden zeigen, wie die natürlichen Zahlen im Rahmen der allgemeinen Mengenlehre eingeführt werden können. „Die schrittweise Erweiterung des Systems der natürlichen Zahlen zu den umfassenderen Systemen der ganzen, rationalen, reellen und komplexen Zahlen erfolgt“ dann „nach dem sogenannten *Permanenzprinzip* stets so, daß jeweils alle in dem niederen System geltenden Rechengesetze auch in dem erweiterten nächsthöheren System gelten“ (160, S. 608). Wir haben dies bei der Behandlung des ideellen Objektbereiches der Mathematik skizziert. Jedenfalls sind die verschiedenen Zahlbegriffe exakt mengentheoretisch definierbar. Auch die bereits erwähnten abstrakten Strukturbegriffe, z. B. die Begriffe der geordneten Menge, der Gruppe und des topologischen Raumes, sind mengentheoretisch definierbar. Alle mengentheoretisch definierbaren Begriffe werden schließlich auf die Grundbegriffe der allgemeinen Mengenlehre, auf den Mengenbegriff und den Begriff der Elementbeziehung, zurückgeführt. Die erste „Definition“ des Mengenbegriffs hat der Begründer der Mengenlehre, G. Cantor, angegeben. Er schrieb: „Unter einer ‚Menge‘ verstehen wir jede Zusammenfassung M von bestimmten wohlunterschiedenen Objekten m unserer Anschauung oder unseres Denkens (welche die ‚Elemente‘ von M genannt werden) zu einem Ganzen“ (18, S. 282). G. Asser zitiert Cantors Mengendefinition und fügt hinzu: „Angesichts dieser unpräzisen Definition erscheint es nicht verwunderlich, daß sich aus ihr ziemlich bald effektive Widersprüche ergaben. Am bekanntesten ist hier die sogenannte *Russell*sche Antinomie der Menge aller Mengen, die sich nicht selbst als Element enthalten ... Es wird daher unsere erste Aufgabe sein, den Mengenbegriff so zu präzisieren, daß sich derartige Antinomien nicht ergeben“ (4, S. 1). Asser denkt dabei an eine axiomatische Präzisierung der inhaltlichen Vorstellungen, die mit dem Mengenbegriff verbunden werden. Es erweist sich jedoch als nachteilig, daß ganz verschiedene inhaltliche Axiomensysteme für die allgemeine Mengenlehre aufgestellt wurden, um den Mengenbegriff und den Begriff der Elementbeziehung axiomatisch zu charakterisieren.

Wir verfolgen zunächst den auf Russell und Whitehead zurückgehenden homogenen Stufenaufbau der Mengenlehre, der als *Russellsche Typentheorie* bekannt ist, bis zur Begründung der Arithmetik der natürlichen Zahlen durch das Peanosche Axiomensystem. Die Grundlage des homogenen Stufenaufbaus der Mengenlehre bildet ein Individuenbereich. Die Individuen sind die ursprünglichsten zu Mengen zusammenfaßbaren Dinge, die selbst keine Mengen sind. D. Klaua schreibt: „jedes mit unseren Sinnen wahrnehmbare Ding ist ein Individuum ... Wir nehmen ... an, es gibt unendlich viele Individuen“ (71, S. 13). Über dem zugrunde gelegten Individuenbereich werden Mengen verschiedener Stufe gebildet. Mengen 1. Stufe sind Mengen, deren Elemente Individuen sind. Eine Menge 1. Stufe ist also eine Menge von Individuen. Mengen 2. Stufe sind Mengen, deren Elemente Mengen 1. Stufe sind. Eine Menge 2. Stufe ist also eine Menge von Mengen von Individuen usw. Für unsere Belange genügt die Mengenbildung bis zur 3. Stufe.

Als Variable für Individuen werden kleine lateinische Buchstaben verwandt. Entsprechend werden große lateinische Buchstaben als Variable für Mengen 1. Stufe, große und kleine deutsche Buchstaben als Variable für Mengen 2. Stufe und schließlich kleine griechische Buchstaben als Variable für Mengen 3. Stufe verwandt. Außerdem gebrauchen wir die folgenden Zeichen stets mit der bereits angegebenen Standardbedeutung: $\in$, $=$, $\sim$, $\wedge$, $\vee$, $\rightarrow$, $\leftrightarrow$, $\forall$, $\exists$, $\exists!$, $\exists!!$, ι, (,). Diese Zeichen bilden zusammen mit den Variablen die Ausdrucksmittel oder Grundzeichen der Mengenlehre. Auf Grund der Bedeutung der Grundzeichen lassen sich die für die Mengenlehre sinnvollen Zeichenreihen, nämlich die formalen Ausdrücke, die formalen Terme und die formalen Aussagen der Mengenlehre, exakt bestimmen. Wir verzichten auf eine derartige Bestimmung und erwähnen nur, daß sich mit ihrer Hilfe eine formale Gegenstandsbestimmung der Mathematik angeben läßt, die so weit gültig ist, wie die Mathematik mit der Mengenlehre zusammenfällt. Man kann nämlich sagen: Die Mathematik (Mengenlehre) untersucht diejenigen Sachverhalte, die sich auch durch formale Aussagen der Mengenlehre (mit Hilfe der Ausdrucksmittel der Mengenlehre) beschreiben lassen. Sie untersucht Mengen bezüglich der Elementbeziehung und mit ihrer Hilfe definierbarer Beziehungen. Aussagen der Mengenlehre sind nun neben den formalen Aussagen der Mengenlehre auch solche Aussagen, die aus formalen Aussagen der Mengenlehre unter Verwendung abkürzender Definitionen entstehen, die also Sachverhalte beschreiben, die sich auch durch formale Aussagen der Mengenlehre beschreiben lassen. Entsprechendes gilt für Ausdrücke und Terme der Mengenlehre. So sind neben den formalen Ausdrücken der Mengenlehre auch aus formalen Ausdrücken der Mengenlehre unter Verwendung abkürzender Definitionen entstehende Ausdrücke Ausdrücke der Mengenlehre.

Wir geben nun die *Mengenbildungsaxiome* an. Unter der Voraussetzung, daß H(x) ein Ausdruck der Mengenlehre ist, in dem die Variable x vollfrei und die Variable X nicht vorkommt, lautet das Mengenbildungsaxiom für Mengen 1. Stufe: Es gibt eine Menge 1. Stufe X, die genau diejenigen Individuen x als Elemente enthält, für die H(x) gilt. Unter entsprechenden Voraussetzungen lassen sich die Mengenbildungsaxiome für Mengen höherer Stufe formulieren. Dabei ist lediglich zu beachten, daß es sich bei den Mengenbildungsaxiomen strenggenommen um Axiomenschemata handelt. Sie lassen sich wie folgt formalisieren:

für Mengen 1. Stufe: $(\forall)\exists X \forall x\, (x \in X \leftrightarrow H(x))$
für Mengen 2. Stufe: $(\forall)\exists \mathfrak{x} \forall X\, (X \in \mathfrak{x} \leftrightarrow H(X))$
für Mengen 3. Stufe: $(\forall)\exists \xi \forall \mathfrak{x}\, (\mathfrak{x} \in \xi \leftrightarrow H(\mathfrak{x}))$.

Wir formulieren nun die *Extensionalitätsaxiome*. Das Extensionalitätsaxiom für Mengen 1. Stufe lautet: Wenn Mengen 1. Stufe X und Y dieselben Individuen x als Elemente enthalten, dann sind sie identisch. In analoger Weise lassen sich die Extensionalitätsaxiome für Mengen höherer Stufe formulieren. Sie lassen sich wie folgt formalisieren:

für Mengen 1. Stufe: $\forall X \forall Y\, (\forall x\, (x \in X \leftrightarrow x \in Y) \rightarrow X = Y)$
für Mengen 2. Stufe: $\forall \mathfrak{x} \forall \mathfrak{y}\, (\forall X\, (X \in \mathfrak{x} \leftrightarrow X \in \mathfrak{y}) \rightarrow \mathfrak{x} = \mathfrak{y})$
für Mengen 3. Stufe: $\forall \xi \forall \eta\, (\forall \mathfrak{x}\, (\mathfrak{x} \in \xi \leftrightarrow \mathfrak{x} \in \eta) \rightarrow \xi = \eta)$.

Unter Verwendung der Mengenbildungs- und Extensionalitätsaxiome lassen sich sofort folgende Sätze beweisen:

$(\forall)\exists!!X\forall x\,(x\in X\leftrightarrow H(x))$
$(\forall)\exists!!\mathfrak{x}\forall X\,(X\in\mathfrak{x}\leftrightarrow H(X))$
$(\forall)\exists!!\xi\forall\mathfrak{x}\,(\mathfrak{x}\in\xi\leftrightarrow H(\mathfrak{x}))$.

Durch diese Sätze wird der Gebrauch des bestimmten Artikels gerechtfertigt. Statt $\iota X\forall x\,(x\in X\leftrightarrow H(x))$ und $\iota\mathfrak{x}\forall X\,(X\in\mathfrak{x}\leftrightarrow H(X))$ und $\iota\xi\forall\mathfrak{x}\,(\mathfrak{x}\in\xi\leftrightarrow H(\mathfrak{x}))$ schreiben wir abkürzend $\hat{x}(H(x))$ bzw. $\hat{X}(H(X))$ bzw. $\hat{\mathfrak{x}}(H(\mathfrak{x}))$.

Man kann nun die Umfangsgleichheit $\bar{\bar{u}}$ und die Eigenschaftsgleichheit $\bar{\bar{e}}$ wie folgt definieren:

für Individuen: $\forall m\forall n\,(m\bar{\bar{e}}n\leftrightarrow\forall X\,(m\in X\leftrightarrow n\in X))$
für Mengen 1. Stufe: $\forall M\forall N\,(M\bar{\bar{u}}N\leftrightarrow\forall x\,(x\in M\leftrightarrow x\in N))$
$\forall M\forall N\,(M\bar{\bar{e}}N\leftrightarrow\forall\mathfrak{x}\,(M\in\mathfrak{x}\leftrightarrow N\in\mathfrak{x}))$
für Mengen 2. Stufe: $\forall\mathfrak{M}\forall\mathfrak{N}\,(\mathfrak{M}\bar{\bar{u}}\mathfrak{N}\leftrightarrow\forall X\,(X\in\mathfrak{M}\leftrightarrow X\in\mathfrak{N}))$
$\forall\mathfrak{M}\forall\mathfrak{N}\,(\mathfrak{M}\bar{\bar{e}}\mathfrak{N}\leftrightarrow\forall\xi\,(\mathfrak{M}\in\xi\leftrightarrow\mathfrak{N}\in\xi))$
für Mengen 3. Stufe: $\forall\mu\forall\nu\,(\mu\bar{\bar{u}}\nu\leftrightarrow\forall\mathfrak{x}(\mathfrak{x}\in\mu\leftrightarrow\mathfrak{x}\in\nu))$.

Mit Hilfe dieser Definitionen kann man zeigen, daß sich die Identität auf die Elementbeziehung zurückführen läßt. Es gelten nämlich folgende Sätze:

$\forall m\forall n\,(m=n\leftrightarrow m\bar{\bar{e}}n)$
$\forall M\forall N\,(M=N\leftrightarrow M\bar{\bar{u}}N)$, $\forall M\forall N\,(M=N\leftrightarrow M\bar{\bar{e}}N)$
$\forall\mathfrak{M}\forall\mathfrak{N}\,(\mathfrak{M}=\mathfrak{N}\leftrightarrow\mathfrak{M}\bar{\bar{u}}\mathfrak{N})$, $\forall\mathfrak{M}\forall\mathfrak{N}\,(\mathfrak{M}=\mathfrak{N}\leftrightarrow\mathfrak{M}\bar{\bar{e}}\mathfrak{N})$
$\forall\mu\forall\nu\,(\mu=\nu\leftrightarrow\mu\bar{\bar{u}}\nu)$.

Es werden nun einige Mengen 1. und 2. Stufe definitorisch eingeführt:

Definition 1:

a) die Allmenge 1. Stufe $\mathbf{I}$: $\mathbf{I}=\hat{x}(x=x)$
b) die leere Menge 1. Stufe $\mathbf{0}$: $\mathbf{0}=\hat{x}(\sim x=x)$
c) die Allmenge 2. Stufe $\mathfrak{i}$: $\mathfrak{i}=\hat{X}(X=X)$
d) die leere Menge 2. Stufe $\mathfrak{o}$: $\mathfrak{o}=\hat{X}(\sim X=X)$

Definition 2:

a) die Einermenge 1. Stufe $\{a\}$: $\forall a\,\{a\}=\hat{x}(x=a)$
b) die Zweiermenge 1. Stufe $\{a, b\}$: $\forall a\forall b\,\{a, b\}=\hat{x}((x=a\vee x=b))$
c) die Einermenge 2. Stufe $\{A\}$: $\forall A\,\{A\}=\hat{X}(X=A)$
d) die Zweiermenge 2. Stufe $\{A, B\}$:
$\forall A\forall B\,\{A, B\}=\hat{X}((X=A\vee X=B))$

Es folgen Definitionen von Mengenbeziehungen und Mengenoperationen für Mengen 1. Stufe.

Definition 3:

a) die Enthaltenseinsbeziehung $\subseteqq$:

$$\forall M \forall N \, (M \subseteqq N \leftrightarrow \forall x \, (x \in M \rightarrow x \in N))$$

b) die echte Enthaltenseinsbeziehung $\subset$:

$$\forall M \forall N \, (M \subset N \leftrightarrow (M \subseteqq N \wedge \sim M = N))$$

Definition 4:

die Potenzmenge $\mathfrak{p}(M)$ als Menge 2. Stufe: $\forall M \, \mathfrak{p}(M) = \hat{X}(X \subseteqq M)$

Definition 5:

a) die Vereinigung $\cup$: $\forall M \forall N \, M \cup N = \hat{x}((x \in M \vee x \in N))$

b) der Durchschnitt $\cap$: $\forall M \forall N \, M \cap N = \hat{x}((x \in M \wedge x \in N))$

c) das Komplement $\bar{\ }$: $\forall M \, \bar{M} = \hat{x}(\sim x \in M)$

d) die Differenz $\setminus$: $\forall M \forall N \, M \setminus N = M \cap \bar{N}$

Für Mengen höherer Stufen werden die Mengenbeziehungen und Mengenoperationen in entsprechender Weise definiert. Bei Zugrundelegung dieser Definitionen lassen sich sehr leicht die bekannten Sätze der Mengenalgebra unter Verwendung des Satzes der Selbstbezeichnung beweisen. Wir geben im folgenden nur einige dieser Sätze für Mengen 1. Stufe an. Für Mengen höherer Stufen gelten die entsprechenden Sätze.

Satz 1:

a) $\forall A \, A \subseteqq A$

b) $\forall A \forall B \, ((A \subseteqq B \wedge B \subseteqq A) \rightarrow A = B)$

c) $\forall A \forall B \forall C \, ((A \subseteqq B \wedge B \subseteqq C) \rightarrow A \subseteqq C)$

Satz 2:

$\forall A \forall B \, ((A \subseteqq B \wedge B \subseteqq A) \leftrightarrow A = B)$

Satz 3:

a) $\forall A \sim A \subset A$

b) $\forall A \forall B \, (A \subset B \rightarrow \sim B \subset A)$

c) $\forall A \forall B \forall C \, ((A \subset B \wedge B \subset C) \rightarrow A \subset C)$

Satz 4:

a) $\forall A \forall B \, A \cap B = B \cap A$

b) $\forall A \forall B \, A \cup B = B \cup A$

c) $\forall A \forall B \forall C \, A \cap (B \cap C) = (A \cap B) \cap C$

d) $\forall A \forall B \forall C\; A \cup (B \cup C) = (A \cup B) \cup C$
e) $\forall A \forall B \forall C\; A \cap (B \cup C) = (A \cap B) \cup (A \cap C)$
f) $\forall A \forall B \forall C\; A \cup (B \cap C) = (A \cup B) \cap (A \cup C)$

Satz 5:

a) $\forall A\; A \cap A = A$ b) $\forall A\; A \cup A = A$

Satz 6:

a) $\forall A\; A \cap \mathbf{I} = A$ b) $\forall A\; A \cap \mathbf{0} = \mathbf{0}$
c) $\forall A\; A \cup \mathbf{I} = \mathbf{I}$ d) $\forall A\; A \cup \mathbf{0} = A$
e) $\forall A\; A \subseteqq \mathbf{I}$ f) $\forall A\; \mathbf{0} \subseteqq A$

Satz 7:

a) $\forall A \forall B\; A \cap B \subseteqq A$ b) $\forall A \forall B\; A \subseteqq A \cup B$

Satz 8:

a) $\forall A \forall B \forall C\; (A \subseteqq B \rightarrow A \cap C \subseteqq B \cap C)$
b) $\forall A \forall B \forall C\; (A \subseteqq B \rightarrow A \cup C \subseteqq B \cup C)$

Satz 9:

a) $\forall A \forall B\; (A \subseteqq B \leftrightarrow A \cap B = A)$
b) $\forall A \forall B\; (A \subseteqq B \leftrightarrow A \cup B = B)$

Satz 10:

a) $\forall A \forall B \forall C \forall D\; ((A \subseteqq B \wedge C \subseteqq D) \rightarrow A \cap C \subseteqq B \cap D)$
b) $\forall A \forall B \forall C \forall D\; ((A \subseteqq B \wedge C \subseteqq D) \rightarrow A \cup C \subseteqq B \cup D)$

Satz 11:

$\forall A \forall B \forall C\; (A \subseteqq B \cup C \leftrightarrow A = (A \cap B) \cup (A \cap C))$

Satz 12:

a) $\forall A \forall B\; \overline{A \cap B} = \bar{A} \cup \bar{B}$ b) $\forall A \forall B\; \overline{A \cup B} = \bar{A} \cap \bar{B}$
c) $\forall A\; A \cap \bar{A} = \mathbf{0}$ d) $\forall A\; A \cup \bar{A} = \mathbf{I}$
e) $\bar{\mathbf{I}} = \mathbf{0}$ f) $\bar{\mathbf{0}} = \mathbf{I}$
g) $\forall A\; \bar{\bar{A}} = A$ h) $\forall A \forall B\; (\bar{A} \subseteqq \bar{B} \leftrightarrow B \subseteqq A)$

Satz 13:

a) $\forall A \forall B\; A = A \setminus (B \setminus A)$
b) $\forall A \forall B\; A \cap B = A \setminus (A \setminus B)$

Satz 14:

a) $\forall A \forall B\; A \setminus B \subseteqq A$
b) $\forall A \forall B\; (A \subseteqq B \leftrightarrow A = B \setminus (B \setminus A))$
c) $\forall A \forall B \forall C\; (A \setminus B \subseteqq C \leftrightarrow A \setminus C \subseteqq B)$

Satz 15:

$\forall A \forall B \forall C\; (A \subseteqq B \rightarrow (C \subseteqq B \setminus A \rightarrow A \subseteqq B \setminus C))$

Satz 16:

a) $\forall A\; (A = \mathbf{I} \leftrightarrow \forall a\; a \in A)$
b) $\forall A\; (A = \mathbf{0} \leftrightarrow \sim \exists a\; a \in A)$

Satz 17:

$\forall A \forall B\; (A \subset B \rightarrow \sim B \setminus A = \mathbf{0})$

Satz 18:

$\forall a \forall A\; (a \in A \rightarrow \{a\} \subseteqq A)$

Satz 19:

a) $\forall a \forall b\; (\{a\} = \{b\} \leftrightarrow a = b)$
b) $\forall a \forall b \forall c \forall d\; (\{a, b\} = \{c, d\} \leftrightarrow ((a = c \wedge b = d) \vee (a = d \wedge b = c)))$
c) $\forall a\; \{a\} = \{a, a\}$
d) $\forall a \forall b\; \{a\} \subseteqq \{a, b\}$

Satz 20:

a) $\forall A\; (A \subseteqq \mathbf{0} \leftrightarrow A = \mathbf{0})$
b) $\forall a \forall A\; (A \subseteqq \{a\} \leftrightarrow (A = \mathbf{0} \vee A = \{a\}))$
c) $\forall a \forall b \forall A\; (A \subseteqq \{a, b\} \leftrightarrow ((A = \mathbf{0} \vee A = \{a, b\}) \vee (A = \{a\} \vee A = \{b\})))$

Satz 21:

a) $\mathfrak{p}(\mathbf{0}) = \{\mathbf{0}\}$ b) $\sim \{\mathbf{0}\} = \mathfrak{o}$
c) $\forall a\; \mathfrak{p}(\{a\}) = \{\mathbf{0}, \{a\}\}$ d) $\forall a \sim \{\{a\}\} = \mathfrak{o}$

Satz 22:

$\forall A \forall B\; (A \subseteqq B \rightarrow \mathfrak{p}(A) \subseteqq \mathfrak{p}(B))$

Wir wenden uns nun den endlichen Mengen zu. Von den zahlreichen Endlichkeitsdefinitionen geben wir nur diejenigen an, die von Tarski und Russell stammen. Während Tarski seinen Endlichkeitsdefinitionen für Mengen 1. Stufe die Bestimmung der Begriffe eines minimalen und eines maximalen Elementes einer Menge 2. Stufe vorangestellt hat, hat Russell seinen Endlichkeitsdefinitionen die anschauliche Vorstellung vom induktiven Aufbau der endlichen Mengen zugrunde gelegt.

Definition 6:

a) $\forall A \forall \mathfrak{M}$ (A ist minimales Element von $\mathfrak{M} \leftrightarrow (A \in \mathfrak{M} \wedge \forall X\, ((X \subseteq A \wedge X \in \mathfrak{M}) \rightarrow X = A)))$

b) $\forall A \forall \mathfrak{M}$ (A ist maximales Element von $\mathfrak{M} \leftrightarrow (A \in \mathfrak{M} \wedge \forall X\, ((A \subseteq X \wedge X \in \mathfrak{M}) \rightarrow A = X)))$

Definition 7:

a) $\forall A$ (A ist T_1-endlich $\leftrightarrow \forall \mathfrak{x}\, ((\mathfrak{x} \subseteq \mathfrak{p}(A) \wedge \sim \mathfrak{x} = \mathfrak{o}) \rightarrow \exists X$ X ist minimales Element von $\mathfrak{x}$))

b) $\forall A$ (A ist T_2-endlich $\leftrightarrow \forall \mathfrak{x}\, ((\mathfrak{x} \subseteq \mathfrak{p}(A) \wedge \sim \mathfrak{x} = \mathfrak{o}) \rightarrow \exists X$ X ist maximales Element von $\mathfrak{x}$))

Definition 8:

a) $\forall A$ (A ist R_1-endlich $\leftrightarrow \forall \mathfrak{x}\, ((\mathbf{0} \in \mathfrak{x} \wedge \forall x \forall X\, (X \in \mathfrak{x} \rightarrow X \cup \{x\} \in \mathfrak{x})) \rightarrow A \in \mathfrak{x}))$

b) $\forall A$ (A ist R_2-endlich $\leftrightarrow \forall \mathfrak{x}\, ((\mathbf{0} \in \mathfrak{x} \wedge \forall x \forall X\, ((X \in \mathfrak{x} \wedge x \in A) \rightarrow X \cup \{x\} \in \mathfrak{x})) \rightarrow A \in \mathfrak{x}))$

Definition 9:

a) $\forall A$ (A ist endlich $\leftrightarrow$ A ist T_1-endlich)

b) $\forall A$ (A ist unendlich $\leftrightarrow \sim$ A ist endlich)

Man kann nun folgende Sätze beweisen:

Satz 23:

a) $\forall A \forall \mathfrak{M}$ (A ist minimales Element von $\mathfrak{M} \leftrightarrow (A \in \mathfrak{M} \wedge \sim \exists X\, (X \in \mathfrak{M} \wedge X \subset A)))$

b) $\forall A \forall \mathfrak{M}$ (A ist maximales Element von $\mathfrak{M} \leftrightarrow (A \in \mathfrak{M} \wedge \sim \exists X\, (X \in \mathfrak{M} \wedge A \subset X)))$

Dieser Satz kann unter Verwendung der Definitionen 3b), 6a) und 6b) bewiesen werden.

Satz 24:

$\forall A$ (A ist T_1-endlich $\leftrightarrow$ A ist T_2-endlich)

Dieser Satz kann unter Verwendung der Definitionen 3a), 4, 6a), 6b), 7a) und 7b), des Mengenbildungs- und des Extensionalitätsaxioms für Mengen 2. Stufe und der Sätze 14a), 14b), 14c), 15 und 16b) bewiesen werden.

Satz 25:

a) $\mathbf{0}$ ist endlich

b) $\forall a\, \{a\}$ ist endlich

Dieser Satz kann unter Verwendung der Definitionen 2c), 2d), 6a), 7a) und 9a) und der Sätze 19d), 20a), 20b), 20c), 21a), 21b), 21c) und 21d) bewiesen werden.

Satz 26:
$\forall A \forall B$ ((A ist endlich $\wedge B \subseteq A) \rightarrow$ B ist endlich)
Dieser Satz kann unter Verwendung der Definitionen 7a) und 9a) und der Sätze 1c) und 22 bewiesen werden.

Satz 27:
$\forall A \forall B$ ((A ist endlich $\wedge$ B ist endlich) $\rightarrow A \cup B$ ist endlich)
Dieser Satz kann unter Verwendung der Definitionen 3a), 4, 6a), 7a) und 9a), des Mengenbildungs- und des Extensionalitätsaxioms für Mengen 2. Stufe und der Sätze 1c), 7a), 11 und 16b) bewiesen werden.

Satz 28:
$\forall a \forall A$ (A ist endlich $\rightarrow A \cup \{a\}$ ist endlich)
Dieser Satz kann unter Verwendung der Sätze 25b) und 27 bewiesen werden.

Satz 29:
$\forall A$ (A ist T_1-endlich $\leftrightarrow$ A ist R_2-endlich)
Dieser Satz kann unter Verwendung der Definitionen 3a), 3b), 4, 5a), 5b), 5c), 5d), 6b), 7b), 8b) und 9a), des Mengenbildungs- und des Extensionalitätsaxioms für Mengen 2. Stufe und der Sätze 2, 5b), 6f), 7a), 7b), 10b), 16b), 17, 18, 24, 25a) und 28 bewiesen werden.

Satz 30:
$\forall A$ (A ist R_1-endlich $\leftrightarrow$ A ist R_2-endlich)
Dieser Satz kann unter Verwendung der Definitionen 2a), 5a), 8a) und 8b) und des Mengenbildungs- und des Extensionalitätsaxioms für Mengen 2. Stufe bewiesen werden.

Satz 31:
$\forall A$ (A ist endlich $\leftrightarrow \forall \mathfrak{x} ((0 \in \mathfrak{x} \wedge \forall x \forall X (X \in \mathfrak{x} \rightarrow X \cup \{x\} \in \mathfrak{x})) \rightarrow A \in \mathfrak{x}))$
Dieser Satz kann unter Verwendung der Definitionen 8a) und 9a) und der Sätze 29 und 30 bewiesen werden.

Der folgende Satz ist der Rechtfertigungssatz für Beweise durch Induktion über endliche Mengen 1. Stufe. Er gilt unter der Voraussetzung, daß H(A) ein Ausdruck der Mengenlehre ist, in dem die Variable A vollfrei vorkommt und die Variablen x und X nicht vorkommen.

Satz 32:

$(\forall)((\mathbf{H}(\mathbf{0}) \wedge \forall x \forall X(\mathbf{H}(X) \rightarrow \mathbf{H}(X \cup \{x\}))) \rightarrow \forall A(A \text{ ist endlich} \rightarrow \mathbf{H}(A)))$

Dieser Satz kann unter Verwendung des Mengenbildungs- und des Extensionalitätsaxioms für Mengen 2. Stufe und des Satzes 31 bewiesen werden.

Satz 33:

$(\exists X\ X \text{ ist unendlich} \rightarrow \forall A\ (A \text{ ist endlich} \rightarrow \exists x \sim x \in A))$

Dieser Satz kann unter Verwendung der Definition 9b) und der Sätze 6e), 16a) und 26 bewiesen werden.

Satz 34:

$(\mathbf{I} \text{ ist unendlich} \leftrightarrow \exists X\ X \text{ ist unendlich})$

Dieser Satz kann unter Verwendung der Definitionen 1a) und 9b) und des Satzes 33 bewiesen werden.

Wir nehmen nun noch das *Unendlichkeitsaxiom* hinzu. Das Unendlichkeitsaxiom lautet: Es gibt eine unendliche Menge 1. Stufe. Es läßt sich wie folgt formalisieren:

$\exists X\ X \text{ ist unendlich.}$

Wegen Satz 34 ist das Unendlichkeitsaxiom mit der Annahme, daß der Individuenbereich **I** unendlich ist, gleichwertig. Mit Hilfe des Unendlichkeitsaxioms können nun folgende Sätze bewiesen werden:

Satz 35:

$\forall A\ (A \text{ ist endlich} \rightarrow \exists x \sim x \in A)$

Dieser Satz kann unter Verwendung des Unendlichkeitsaxioms und des Satzes 33 bewiesen werden.

Satz 36:

a) **I** ist unendlich

b) $\sim \mathbf{I} = \mathbf{0}$

Dieser Satz kann unter Verwendung der Definitionen 1a) und 1b), des Unendlichkeitsaxioms und der Sätze 16b), 25a), 33 und 34 bewiesen werden.

Der Gebrauch des bestimmten Artikels ι in den Definitionen 1, 2, 4 und 5 ist durch die Mengenbildungs- und Extensionalitätsaxiome gerechtfertigt. Von den entsprechenden Rechtfertigungssätzen wurde beim Beweis der bisher angegebenen Sätze ohne besondere Erwähnung Gebrauch gemacht. Die Definitionen 1, 2, 4 und 5 wurden erwähnt, wenn von ihnen in Verbindung mit dem Satz der Selbstbezeichnung Gebrauch gemacht wurde. Sie wurden nicht erwähnt, wenn sie nur in Verbindung mit anderen logischen Gesetzen, in denen der bestimmte Artikel ι vorkommt, z. B. in Verbindung mit dem Satz der Termeinsetzung, verwandt wurden. Beim Beweis der noch folgenden Sätze wird mit Definitionen und Rechtfertigungssätzen für den Gebrauch des bestimmten Artikels meistens in gleicher Weise verfahren.

Es folgen Ausführungen über Abbildungen. Dem Abbildungsbegriff werden die Begriffe des geordneten Paares von Individuen und des Produktes von Mengen 1. Stufe zugrunde gelegt. Die Definition des geordneten Paares von Individuen geht auf Kuratowski zurück.

Definition 10:

a) das geordnete Paar [a, b] als Menge 2. Stufe:
$\forall a \forall b\ [a, b] = \{\{a, b\}, \{b\}\}$

b) das Produkt $M \times N$ als Menge 3. Stufe:
$\forall M \forall N\ M \times N = \hat{\mathfrak{x}}(\exists a \exists b\ ((a \in M \wedge b \in N) \wedge \mathfrak{x} = [a, b]))$

Im folgenden werden „Abb“ und „Abbee“ als Abkürzungen für „Abbildung“ bzw. „eineindeutige Abbildung“ verwandt.

Definition 11:

a) $\forall M \forall N \forall \varphi$ (φ ist Abb aus M in N $\leftrightarrow \varphi \subseteqq M \times N$)

b) $\forall \varphi$ (φ ist Abb $\leftrightarrow \exists M \exists N\ \varphi \subseteqq M \times N$)

Für eine Abbildung φ werden der Vorbereich (Argumentbereich) $Vb\varphi$ und der Nachbereich (Wertebereich) $Nb\varphi$ als Mengen 1. Stufe wie folgt definiert:

Definition 12:

a) $\forall \varphi$ (φ ist Abb $\rightarrow Vb\varphi = \hat{x}(\exists y\ [x, y] \in \varphi))$

b) $\forall \varphi$ (φ ist Abb $\rightarrow Nb\varphi = \hat{x}(\exists y\ [y, x] \in \varphi))$

Es handelt sich dabei um bedingte Definitionen.

Definition 13:

a) $\forall M \forall N \forall \varphi$ (φ ist Abb von M auf N $\leftrightarrow$ ($\varphi \subseteqq M \times N \wedge$ (Vbφ = M $\wedge$ Nbφ = N)))

b) $\forall M \forall N \forall \varphi$ (φ ist Abbee aus M in N $\leftrightarrow$ ($\varphi \subseteqq M \times N \wedge (\forall x \exists ! y$ $[x, y] \in \varphi \wedge \forall y \exists ! x\ [x, y] \in \varphi$)))

c) $\forall M \forall N \forall \varphi$ (φ ist Abbee von M auf N $\leftrightarrow$ (φ ist Abb von M auf N $\wedge$ φ ist Abbee aus M in N))

Es werden nun die identische Abbildung über einer Menge 1. Stufe M (τ_M), die inverse Abbildung von einer Abbildung φ (φ^{-1}) und die Verkettung (Hintereinanderausführung) von Abbildungen φ und ψ ($\psi \circ \varphi$) definiert.

Definition 14:

a) $\forall M\ \tau_M = \hat{\mathfrak{z}}(\exists x\ (x \in M \wedge \mathfrak{z} = [x, x]))$

b) $\forall \varphi$ (φ ist Abb $\rightarrow \varphi^{-1} = \hat{\mathfrak{z}}(\exists x \exists y\ ([x, y] \in \varphi \wedge \mathfrak{z} = [y, x])))$

c) $\forall \varphi \forall \psi$(($\varphi$ ist Abb $\wedge\ \psi$ ist Abb) $\rightarrow \psi \circ \varphi = \hat{\mathfrak{z}}(\exists x \exists y \exists z\ (([x, y] \in \varphi \wedge [y, z] \in \psi) \wedge \mathfrak{z} = [x, z])))$

Mit Hilfe des Abbildungsbegriffes läßt sich der Begriff der Gleichmächtigkeit von Mengen 1. Stufe (ausgedrückt durch $M \sim N$) wie folgt definieren:

Definition 15:

$\forall M \forall N$ ($M \sim N \leftrightarrow \exists \varphi\ \varphi$ ist Abbee von M auf N)

Man kann nun wieder einige Sätze beweisen.

Satz 37:

a) $\forall a \forall b \forall c \forall d\ ([a, b] = [c, d] \leftrightarrow (a = c \wedge b = d))$

b) $\forall a \forall b \forall M \forall N\ ([a, b] \in M \times N \leftrightarrow (a \in M \wedge b \in N))$

Dieser Satz kann unter Verwendung der Definitionen 10a) und 10b) und der Sätze 19a), 19b) und 19c) bewiesen werden.

Satz 38:

a) $\forall \varphi$ (φ ist Abb $\leftrightarrow \varphi \subseteqq I \times I$)

b) $\forall M \forall N \forall \varphi$ (φ ist Abb $\rightarrow$ ($\varphi \subseteqq M \times N \leftrightarrow \forall x \forall y\ ([x, y] \in \varphi \rightarrow [x, y] \in M \times N$)))

Dieser Satz kann unter Verwendung der Definitionen 3a), 10b) und 11b), der Definition 3a) für Mengen 3. Stufe und des Satzes 6e) bewiesen werden.

Satz 39:

a) $\forall A\ \tau_A$ ist Abbee von A auf A

b) $\forall A \forall B \forall \varphi$ (φ ist Abbee von A auf B $\rightarrow \varphi^{-1}$ ist Abbee von B auf A)
c) $\forall A \forall B \forall C \forall \varphi \forall \psi$ ((φ ist Abbee von A auf B $\wedge\, \psi$ ist Abbee von B auf C) $\rightarrow \psi \circ \varphi$ ist Abbee von A auf C)

Dieser Satz kann unter Verwendung der Definitionen 3a), 11b), 12a), 12b), 13a), 13b), 13c), 14a), 14b) und 14c) und der Sätze 2, 37a), 37b) und 38b) bewiesen werden.

Satz 40:

a) $\forall A\, A \sim A$
b) $\forall A \forall B\, (A \sim B \rightarrow B \sim A)$
c) $\forall A \forall B \forall C\, ((A \sim B \wedge B \sim C) \rightarrow A \sim C)$

Dieser Satz kann unter Verwendung der Definition 15 und der Sätze 39a), 39b) und 39c) bewiesen werden.

Satz 41:

$\forall A\, (A \sim \mathbf{0} \leftrightarrow A = \mathbf{0})$

Dieser Satz kann unter Verwendung der Definitionen 1b), 11b), 12a), 13a), 13c) und 15 und der Sätze 16b), 37b), 38b) und 40a) bewiesen werden.

Satz 42:

$\forall x \forall y \forall A \forall B\, ((\sim x \in A \wedge \sim y \in B) \rightarrow (A \sim B \leftrightarrow A \cup \{x\} \sim B \cup \{y\}))$

Dieser Satz kann unter Verwendung der Definitionen 2a), 3a), 5a), 11b), 12a), 12b), 13a), 13b), 13c) und 15, der Definitionen 2a), 2b), 5a), 5b), 5c) und 5d) für Mengen 3. Stufe, des Mengenbildungs- und des Extensionalitätsaxioms für Mengen 3. Stufe und der Sätze 2, 37a), 37b) und 38b) bewiesen werden.

Auf Grund von Satz 40 ist die Gleichmächtigkeitsrelation $\sim$ eine Äquivalenzrelation in der Allmenge 2. Stufe $\mathfrak{i}$. Durch Abstraktion über der Äquivalenzrelation der Gleichmächtigkeit werden nun die Kardinalzahlen von Mengen 1. Stufe eingeführt. Sie werden als Äquivalenzklassen der Gleichmächtigkeitsrelation definiert.

Definition 16:

die Kardinalzahl $\mathfrak{K}(M)$ als Menge 2. Stufe: $\forall M\, \mathfrak{K}(M) = \hat{X}(X \sim M)$

Die Rechtfertigung dieser sogenannten Definition durch Abstraktion erfolgt durch das Abstraktionsprinzip, welches in unserem Falle der folgende Satz zum Ausdruck bringt:

Satz 43:

$\forall A \forall B\, (\mathfrak{K}(A) = \mathfrak{K}(B) \leftrightarrow A \sim B)$

Dieser Satz kann unter Verwendung der Definition 16, des Extensionalitätsaxioms für Mengen 2. Stufe und der Sätze 40a), 40b) und 40c) bewiesen werden.

Im folgenden wird von den Abkürzungen „Kard“ und „Kardend“ und „Nafo“ für „Kardinalzahl“ bzw. „endliche Kardinalzahl“ bzw. „Nachfolger“ Gebrauch gemacht.

Definition 17:

a) $\forall \mathfrak{m}\,(\mathfrak{m}$ ist Kard $\leftrightarrow \exists A\ \mathfrak{m} = \mathfrak{K}(A))$

b) $\forall \mathfrak{m}\,(\mathfrak{m}$ ist Kardend $\leftrightarrow \exists A\,(A$ ist endlich $\wedge\, \mathfrak{m} = \mathfrak{K}(A)))$

Definition 18:

$\forall \mathfrak{m} \forall \mathfrak{n}\,(\mathfrak{m}$ ist Kardend $\rightarrow (\mathfrak{n}$ ist Nafo von $\mathfrak{m} \leftrightarrow \exists x \exists A\,((\mathfrak{m} = \mathfrak{K}(A) \wedge \sim x \in A) \wedge \mathfrak{n} = \mathfrak{K}(A \cup \{x\}))))$

Satz 44:

$\forall \mathfrak{m}\,(\mathfrak{m}$ ist Kardend $\rightarrow \exists !\mathfrak{z}\ \mathfrak{z}$ ist Nafo von $\mathfrak{m})$

Dieser Satz kann unter Verwendung der Definitionen 17b) und 18 und der Sätze 35, 42 und 43 bewiesen werden.

Die natürlichen Zahlen werden nun als endliche Kardinalzahlen eingeführt. Die Zahl Null (0), die Menge der natürlichen Zahlen (Nz) und die Nachfolgerfunktion (′) werden wie folgt definiert:

Definition 19:

a) $0 = \mathfrak{K}(\mathbf{0})$

b) $Nz = \hat{\mathfrak{x}}(\mathfrak{x}$ ist Kardend)

c) $\forall \mathfrak{m}\,(\mathfrak{m}$ ist Kardend $\rightarrow \mathfrak{m}' = \iota \mathfrak{z}\ \mathfrak{z}$ ist Nafo von $\mathfrak{m})$

Der Gebrauch des bestimmten Artikels in Definition 19c) ist durch Satz 44 gerechtfertigt.

Wir werden nun für die Zahl 0, die Menge Nz und die Nachfolgerfunktion ′ die Gültigkeit der 5 Peanoschen Axiome nachweisen. Das Peanosche Axiomensystem wird durch folgenden Satz zum Ausdruck gebracht:

Satz 45:

a) $0 \in Nz$

b) $\forall \mathfrak{x}\,(\mathfrak{x} \in Nz \rightarrow \mathfrak{x}' \in Nz)$

c) $\forall \mathfrak{x}\,(\mathfrak{x} \in Nz \rightarrow \sim \mathfrak{x}' = 0)$

d) $\forall \mathfrak{x} \forall \mathfrak{y}\,((\mathfrak{x} \in Nz \wedge \mathfrak{y} \in Nz) \rightarrow (\mathfrak{x}' = \mathfrak{y}' \rightarrow \mathfrak{x} = \mathfrak{y}))$

e) $\forall \xi\,((0 \in \xi \wedge \forall \mathfrak{x}\,(\mathfrak{x} \in Nz \rightarrow (\mathfrak{x} \in \xi \rightarrow \mathfrak{x}' \in \xi))) \rightarrow \forall \mathfrak{x}\,(\mathfrak{x} \in Nz \rightarrow \mathfrak{x} \in \xi))$

Beweis zu a):

Satz 25a): $\mathbf{0}$ ist endlich

Def. 19a): $0 = \mathfrak{K}(\mathbf{0})$

$(0 \text{ ist endlich} \wedge 0 = \mathfrak{K}(0))$

---

(1) $\exists A\,(A \text{ ist endlich} \wedge 0 = \mathfrak{K}(A))$

Def. 17b): $\forall \mathfrak{m}\,(\mathfrak{m} \text{ ist Kardend} \leftrightarrow \exists A\,(A \text{ ist endlich} \wedge \mathfrak{m} = \mathfrak{K}(A)))$

$(0 \text{ ist Kardend} \leftrightarrow \exists A\,(A \text{ ist endlich} \wedge 0 = \mathfrak{K}(A)))$

(1) $\exists A\,(A \text{ ist endlich} \wedge 0 = \mathfrak{K}(A))$

---

(2) 0 ist Kardend

Def. 19b): $Nz = \hat{\mathfrak{x}}(\mathfrak{x} \text{ ist Kardend})$

$\forall \mathfrak{x}\,(\mathfrak{x} \in Nz \leftrightarrow \mathfrak{x} \text{ ist Kardend})$

$(0 \in Nz \leftrightarrow 0 \text{ ist Kardend})$

(2) 0 ist Kardend

$0 \in Nz$

Beweis zu b):
Vor.: $\mathfrak{x} \in Nz$
Beh.: $\mathfrak{x}' \in Nz$

Def. 19b): $Nz = \hat{\mathfrak{x}}(\mathfrak{x} \text{ ist Kardend})$

$(\mathfrak{x} \in Nz \leftrightarrow \mathfrak{x} \text{ ist Kardend})$

Vor: $\mathfrak{x} \in Nz$

---

(1) $\mathfrak{x}$ ist Kardend

Def. 19c): $\forall \mathfrak{m}\,(\mathfrak{m} \text{ ist Kardend} \rightarrow \mathfrak{m}' = \iota \mathfrak{z}\; \mathfrak{z} \text{ ist Nafo von } \mathfrak{m})$

$(\mathfrak{x} \text{ ist Kardend} \rightarrow \mathfrak{x}' = \iota \mathfrak{z}\; \mathfrak{z} \text{ ist Nafo von } \mathfrak{x})$

(1) $\mathfrak{x}$ ist Kardend

$\mathfrak{x}' = \iota \mathfrak{z}\; \mathfrak{z} \text{ ist Nafo von } \mathfrak{x}$

---

(2) $\mathfrak{x}'$ ist Nafo von $\mathfrak{x}$

Def. 18, (1), (2)

$\exists a \exists M\,((\mathfrak{x} = \mathfrak{K}(M) \wedge \sim a \in M) \wedge \mathfrak{x}' = \mathfrak{K}(M \cup \{a\}))$

$((\mathfrak{x} = \mathfrak{K}(M_1) \wedge \sim a_1 \in M_1) \wedge \mathfrak{x}' = \mathfrak{K}(M_1 \cup \{a_1\}))$

---

(3) $\mathfrak{x} = \mathfrak{K}(M_1)$
(4) $\sim a_1 \in M_1$
(5) $\mathfrak{x}' = \mathfrak{K}(M_1 \cup \{a_1\})$

Def. 17b), (1)

$$\frac{\exists M\,(M \text{ ist endlich} \wedge \mathfrak{x} = \mathfrak{K}(M))}{(M_2 \text{ ist endlich} \wedge \mathfrak{x} = \mathfrak{K}(M_2))}$$

(6) M_2 ist endlich

(7) $\mathfrak{x} = \mathfrak{K}(M_2)$

Satz 35, (6)

$$\exists a \sim a \in M_2$$

(8) $\sim a_2 \in M_2$

Satz 43, (3), (7)

(9) $M_1 \sim M_2$

Satz 42, (4), (8), (9)

10) $M_1 \cup \{a_1\} \sim M_2 \cup \{a_2\}$

Satz 43, (5), (10)

(11) $\mathfrak{x}' = \mathfrak{K}(M_2 \cup \{a_2\})$

Satz 28, (6)

(12) $M_2 \cup \{a_2\}$ ist endlich

(11), (12)

$$(M_2 \cup \{a_2\} \text{ ist endlich} \wedge \mathfrak{x}' = \mathfrak{K}(M_2 \cup \{a_2\}))$$

(13) $\exists A\,(A \text{ ist endlich} \wedge \mathfrak{x}' = \mathfrak{K}(A))$

Def. 17b), (13)

(14) $\mathfrak{x}'$ ist Kardend

Def. 19b), (14)

$$\mathfrak{x}' \in Nz$$

Beweis zu c):
Vor.: $\mathfrak{x} \in Nz$
Beh.: $\sim \mathfrak{x}' = 0$

Def. 19b): $\mathrm{Nz} = \hat{\mathfrak{x}}(\mathfrak{x}$ ist Kardend$)$
Vor.: $\mathfrak{x} \in \mathrm{Nz}$

---

(1) $\mathfrak{x}$ ist Kardend

Def. 19c), (1)

---

(2) $\mathfrak{x}'$ ist Nafo von $\mathfrak{x}$

Def. 18, (1), (2)

$\exists a \exists M ((\mathfrak{x} = \mathfrak{K}(M) \wedge \sim a \in M) \wedge \mathfrak{x}' = \mathfrak{K}(M \cup \{a\}))$

$((\mathfrak{x} = \mathfrak{K}(M_0) \wedge \sim a_0 \in M_0) \wedge \mathfrak{x}' = \mathfrak{K}(M_0 \cup \{a_0\}))$

---

(3) $\mathfrak{x} = \mathfrak{K}(M_0)$
(4) $\sim a_0 \in M_0$
(5) $\mathfrak{x}' = \mathfrak{K}(M_0 \cup \{a_0\})$

Def. 2a), Def. 5a)

$a_0 \in M_0 \cup \{a_0\}$

---

(6) $\exists x\; x \in M_0 \cup \{a_0\}$

Satz 16b), (6)

---

(7) $\sim M_0 \cup \{a_0\} = \mathbf{0}$

Satz 41, (7)

---

(8) $\sim M_0 \cup \{a_0\} \sim \mathbf{0}$

Satz 43, (8)

---

(9) $\sim \mathfrak{K}(M_0 \cup \{a_0\}) = \mathfrak{K}(\mathbf{0})$

Def. 19a), (5), (9)

$\sim \mathfrak{x}' = 0$

Beweis zu d):
Vor.:

(1) $\mathfrak{x} \in \mathrm{Nz}$
(2) $\mathfrak{y} \in \mathrm{Nz}$
(3) $\mathfrak{x}' = \mathfrak{y}'$

Beh.: $\mathfrak{x} = \mathfrak{y}$

Def. 18, Def. 19b), Def. 19c), Vor. (1)

---

(4) $\mathfrak{x} = \mathfrak{K}(M_1)$

(5) $\sim a_1 \in M_1$

(6) $\mathfrak{x}' = \mathfrak{K}(M_1 \cup \{a_1\})$

Def. 18, Def. 19b), Def. 19c), Vor. (2)

---

(7) $\mathfrak{y} = \mathfrak{K}(M_2)$

(8) $\sim a_2 \in M_2$

(9) $\mathfrak{y}' = \mathfrak{K}(M_2 \cup \{a_2\})$

Vor. (3), (6), (9)

---

(10) $\mathfrak{K}(M_1 \cup \{a_1\}) = \mathfrak{K}(M_2 \cup \{a_2\})$

Satz 43, (10)

---

(11) $M_1 \cup \{a_1\} \sim M_2 \cup \{a_2\}$

Satz 42, (5), (8), (11)

---

(12) $M_1 \sim M_2$

Satz 43, (4), (7), (12)

$\mathfrak{x} = \mathfrak{y}$

Beweis zu e):
Vor.:

(1) $0 \in \xi$

(2) $\forall \mathfrak{x}\, (\mathfrak{x} \in Nz \rightarrow (\mathfrak{x} \in \xi \rightarrow \mathfrak{x}' \in \xi))$

Beh.: $\forall \mathfrak{x}\, (\mathfrak{x} \in Nz \rightarrow \mathfrak{x} \in \xi)$

H(X) *sei der Ausdruck* (X ist endlich $\rightarrow \forall \mathfrak{x}\, (\mathfrak{x} = \mathfrak{K}(X) \rightarrow \mathfrak{x} \in \xi)$)

Def. 19a), Vor. (1)

$\mathfrak{K}(\mathbf{0}) \in \xi$

$\forall \mathfrak{x}\, (\mathfrak{x} = \mathfrak{K}(\mathbf{0}) \rightarrow \mathfrak{x} \in \xi)$

(**0** ist endlich $\rightarrow \forall \mathfrak{x}\, (\mathfrak{x} = \mathfrak{K}(\mathbf{0}) \rightarrow \mathfrak{x} \in \xi)$)

---

(3) H(**0**)

Hilfssatz (HS):

(4) $\forall x \forall X\ (H(X) \rightarrow H(X \cup \{x\}))$

Beweis:

Vor. HS:

(5) $(X \text{ ist endlich} \rightarrow \forall \mathfrak{x}\ (\mathfrak{x} = \mathfrak{K}(X) \rightarrow \mathfrak{x} \in \xi))$
(6) $X \cup \{x\}$ ist endlich
(7) $\mathfrak{x} = \mathfrak{K}(X \cup \{x\})$

Beh. HS: $\mathfrak{x} \in \xi$

Def. 17b), Def. 19b), Vor. (2)

$\forall \mathfrak{x}\ (\exists A\ (A \text{ ist endlich} \wedge \mathfrak{x} = \mathfrak{K}(A)) \rightarrow (\mathfrak{x} \in \xi \rightarrow \mathfrak{x}' \in \xi))$

(8) $\forall A\ (A \text{ ist endlich} \rightarrow \forall \mathfrak{x}\ ((\mathfrak{x} = \mathfrak{K}(A) \wedge \mathfrak{x} \in \xi) \rightarrow \mathfrak{x}' \in \xi))$

Satz 7b), Satz 26, (6)

(9) X ist endlich

(5), (9)

$\forall \mathfrak{x}\ (\mathfrak{x} = \mathfrak{K}(X) \rightarrow \mathfrak{x} \in \xi)$

$(\mathfrak{K}(X) = \mathfrak{K}(X) \rightarrow \mathfrak{K}(X) \in \xi)$

(10) $\mathfrak{K}(X) \in \xi$

(8), (9)

(11) $\forall \mathfrak{x}\ ((\mathfrak{x} = \mathfrak{K}(X) \wedge \mathfrak{x} \in \xi) \rightarrow \mathfrak{x}' \in \xi)$

(10), (11)

(12) $\mathfrak{K}(X)' \in \xi$

Def. 17b), (9)

(13) $\mathfrak{K}(X)$ ist Kardend

Def. 19c), (13)

(14) $\mathfrak{K}(X)'$ ist Nafo von $\mathfrak{K}(X)$

Def. 18, (13), (14)

(15) $\mathfrak{K}(X) = \mathfrak{K}(M_0)$
(16) $\sim a_0 \in M_0$
(17) $\mathfrak{K}(X)' = \mathfrak{K}(M_0 \cup \{a_0\})$

Fallunterscheidung:

1. Fall:

(18) $x \in X$

Satz 4b), Satz 9b), Satz 18, (18)

(19) $X \cup \{x\} = X$

(7), (10), (19)

$\mathfrak{x} \in \xi$

2. Fall:

(20) $\sim x \in X$

Satz 42, Satz 43, (15), (16), (20)

(21) $\mathfrak{K}(X \cup \{x\}) = \mathfrak{K}(M_0 \cup \{a_0\})$

(7), (12), (17), (21)

$\mathfrak{x} \in \xi$

Damit ist der Hilfssatz (4) *bewiesen.*

Satz 32, (3), (4)

$\forall A$ (A ist endlich $\rightarrow$ H(A))

$\forall A$ (A ist endlich $\rightarrow$ (A ist endlich $\rightarrow \forall \mathfrak{x}\ (\mathfrak{x} = \mathfrak{K}(A) \rightarrow \mathfrak{x} \in \xi)))$

$\forall A$ (A ist endlich $\rightarrow \forall \mathfrak{x}\ (\mathfrak{x} = \mathfrak{K}(A) \rightarrow \mathfrak{x} \in \xi))$

(22) $\forall \mathfrak{x}\ (\exists A$ (A ist endlich $\wedge\ \mathfrak{x} = \mathfrak{K}(A)) \rightarrow \mathfrak{x} \in \xi)$

Def. 17b), Def. 19b), (22)

$\forall \mathfrak{x}\ (\mathfrak{x} \in Nz \rightarrow \mathfrak{x} \in \xi)$

Mit dem Beweis der 5 Peanoschen Axiome, bei dem auch indizierte Buchstaben als Variable verwandt wurden, erfolgte die mengentheoretische Begründung der Arithmetik der natürlichen Zahlen. Die natürlichen Zahlen 1, 2, 3, ... kann man nun wie folgt sukzessiv definieren: $1 = 0'$, $2 = 1'$, $3 = 2'$, ... Damit ergibt sich: 0 ist die Kardinalzahl der leeren Menge 1. Stufe, 1 ist die Kardinalzahl der Einermengen 1. Stufe, 2 ist die Kardinalzahl der echten Zweiermengen 1. Stufe usw. Dabei ist eine echte Zweiermenge 1. Stufe eine

Zweiermenge {a, b} mit ∼a=b. Man kann auch sagen: 0 ist die Einermenge der leeren Menge 1. Stufe, 1 ist die Menge aller Einermengen 1. Stufe, 2 ist die Menge aller echten Zweiermengen 1. Stufe usw. Die natürlichen Zahlen 0, 1, 2, . . . sind also Mengen 2. Stufe.

Bei der auf *Russell* und *Whitehead* zurückgehenden mengentheoretischen Begründung der Arithmetik der natürlichen Zahlen wurden nur die Mengenbildungs- und Extensionalitätsaxiome für Mengen 1., 2. und 3. Stufe und das Unendlichkeitsaxiom verwandt. Ein Auswahlaxiom wurde nicht benötigt. Damit nun das Auswahlaxiom für Mengen 1. Stufe in einfacher Weise formuliert werden kann, werden noch die folgenden Definitionen vorangestellt:

$\forall \mathfrak{M}\ \bigcup\mathfrak{M} = \hat{x}(\exists A\ (A \in \mathfrak{M} \wedge x \in A))$

$\forall \mathfrak{M}\ (\mathfrak{M}$ ist disjunkt $\leftrightarrow \forall X \forall Y\ (((X \in \mathfrak{M} \wedge Y \in \mathfrak{M}) \wedge \sim X = Y) \rightarrow X \cap Y = \mathbf{0}))$

$\forall A \forall \mathfrak{M}\ (A$ ist Auswahlmenge von $\mathfrak{M} \leftrightarrow (A \subseteqq \bigcup\mathfrak{M} \wedge \forall X\ (X \in \mathfrak{M} \rightarrow \exists !!x\ x \in A \cap X)))$.

Auf Grund dieser Definitionen kann das *Auswahlaxiom* für Mengen 1. Stufe wie folgt formalisiert werden:

$\forall \mathfrak{x}(((\sim \mathfrak{x} = \mathfrak{o} \wedge \sim \mathbf{0} \in \mathfrak{x}) \wedge \mathfrak{x}$ ist disjunkt$) \rightarrow \exists X\ X$ ist Auswahlmenge von $\mathfrak{x})$.

Es besagt, daß es zu jeder nichtleeren und disjunkten Menge 2. Stufe, die nicht die leere Menge 1. Stufe als Element enthält, eine Auswahlmenge 1. Stufe gibt. In entsprechender Weise behaupten die Auswahlaxiome für Mengen höherer Stufe die Existenz von Auswahlmengen höherer Stufe.

Wir werden nun noch den auf *Zermelo* und *Fraenkel* zurückgehenden stufenfreien Aufbau der Mengenlehre bis zur Begründung der Arithmetik der natürlichen Zahlen durch das Peanosche Axiomensystem verfolgen. Während die Mengenlehre nach *Russell* und *Whitehead* als axiomatisches System im einstelligen Stufenkalkül formalisiert wurde, wird die Mengenlehre nach *Zermelo* und *Fraenkel* als axiomatisches System im Prädikatenkalkül der 1. Stufe ohne Identität formalisiert (143, S. 175–178). Zu den Grundzeichen gehören neben den logischen und technischen Zeichen das Zeichen ∈ für die Elementbeziehung und kleine lateinische Buchstaben, die indiziert sein können, als Variable für Mengen. Aus diesen Grundzeichen werden wieder in der üblichen Weise, von den prädikativen Ausdrücken der Form $x \in y$ ausgehend, die formalen Ausdrücke und die formalen Terme der Mengenlehre gebildet. Unter Verwendung abkürzender Definitionen entstehen schließlich die Ausdrücke und die Terme der Mengenlehre. Aussagen sind dabei Ausdrücke ohne freie Variablen.

Die Enthaltenseinsbeziehung, die Umfangsgleichheit, die Eigenschaftsgleichheit und die Identität von Mengen kann man wie folgt definieren:

Definition 1:

a) $\forall x \forall y\, (x \subseteq y \leftrightarrow \forall z\, (z \in x \rightarrow z \in y))$

b) $\forall x \forall y\, (x \bar{\bar{u}} y \leftrightarrow \forall z\, (z \in x \leftrightarrow z \in y))$

c) $\forall x \forall y\, (x \bar{\bar{e}} y \leftrightarrow \forall z\, (x \in z \leftrightarrow y \in z))$

d) $\forall x \forall y\, (x = y \leftrightarrow (x \bar{\bar{u}} y \wedge x \bar{\bar{e}} y))$

Die angegebene Definition der Identität ist gerechtfertigt, da sich mit ihrer Hilfe der Satz der Reflexivität und das Leibnizsche Ersetzbarkeitstheorem beweisen lassen.

Im folgenden werden nun Axiome formuliert, die der Mengenbildung dienen.

Schema der Axiome der Aussonderung:

$(\forall)\forall m_0 \exists m \forall x\, (x \in m \leftrightarrow (x \in m_0 \wedge H(x)))$

Aus diesem Schema entsteht für jeden Ausdruck H(x) der Mengenlehre, in dem x vollfrei und m nicht vorkommt, ein Axiom, auf Grund dessen aus jeder Menge m_0 die Teilmenge der Elemente x von m_0, für die H(x) gilt, ausgesondert werden kann. Die Aussonderungsaxiome sichern nur die Existenz von gewissen Teilmengen bereits existierender Mengen. Es werden daher noch weitere Mengenbildungsaxiome benötigt. Es handelt sich um Axiome, die die Existenz der Potenzmenge einer Menge, der Vereinigungsmenge einer Menge und der aus zwei Mengen gebildeten Zweiermenge garantieren.

Axiom der Potenzmenge:

$\forall m_0 \exists m \forall x\, (x \in m \leftrightarrow x \subseteq m_0)$

Axiom der Vereinigungsmenge:

$\forall m_0 \exists m \forall x\, (x \in m \leftrightarrow \exists y\, (y \in m_0 \wedge x \in y))$

Axiom der Zweiermenge:

$\forall m_1 \forall m_2 \exists m \forall x\, (x \in m \leftrightarrow (x = m_1 \vee x = m_2))$

Um nun zu garantieren, daß eine Menge bereits durch die in ihr enthaltenen Elemente eindeutig bestimmt ist, wird das folgende Extensionalitätsaxiom formuliert.

Extensionalitätsaxiom:

$\forall m_1 \forall m_2 \forall m\, ((m_1 \bar{\bar{u}} m_2 \wedge m_1 \in m) \rightarrow m_2 \in m)$

Aus dem Extensionalitätsaxiom kann unter Verwendung der Definitionen 1b), 1c) und 1d) folgender Satz bewiesen werden:

Satz 1:

$\forall m_1 \forall m_2 (m_1 u m_2 \rightarrow m_1 = m_2)$

Unter Verwendung von Satz 1 und Definition 1b) können nun Existenzsätze, die aus den Mengenbildungsaxiomen folgen, zu Rechtfertigungssätzen für den Gebrauch des bestimmten Artikels verschärft werden. Die auf Grund der Mengenbildungsaxiome existierenden Mengen sind demzufolge wegen des Extensionalitätsaxioms durch die kennzeichnende Eigenschaft für ihre Elemente eindeutig festgelegt und können daher durch ι-Terme bezeichnet werden.

Setzt man in dem Schema der Axiome der Aussonderung für H(x) den Ausdruck $\sim x \in m_0$ ein, so erhält man das Aussonderungsaxiom

$\forall m_0 \exists m \forall x (x \in m \leftrightarrow (x \in m_0 \wedge \sim x \in m_0))$.

Aus diesem Axiom folgt:

$\exists m \forall m_0 \forall x (x \in m \leftrightarrow (x \in m_0 \wedge \sim x \in m_0))$.

Dieser Existenzsatz ermöglicht die Definition der leeren Menge.

Definition 2:

$\emptyset = \iota m \forall m_0 \forall x (x \in m \leftrightarrow (x \in m_0 \wedge \sim x \in m_0))$

Auf Grund von Definition 2 kann unter Beachtung der Definitionen 1b), 1c) und 1d) folgender Satz bewiesen werden:

Satz 2:

$\forall x (x \in \emptyset \leftrightarrow \sim x = x)$

Die Axiome der Potenzmenge, der Vereinigungsmenge und der Zweiermenge geben Anlaß zu folgenden Definitionen:

Definition 3:

a) $\forall m_0 \; Pm_0 = \iota m \forall x (x \in m \leftrightarrow x \subseteqq m_0)$

b) $\forall m_0 \; \mathsf{U} m_0 = \iota m \forall x (x \in m \leftrightarrow \exists y (y \in m_0 \wedge x \in y))$

c) $\forall m_1 \forall m_2 \; \{m_1, m_2\} = \iota m \forall x (x \in m \leftrightarrow (x = m_1 \vee x = m_2))$

d) $\forall m_0 \; \{m_0\} = \{m_0, m_0\}$

e) $\forall m_1 \forall m_2 \; m_1 \cup m_2 = \mathsf{U}\{m_1, m_2\}$

Nun kann auch der unmittelbare Nachfolger einer Menge definiert werden.

Definition 4:

$\forall m_0 \; m_0^+ = m_0 \cup \{m_0\}$

Setzt man in dem Schema der Axiome der Aussonderung nach der gebundenen Umbenennung von m_0 in m_1 für H(x) den Ausdruck

$\forall y\,(y \in m_0 \rightarrow x \in y)$ ein, so erhält man das Aussonderungsaxiom
$\forall m_0 \forall m_1 \exists m \forall x\,(x \in m \leftrightarrow (x \in m_1 \wedge \forall y\,(y \in m_0 \rightarrow x \in y)))$.

Aus diesem Axiom ergibt sich unter Verwendung des Satzes der Termeinsetzung:
$\forall m_0 \exists m \forall x\,(x \in m \leftrightarrow (x \in \bigcup m_0 \wedge \forall y\,(y \in m_0 \rightarrow x \in y)))$.

Hieraus folgt unter Verwendung von Definition 3b):
$\forall m_0\,(\exists y\; y \in m_0 \rightarrow \exists m \forall x\,(x \in m \leftrightarrow \forall y\,(y \in m_0 \rightarrow x \in y)))$.

Dieser bedingte Existenzsatz ermöglicht nun die Definition des Durchschnitts einer nichtleeren Menge.

Definition 5:

a) $\forall m_0\,(\exists y\; y \in m_0 \rightarrow \bigcap m_0 = \iota m \forall x\,(x \in m \leftrightarrow \forall y\,(y \in m_0 \rightarrow x \in y)))$

b) $\forall m_1 \forall m_2\; m_1 \cap m_2 = \bigcap\{m_1, m_2\}$

Für den weiteren Aufbau der Mengenlehre genügen die bisher angegebenen Axiome nicht. Das Unendlichkeitsaxiom, das Auswahlaxiom und die Ersetzungsaxiome werden noch hinzugenommen. Für die mengentheoretische Begründung der Arithmetik der natürlichen Zahlen genügt jedoch die Hinzunahme des Unendlichkeitsaxioms. Das Unendlichkeitsaxiom wird dem durch *Fraenkel* und *Abian* weiterentwickelten Axiomensystem von *Zermelo* entnommen (99, S. 187/188).

Unendlichkeitsaxiom:

$\exists m\,(\emptyset \in m \wedge \forall x\,(x \in m \rightarrow x^+ \in m))$

In den folgenden Ausführungen sei H(m) der Ausdruck $(\emptyset \in m \wedge \forall x(x \in m \rightarrow x^+ \in m))$. Unter Verwendung dieser Abkürzung wird nun folgender Satz bewiesen:

Satz 3:

$\exists !m\,(H(m) \wedge \forall y\,(H(y) \rightarrow m \subseteq y))$

Daß die Behauptung $\exists !m\,(H(m) \wedge \forall y\,(H(y) \rightarrow m \subseteq y))$ gilt, ist unter Beachtung des Satzes 1 und der Definitionen 1a) und 1b) leicht einzusehen. Es ist daher nur noch die Behauptung $\exists m\,(H(m) \wedge \forall y\,(H(y) \rightarrow m \subseteq y))$ zu beweisen.

Das Unendlichkeitsaxiom besagt: $\exists m H(m)$. m_1 sei ein solches m. Dann gilt $H(m_1)$. Auf Grund des Schemas der Axiome der Aussonderung und des Extensionalitätsaxioms gilt ferner: $\exists !m\, \forall y\,(y \in m \leftrightarrow (y \in Pm_1 \wedge H(y)))$. Wir betrachten nun die Menge m_2 mit $m_2 = \iota m \forall y\,(y \in m \leftrightarrow (y \in Pm_1 \wedge H(y)))$. Da $H(m_1)$ und wegen Definition 3a) auch $m_1 \in Pm_1$ gilt, gilt $m_1 \in m_2$ und somit $\exists y\; y \in m_2$. Daher sind wir gemäß Definition 5a) berechtigt, die Menge $\bigcap m_2$ in Betracht zu ziehen. Auf Grund von Definition 5a) sieht man leicht ein, daß $H(\bigcap m_2)$ gilt. Wir zeigen nun noch, daß auch $\forall y\,(H(y) \rightarrow \bigcap m_2 \subseteqq y)$ gilt. Es sei y eine beliebig vorgegebene Menge, für die H(y) gilt. Dann sieht man unter Beachtung der Definitionen 3c), 5a) und 5b) ein, daß $H(y \cap \bigcap m_2)$ gilt. Da $m_1 \in m_2$ gilt, kann man unter Verwendung der Definitionen 1a), 3a), 3c), 5a) und 5b) auch zeigen, daß $y \cap \bigcap m_2 \in Pm_1$ gilt. Daher gilt $y \cap \bigcap m_2 \in m_2$. Hieraus folgt dann unter Verwendung der Definitionen 1a), 3c), 5a) und 5b), daß $\bigcap m_2 \subseteqq y$ gilt. Damit ist der Satz 3 bewiesen.

Da auf Grund von Satz 3 der Gebrauch des bestimmten Artikels gerechtfertigt ist, kann man die Menge der natürlichen Zahlen wie folgt definieren:

Definition 6:

$N = \iota m\,(H(m) \wedge \forall y\,(H(y) \rightarrow m \subseteqq y))$

Dabei steht H(m) wieder als Abkürzung für den bereits angegebenen Ausdruck.

Wir werden nun für die leere Menge $\emptyset$, die Menge N und die Nachfolgerfunktion $^+$ die Gültigkeit der 5 Peanoschen Axiome nachweisen.

Satz 4:

a) $\emptyset \in N$

b) $\forall x\,(x \in N \rightarrow x^+ \in N)$

c) $\forall x\,(x \in N \rightarrow \sim x^+ = \emptyset)$

Während die Sätze 4a) und 4b) unmittelbar aus der Definition 6 folgen, kann der Satz 4c) unter Beachtung der Sätze 1 und 2 und der Definitionen 1b), 1d), 3b), 3c), 3d), 3e) und 4 leicht eingesehen werden.

Satz 5:

$\forall x\,((\emptyset \in x \wedge \forall y\,(y \in N \cap x \rightarrow y^+ \in x)) \rightarrow N \subseteqq x)$

Dieser Satz kann ohne Schwierigkeiten unter Verwendung der Definitionen 1a), 3c), 5a), 5b) und 6 bewiesen werden.

In den folgenden Ausführungen sei H'(x) der Ausdruck $\forall z\,(z \in x \rightarrow z \subseteqq x)$. Unter Verwendung dieser Abkürzung wird nun folgender Satz bewiesen:

Satz 6:

$\forall x\,(x \in N \rightarrow H'(x))$

Wir beweisen diesen Satz unter Verwendung des Satzes 5, der das Prinzip der vollständigen Induktion zum Ausdruck bringt. Auf Grund des Schemas der Axiome der Aussonderung und des Extensionalitätsaxioms gilt: $\exists!\,!m\,\forall x\,(x \in m \leftrightarrow (x \in N \wedge H'(x)))$. Wir betrachten nun die Menge m_0 mit $m_0 = \iota m \forall x (x \in m \leftrightarrow (x \in N \wedge H'(x)))$. Unter Beachtung der Sätze 2 und 4a) sieht man leicht ein, daß $\emptyset \in m_0$ gilt. Wir zeigen nun noch, daß auch $\forall y (y \in N \cap m_0 \rightarrow y^+ \in m_0)$ gilt. Es sei y eine beliebig vorgegebene Menge, für die $y \in N \cap m_0$ gilt. Dann sieht man unter Beachtung der Definitionen 3c), 5a) und 5b) ein, daß $(y \in N \wedge H'(y))$ gilt. Unter Verwendung der Definitionen 1a), 3b), 3c), 3d), 3e), 4 und 6 kann man nun zeigen, daß auch $(y^+ \in N \wedge H'(y^+))$ gilt. Daher gilt $y^+ \in m_0$. Nun folgt auf Grund von Satz 5, daß $N \subseteqq m_0$ gilt. Beachtet man noch die Definition 1a), so ist damit der Satz 6 bewiesen.

Satz 7:

$\forall x \forall y ((x \in N \wedge y \in N) \rightarrow (x^+ = y^+ \rightarrow x = y))$

Dieser Satz kann ohne Schwierigkeiten unter Verwendung der Sätze 1 und 6 und der Definitionen 1a), 1b), 1d), 3b), 3c), 3d), 3e) und 4 bewiesen werden.

Mit den Sätzen 4a), 4b), 4c), 5 und 7 sind die 5 Peanoschen Axiome bewiesen. Die natürlichen Zahlen 0, 1, 2, 3, ... kann man nun wie folgt sukzessiv definieren: $0 = \emptyset$, $1 = 0^+$, $2 = 1^+$, $3 = 2^+$, ... Damit ergibt sich: $0 = \emptyset$, $1 = \{0\} = \{\emptyset\}$, $2 = \{0, 1\} = \{\emptyset, \{\emptyset\}\}$ usw. Diese Definition der natürlichen Zahlen geht auf *J. v. Neumann* zurück.

Wir formulieren nun noch das Auswahlaxiom und die Ersetzungsaxiome, die erst beim weiteren Aufbau der Mengenlehre benötigt werden.

Auswahlaxiom:

$\forall m ((m \text{ ist disjunkt} \wedge \sim \emptyset \in m) \rightarrow \exists a \; a \text{ ist Auswahlmenge von } m)$

Bei dieser Formulierung des Auswahlaxioms wurde von folgenden zwei abkürzenden Definitionen Gebrauch gemacht:

$\forall m (m \text{ ist disjunkt} \leftrightarrow (\sim m = \emptyset \wedge \forall x_1 \forall x_2 (((x_1 \in m \wedge x_2 \in m) \wedge \sim x_1 = x_2) \rightarrow x_1 \cap x_2 = \emptyset)))$

$\forall a \forall m (a \text{ ist Auswahlmenge von } m \leftrightarrow \forall m_0 (m_0 \in m \rightarrow \exists x (x \in a \wedge a \cap m_0 = \{x\})))$.

Schema der Ersetzungsaxiome:

$(\forall) \forall m (\forall x (x \in m \rightarrow \exists y \, H(x,y)) \rightarrow \exists a \forall x (x \in m \rightarrow \exists y (y \in a \wedge H(x,y))))$

Aus diesem Schema entsteht für jeden Ausdruck H(x, y) der Mengenlehre, in dem x und y vollfrei vorkommen und a nicht vorkommt, ein Axiom, welches besagt: Wenn zu jedem Element x einer Menge m eine Menge y existiert, so daß H(x, y) gilt, dann gibt es auch eine Menge, die zu jedem x aus m ein derartiges y als Element enthält.

Damit sind alle Axiome des Axiomensystems von *Zermelo* und *Fraenkel* mit einigen Modifikationen zusammengestellt. Wir verzichten darauf, weitere Axiomensysteme der allgemeinen Mengenlehre anzugeben. Es sei nur noch erwähnt, daß der inhomogene transfinite Stufenaufbau der Mengenlehre von *D. Klaua* (72; 73) eine Verschmelzung der *Russellschen Typentheorie* mit dem *v. Neumannschen Klassenkalkül* darstellt und daß die von *W. Stegmüller* vorgenommene Axiomatisierung der Mengenlehre (139) auf den Systemen von *Bernays* und *Quine* beruht.

Wir werden nun noch einige Grundgedanken des Aufbaus der Theorie der Kardinal- und Ordinalzahlen in Anlehnung an G. Asser (8, S. 170–182) skizzieren, ohne dabei ein bestimmtes Axiomensystem der allgemeinen Mengenlehre zugrunde zu legen. Der Mengenbegriff und der Abbildungsbegriff werden im naiven Sinne verstanden. Gesamtheiten von Mengen, die bei naiver Auffassung als Mengen zu Antinomien führen, werden Klassen genannt. Kommen in einem bestimmten Zusammenhang außer Mengen auch derartige Gesamtheiten in Betracht, so wird ebenfalls von Klassen die Rede sein. Früher bereits definierte Begriffe werden sinngemäß übertragen. So sind Mengen M_1 und M_2 genau dann *gleichmächtig* oder *äquivalent* (in Zeichen: $M_1 \sim M_2$), wenn es eine eineindeutige Abbildung von M_1 auf M_2 gibt. Die Gleichmächtigkeit ist eine Äquivalenzrelation in der Klasse aller Mengen. G. Asser schreibt nun bezüglich der Einführung der Kardinalzahlen: „Jeder Menge M sei in eindeutiger Weise ihre *Kardinalzahl* oder *Mächtigkeit* $|M|$ so zugeordnet, daß Mengen M_1 und M_2 dann und nur dann dieselbe Kardinalzahl besitzen (d. h. $|M_1| = |M_2|$ gilt), wenn M_1 und M_2 gleichmächtig sind. Allein diese Eigenschaft der Kardinalzahlen ist für den gesamten Aufbau der Kardinalzahltheorie von Bedeutung, worauf insbesondere *F. Hausdorff* hingewiesen hat“ (8, S. 171). Diese Grundeigenschaft der Kardinalzahlen besitzen nicht nur die als Äquivalenzklassen der Gleichmächtigkeitsrelation in der Allmenge 2. Stufe im axiomatischen System von *Russell* und *Whitehead* eingeführten Kardinalzahlen, sondern auch die nach *v. Neumann* im axiomatischen System von *Zermelo* und *Fraenkel* definierten natürlichen Zahlen, die als Kardinalzahlen endlicher Mengen erscheinen, wenn man als Kardinalzahl einer endlichen Menge M gerade den speziellen Repräsentanten aus der Klasse aller zu M gleichmächtigen Mengen wählt, der Element der Menge N der natürlichen Zahlen ist.

Kardinalzahlen werden im folgenden durch kleine deutsche Buchstaben bezeichnet, die indiziert sein können. Ist $\mathfrak{m} = |M|$, so nennen wir M einen *Repräsentanten* von $\mathfrak{m}$. Es gelten dann der dem Abstraktionsprinzip für die Gleichmächtigkeitsrelation entsprechende Satz: $\forall M_1 \forall M_2 (|M_1| = |M_2| \leftrightarrow M_1 \sim M_2)$ und der die Unabhängigkeit der Identität von Kardinalzahlen von der Wahl der Repräsentanten zum Ausdruck bringende Satz: $\forall \mathfrak{m}_1 \forall \mathfrak{m}_2 (\mathfrak{m}_1 = \mathfrak{m}_2 \leftrightarrow \forall M_1 \forall M_2 ((\mathfrak{m}_1 = |M_1| \wedge \mathfrak{m}_2 = |M_2|) \rightarrow M_1 \sim M_2))$.

Für beliebige Mengen M_1 und M_2 wird nun definiert: Die Menge M_1 ist genau dann *der Mächtigkeit nach kleiner oder gleich* der Menge M_2 (in Zeichen: $M_1 \leqq M_2$), wenn M_1 einer Teilmenge von M_2 gleichmächtig ist. Symbolisch kann diese Definition wie folgt ausgedrückt werden: $\forall M_1 \forall M_2 (M_1 \leqq M_2 \leftrightarrow \exists X (M_1 \sim X \wedge X \subseteq M_2))$. Auf Grund dieser Definition ist die $\leqq$-Beziehung für Mengen reflexiv und transitiv. Es gelten der *Cantor-Bernsteinsche Äquivalenzsatz:* $\forall M_1 \forall M_2 ((M_1 \leqq M_2 \wedge M_2 \leqq M_1) \rightarrow M_1 \sim M_2)$ und der *Vergleichbarkeitssatz:* $\forall M_1 \forall M_2 (M_1 \leqq M_2 \vee M_2 \leqq M_1)$. Während sich der Äquivalenzsatz ohne Benutzung des Auswahlaxioms beweisen läßt, ist für den Beweis des Vergleichbarkeitssatzes das Auswahlaxiom erforderlich. Es gilt ferner der *Satz von Cantor:* $\forall M (M \leqq \mathfrak{p}(M) \wedge \sim M \sim \mathfrak{p}(M))$. Dabei ist $\mathfrak{p}(M)$ die Menge aller Teilmengen von M. Da auch der Satz $\forall M_1 \forall M_2 \forall M_1' \forall M_2' ((M_1 \leqq M_2 \wedge (M_1' \sim M_1 \wedge M_2' \sim M_2)) \rightarrow M_1' \leqq M_2')$ gilt, kann die $\leqq$-Beziehung für Mengen repräsentantenweise von den Mengen auf ihre Kardinalzahlen übertragen werden. Es wird definiert: $\mathfrak{m}_1 \leqq \mathfrak{m}_2$ genau dann, wenn für beliebige Mengen M_1 und M_2 mit $\mathfrak{m}_1 = |M_1|$ und $\mathfrak{m}_2 = |M_2|$ gilt: $M_1 \leqq M_2$. Diese Definition kann symbolisch wie folgt ausgedrückt werden: $\forall \mathfrak{m}_1 \forall \mathfrak{m}_2 (\mathfrak{m}_1 \leqq \mathfrak{m}_2 \leftrightarrow \forall M_1 \forall M_2 ((\mathfrak{m}_1 = |M_1| \wedge \mathfrak{m}_2 = |M_2|) \rightarrow M_1 \leqq M_2))$. Sie wird durch folgende Definition ergänzt: $\forall \mathfrak{m}_1 \forall \mathfrak{m}_2 (\mathfrak{m}_1 < \mathfrak{m}_2 \leftrightarrow (\mathfrak{m}_1 \leqq \mathfrak{m}_2 \wedge \sim \mathfrak{m}_1 = \mathfrak{m}_2))$.

Unter Verwendung der angegebenen Sätze für die $\leqq$-Beziehung kann man nun zeigen, daß die $\leqq$-Beziehung für Kardinalzahlen eine reflexive und die $<$-Beziehung für Kardinalzahlen eine irreflexive Wohlordnung in der Klasse aller Kardinalzahlen ist. Daher gilt insbesondere, daß die $\leqq$-Beziehung antisymmetrisch ist und in der Klasse aller Kardinalzahlen die Minimalbedingung erfüllt. Hieraus folgt, daß es in jeder nichtleeren Klasse von Kardinalzahlen eine eindeutig bestimmte kleinste Kardinalzahl gibt. Außerdem ergibt sich aus dem Satz von Cantor unter Beachtung der angegebenen Definitionen, daß für jede Menge M gilt: $|M| < |\mathfrak{p}(M)|$. Hieraus folgt weiter, daß es zu jeder Menge K von Kardinalzahlen eine Kardinalzahl gibt, die größer ist als jede Kardinalzahl aus K. Ist nun $\mathfrak{m}$ eine beliebige Kardinalzahl, so ist die Klasse aller Kardinalzahlen, die größer als $\mathfrak{m}$ sind, nicht leer, und folglich gibt es in dieser Klasse eine eindeutig bestimmte kleinste Kardinalzahl, die *der unmittelbare Nachfolger* von $\mathfrak{m}$ genannt wird.

Um nun zu garantieren, daß die Klasse aller transfiniten (unendlichen) Kardinalzahlen nicht leer ist, muß man voraussetzen, daß es eine unendliche Menge gibt. Mit dem Unendlichkeitsaxiom wird die Existenz einer unendlichen Menge behauptet. Dabei ist eine unendliche Menge nach *R. Dedekind* dadurch charakterisiert, daß sie einer echten Teilmenge gleichmächtig ist. Unter Benutzung des Unendlichkeitsaxioms folgt nun, daß die Klasse aller transfiniten Kardinalzahlen nicht leer ist. Daher gibt es eine eindeutig bestimmte kleinste transfinite Kardinalzahl, die mit $\aleph_0$ bezeichnet wird. Dabei ist $\aleph$ (gelesen: Aleph) der erste Buchstabe des hebräischen Alphabets. Man kann zeigen, daß $\aleph_0$ die Kardinalzahl der Menge N aller natürlichen Zahlen (aller endlichen Kardinalzahlen) ist. Man sagt: Eine Menge M ist *abzählbar* genau dann, wenn $|M| = \aleph_0$ ist, *höchstens abzählbar* genau dann, wenn $|M| \leqq \aleph_0$ ist, *mindestens abzählbar* genau dann, wenn $\aleph_0 \leqq |M|$ ist, und *überabzählbar* genau dann, wenn $\aleph_0 < |M|$ ist (72, S. 314). Da $|N| = \aleph_0$ und $|N| < |\mathfrak{p}(N)|$ ist, ist die Menge $\mathfrak{p}(N)$ aller Teilmengen der Menge N der natürlichen Zahlen überabzählbar. Es gibt also eine überabzählbare Menge. Da die Menge aller reellen Zahlen, die wegen ihres stetigen Zusammenhanges auch das *Kontinuum* genannt wird, der Menge $\mathfrak{p}(N)$ gleichmächtig ist, wird $|\mathfrak{p}(N)|$ auch die *Mächtigkeit des Kontinuums* genannt. Wird nun noch der unmittelbare Nachfolger von $\aleph_0$ mit $\aleph_1$ bezeichnet, so folgt unmittelbar, daß $\aleph_1 \leqq |\mathfrak{p}(N)|$ ist. Es entsteht jetzt die Frage, ob $\aleph_1 = |\mathfrak{p}(N)|$ oder $\aleph_1 < |\mathfrak{p}(N)|$ ist. Diese Frage bringt das *Kontinuumproblem* zum Audruck, welches bis heute noch nicht gelöst ist. Die Vermutung, daß $\aleph_1 = |\mathfrak{p}(N)|$ ist, wird die *Kontinuumhypothese* genannt. Sie wird nur auf Grund ihrer Einfachheit gegenüber der Aussage $\aleph_1 < |\mathfrak{p}(N)|$ bevorzugt. Das Kontinuumproblem kann auch durch folgende Frage repräsentiert werden: Gibt es eine unendliche Teilmenge der Menge der reellen Zahlen, die weder der Menge der natürlichen Zahlen, noch der Menge der reellen Zahlen gleichmächtig ist? *G. Cantor* hat sich sehr intensiv mit dieser Frage beschäftigt, ohne jedoch zu einem entscheidenden Ergebnis zu gelangen. Er vermutete die Richtigkeit der verneinenden Antwort, die die Kontinuumhypothese darstellt. Sie ist bis heute weder bewiesen noch widerlegt.

Ausgangspunkt unserer weiteren Betrachtungen, bei denen reflexive Wohlordnungen in einer Menge M einfach Wohlordnungen in M genannt werden, ist der *Wohlordnungssatz* oder *Satz von*

Zermelo. Er besagt: Zu jeder Menge M gibt es eine Relation, die eine Wohlordnung in M ist. Dieser Wohlordnungssatz wurde bereits von *G. Cantor* unbewiesen angenommen. *E. Zermelo* hat ihn auf das Auswahlaxiom zurückgeführt. Man kann sogar zeigen, daß dieser Wohlordnungssatz mit dem Auswahlaxiom gleichwertig ist. Unter einer *wohlgeordneten Menge* versteht man nun ein geordnetes Paar $[M, \leqq]$ aus einer Menge M und einer Wohlordnung $\leqq$ in M. Daher sind wohlgeordnete Mengen $[M_1, \leqq_1]$ und $[M_2, \leqq_2]$ genau dann identisch, wenn $M_1 = M_2$ ist und die Wohlordnungen $\leqq_1$ und $\leqq_2$ identisch sind, d. h. für beliebige $x, y \in M_1$ $(= M_2)$ gilt: $x \leqq_1 y$ genau dann, wenn $x \leqq_2 y$. Wohlgeordnete Mengen $[M_1, \leqq_1]$ und $[M_2, \leqq_2]$ sind genau dann *ähnlich* (in Zeichen: $[M_1, \leqq_1] \approx [M_2, \leqq_2]$), wenn es eine eineindeutige Abbildung f von M_1 auf M_2 gibt, bei der für beliebige $x, y \in M_1$ gilt: $x \leqq_1 y$ genau dann, wenn $f(x) \leqq_2 f(y)$. Die Ähnlichkeit wohlgeordneter Mengen ist eine Äquivalenzrelation in der Klasse aller wohlgeordneten Mengen. G. Asser schreibt nun bezüglich der Einführung der Ordinalzahlen: „Analog wie bei den Kardinalzahlen wird jeder wohlgeordneten Menge $[M, \leqq]$ in eindeutiger Weise ihre *Ordinalzahl* $|[M, \leqq]|$ zugeordnet, wobei von dieser Zuordnung lediglich verlangt wird, daß wohlgeordnete Mengen $[M_1, \leqq_1]$, $[M_2, \leqq_2]$ genau dann dieselbe Ordinalzahl besitzen, wenn sie ähnlich sind“ (8, S. 179).

Ordinalzahlen werden im folgenden durch kleine griechische Buchstaben bezeichnet, die indiziert sein können. Ist $\mu = |[M, \leqq]|$, so nennen wir die wohlgeordnete Menge $[M, \leqq]$ einen *Repräsentanten* der Ordinalzahl μ. Es gelten dann für die Identität von Ordinalzahlen analoge Sätze wie für die Identität von Kardinalzahlen. Außerdem gilt für beliebige wohlgeordnete Mengen $[M_1, \leqq_1]$ und $[M_2, \leqq_2]$: Wenn $|[M_1, \leqq_1]| = |[M_2, \leqq_2]|$ ist, dann ist $|M_1| = |M_2|$. Dies ergibt sich, da aus $[M_1, \leqq_1] \approx [M_2, \leqq_2]$ unmittelbar $M_1 \sim M_2$ folgt. Dann und nur dann, wenn M_1 und M_2 endliche Mengen sind, folgt umgekehrt aus $M_1 \sim M_2$ auch $[M_1, \leqq_1] \approx [M_2, \leqq_2]$, da für je zwei Wohlordnungen $\leqq_1$ und $\leqq_2$ einer endlichen Menge M die Beziehung $[M, \leqq_1] \approx [M, \leqq_2]$ gilt, d. h. eine endliche Menge M bis auf Ähnlichkeit nur auf eine Weise wohlgeordnet werden kann. Für endliche wohlgeordnete Mengen $[M_1, \leqq_1]$ und $[M_2, \leqq_2]$, d. h. für wohlgeordnete Mengen $[M_1, \leqq_1]$ und $[M_2, \leqq_2]$ mit endlichen Mengen M_1 und M_2, gilt also: Es ist $|[M_1, \leqq_1]| = |[M_2, \leqq_2]|$ genau dann, wenn $|M_1| = |M_2|$ ist. Aus diesem Grunde kann man die natürlichen Zahlen nicht nur als endliche Kardinalzahlen, sondern auch als endliche Ordinalzahlen, d. h. als Ordinalzahlen der endlichen wohlgeordneten

Mengen, auffassen. Dieser Sachverhalt entspricht der Tatsache, daß die natürlichen Zahlen sowohl zur Anzahlbestimmung (als Kardinalzahlen) als auch zum Zählen (als Ordinalzahlen) verwendet werden. Im Transfiniten besteht dagegen ein wesentlicher Unterschied zwischen Kardinal- und Ordinalzahlen, da es in einer unendlichen Menge M stets Wohlordnungen $\preceq_1$ und $\preceq_2$ gibt, so daß [M, $\preceq_1$] und [M, $\preceq_2$] nicht ähnlich sind.

Für beliebige wohlgeordnete Mengen [M_1, $\preceq_1$] und [M_2, $\preceq_2$] wird nun definiert: Die wohlgeordnete Menge [M_1, $\preceq_1$] ist genau dann *dem Wohlordnungstyp nach kleiner oder gleich* der wohlgeordneten Menge [M_2, $\preceq_2$] (in Zeichen: [M_1, $\preceq_1$]$\leqq$[M_2, $\preceq_2$]), wenn [M_1, $\preceq_1$] einem Anfangsstück von [M_2, $\preceq_2$] ähnlich ist. Dabei wird in diesem Zusammenhang unter einem *Anfangsstück* einer wohlgeordneten Menge [M, $\preceq$] eine wohlgeordnete Menge [X, ${}_X\!\preceq_X$] verstanden, für die gilt: X ist eine Teilmenge von M, die mit einem Element x∈M auch alle y∈M mit y$\preceq$x als Elemente enthält, und ${}_X\!\preceq_X$ ist die Einschränkung der in M definierten Wohlordnung $\preceq$ auf die Menge X (die auf X eingeschränkte, d. h. vor- und nachbeschränkte Wohlordnung $\preceq$). Auf Grund dieser Definition gelten bezüglich der $\leqq$-Beziehung für wohlgeordnete Mengen analoge Sätze wie für Mengen. Daher kann auch die $\leqq$-Beziehung für wohlgeordnete Mengen repräsentantenweise von den wohlgeordneten Mengen auf ihre Ordinalzahlen übertragen werden. Es wird definiert: $\mu_1 \leqq \mu_2$ genau dann, wenn für beliebige wohlgeordnete Mengen [M_1, $\preceq_1$] und [M_2, $\preceq_2$] mit $\mu_1 = |[M_1, \preceq_1]|$ und $\mu_2 = |[M_2, \preceq_2]|$ gilt: [M_1, $\preceq_1$]$\leqq$ [M_2, $\preceq_2$]. Ergänzend wird hinzugefügt: $\mu_1 < \mu_2$ genau dann, wenn $\mu_1 \leqq \mu_2$ und nicht $\mu_1 = \mu_2$. Nun kann man auch zeigen, daß die $\leqq$-Beziehung für Ordinalzahlen eine reflexive und die $<$-Beziehung für Ordinalzahlen eine irreflexive Wohlordnung in der Klasse Ω aller Ordinalzahlen ist. Es gilt daher der Satz, daß es in jeder nichtleeren Klasse von Ordinalzahlen eine eindeutig bestimmte kleinste Ordinalzahl gibt. Außerdem gilt auch der Satz, daß es zu jeder Menge O von Ordinalzahlen eine Ordinalzahl gibt, die größer ist als jede Ordinalzahl aus O. Ist nun μ eine beliebige Ordinalzahl, so ist die Klasse aller Ordinalzahlen, die größer als μ sind, nicht leer, und folglich gibt es in dieser Klasse eine eindeutig bestimmte kleinste Ordinalzahl, die *der unmittelbare Nachfolger* von μ genannt wird.

Durch das Unendlichkeitsaxiom wird nun auch garantiert, daß die Klasse aller transfiniten (unendlichen) Ordinalzahlen nicht leer ist. Daher gibt es eine eindeutig bestimmte kleinste transfinite

Ordinalzahl, die mit ω oder ω_0 bezeichnet wird. Diese kleinste transfinite Ordinalzahl ω_0 wird durch die Menge N aller natürlichen Zahlen (aller endlichen Ordinalzahlen) in ihrer üblichen Wohlordnung repräsentiert. Als Repräsentant einer beliebigen Ordinalzahl μ kann die wohlgeordnete Menge $[\Omega_\mu, {}_{\Omega_\mu}\leqq_{\Omega_\mu}]$ gewählt werden, die in diesem Zusammenhang auch der *Abschnitt* von μ genannt wird. Dabei ist $\Omega_\mu = \hat{\xi}\,((\xi \in \Omega \wedge \xi < \mu))$ und ${}_{\Omega_\mu}\leqq_{\Omega_\mu}$ die Einschränkung der in Ω definierten Wohlordnung $\leqq$ auf die Menge Ω_μ. Die im folgenden gewählten Bezeichnungen für transfinite Ordinalzahlen werden durch die Arithmetik der Ordinalzahlen gerechtfertigt. Zur Veranschaulichung wohlgeordneter Mengen wird eine Schreibweise gewählt, bei der die Bezeichnungen der Elemente in wohlgeordneter Weise angedeutet und in runden Klammern eingeschlossen werden. Beachtet man dies, so ergibt sich, daß der unmittelbare Nachfolger von ω_0, der mit ω_0+1 bezeichnet wird, durch die wohlgeordnete Menge $(0, 1, 2, \ldots, \omega_0)$ repräsentiert wird. Der unmittelbare Nachfolger von ω_0+1, der mit ω_0+2 bezeichnet wird, wird dann durch die wohlgeordnete Menge $(0, 1, 2, \ldots, \omega_0, \omega_0+1)$ repräsentiert usw. Zu der Menge O′ aller Ordinalzahlen der Form ω_0+k, wobei k eine natürliche Zahl ist $(O' = \hat{\xi}(\exists k\,(k \in N \wedge \xi = \omega_0+k)))$, gibt es dann eine Ordinalzahl, die größer ist als jede Ordinalzahl aus O′. Daher ist die Klasse aller Ordinalzahlen, die größer sind als alle Ordinalzahlen aus O′, nicht leer, und folglich gibt es in dieser Klasse eine eindeutig bestimmte kleinste Ordinalzahl, die mit $\omega_0+\omega_0$ oder $\omega_0 \cdot 2$ bezeichnet wird. Die Ordinalzahl $\omega_0 \cdot 2$ wird durch die wohlgeordnete Menge $(0, 1, 2, \ldots, \omega_0, \omega_0+1, \omega_0+2, \ldots)$ repräsentiert. Allerdings kann man die Ordinalzahl $\omega_0 \cdot 2$ auch durch die wohlgeordnete Menge $(0, 2, 4, \ldots, 1, 3, 5, \ldots)$ repräsentieren. Auf die Ordinalzahl $\omega_0 \cdot 2$ folgen dann die Ordinalzahlen $\omega_0 \cdot 2+1$, $\omega_0 \cdot 2+2$, $\ldots$, $\omega_0 \cdot 3$, $\omega_0 \cdot 3+1$, $\omega_0 \cdot 3+2$, $\ldots$, $\omega_0 \cdot k_1+k_0$, $\ldots$, $\omega_0 \cdot \omega_0\ (=\omega_0^2)$, ω_0^2+1, ω_0^2+2, $\ldots$, $\omega_0^2+\omega_0$, $\omega_0^2+\omega_0+1$, $\omega_0^2+\omega_0+2$, $\ldots$, $\omega_0^2 \cdot k_2+\omega_0 \cdot k_1+k_0$, $\ldots$, ω_0^3, $\ldots$, $\omega_0^{\omega_0}$, $\ldots$ Dabei sind k_0, k_1, k_2, $\ldots$ natürliche Zahlen. G. Asser schreibt nun: „Eine Betrachtung der bisher genannten Ordinalzahlen lehrt, daß es einerseits transfinite Ordinalzahlen gibt, die einen unmittelbaren Vorgänger besitzen – man nennt diese *isolierte Zahlen* – und daß es andererseits transfinite Ordinalzahlen gibt (wie z. B. ω_0, $\omega_0 \cdot 2$, $\ldots$, ω_0^2, $\ldots$, $\omega_0^{\omega_0}$ usw.), die keinen unmittelbaren Vorgänger haben – und diese heißen *Limeszahlen*" (8, S. 181).

Alle bisher betrachteten transfiniten Ordinalzahlen und noch viel mehr werden durch wohlgeordnete Mengen $[M, \leqq]$ repräsentiert, bei denen M die Mächtigkeit $\aleph_0$ hat. Die Menge aller dieser Ordinalzahlen heißt die zur Kardinalzahl $\aleph_0$ gehörige *Zahlenklasse* und wird mit $Z(\aleph_0)$ bezeichnet. Wenn die Menge aller endlichen Ordinalzahlen die *erste Zahlenklasse* genannt wird, dann wird die Menge $Z(\aleph_0)$ auch die *zweite Zahlenklasse* genannt. Da ω_0 die kleinste Ordinalzahl in $Z(\aleph_0)$ ist, nennt man ω_0 die *Anfangszahl* von $Z(\aleph_0)$. Man kann zeigen, daß $|Z(\aleph_0)| = \aleph_1$ ist. Die kleinste Ordinalzahl, die größer ist als jede Ordinalzahl aus $Z(\aleph_0)$, wird nun mit ω_1 bezeichnet. Die Menge aller Ordinalzahlen, die durch wohlgeordnete Mengen $[M, \leqq]$ repräsentiert werden, bei denen M die Mächtigkeit $\aleph_1$ besitzt, heißt die zur Kardinalzahl $\aleph_1$ gehörige *Zahlenklasse* und wird mit $Z(\aleph_1)$ bezeichnet. Da ω_1 die kleinste Ordinalzahl in $Z(\aleph_1)$ ist, nennt man ω_1 die *Anfangszahl* von $Z(\aleph_1)$. Man kann zeigen, daß $|Z(\aleph_1)| = \aleph_2$ ist, wobei $\aleph_2$ der unmittelbare Nachfolger von $\aleph_1$ ist usw. Man sieht nun leicht ein, daß die Aufzählung $\aleph_0, \aleph_1, \aleph_2, \ldots$ der transfiniten Kardinalzahlen ins Transfinite fortgesetzt werden kann, indem zunächst mit $\aleph_{\omega_0}$ die kleinste Kardinalzahl bezeichnet wird, die größer ist als jede Kardinalzahl $\aleph_k$, wobei k eine natürliche Zahl ist. Der unmittelbare Nachfolger von $\aleph_{\omega_0}$ wird dann mit $\aleph_{\omega_0+1}$ bezeichnet usw. Für eine beliebig vorgegebene Ordinalzahl α ist nun die *Zahlenklasse* $Z(\aleph_\alpha)$ die Menge aller Ordinalzahlen, die durch wohlgeordnete Mengen $[M, \leqq]$ mit $|M| = \aleph_\alpha$ repräsentiert werden, und ω_α die *Anfangszahl* von $Z(\aleph_\alpha)$. Da ω_α durch den Abschnitt $[\Omega_{\widehat{\omega_\alpha}}, {}_{\Omega_{\omega_\alpha}} \leqq {}_{\Omega_{\omega_\alpha}}]$ repräsentiert werden kann, hat Ω_{ω_α} die Mächtigkeit $\aleph_\alpha$. Als Repräsentant einer beliebigen transfiniten Kardinalzahl $\aleph_\alpha$ kann daher die Menge Ω_{ω_α} gewählt werden.

Wir wenden uns nun noch dem verallgemeinerten Kontinuumproblem zu. Es ist bekannt, daß für endliche Mengen M gilt: Wenn $|M| = \mathfrak{m}$ ist, dann ist $|\mathfrak{p}(M)| = 2^{\mathfrak{m}}$ und $\mathfrak{m} < 2^{\mathfrak{m}}$. Die Arithmetik der Kardinalzahlen lehrt nun, daß dies auch für unendliche Mengen M gilt. Daher gilt für beliebige Kardinalzahlen $\mathfrak{m}$ stets $\mathfrak{m} < 2^{\mathfrak{m}}$. Die Frage, ob für jede transfinite Kardinalzahl $\mathfrak{m}$ die Kardinalzahl $2^{\mathfrak{m}}$ der unmittelbare Nachfolger von $\mathfrak{m}$ ist, bringt das *verallgemeinerte Kontinuumproblem* zum Ausdruck. Die bejahende Antwort ist die *verallgemeinerte Kontinuumhypothese.* Unter Verwendung der bereits eingeführten Alephs schreibt D. Klaua: „In Verallgemeinerung des Kontinuumproblems erhebt sich für beliebige Alephs $\aleph_\alpha$, also für beliebige unendliche Kardinalzahlen, in Anbetracht der bestehenden Ungleichung $\aleph_{\alpha+1} \leqq 2^{\aleph_\alpha}$ die Frage, ob $\aleph_{\alpha+1} = 2^{\aleph_\alpha}$ oder $\aleph_{\alpha+1} < 2^{\aleph_\alpha}$ ist. Dieses Problem ist das *verallgemeinerte Kontinuumproblem.* Man vermutet für beliebige Ordinalzahlen α, in Analogie zur Kontinuumhypothese: $2^{\aleph_\alpha} = \aleph_{\alpha+1}$, die *verallgemeinerte Kontinuumhypothese* oder die *Alephhypothese.* Auf Grund der Alephhypothese wäre also die Mächtigkeit der Potenzmenge einer jeden unendlichen Menge gerade die auf die Mächtigkeit dieser Menge unmittelbar folgende Mächtigkeit. Nach den Ergebnissen von *K. Gödel* und *P. Cohen* ist es wahrscheinlich, daß das verallgemeinerte Kontinuumproblem – wie das gewöhnliche Kontinuumproblem – ein solches Problem ist, welches im Rahmen unserer bisherigen axiomatischen Mengenlehre nicht gelöst werden kann, und man somit die Alephhypothese als neues Axiom zu den bisher zugelassenen Axiomen hinzunehmen muß" (73, S. 274/275).

G. Asser bezieht sich auch auf die Ergebnisse von *K. Gödel* und *P. J. Cohen* und schreibt: „Das Kontinuumproblem gehörte noch vor wenigen Jahren zu den großen ungelösten Problemen der Mathematik. Im Jahre 1940 zeigte *Gödel*, daß die Kontinuumhypothese widerspruchsfrei zu den üblichen Axiomen der Mengenlehre adjungiert werden kann (genauer: Ist die axiomatische Mengenlehre ohne Kontinuumhypothese widerspruchsfrei, so auch mit Kontinuumhypothese), und im Jahre 1963 bewies *P. J. Cohen*, daß dies auch für die Negation der Kontinuumhypothese gilt. Damit ist erkannt, daß die üblichen Axiome der Mengenlehre an der Kontinuumhypothese gabelbar sind . . ., analog wie z. B. die Axiome der absoluten Geometrie am Parallelenaxiom" (8, S. 176). Während die Gabelung der absoluten Geometrie am Parallelenaxiom auf Grund physikalischer Erkenntnisse über den wirklichen Raum als hinreichend gerechtfertigt erscheint, konnte jedoch bisher noch keine außermathematische Rechtfertigung für eine Gabelung der Mengenlehre an der Kontinuumhypothese angegeben werden. Insofern ist das Kontinuumproblem auch heute noch ein ungelöstes Problem. Es ist bisher lediglich der Nachweis erbracht worden, daß die Kontinuumhypothese aus den üblichen Axiomen der Mengenlehre, falls aus ihnen kein Widerspruch folgt, weder beweisbar noch widerlegbar ist. Dabei wurde primär das Axiomensystem von *Zermelo* und *Fraenkel* zugrunde gelegt. Dieses Ergebnis läßt nicht nur die Gabelbarkeit der üblichen Axiome der Mengenlehre an der Kontinuumhypothese erkennen, sondern liefert auch ein Argument für die folgende Behauptung von D. Klaua: „Ein Axiomensystem der Mengenlehre bedarf im allgemeinen im Laufe der Weiterentwicklung der Mathematik einer fortwährenden Ergänzung durch Hinzunahme immer neuer Axiome und ist also stets nur ein Axiomensystem in bezug auf den jeweils erreichten Stand der Forschung" (72, S. 20).

Wenn auch die axiomatische Methode in der Mathematik eine große Bedeutung besitzt, so ist sie doch bei der Begründung der allgemeinen Mengenlehre, die heute das inhaltliche Fundament der Mathematik darstellt, mit einigen Unzulänglichkeiten behaftet:

1. Es gibt eine große Anzahl verschiedener axiomatischer Systeme der allgemeinen Mengenlehre, die keineswegs logisch äquivalent sind. Wenn auch die entscheidenden Aussagen der allgemeinen Mengenlehre im wesentlichen dieselben sind, so werden doch die zu behandelnden Begriffe sehr unterschiedlich präzisiert.
2. Die Wahrheit der Axiome der allgemeinen Mengenlehre wird lediglich auf Grund anschaulicher Vorstellungen über den Mengenbegriff und auf Grund gesammelter Erfahrungen im Umgang mit den Axiomen angenommen. Dabei lassen die gesammelten Erfahrungen im Umgang mit den Axiomen nur erkennen, daß ihre angenommene Wahrheit noch nicht zu einem logischen Widerspruch geführt hat und daß gewisse für wahr gehaltene Aussagen über Mengen aus ihnen beweisbar sind.
3. Wenn der allgemeinen Mengenlehre als Theorie ein eindeutig bestimmter Inhalt zukommt, dann kann dieser prinzipiell nicht durch ein Axiomensystem festgelegt werden. Jedes widerspruchsfreie Axiomensystem der allgemeinen Mengenlehre ist nämlich weder kategorisch, wegen der Existenz von Modellen mit abzählbarem Individuenbereich (Löwenheim-Skolemscher Satz), noch inhaltlich vollständig, wegen der Existenz wahrer, aber nicht beweisbarer Aussagen der Mengenlehre (Gödelscher Unvollständigkeitssatz).

Diese Tatsachen geben Veranlassung, nach einer von der axiomatischen verschiedenen Methode zur Begründung der allgemeinen Mengenlehre zu suchen. „Als wichtigste in dieser Hinsicht hat sich in letzter Zeit die . . . *konstruktive Methode* herausgebildet, bei der die Objekte der mathematischen Untersuchung nicht durch Axiome festgelegt werden, sondern mit Hilfe vorher genau beschriebener Operationen (*Konstruktionsvorschriften*) aus gewissen Ausgangsobjekten konstruiert werden“ (160, S. 974).

3.3. Das konstruktive Vorgehen

Während die axiomatische Mathematik (die axiomatische Mengenlehre) darauf gerichtet ist, den Bestand der klassischen Mathematik unter Vermeidung logischer Antinomien zu sichern, ist die konstruktive Mathematik bestrebt, nur für fundamentale Teile der klassischen Mathematik eine neue Begründung zu geben. Dabei erweist sich als nachteilig, daß es auch verschiedene Ansätze der konstruktiven Mathematik gibt. Es seien nur die *Algorithmentheorie* von *A. A. Markov* und die *operative Mathematik* von *P. Lorenzen* erwähnt.

Die operative Mathematik von P. Lorenzen hat beliebige Kalküle als Gegenstand. Unter einem Kalkül wird dabei ein System von Regeln zum schematischen Operieren mit Figuren verstanden. Die Figuren, mit denen nach Regeln operiert wird, sind aus bestimmten Atomfiguren zusammengesetzt. Als Figuren werden Schreibfiguren gewählt. Es wird lediglich ein praktisches Vermögen, mit Figuren operieren zu können, vorausgesetzt. Zur Einübung des schematischen Operierens mit Figuren werden in einer „Protologik" beliebig gewählte Kalküle, die keine besondere Bedeutung haben, betrachtet. Für solche beliebig gewählten Kalküle werden dann auch die Begriffe der Ableitbarkeit und der Unableitbarkeit von Figuren sowie der Zulässigkeit und der Unzulässigkeit von Regeln eingeführt. Eine Figur ist ableitbar in einem Kalkül genau dann, wenn sie nach den Regeln des Kalküls hergestellt werden kann. Eine Regel ist zulässig in einem Kalkül genau dann, wenn sie dem Kalkül hinzugefügt werden kann, ohne daß dadurch mehr Figuren als vorher ableitbar werden. Eine Regel ist allgemeinzulässig genau dann, wenn sie in jedem Kalkül zulässig ist. Mit der Untersuchung allgemeinzulässiger Regeln wird der Übergang von der Protologik zur operativen Logik vollzogen. Unter einem Logikkalkül kann man nun einen Kalkül (Metakalkül) zur Ableitung von allgemeinzulässigen Regeln verstehen. Wir benötigen jedoch bei den folgenden Ausführungen noch keinen Logikkalkül, da wir lediglich eine konstruktive Begründung der Arithmetik der natürlichen Zahlen durch einen protologischen „Beweis" der operativ gedeuteten Peanoschen Axiome beabsichtigen. Dabei wird sich zeigen, daß grundlegende Aussagen der operativen Mathematik weiter nichts als Behauptungen der Ableitbarkeit bzw. Unableitbarkeit von Figuren oder der Zulässigkeit bzw. Unzulässigkeit von Regeln bezüglich gewisser Kalküle sind.

Da die Peanoschen Axiome in ihrer operativen Deutung allein auf Grund protologischer Überlegungen „beweisbar" sind, werden zunächst einige protologische Begriffe und Methoden entwickelt. Als Beispiel für einen Kalkül zur Herstellung von Figuren ohne besondere Bedeutung wird der folgende Kalkül K_0 gewählt.

K_0: *Atomfiguren:* ∘, +

Regeln: R_1^0: Man darf mit der Figur + anfangen.

R_2^0: Man darf von einer Figur A zu der Figur A∘ übergehen.

R_3^0: Man darf von einer Figur A zu der Figur +A+ übergehen.

Durch die Angabe der Atomfiguren und die Formulierung der Regeln ist der Kalkül K_0 festgelegt (definiert). Die Regeln des Kalküls sind Aufforderungen (Vorschriften) von der Modalität einer Erlaubnis. Sie schreiben einen Anfang oder einen Übergang vor. Bei der Formulierung der Regeln fungierte der Buchstabe „A“ als Mitteilungszeichen für Figuren, die aus den Atomfiguren ∘ und + zusammengesetzt sind. Daher wurden strenggenommen Regelschemata angegeben, aus denen erst durch Einsetzung von Figuren für den Buchstaben „A“ Regeln entstehen. Will man nun alle durch Einsetzung aus einem Regelschema entstehenden Regeln zu einer allgemeinen Regel zusammenfassen, so muß man Figurenvariable verwenden, da diese nicht nur die Möglichkeit der Einsetzung erhalten, sondern auch die Möglichkeit der Bindung (Allquantifikation) erschließen. Von dieser Möglichkeit der Bindung wird allerdings erst dann Gebrauch gemacht, wenn verschiedene Behauptungen über Regeln zu unterscheiden sind. Solange nur von einzelnen Figuren die Rede ist, ist eine Bindung der Figurenvariablen nicht erforderlich, da sie in diesem Zusammenhang prinzipiell durch Mitteilungszeichen für Figuren ersetzt werden können. Als Figurenvariable werden kleine lateinische Buchstaben, z. B. der Buchstabe „a“, gewählt. Der Unterschied zwischen einem Mitteilungszeichen für Figuren und einer Figurenvariablen liegt darin, daß man zwar von einer Figur A sprechen kann, aber nicht von einer Figur a. Unter Verwendung der Figurenvariablen a und des Pfeiles ⇒ kann man nun die Regeln des Kalküls K_0 auch wie folgt zum Ausdruck bringen:

R_1^0: ⇒+

R_2^0: a⇒a∘

R_3^0: a⇒+a+.

Der Pfeil ⇒ dient dabei nur zu einer verkürzten Mitteilung der bereits angegebenen Regeln. Der Variabilitätsbereich der Figurenvariablen a ist der Bereich der aus den Atomfiguren ∘ und + zusammensetzbaren Figuren. Er kann durch den folgenden Kalkül K_{0f} charakterisiert werden.

K_{0f} : *Atomfiguren:* $\circ$, $+$

Regeln: R_1^{0f}: $\Rightarrow \circ$

R_2^{0f}: $\Rightarrow +$

R_3^{0f}: $e \Rightarrow e\circ$

R_4^{0f}: $e \Rightarrow e+$

Hierbei ist nun zu beachten, daß der Buchstabe „e" als Eigenvariable fungiert, für die jede Figur eingesetzt werden darf, die im Kalkül K_{0f} selbst schon hergestellt ist. Was eine Figur des Kalküls K_0 ist, wird also zunächst durch den Kalkül K_{0f} mit der Eigenvariablen e definiert.

Zur Mitteilung der Regeln des Kalküls K_0 werden außer dem Pfeil Formeln verwandt. Die Formeln des Kalküls K_0 sind aus den Atomfiguren $\circ$ und $+$ und der Figurenvariablen a zusammensetzbar. Die Figuren sind spezielle Formeln. Als Mitteilungszeichen für Formeln werden große lateinische Buchstaben, vor allem der Buchstabe „A" mit oder ohne Index, gewählt. Kommt die Figurenvariable a in einer Formel A vor, so wird dies gelegentlich durch A(a) angedeutet.

Verallgemeinernd kann man sagen, daß zu einem beliebigen Kalkül zunächst endlich viele Atomfiguren und endlich viele Figurenvariable gehören. Die Formeln des Kalküls sind aus den Atomfiguren und den Figurenvariablen zusammensetzbar. Die Regeln des Kalküls werden unter Verwendung von Formeln und des Pfeiles angegeben. Die in einer Regel vor dem Pfeil stehenden, durch Komma getrennten Formeln werden Vorderformeln und die hinter dem Pfeil stehende Formel wird Hinterformel der Regel genannt. Regeln ohne Vorderformeln schreiben einen Anfang vor, und Regeln mit Vorderformeln schreiben einen Übergang vor. Jede Regel eines Kalküls ist durch endlich viele Vorderformeln und eine Hinterformel bestimmt.

Im folgenden schreiben wir $\vdash_K A$ als Abkürzung für „Die Figur A ist in dem Kalkül K ableitbar". Die Behauptung $\vdash_K A$ ist sinnvoll, da sie (im Falle ihrer Wahrheit) durch Angabe einer Ableitung, die mit der Figur A endet, beweisbar ist. Als Beispiel wählen wir die Behauptung $\vdash_{K_0} + + + + \circ + \circ + +$. Sie kann durch folgende Ableitung bewiesen werden:

1.	$+$	R_1^0
2.	$+\circ$	R_2^0 (1)
3.	$++\circ+$	R_3^0 (2)
4.	$++\circ+\circ$	R_2^0 (3)

5. $+++\circ+\circ+$ R_3^0 (4)
6. $++++\circ+\circ++$ R_3^0 (5) .

Nun schreiben wir noch $\overline{\vdash}_K$ A als Abkürzung für „Die Figur A ist in dem Kalkül K unableitbar". Die Behauptung $\overline{\vdash}_K$ A ist ebenfalls sinnvoll, da sie (im Falle ihrer Falschheit) durch Angabe einer Ableitung, die mit der Figur A endet, widerlegbar ist.

Es folgt die Einführung weiterer Abkürzungen. Wir schreiben $\vdash_K$ R als Abkürzung für „Die Regel R ist in dem Kalkül K zulässig", $\overline{\vdash}_K$ R als Abkürzung für „Die Regel R ist in dem Kalkül K unzulässig" und $R_1; \ldots; R_n \vdash_K A$ als Abkürzung für „Die Figur A ist in dem Kalkül K nach Hinzufügung der Regeln $R_1, \ldots, R_n$ ableitbar". Unter Verwendung dieser Abkürzungen kann man die Begriffe der Zulässigkeit und der Unzulässigkeit einer Regel in einem Kalkül wie folgt definieren:

$\vdash_K$ R genau dann, wenn für jede Figur A gilt:
Wenn R $\vdash_K$ A, dann $\vdash_K$ A.

$\overline{\vdash}_K$ R genau dann, wenn es eine Figur A gibt, so daß gilt:
R $\vdash_K$ A und $\overline{\vdash}_K$ A.

P. Lorenzen hat nun eine Reihe von Methoden entwickelt, mit deren Hilfe die Ableitbarkeit von Figuren und die Zulässigkeit von Regeln nachgewiesen werden können. Jeder derartigen Methode hat er ein protologisches Prinzip zugeordnet, welches diejenige allgemeine Ableitbarkeits- oder Zulässigkeitsbehauptung zum Ausdruck bringt, die unter Anwendung der entsprechenden Methode bewiesen werden kann. Wir werden nur Spezialfälle einiger protologischer Prinzipien angeben und mit Hilfe der entsprechenden Methoden beweisen.

Das *Deduktionsprinzip* besagt für jede Regel $A_1, A_2, \ldots, A_n \Rightarrow A$ bezüglich eines beliebigen Kalküls K: Wenn $\Rightarrow A_1$; $\Rightarrow A_2$; ...; $\Rightarrow A_n \vdash_K A$, dann $\vdash_K A_1, A_2, \ldots, A_n \Rightarrow A$. Als Spezialfall ist in ihm folgende Behauptung enthalten: Wenn $\vdash_K$ A, dann $\vdash_K \Rightarrow A$. Dabei ist zu beachten, daß für eine beliebige Formel A, in der eine Figurenvariable vorkommt, mit $\vdash_K$ A die Ableitbarkeit jeder aus A durch eine zulässige Einsetzung für die Figurenvariable entstehenden Figur gemeint ist. Das zum Beweis des Deduktionsprinzips verwendbare Eliminationsverfahren wird an zwei Beispielen veranschaulicht.

1. Beispiel: Beweis der Zulässigkeitsbehauptung $\vdash_{K_0} \Rightarrow ++\circ+$.

Daß die Voraussetzung des Deduktionsprinzips in diesem Fall erfüllt ist, sieht man auf Grund folgender Ableitung ein:

1. $+$ $\quad R^0_1$
2. $+\circ$ $\quad R^0_2(1)$
3. $++\circ+$ $\quad R^0_3(2)$.

Wir nehmen nun die Regel $\Rightarrow ++\circ+$, die wir mit R_0 bezeichnen, zum Kalkül K_0 hinzu und betrachten irgendeine Stelle einer beliebigen Ableitung, an der diese Regel angewandt wird. Dann geben wir daneben eine Ableitung an, die mit derselben Figur endet und aus der die Regel R_0 eliminiert ist. Dabei wird das Eliminationsverfahren offensichtlich.

.	.			
.	.			
.	.			
k.	$++\circ+$	R_0	$+$	R^0_1
			$+\circ$	R^0_2
			$++\circ+$	R^0_3
.	.		.	
.	.		.	
.	.		.	

2. Beispiel: Beweis der Zulässigkeitsbehauptung $\vdash_{K_0} a \Rightarrow +a\circ+$.

Daß die Voraussetzung des Deduktionsprinzips auch in diesem Fall erfüllt ist, sieht man auf Grund folgender Ableitung ein:

1. A $\quad \Rightarrow a$
2. A$\circ$ $\quad R^0_2(1)$
3. $+$A$\circ+$ $\quad R^0_3(2)$.

Wir nehmen nun die Regel $a \Rightarrow +a\circ+$, die wir mit R_1 bezeichnen, zum Kalkül K_0 hinzu und betrachten wieder irgendeine Stelle einer beliebigen Ableitung, an der diese Regel angewandt wird. Dann geben wir daneben eine Ableitung an, die mit derselben Figur endet und aus der die Regel R_1 eliminiert ist. Dabei wird das Eliminationsverfahren wieder offensichtlich.

.	.	.
.	.	.
.	.	.
m.	A	A
.	.	.
.	.	.
.		.

n. $+A\circ+$ $R_1(m)$ $A\circ$ R_2^0

$+A\circ+$ R_3^0

.
.
.

Für das Verständnis der folgenden Untersuchungen sind nun noch einige Vorbetrachtungen erforderlich. Es gibt Ableitbarkeitsbehauptungen, die sich auf einen Kalkül K nach Hinzufügung von Regeln beziehen. Die Bedeutung derartiger Ableitbarkeitsbehauptungen hängt davon ab, ob die in den hinzugefügten Regeln vorkommenden Figurenvariablen für Einsetzungen von Figuren frei sind oder nicht. Um diesen Unterschied zum Ausdruck zu bringen, wird eine Figurenvariable gebunden, falls sie nicht für Einsetzungen von Figuren frei ist. Die Bindung erfolgt durch Wiederholung der Figurenvariablen unter dem Pfeil der Regel. Auf diese Weise kann man z. B. die Behauptung $a\circ \Rightarrow \circ a \vdash_{K_0} \circ +$ von der Behauptung $a\circ \underset{a}{\Rightarrow} \circ a \vdash_{K_0} \circ +$ unterscheiden. Während die zuerst genannte Behauptung besagt, daß die Figur $\circ +$ in jedem Kalkül ableitbar ist, der aus K_0 durch Hinzunahme einer Regel entsteht, die aus $a\circ \Rightarrow \circ a$ durch Einsetzung einer Figur A für die Figurenvariable a hervorgeht, besagt die zuletzt genannte Behauptung, daß die Figur $\circ +$ in dem Kalkül K_0 nach Hinzunahme der Regel $a\circ \Rightarrow \circ a$, die wir mit R_2 bezeichnen, ableitbar ist. Durch eine Widerlegung der Behauptung $+++\circ \Rightarrow \circ +++ \vdash_{K_0} \circ +$ wird auch die zuerst genannte Behauptung widerlegt. Dagegen wird die zuletzt genannte Behauptung durch folgende Ableitung bewiesen:

1. $+$ R_1^0
2. $+\circ$ $R_2^0\,(1)$
3. $\circ +$ $R_2\,(2)$.

Für das zur Veranschaulichung des Deduktionsprinzips angegebene 2. Beispiel war diese Bedeutungsunterscheidung noch irrelevant. Die Voraussetzung des Deduktionsprinzips ist im Falle der Zulässigkeitsbehauptung $\vdash_{K_0} a \Rightarrow +a\circ+$ die Behauptung $\Rightarrow a \vdash_{K_0} +a\circ+$ und im Falle der Zulässigkeitsbehauptung $\vdash_{K_0} a \underset{a}{\Rightarrow} +a\circ+$ die Behauptung $\underset{a}{\Rightarrow} a \vdash_{K_0} +a\circ+$. Alle 4 Behauptungen wurden durch die angedeuteten Ableitungen bewiesen. Die Bedeutungsunterscheidung bei Ableitbarkeitsbehauptungen ist erst für die folgenden Untersuchungen relevant. Außerdem erweist sich die Einführung von Objektvariablen für die folgenden Untersuchungen als erforderlich. Objektvariable sind außer den Eigenvariablen Variable, deren Variabilitätsbereich genau diejenigen Figuren eines Kalküls umfaßt, die in einem bestimmten anderen Kalkül ableitbar sind.

Das *Induktionsprinzip* besagt für den Kalkül K_0 bezüglich eines beliebigen Kalküls K: $\Rightarrow A(+);\ A(a) \underset{a}{\Rightarrow} A(a\circ);\ A(a) \underset{a}{\Rightarrow} A(+a+) \vdash_K A(s)$. Dabei ist a die Figurenvariable des Kalküls K_0, s eine Objektvariable für die in K_0 ableitbaren Figuren und A(s) eine beliebige Formel von K, in der s vorkommt. Wird noch vorausgesetzt, daß in A(s) außer s keine weitere Objektvariable vorkommt, so ist zu beachten, daß das angegebene Induktionsprinzip nicht die Ableitbarkeit der Formel A(s), sondern vielmehr die Ableitbarkeit jeder aus A(s) durch Einsetzung einer in K_0 ableitbaren Figur S für die Objektvariable s entstehenden Figur A(S) behauptet. Die zum Beweis des Induktionsprinzips verwendbare Methode wird an einem Beispiel veranschaulicht. Als A(s) wird die Formel $++s$ gewählt. Wir gehen von einer Ableitung einer in K_0 ableitbaren Figur S aus und bilden daneben diejenige Reihe von Figuren, die durch Vorsetzen von $++$ in jeder Zeile entsteht. Da in der Ableitung von S nur von den Regeln R_1^0, R_2^0 und R_3^0 Gebrauch gemacht wird, kann die durch Vorsetzen von $++$ entstehende Reihe von Figuren als eine Ableitung der Figur $++S$ in K nach Hinzufügung der Regeln $\Rightarrow +++$, $++a \Rightarrow ++a\circ$ und $++a \Rightarrow +++a+$ aufgefaßt werden. Damit ist das Induktionsprinzip für die Formel $++s$ bewiesen.

Das *Inversionsprinzip* besagt für den Kalkül K_0 u. a.: $\vdash_{K_0} a\circ \Rightarrow a$. Wir beweisen diesen Spezialfall des Inversionsprinzips. Wir fügen die Regel $a\circ \Rightarrow a$, die wir mit R_3 bezeichnen, zu den Regeln von K_0 hinzu und betrachten jene Stelle einer beliebigen Ableitung, an der diese Regel zum ersten Male angewandt wird. Eine solche Ableitung hat die Form:

1.	+	
.	.	
.	.	
.	.	
m.	A∘	
.	.	
.	.	
.	.	
n.	A	R_3(m).

Da die Regel R_3 zum ersten Male in der n-ten Zeile angewandt wird, wird sie in den ersten m Zeilen, die eine Ableitung von A∘ darstellen, nicht angewandt. Da die Hinterformeln der Regeln R_1^0 und R_3^0 mit der Atomfigur + enden, kann in der m-ten Zeile nur die Regel R_2^0 angewandt worden sein. Deshalb müssen die Zeilen 1 bis $m-1$ eine Ableitung von A in K_0 enthalten. Die n-te Zeile kann nun durch diese Ableitung ersetzt werden. In entsprechender Weise kann jede Anwendung der Regel R_3 in einer beliebigen Ableitung eliminiert werden. Damit ist der Spezialfall des Inversionsprinzips bewiesen.

Wir wenden uns nun noch einer Methode zu, die es ermöglicht, Unableitbarkeitsbeweise zu führen, d. h. Unableitbarkeitsbehauptungen zu beweisen. Zunächst sind noch einige Vorbetrachtungen erforderlich. Man kann zu jedem Kalkül K Kalküle K_u und K_g hinzunehmen, die es gestatten, die Ungleichheit und die Gleichheit von Figuren des Kalküls K festzustellen. Dabei werden den Kalkülen K_u und K_g folgende Anschauungen zugrunde gelegt: Die Gleichheit oder Ungleichheit von Atomfiguren des Kalküls K ist unmittelbar durch Vergleich feststellbar. Der Vergleich zweier beliebiger Figuren X und Y des Kalküls K wird wie folgt durchgeführt: Zunächst erfolgt der Vergleich der letzten Atomfiguren (der rechten Enden) von X und Y, dann werden die vorangehenden Atomfiguren Schritt für Schritt, von rechts nach links fortschreitend, verglichen. Wir nennen die Figuren X und Y ungleich (in Zeichen: $X \not\equiv Y$), wenn wir bei einem Vergleichsschritt zwei ungleiche Atomfiguren vorfinden oder wenn wir bei einer Figur am linken Anfang angelangt sind, bei der anderen Figur jedoch nicht. Wir nennen die Figuren X und Y gleich (in Zeichen: $X \equiv Y$), wenn das Verfahren des schrittweisen Vergleichs der Atomfiguren, von rechts nach links fortlaufend, stets gleiche Atomfiguren liefert und bei beiden Figuren gleichzeitig zur ersten Atomfigur (zum linken Anfang) führt.

Nun legen wir wieder den Kalkül K_0 zugrunde und definieren die Kalküle K_{0u} und K_{0g}. Dabei sind u und v Objektvariable für die Atomfiguren von K_0 und x und y Objektvariable für die Figuren von K_0.

K_{0u}: *Atomfiguren:* $\circ, +, \not\equiv$

Regeln:

R_1^{0u}: $\Rightarrow \circ \not\equiv +$

R_2^{0u}: $\Rightarrow + \not\equiv \circ$

R_3^{0u}: $\Rightarrow xu \not\equiv v$

R_4^{0u}: $\Rightarrow u \not\equiv yv$

R_5^{0u}: $x \not\equiv y \Rightarrow xu \not\equiv yv$

R_6^{0u}: $u \not\equiv v \Rightarrow xu \not\equiv yv$

K_{0g}: *Atomfiguren:* $\circ, +, \equiv$

Regeln: R_1^{0g}: $\Rightarrow \circ \equiv \circ$

R_2^{0g}: $\Rightarrow + \equiv +$

R_3^{0g}: $u \equiv v,\ x \equiv y \Rightarrow xu \equiv yv$

Um nun die Unableitbarkeit einer Figur A in K_0 nachzuweisen, brauchen wir nur die Ungleichheit der Figur A mit allen in K_0 ableitbaren Figuren unter Verwendung des Kalküls K_{0u} zu zeigen. Als Beispiel wählen wir die Behauptung: $\overline{\vdash}_{K_0} \circ +$. Für den Beweis dieser Unableitbarkeitsbehauptung genügt es nun, die Ableitbarkeitsbehauptung $\vdash_{K_{0u}} s \not\equiv \circ +$ zu beweisen, wobei s eine Objektvariable für die in K_0 ableitbaren Figuren ist. Wir gehen von dem bereits bewiesenen Induktionsprinzip für den Kalkül K_0 aus, beziehen es auf den Kalkül K_{0u} und wählen als A(s) die Formel $s \not\equiv \circ +$. Dann erhalten wir: $\Rightarrow + \not\equiv \circ +$; $a \not\equiv \circ + \underset{a}{\Rightarrow} a\circ \not\equiv \circ +$; $a \not\equiv \circ + \underset{a}{\Rightarrow} +a+ \not\equiv \circ + \vdash_{K_{0u}} s \not\equiv \circ +$. Nun brauchen wir nur noch die folgenden Zulässigkeitsbehauptungen zu beweisen:

(1) $\vdash_{K_{0u}} \Rightarrow + \not\equiv \circ +$

(2) $\vdash_{K_{0u}} a \not\equiv \circ + \Rightarrow a\circ \not\equiv \circ +$

(3) $\vdash_{K_{0u}} a \not\equiv \circ + \Rightarrow +a+ \not\equiv \circ +$.

Auf Grund des Deduktionsprinzips, welches jetzt auch auf den Kalkül K_{0u} bezogen wird, genügt es schließlich, die folgenden Ableitbarkeitsbehauptungen zu beweisen:

(1′) $\vdash_{K_{0u}} + \not\equiv \circ +$

(2′) $\vdash_{K_{0u}} a\circ \not\equiv \circ +$

(3′) $\vdash_{K_{0u}} +a+ \not\equiv \circ +$.

Wir geben nun Ableitungen der entsprechenden Figuren an.

(1″)	$+ \not\equiv \circ +$	R_4^{0u}
(2″)	1. $\circ \not\equiv +$	R_1^{0u}
	2. $A\circ \not\equiv \circ +$	R_6^{0u} (1)
(3″)	1. $+A \not\equiv \circ$	$\Rightarrow +a \not\equiv \circ$
	2. $+A+ \not\equiv \circ +$	R_5^{0u} (1)

Da in der Ableitung (3″) die Regel $\Rightarrow +a \not\equiv \circ$ angewandt wurde, ist noch die Zulässigkeitsbehauptung (4) $\vdash_{K_{0u}} \Rightarrow +a \not\equiv \circ$ zu beweisen. Auf Grund des Deduktionsprinzips genügt es wieder, die Ableitbarkeitsbehauptung (4′) $\vdash_{K_{0u}} + a \neq \circ$ zu beweisen. Wir gehen diesmal von dem Induktionsprinzip für den Kalkül K_{0f} bezüglich eines beliebigen Kalküls K aus. Es besagt: $\Rightarrow A(\circ)$; $\Rightarrow A(+)$; $A(e) \underset{e}{\Rightarrow} A(e\circ)$; $A(e) \underset{e}{\Rightarrow} A(e+) \vdash_K A(a)$. Dabei ist e die Eigenvariable des Kalküls K_{0f} und a die Figurenvariable des Kalküls K_0, die zugleich eine Objektvariable für die in K_{0f} ableitbaren Figuren ist. A(a) ist eine beliebige Formel von K, in der a vorkommt. Wir beziehen nun auch dieses Induktionsprinzip auf den Kalkül K_{0u} und wählen als A(a) die Formel $+a \neq \circ$. Dann ergibt sich: $\Rightarrow + \circ \neq \circ$; $\Rightarrow + + \neq \circ$; $+e \neq \circ \underset{e}{\Rightarrow} +e\circ \neq \circ$; $+e \neq \circ \underset{e}{\Rightarrow} +e+ \neq \circ \vdash_{K_{0u}} +a \neq \circ$.

Um nun die Behauptung (4′) zu beweisen, genügt es auf Grund des Deduktionsprinzips, folgende Ableitbarkeitsbehauptungen zu beweisen:

(5′) $\vdash_{K_{0u}} + \circ \neq \circ$

(6′) $\vdash_{K_{0u}} + + \neq \circ$

(7′) $\vdash_{K_{0u}} +e\circ \neq \circ$

(8′) $\vdash_{K_{0u}} +e+ \neq \circ$.

Jede dieser vier Ableitbarkeitsbehauptungen wird in einem Schritt allein durch Anwendung der Regel R_3^{0u} bewiesen. Damit ist schließlich der Beweis der Unableitbarkeitsbehauptung $\overline{\vdash}_{K_0} \circ +$ vollständig erbracht.

Wir wenden nun die protologischen Überlegungen bei der operativen Begründung der Arithmetik der natürlichen Zahlen an. Dabei beziehen wir die entwickelten protologischen Begriffe und Methoden auf Kalküle zur Herstellung von Figuren mit besonderer Bedeutung. Als Ausgangspunkt dient der folgende Kalkül K_z.

K_z: *Atomfigur:* |
Eigenvariable: m
Regeln: R_z^1: $\Rightarrow |$
R_z^2: $m \Rightarrow m|$

Die im Kalkül K_z herstellbaren (konstruierbaren) Figuren werden Ziffern genannt. P. Lorenzen schreibt: „Die Ziffern gelten üblicherweise als Darstellungen von *Zahlen*. Über den dadurch gemachten Unterschied zwischen Ziffern und Zahlen brauchen wir hier nicht zu reflektieren, weil wir mit den Ziffern |, ||, |||, ... eine *treue* Darstellung der Zahlen ausgewählt haben: Verschiedene Ziffern stellen verschiedene Zahlen dar. (Was dem Unterschied zugrunde liegt, ist eine Abstraktion . . .)“ (90, S. 6). „Die Ziffern werden konstruiert, damit sie wie die Zahlwörter zum Zählen verwendet werden können“ (90, S. 8). „Denn der Sinn der Zahlen liegt im ‚Zählen‘ – und das Zählen gehört wesentlich mit zu den Tätigkeiten, die den Mathematiker zu Aussagen über schematisches Operieren führen“ (91, S. 133).

Wir können nun die ersten beiden Peanoschen Axiome in der operativen Auffassung wie folgt formulieren:

(1) $\vdash_{K_z} |$

(2) $\vdash_{K_z} m \Rightarrow m|$.

Es handelt sich dabei um triviale Behauptungen über den Kalkül K_z, da die Ableitbarkeitsbehauptung (1) durch einmalige Anwendung der Regel R_z^1 und die Zulässigkeitsbehauptung (2) unter Berücksichtigung des Deduktionsprinzips durch einmalige Anwendung der Regel R_z^2 beweisbar sind.

Wir geben nun das Peanosche Induktionsaxiom in der operativen Deutung an. Es ist das Induktionsprinzip für den Kalkül K_z bezüglich eines beliebigen Kalküls K.

(3) $\Rightarrow A(|);\ A(m) \underset{m}{\Rightarrow} A(m|) \vdash_K A(n)$

Dabei ist n eine Objektvariable für die in K_z ableitbaren Figuren. Da die in K_z ableitbaren Figuren Ziffern genannt werden, wird n auch Ziffernvariable genannt. A(n) ist schließlich eine beliebige Formel von K, in der n vorkommt. Das Induktionsprinzip für den Kalkül K_z ist nun nach der früher bereits angewandten Methode in analoger Weise beweisbar. P. Lorenzen schreibt in dem Zusammenhang: Wir können (3) „eine ‚operative Deutung‘ des arithmetischen Induktionsprinzips nennen. Wir werden im folgenden der gesamten Logik und Mathematik eine solche operative Deutung geben. Es ist klar, daß hierbei alle ‚Axiome‘ durch Definitionen und Beweise (wobei ‚Beweis‘ natürlich nicht ‚Ableitung in einer axiomatischen Theorie‘ meint) zu ersetzen sein werden. Das ist zwar mühsamer als die axiomatische Methode – es hat aber den Vorteil, daß die Mathematik dadurch aufhört, die Wissenschaft zu sein, ‚bei der wir niemals wissen, worüber wir reden, noch ob das, was wir sagen, wahr sei‘ (*Russell* 1901)“ (91, S. 28/29).

Um auch die noch fehlenden Peanoschen Axiome in operativer Auffassung formulieren zu können, müssen wir zu dem Kalkül K_z den Kalkül K_{zg} hinzunehmen, der es ermöglicht, die Gleichheit von Ziffern festzustellen.

K_{zg}: *Atomfiguren:* |, =
Objektvariable (Ziffernvariable): m, n
Regeln: R^1_{zg}: $\Rightarrow | = |$
R^2_{zg}: $m = n \Rightarrow m| = n|$

Die im Kalkül K_{zg} herstellbaren (konstruierbaren) Figuren können als wahre Gleichheitsaussagen für Ziffern aufgefaßt werden. Die beiden noch fehlenden Peanoschen Axiome lassen sich nun als Behauptungen über den Kalkül K_{zg} wie folgt formulieren:

(4) $\vdash_{K_{zg}} m| = n| \Rightarrow m = n$

(5) $\overline{\vdash}_{K_{zg}} m| = |$.

Während die Zulässigkeitsbehauptung (4) genauso wie der früher bereits bewiesene Spezialfall des Inversionsprinzips beweisbar ist, ist die Unableitbarkeitsbehauptung (5) nach der an einem Beispiel demonstrierten Methode für Unableitbarkeitsbeweise wie die Behauptung dieses Beispiels beweisbar.

Hätten wir zu dem Kalkül K_z auch noch den Kalkül K_{zu} hinzugenommen, der es ermöglicht, die Ungleichheit von Ziffern festzustellen, so hätten wir die Behauptung (5) durch eine in einem Schritt beweisbare Behauptung (6) ersetzen können. Wir geben nun den Kalkül K_{zu} und die Behauptung (6) an.

K_{zu}: *Atomfiguren:* |, $\neq$
Ziffernvariable: m, n
Regeln: R^1_{zu}: $\Rightarrow m| \neq |$
R^2_{zu}: $\Rightarrow | \neq m|$
R^3_{zu}: $m \neq n \Rightarrow m| \neq n|$

(6) $\vdash_{K_{zu}} m| \neq |$

Die Ableitbarkeitsbehauptung (6) ist durch einmalige Anwendung der Regel R^1_{zu} beweisbar.

Die Behauptungen (1) bis (5), die als bewiesen zu betrachten sind, stellen das Peanosche Axiomensystem in operativer Deutung dar. P. Lorenzen schreibt hierzu: „Vom operativen Standpunkt aus entsteht dieses Axiomensystem in zwei Schritten, nämlich zunächst werden die“ Kalküle K_z und K_{zg} „aufgestellt, die keine Behauptungen enthalten, sondern nur das Verfahren beschreiben, nach dem wir die ‚Zahlen‘ herstellen und die Gleichheit feststellen“. (1) bis (5) „sind dagegen Behauptungen über“ die Kalküle K_z und K_{zg}, „die auf Grund protologischer Überlegungen zu beweisen sind“ (91,

S. 135). „Obwohl wir“ diese Behauptungen „nicht dadurch *bewiesen* haben, daß wir sie aus anderen logisch abgeleitet haben – wie wäre das auch möglich gewesen? –, ist festzuhalten, daß diese Aussagen ... keine Festsetzungen oder sogenannte Axiome sind: Die Zahlen und ihre Gleichheit sind mit Hilfe der“ Kalküle K_z und K_{zg} „ja vorher definiert“ (90, S. 9).

Für den weiteren Aufbau der operativen Arithmetik der natürlichen Zahlen ist es nun erforderlich, Kalküle K_{za} und K_{zm} aufzustellen, die die Verfahren der Addition und der Multiplikation von Zahlen vorschreiben. Die folgenden Kalküle K_{za} und K_{zm} leisten das Verlangte.

K_{za}: *Atomfiguren:* |, =, +
Ziffernvariable: m, n, p
Regeln: R^1_{za}: $\Rightarrow m+|=m|$
R^2_{za}: $m+n=p \Rightarrow m+n|=p|$

K_{zm}: *Atomfiguren:* |, =, +, ×
Ziffernvariable: m, n, p, q
Regeln: R^1_{zm}: $\Rightarrow m\times|=m$
R^2_{zm}: $m\times n=p,\ p+m=q \Rightarrow m\times n|=q$

Die operative Mathematik, die über die operative Arithmetik der natürlichen Zahlen hinausgeht, bedient sich nicht nur der Methode der Konstruktion, sondern auch der Methode der Abstraktion. Während Konstruktionen durch Kalküle vorgeschrieben werden, werden Abstraktionen durch Äquivalenzrelationen begründet. P. Lorenzen schreibt: „Jede Äquivalenzrelation gestattet, von den Objekten, für die sie definiert ist, zu neuen ‚*abstrakten Objekten*‘ überzugehen. Dieser Übergang, die *Abstraktion*, geschieht ... durch die *Beschränkung* der Aussagen über die früheren Objekte auf die Aussagen, die bezüglich der Äquivalenzrelation *invariant* sind“ (90, S. 17). Derartige Aussagen sind dadurch gekennzeichnet, daß sich ihre Gültigkeit (ihr Wahrheitswert) bei der Ersetzung eines Objektes durch ein äquivalentes Objekt nicht ändert. Streng genommen war der Übergang von den Ziffern zu den natürlichen Zahlen bereits eine Abstraktion. Sie geschah durch die Beschränkung der Aussagen über Ziffern auf diejenigen Aussagen, die bei der Ersetzung einer Ziffer durch eine andere im Sinne des Kalküls K_{zg} mit ihr gleiche Ziffer invariant sind. Diese Beschränkung der Aussagen diente dazu, bei den Ziffern nur auf das zu achten, was von ihnen beim Zählen benötigt wird. Dadurch erschienen die Ziffern als Zahlen.

P. Lorenzen verwendet nun sowohl die Methode der Konstruktion als auch die Methode der Abstraktion, um Mengen und Funktionen einzuführen. Er schreibt: „Diese beiden Begriffe sind für die Analysis von entscheidender Wichtigkeit. Sie lassen sich . . . auf einander zurückführen, jedoch ist der Mengenbegriff in gewisser Hinsicht dem Funktionsbegriff überlegen, nämlich dadurch, *daß für die Mengenbildung die logischen Partikeln zur Verfügung stehen*. Der Funktionsbegriff ist andererseits elementarer zugänglich: er setzt keine Logik voraus“ (90, S. 20). Während die Funktionen aus den Termen abstrahiert werden, werden die Mengen aus den Aussageformen abstrahiert. P. Lorenzen betont: „Trotz der *Cantor*schen ‚Definition‘ der Menge . . . wird in der Mathematik eine Menge von Elementen niemals durch ‚Zusammenfassung zu einem Ganzen‘ gebildet, sondern stets durch Angabe einer Aussageform A(x), die von den Elementen der Menge erfüllt wird. Mengen entstehen durch Abstraktion aus logisch äquivalenten Aussageformen – und Aussageformen sind . . . jedenfalls Figuren“ (91, S. 4). Schließlich schreibt P. Lorenzen bezüglich des Aufbaus der Mengenlehre: „Der wichtigste Teil der *Cantor*schen Mengenlehre, die Lehre von den transfiniten Kardinalzahlen, verliert vom operativen Standpunkt seine zentrale Bedeutung, da jede unendliche Menge – absolut gesprochen – abzählbar wird. Auf Grund dieser Abzählbarkeit löst sich auch die Problematik des Auswahlprinzips (ebenso wie die der Kontinuumshypothese) in Nichts auf . . .“ (91, S. 195).

Nachdem der operative Standpunkt bezüglich der Mengenlehre angedeutet wurde, wird abschließend noch erwähnt, wie P. Lorenzen die Einordnung der axiomatischen Methode in die operative Mathematik vornimmt. Er schreibt: „Natürlich spielt hier die Axiomatik keinerlei Rolle für die Aufgabe einer Begründung, aber nachdem gewisse Teile der ‚konkreten‘ Mathematik aufgebaut sind, ist die axiomatische Methode ein unentbehrliches Hilfsmittel zur geistigen Durchdringung dieser Teile, und es wird so die Möglichkeit eines fruchtbaren Wechselspiels zwischen ‚konkreten‘ und ‚abstrakten‘ Untersuchungen verständlich, das ja für die moderne Mathematik kennzeichnend ist“ (91, S. 8). „Die Anwendung der axiomatischen Methode hat sich in der modernen Mathematik so verselbständigt, daß von einer ‚abstrakten‘ Mathematik im Gegensatz zur konkreten Mathematik gesprochen werden kann. Für die operative Mathematik ist aber festzuhalten, daß die axiomatische Methode nur eine *Methode* ist, die ihren Sinn nur aus der Anwendbarkeit auf ‚Modelle‘ aus der konkreten Mathematik erhält“ (91, S. 239). Ausgangspunkt für die Anwendung der axiomatischen Methode im Rahmen der operativen Mathematik ist die Feststellung, daß verschiedene Objektbereiche der konkreten Mathematik gleiche Strukturen besitzen. In der abstrakten Mathematik werden daher Strukturen und ihre Modelle untersucht.

Es folgen nun noch einige Bemerkungen zum Begriff des *Markovschen Algorithmus*. Dabei werden Ausführungen von H. Thiele zugrunde gelegt (144, S. 125–128). Ganz allgemein kann man sagen, daß ein Algorithmus in einer Menge von Zeichenreihen (Wörtern) „ein Verfahren zur ‚effektiven' (schrittweisen) Umformung von Zeichenreihen" vorschreibt, „wobei man von jeder Zeichenreihe Z' in endlich vielen Schritten feststellen kann, ob sie aus einer gegebenen Zeichenreihe Z durch Anwendung des Algorithmus erhalten werden kann oder nicht" (160, S. 53). A. A. Markov geht bei seinen Betrachtungen von einer endlichen, nichtleeren Menge A von Grundzeichen oder Buchstaben aus. Die Menge A wird Alphabet genannt. Endliche lineare Zeichenreihen, die nur aus Buchstaben von A zusammengesetzt sind, heißen Wörter über dem Alphabet A. Dabei ist das leere Wort die Zeichenreihe, die aus keinem Buchstaben besteht. Beliebige Wörter über dem Alphabet A werden durch P, Q, W (evtl. mit Indizes) bezeichnet. Unter $\mathfrak{W}_A$ ist die Menge aller Wörter über dem Alphabet A zu verstehen. Wenn nun P und Q beliebige Wörter aus $\mathfrak{W}_A$ sind und die Zeichen → und · nicht zum Alphabet A gehören, dann werden Zeichenreihen der Form P→Q und der Form P→· Q Regeln oder Befehle in A genannt. Während die Regeln ohne das Zeichen · nichtabbrechend heißen, heißen die Regeln mit dem Zeichen · abbrechend. Soll offen gelassen werden, ob eine Regel nichtabbrechend oder abbrechend ist, so schreibt man P→(·)Q und bringt damit zum Ausdruck, daß das Zeichen · an der durch (·) gekennzeichneten Stelle stehen kann, aber nicht stehen muß. Wird nun noch vorausgesetzt, daß auch das Zeichen; nicht in dem Alphabet A vorkommt, dann wird eine endliche Zeichenreihe der Form $P_1 \to (\cdot) Q_1$; $P_2 \to (\cdot) Q_2$; . . .; $P_n \to (\cdot) Q_n$ ein Schema in A genannt. Ein Schema in A ist also eine endliche (geordnete) Folge von Wörtern über dem durch → und · erweiterten Alphabet A, in denen das Zeichen → genau einmal und das Zeichen · höchstens einmal, und wenn, dann unmittelbar hinter dem Zeichen →, vorkommen. Dabei ist zu beachten, daß die einzelnen Wörter bzw. Regeln eines Schemas nur dann durch das Zeichen; getrennt werden müssen, wenn sie hintereinander und nicht untereinander geschrieben werden. Beliebige Schemata werden durch

$\mathfrak{A}$, $\mathfrak{B}$ (evtl. mit Indizes) bezeichnet. Man kann nun sagen, daß die Schemata durch eine bestimmte Interpretation zu Markovschen Algorithmen werden. Bei dieser Interpretation schreiben sie ein Verfahren zur effektiven schrittweisen Umformung von Wörtern (Zeichenreihen) vor. Indem wir nun dieses Verfahren für ein beliebiges Schema beschreiben, bestimmen wir zugleich die Interpretation, durch die die Schemata zu Markovschen Algorithmen werden.

Gegeben seien ein beliebiges Schema $\mathfrak{A}$ in A: $P_1 \rightarrow (\cdot)\, Q_1; \ldots; P_n \rightarrow (\cdot)\, Q_n$ und ein beliebiges Wort W aus $\mathfrak{W}_A$. Das Verfahren beginnt mit einer Fallunterscheidung:

1. Es gibt kein ν mit $1 \leqq \nu \leqq n$, so daß P_ν in W als Teilwort vorkommt. In diesem Fall endet das Verfahren mit dem Wort W.
2. Es gibt ein ν mit $1 \leqq \nu \leqq n$, so daß P_ν in W als Teilwort vorkommt. In diesem Fall wird das kleinste ν mit $1 \leqq \nu \leqq n$ gewählt, für das P_ν in W als Teilwort vorkommt. Es sei ν_0 dieses kleinste ν. Dann wird P_{ν_0} an der ersten Stelle, an der es in W bei einer von links beginnenden Zählung vorkommt, durch Q_{ν_0} ersetzt. Diese Ersetzung erfolgt gemäß der Regel $P_{\nu_0} \rightarrow (\cdot)\, Q_{\nu_0}$, die den Übergang von P_{ν_0} zu Q_{ν_0} vorschreibt. Das Resultat dieser Ersetzung ist ein Wort W_1. Nun werden wieder zwei Fälle unterschieden:

2.1. Die Regel $P_{\nu_0} \rightarrow (\cdot)\, Q_{\nu_0}$ ist abbrechend, hat also die Form $P_{\nu_0} \rightarrow \cdot\, Q_{\nu_0}$. In diesem Fall endet das Verfahren mit dem Wort W_1.

2.2. Die Regel $P_{\nu_0} \rightarrow (\cdot)\, Q_{\nu_0}$ ist nichtabbrechend, hat also die Form $P_{\nu_0} \rightarrow Q_{\nu_0}$. In diesem Fall endet das Verfahren noch nicht. Es wird mit der angegebenen Fallunterscheidung, allerdings jetzt für das Wort W_1 an Stelle des Wortes W, fortgesetzt usw.

Auf diese Weise erhält man eine Folge W, W_1, W_2, ... von Wörtern, die endlich oder unendlich ist, je nachdem, ob das Verfahren endet oder nicht.

Das soeben beschriebene Verfahren ist das durch den Markovschen Algorithmus $\mathfrak{A}$ vorgeschriebene Verfahren. Man kann das durch den Markovschen Algorithmus $\mathfrak{A}$ vorgeschriebene Verfahren auf jedes Wort W aus $\mathfrak{W}_A$ anwenden. Wenn man nun unter einer (einstelligen) Wortfunktion F in $\mathfrak{W}_A$ eine eindeutige Abbildung aus $\mathfrak{W}_A$ in $\mathfrak{W}_A$ versteht, dann kann man jedem Markovschen Algorithmus $\mathfrak{A}$ in A eindeutig eine Wortfunktion $F_\mathfrak{A}$ in $\mathfrak{W}_A$ wie folgt zuordnen: Die Funktion $F_\mathfrak{A}$ ist an der Stelle W genau dann definiert, wenn das durch den Algorithmus $\mathfrak{A}$ vorgeschriebene Verfahren bei seiner Anwendung auf das Wort W endet. Endet das Verfahren mit dem

Wort W_k, dann wird $F_{\mathfrak{A}}(W)=W_k$ gesetzt. Es wird nun ein Beispiel angegeben.

Alphabet A: A = {a, b, c}

Markovscher Algorithmus $\mathfrak{A}$ *in A:*

$$\mathfrak{A}: \begin{cases} \text{a b} \rightarrow \text{c} & \text{(1. Regel)} \\ \text{c a a} \rightarrow \text{c a} & \text{(2. Regel)} \\ \text{c b} \rightarrow \cdot\, \text{b} & \text{(3. Regel)} \end{cases}$$

Wort W_0 *über A:* W_0 = a c a b b c a a a a b c b a

a c a b b c a a a a b c b a	
a c c b c a a a a b c b a	(1. Regel)
a c c b c a a a c c b a	(1. Regel)
a c c b c a a c c b a	(2. Regel)
a c c b c a c c b a	(2. Regel)
a c b c a c c b a	(3. Regel)

$F_{\mathfrak{A}}(W_0)$ = a c b c a c c b a

H. Thiele erklärt den Zusammenhang zwischen Markovschen Algorithmen und partiell-rekursiven Funktionen wie folgt: „Wir betrachten ... ein Alphabet A, in dem mindestens die Buchstaben | und * vorkommen. Eine natürliche Zahl n wird durch das Wort P aus $\mathfrak{W}_A$, das aus n + 1 Buchstaben | besteht, kodiert. Dieses Wort wird durch $\bar{n}$ angedeutet. Dementsprechend kodiert man ein s-Tupel $[n_1, \ldots, n_s]$, indem man zuerst die natürlichen Zahlen $n_1, \ldots, n_s$ kodiert und dann die erhaltenen Wörter in der vorliegenden Reihenfolge unter Einschieben des ‚Trennbuchstabens' * zusammenfügt.

Gegeben sei ... eine s-stellige zahlentheoretische Funktion φ. Wir sagen dann, daß φ auf Grund des *Markov*schen Algorithmus $\mathfrak{A}$ in A berechenbar ist genau dann, wenn für jedes (s + 1)-Tupel $[n_1, \ldots, n_s, n]$ von natürlichen Zahlen gilt: $[n_1, \ldots, n_s]$ liegt im Definitionsbereich von φ und $\varphi(n_1, \ldots, n_s)=n$ genau dann, wenn das Wort $\overline{n_1} * \ldots * \overline{n_s}$ im Definitionsbereich von $F_{\mathfrak{A}}$ liegt und $F_{\mathfrak{A}}(\overline{n_1} * \ldots * \overline{n_s})=\bar{n}$ ist.

Wir sagen schließlich, daß die zahlentheoretische Funktion φ *Markov*-berechenbar ist genau dann, wenn es ein endliches Alphabet A über {|, *} sowie einen *Markov*schen Algorithmus $\mathfrak{A}$ in A gibt, so daß $\mathfrak{A}$ die Funktion φ berechnet.

Es gilt dann der Satz ...: Eine zahlentheoretische Funktion ist partiell-rekursiv genau dann, wenn sie *Markov*-berechenbar ist" (144, S. 128).

Zum besseren Verständnis des zitierten Satzes sei erwähnt, daß eine zahlentheoretische Funktion in dem Zusammenhang eine Funktion ist, deren Argumente und Werte natürliche Zahlen sind. Außerdem sei darauf hingewiesen, daß sich der Begriff der partiell-rekursiven Funktion sehr einfach induktiv definieren läßt. Zunächst werden gewisse Ausgangsfunktionen genannt und dann werden gewisse Operationen mit Funktionen angegeben. Schließlich wird gesagt, wann man eine zahlentheoretische Funktion partiell-rekursiv nennt. H. Thiele hat die partiell-rekursiven Funktionen wie folgt induktiv charakterisiert:

„A. Ausgangsfunktionen

1. Die s-stelligen Identitäten der σ-ten Stelle I^s_σ $(1 \leqq \sigma \leqq s)$.

Sie werden durch die Bedingung charakterisiert, daß für jede natürliche Zahl $n_1, \ldots, n_s$ gilt: $I^s_\sigma(n_1, \ldots, n_s) = n_\sigma$. Man nennt die Funktionen I^s_σ auch Argumentauswahlfunktionen.

2. Die s-stelligen konstanten Funktionen C^s_c $(0 \leqq s$, c fest).

Unter der Funktion C^0_c versteht man die natürliche Zahl c. Für jede natürliche Zahl $n_1, \ldots, n_s$ gilt: $C^s_c(n_1, \ldots, n_s) = c$.

3. Die einstellige Nachfolgerfunktion Na.

Für jede natürliche Zahl n gilt: $Na(n) = n + 1$.

B. Operationen mit Funktionen

1. Die Verkettung von Funktionen.

Sind die r-stellige Funktion ψ sowie die s-stelligen Funktionen $\chi_1, \ldots, \chi_r$ gegeben, so bildet man eine s-stellige Funktion φ folgendermaßen:

$$\varphi(n_1, \ldots, n_s) = \psi(\chi_1(n_1, \ldots, n_s), \ldots, \chi_r(n_1, \ldots, n_s)) \quad (1 \leqq r,\ 1 \leqq s).$$

2. Erzeugung von Funktionen durch primitive Rekursion.

Sind die s-stellige Funktion ψ und die $(s+2)$-stellige Funktion χ gegeben, so wird eine $(s+1)$-stellige Funktion φ durch das folgende Funktionalgleichungssystem, das auch Schema der primitiven Rekursion genannt wird, charakterisiert:

$$\varphi(n_1, \ldots, n_s, 0) = \psi(n_1, \ldots, n_s)$$

$$\varphi(n_1, \ldots, n_s, n+1) = \chi(n_1, \ldots, n_s, n, \varphi(n_1, \ldots, n_s, n)) \quad (0 \leqq s).$$

3. Erzeugung von Funktionen durch (unbeschränkte) Minimumbildung.

Ist eine $(s+1)$-stellige Funktion ψ gegeben, so wird eine s-stellige Funktion φ durch die folgende Bedingung festgelegt:

$\varphi(n_1, \ldots, n_s) = \mu n[\psi(n_1, \ldots, n_s, n) = 0]$ $(1 \leqq s)$“ (**144**, S. 117).

„Es gilt nach Definition: $\mu n[\psi(n_1, \ldots, n_s, n)=0]$ = die kleinste natürliche Zahl n, so daß $\psi(n_1, \ldots, n_s, n)=0$. Gibt es keine natürliche Zahl n mit $\psi(n_1, \ldots, n_s, n)=0$, so ist $\mu n[\psi(n_1, \ldots, n_s, n)=0]$ und damit die Funktion φ an der Stelle $[n_1, \ldots, n_s]$ nicht definiert" (144, S. 118).

„Man nennt dann eine zahlentheoretische Funktion partiell-rekursiv, wenn sie eine Ausgangsfunktion ist oder sich aus Ausgangsfunktionen in endlich vielen Schritten durch Anwendung der angegebenen Operationen erzeugen läßt. Andere Funktionen werden nicht partiell-rekursiv genannt" (144, S. 117/118).

„Verwendet man nur die ersten beiden Erzeugungsoperationen (bei denselben Ausgangsfunktionen), so heißen die auf diese Weise erhaltenen Funktionen primitiv-rekursiv. Eine primitiv-rekursive Funktion ist stets an allen Stellen definiert. – Eine an allen Stellen definierte partiell-rekursive Funktion heißt allgemein-rekursiv" (144, S. 118).

Nennt man nun eine zahlentheoretische Funktion berechenbar (konstruktiv), wenn es ein (universelles) Verfahren gibt, mit dessen Hilfe man für beliebige natürliche Zahlen den zugehörigen Funktionswert in endlich vielen Schritten berechnen kann, dann besagt die *Churchsche Hypothese*, daß man den Begriff der berechenbaren Funktion mit dem der allgemein-rekursiven Funktion identifizieren kann. Wird auf die Forderung verzichtet, daß eine zahlentheoretische Funktion für alle natürlichen Zahlen definiert sein muß und dementsprechend von den berechenbaren zahlentheoretischen Funktionen nur die Berechenbarkeit ihres Funktionswertes an den Stellen verlangt, an denen sie erklärt ist, dann besagt die Churchsche Hypothese, daß die berechenbaren Funktionen mit den partiell-rekursiven Funktionen zusammenfallen. H. Thiele schreibt hierzu: „Dies ist natürlich nicht beweisbar, sondern eine Hypothese, die etwa 1936 von *Church* ausgesprochen wurde und seitdem nach ihm benannt wird" (144, S. 116/117). Für diese Hypothese spricht, daß nicht nur durch den Begriff des Markovschen Algorithmus, sondern auch durch alle anderen bisher bekannten Algorithmenbegriffe gerade die Klasse der partiell-rekursiven Funktionen erfaßt wird. Unter diesem Gesichtspunkt besagt die Churchsche Hypothese auch, daß es keinen Algorithmenbegriff geben wird, der eine umfassendere Klasse als die Klasse der partiell-rekursiven Funktionen zu erfassen gestattet.

Ein Unterschied zwischen klassischer und konstruktiver Mathematik kommt in diesem Zusammenhang durch folgende Feststellung von H. Hermes zum Ausdruck: „Nach elementaren Sätzen der klassischen Mengenlehre gibt es ... überabzählbar viele Funktionen, die für alle natürlichen Zahlen erklärt sind, und deren Werte natürliche Zahlen sind. Andererseits gibt es sicher nur abzählbar viele unter diesen Funktionen, welche berechenbar sind. Denn zu jeder berechenbaren Funktion existiert eine Berechnungsvorschrift endlicher Länge ..., und es kann höchstens abzählbar viele solcher Vorschriften geben" (49, S. 10). In der konstruktiven Mathematik beschränkt man sich auf die Untersuchung berechenbarer (konstruktiver) Funktionen. Dabei ist jedoch zu beachten, daß nicht nur zahlentheoretische Funktionen berechenbar sein können. Während es also die klassische Mathematik mit überabzählbar vielen Funktionen zu tun hat, gibt es in der konstruktiven Mathematik, die die Berechenbarkeit (Konstruierbarkeit) zum Kriterium der Existenz erhoben hat, nur abzählbar viele Funktionen.

4. Die Versuche einer Grundlegung der Mathematik

4.1. Die platonistische Auffassung

Der platonistische Versuch einer Grundlegung der Mathematik ist ontologisch orientiert. Für den Platonismus reduziert sich daher das Problem mathematischer Existenz nicht auf den Nachweis der Existenz eines Objektes durch einen reinen (nicht effektiven) oder konstruktiven (effektiven) Existenzbeweis innerhalb der Mathematik. Das Problem mathematischer Existenz beinhaltet vielmehr in platonistischer Auffassung auch die Frage nach der Existenzweise oder Seinsweise mathematischer Objekte, d. h. die Frage, wie die mathematischen Objekte an sich existieren. Schon Platon brachte in seiner Ideenlehre zum Ausdruck, daß die Objekte der Mathematik ewig sich selbst gleichbleibende Wesenheiten sind, die in einem wohlgeordneten Reich der Ideen ihre Existenz haben. Die Wahrheiten der Mathematik können demzufolge nur auf dem Wege reinen Denkens durch die Wiedererinnerung der menschlichen Seele an das, was sie im Reich der Ideen erschaut hat, gewonnen werden. Auch W. N. Molodschi schreibt: „Platon hat gelehrt, daß die Hinwendung zu den Sinnen kein wahres Wissen liefert. Erkennen heißt sich erinnern. Der Mensch muß die Angaben der Sinne ignorieren und sich in seine Seele vertiefen, damit sich diese an das erinnert, was sie einst in der ewigen und unveränderlichen Welt der Ideen erschaut hat“ (101, S. 250).

Es ist nun durchaus verständlich, daß sich G. Cantor, der die allgemeine Mengenlehre begründete und die transfiniten Zahlen entdeckte, zu Auffassungen von Platon bekannt hat. W. N. Molodschi bestätigt dies mit den Worten: „Cantor hat behauptet, daß die von ihm aufgestellte Definition des Mengenbegriffs völlig in den Rahmen der Philosophie Platons hineinpaßt“ (101, S. 224). Tatsächlich glaubte Cantor mit den Mengen etwas zu definieren, was mit den platonischen Ideen verwandt ist (18, S. 204). Außerdem schreibt H. Meschkowski: „*Cantor* ist vielleicht einer der letzten, gewiß aber einer der bedeutendsten Vertreter des an *Platon* orientierten Denkens“ (99, S. 112). „Bei *Cantor* hatte das Wort ‚Existenz‘ noch mehr Gewicht ... Ihm ging es um die ‚objektiv-metaphysische Erkenntnis‘ des Seienden“ (99, S. 216). Schließlich schrieb G. Cantor selbst: „Die allgemeine Mengenlehre ... gehört durchaus zur Metaphysik“ (99, S. 111). „Metaphysik ist, wie ich sie auffasse, die Lehre vom *Seienden*, oder was dasselbe bedeutet von dem was *da ist*, d. h. *existiert*, also von der Welt wie sie an sich ist, nicht wie sie uns erscheint. Alles was wir mit den Sinnen wahrnehmen und mit unserm abstrakten Denken uns vorstellen ist *Nichtseiendes* und damit höchstens eine Spur des an sich Seienden“ (99, S. 114). Für Cantor gehörte also die allgemeine Mengenlehre durchaus noch zu einer als Ontologie verstandenen Metaphysik, die das „Seiende“ zu untersuchen hat, wie es an sich ist.

Cantor wurde, vor allem in erkenntnistheoretischer Hinsicht, von den Lehren Platons beeinflußt. Er unterschied zwei Arten der Wirklichkeit oder Realität von Begriffen und Ideen, eine immanente (intrasubjektive) und eine transiente (transsubjektive) Realität (18, S. 181/182). Begriffe und Ideen haben eine „immanente Realität“, wenn sie auf Grund von Definitionen einen ganz bestimmten Platz in unserem Bewußtsein (Verstand) einnehmen. Durch genaue Definitionen werden sie nicht nur von anderen Komponenten unseres Denkens unterschieden, sondern auch zu ihnen in bestimmte Beziehungen gesetzt. Dadurch wird die „Substanz unseres Geistes“ modifiziert. Begriffe und Ideen haben eine „transiente Realität“, wenn sie Abbilder von Objekten und Beziehungen der dem Bewußtsein (Intellekt) gegenüberstehenden Außenwelt sind.

G. Cantor schrieb selbst: „Wir können in *zwei* Bedeutungen von der Wirklichkeit oder Existenz der ganzen Zahlen, der endlichen sowie der unendlichen sprechen; genau genommen sind es aber dieselben zwei Beziehungen, in welchen allgemein die Realität von irgend welchen Begriffen und Ideen in Betracht gezogen werden kann. Einmal dürfen wir die ganzen Zahlen insofern für wirklich ansehen, als sie auf Grund von Definitionen in unserem Verstande einen ganz bestimmten Platz einnehmen, von allen übrigen Bestandteilen unseres Denkens aufs beste unterschieden werden, zu ihnen in bestimmten Beziehungen stehen und somit die Substanz unseres Geistes in bestimmter Weise modifizieren; es sei mir gestattet, diese Art der Realität unsrer Zahlen ihre *intrasubjektive* oder *immanente Realität* zu nennen. Dann kann aber auch den Zahlen insofern Wirklichkeit zugeschrieben werden, als sie für einen Ausdruck oder ein Abbild von Vorgängen und Beziehungen in der dem Intellekt gegenüberstehenden Außenwelt gehalten werden müssen ... Diese zweite Art der Realität nenne ich die *transsubjektive* oder auch *transiente Realität* der ganzen Zahlen" (18, S. 181). Cantor fügte nun hinzu: „Bei der durchaus realistischen, zugleich aber nicht weniger idealistischen Grundlage meiner Betrachtungen unterliegt es für mich keinem Zweifel, daß diese beiden Arten der Realität stets sich zusammenfinden in dem Sinne, daß ein in der ersteren Hinsicht als existent zu bezeichnender Begriff immer in gewissen, sogar unendlich vielen Beziehungen auch eine transiente Realität besitzt ..." (18, S. 181). „Diese Überzeugung stimmt im wesentlichen sowohl mit den Grundsätzen des *Platonischen* Systems, wie auch mit einem wesentlichen Zuge des *Spinozaschen* Systems überein ..." (18, S. 206). Schließlich begründete Cantor seine Überzeugung mit den Worten: „Dieser Zusammenhang beider Realitäten hat seinen eigentlichen Grund in der *Einheit* des *Alls, zu welchem wir selbst mitgehören*" (18, S. 182). Wir fügen hinzu, daß für Cantor die Einheit des Alls ihre Krönung im Absoluten, in Gott, gefunden hat.

Der Hinweis auf den Zusammenhang der beiden Realitäten hatte für Cantor den Zweck, eine ihm „sehr wichtig scheinende Konsequenz für die Mathematik daraus herzuleiten, daß nämlich letztere bei der Ausbildung ihres Ideenmaterials *einzig* und *allein* auf die *immanente* Realität ihrer Begriffe Rücksicht zu nehmen und daher *keinerlei* Verbindlichkeit hat, sie auch nach ihrer *transienten* Realität zu prüfen. Wegen dieser ausgezeichneten Stellung, die sie von allen anderen Wissenschaften unterscheidet und die eine Erklärung für die verhältnismäßig leichte und zwanglose Art der Beschäftigung mit ihr liefert, verdient sie ganz besonders den Namen der *freien Mathematik* ... das *Wesen* der *Mathematik* liegt gerade in ihrer Freiheit" (18, S. 182). In Übereinstimmung mit A. Fraenkel fügen wir hinzu: „Allerdings läßt sich kaum verkennen, daß bei *Cantor* eine gewisse Unausgeglichenheit besteht zwischen den Thesen von der ‚Freiheit' der Mathematik einerseits und von der Gegebenheit der mathematischen Objekte andererseits" (38, S. 480). So schrieb Cantor einerseits, daß die Mathematik „berechtigt ... ist, sich durchaus frei von allen metaphysischen Fesseln zu bewegen" (18, S. 183), und andererseits, daß die allgemeine Mengenlehre, die das inhaltliche Fundament der Mathematik bildet, „durchaus zur Metaphysik ... gehört" (99, S. 111). H. Meschkowski hat jedenfalls recht, wenn er schreibt, daß in Cantors „Argumentationen oft ein kurzer Weg aus der Mathematik in die Metaphysik führt" (98, S. 38).

A. Fraenkel charakterisiert Cantors metaphysische Auffassung mit folgenden Worten: „Im engsten Zusammenhang mit der oben erwähnten Auffassung *Cantors*, daß den mathematischen Begriffen neben der den Mathematiker allein angehenden *immanenten* Realität von selbst auch eine *transsubjektive* Realität zukomme, steht offenbar *Cantors* Meinung, die sich zugespitzt so ausdrücken läßt: der Mathematiker *erfindet* nicht die Gegenstände seiner Wissenschaft, sondern er *entdeckt* sie . . . Während es im allgemeinen für das Werk des schaffenden Mathematikers gleichgültig sein wird, ob er seine Begriffe als Platonische Ideen, als willkürliche Schöpfungen des Verstandes oder . . . als selbsttätige Schöpfungen der Vernunft ansieht, so werden solche Verschiedenheiten in der Weltanschauung merkwürdigerweise gerade für die das Überabzählbare betreffenden Problemstellungen der Mengenlehre zuweilen von erheblicher Bedeutung. Gerade der Umstand, daß die Begriffe der Mathematik für *Cantor* . . . eine Existenz besitzen, die von ihrer Entdeckung und von unserem Denken überhaupt unabhängig ist und ihm gewissermaßen vorangeht, ist von offensichtlicher Bedeutung für die Art gewesen, in der *Cantor* an die Probleme (z. B. an das Kontinuumproblem) heranging" (38, S. 480).

Bezüglich der Begriffsbildung im menschlichen Bewußtsein äußerte sich Cantor wie folgt: „Der Vorgang bei der korrekten Bildung von Begriffen ist m. E. überall derselbe; man setzt ein eigenschaftsloses Ding, das zuerst nichts anderes ist als ein Name oder ein Zeichen A, und gibt demselben ordnungsmäßig verschiedene, selbst unendlich viele verständliche Prädikate, deren Bedeutung an bereits vorhandenen Ideen bekannt ist, und die einander nicht widersprechen dürfen; dadurch werden die Beziehungen von A zu den bereits vorhandenen Begriffen und namentlich zu den verwandten bestimmt; ist man hiermit vollständig zu Ende, so sind alle Bedingungen zur Weckung des Begriffes A, welcher in uns geschlummert, vorhanden und er tritt fertig ins Dasein, versehen mit der intrasubjektiven Realität, welche überall von Begriffen nur verlangt werden kann; seine transiente Bedeutung zu konstatieren ist alsdann Sache der Metaphysik" (18, S. 207). W. N. Molodschi fügt hinzu: „. . . wenn die Bedeutung der Prädikate, die man dem Zeichen A zuordnen kann, aus dem vorhandenen Vorrat von Ideen und Begriffen bekannt sein muß, dann muß folglich im Bewußtsein jedes Menschen ein Anfangsvorrat an Ideen und Begriffen vorhanden sein; aber was für eine Quelle haben sie? Die philosophischen Exkurse Cantors und sein Briefwechsel mit Theologen und Mathematikern ... geben Anlaß zu behaupten, daß er, wenn er diese Frage gestellt hätte, mit einem Hinweis auf Gott geantwortet hätte, an den er glaubte" (101, S. 221).

Sehr klar kommen die erkenntnistheoretischen Auffassungen Cantors in folgenden Worten zum Ausdruck: „Die Sinne ... liefern ... keine sichere Erkenntnis, weil letztere nur durch Begriffe und Ideen erhalten werden kann, die von äußerer Erfahrung höchstens angeregt, der Hauptsache nach durch innere Induktion und Deduktion gebildet werden als etwas, was in uns gewissermaßen schon lag und nur geweckt und zum Bewußtsein gebracht wird" (18, S. 207). W. N. Molodschi bemerkt hierzu: „In diesen Behauptungen Cantors ist nichts Neues. Dem Wesen nach reproduzieren sie die Grundlagen der Erkenntnislehre Platons" (101, S. 220).

Während Cantor in seinen erkenntnistheoretischen Auffassungen überwiegend Platonist war, so wich er doch in seinen methodologischen Äußerungen wesentlich vom Platonismus ab. Wir wollen dies im folgenden verdeutlichen. Cantor schrieb: „Die Mathematik ist in ihrer Entwicklung völlig frei und nur an die selbstredende Rücksicht gebunden, daß ihre Begriffe sowohl in sich widerspruchslos sind, als auch in festen durch Definitionen geordneten Beziehungen zu den vorher gebildeten, bereits vorhandenen und bewährten Begriffen stehen" (18, S. 182). Mit dieser Feststellung gibt Cantor zu erkennen, daß die Freiheit der Entwicklung der Mathematik ihre Gebundenheit einschließt. Schon die erste einschränkende Forderung, wonach die Begriffe der Mathematik frei von inneren Widersprüchen sein müssen, ist ihrer Natur nach mit dem objektiven Idealismus platonischer Prägung unvereinbar. Cantor bringt selbst zum Ausdruck, daß die beiden einschränkenden Bedingungen „der Willkür" in der Mathematik nur „einen äußerst geringen Spielraum lassen" und daß außerdem „jeder mathematische Begriff das nötige Korrektiv in sich selbst" trägt; „ist er unfruchtbar oder unzweckmäßig, so zeigt er es sehr bald durch seine Unbrauchbarkeit, und er wird alsdann wegen mangelnden Erfolgs fallen gelassen" (18, S. 182). W. N. Molodschi fügt hinzu: „So haben nur jene mathematischen Begriffe ein Recht auf Anerkennung, denen eine transiente Realität eigen ist und die die Entwicklung der Mathematik und anderer Wissenschaften fördern" (101, S. 223).

Wir wenden uns nun noch dem Deismus Cantors zu. Es ist nämlich bemerkenswert, daß die platonistischen Auffassungen Cantors durch deistische Auffassungen überlagert und ergänzt wurden. W. N. Molodschi schreibt: „Cantor war ... ein religiöser Mensch und deshalb fühlte er sich verpflichtet, die Theologen davon zu überzeugen, daß seine Lehre den Dogmen der Religion nicht widerspricht; mehr noch, er wollte ihre ‚harmonische Einheit' begründen. Unter diesem Aspekt hielt es Cantor für zweckmäßig, den Begriff der aktualen Unendlichkeit in zwei Arten aufzuteilen: den Begriff des absolut Unendlichen und den Begriff der transfiniten Unendlichkeit" (101, S. 231). Genau genommen hat Cantor zunächst das Aktual-Unendliche „nach *drei* Beziehungen unterschieden: *erstens* sofern es in der höchsten Vollkommenheit, im völlig unabhängigen, außerweltlichen Sein, *in Deo* realisiert ist", wo er es „*Absolutunendliches*" oder kurz „*Absolutes*" nennt; „*zweitens* sofern es in der abhängigen, kreatürlichen Welt vertreten ist" und „*drittens* sofern es als mathematische Größe, Zahl oder Ordnungstypus vom Denken *in abstracto* aufgefaßt werden kann". Allerdings fügte er hinzu: „In den *beiden* letzten Beziehungen, wo es offenbar als beschränktes, noch weiterer Vermehrung fähiges und *insofern dem Endlichen verwandtes* Aktual-Unendliches sich darstellt, nenne ich es *Transfinitum* und setze es dem *Absoluten* strengstens entgegen" (18, S. 378).

Seinen Standpunkt bezüglich des Aktual-Unendlichen hat Cantor mit folgenden Worten unmißverständlich zum Ausdruck gebracht. Er schrieb: „In jeder von den drei Beziehungen kann die Möglichkeit des aktualen Unendlichen bejaht oder verneint werden; daraus folgen im ganzen *acht* verschiedene Standpunkte, die sämtlich in der Philosophie vertreten sind und von welchen ich denjenigen einnehme, der *unbedingt affirmativ* ist, *in bezug auf alle drei Rücksichten*. Obliegt es besonders der *spekulativen Theologie*, dem *Absolutunendlichen* nachzuforschen und dasjenige zu bestimmen, was menschlicherseits von ihm gesagt werden kann, so fallen andrerseits die auf das *Transfinite* hingerichteten Fragen hauptsächlich in die Gebiete der *Metaphysik* und der *Mathematik*; sie sind es vorzugsweise, mit denen ich mich seit Jahren beschäftige" (18, S. 378).

Cantor wollte nun jedem Mißverständnis seines Transfinitums vorbeugen und erklärte daher an verschiedenen Stellen, wie das Transfinitum zu verstehen ist. So schrieb er u. a.: „Bei allen Philosophen fehlt ... das *Prinzip des Unterschiedes* im Transfinitum, welches zu verschiedenen transfiniten Zahlen und zu verschiedenen Mächtigkeiten führt. Die meisten verwechseln sogar das Transfinitum mit dem seiner Natur nach *unterschiedslosen höchsten Einen*, mit dem Absoluten, dem absoluten Maximum, welches natürlich keiner Determination zugänglich und daher der Mathematik nicht unterworfen ist". „Auch darf das Transfinitum *nicht* als ‚transzendent' (d. h. doch wohl die menschlichen Verstandeskräfte übersteigend) bezeichnet werden" (18, S. 391). „Das *Transfinite* mit seiner Fülle von Gestaltungen und Gestalten weist mit Notwendigkeit auf ein *Absolutes* hin, auf das ‚wahrhaft Unendliche', an dessen Größe keinerlei Hinzufügung oder Abnahme statthaben kann und welches daher quantitativ als *absolutes* Maximum anzusehen ist. Letzteres übersteigt gewissermaßen die menschliche Fassungskraft und entzieht sich namentlich mathematischer Determination; wogegen das *Transfinite* nicht nur das weite Gebiet des Möglichen in Gottes Erkenntnis erfüllt, sondern auch ein reiches, stets zunehmendes Feld idealer Forschung darbietet und meiner Überzeugung nach auch in der Welt des Geschaffenen bis zu einem gewissen Grade und in verschiedenen Beziehungen zur Wirklichkeit und Existenz gelangt, um die Herrlichkeit des Schöpfers, nach dessen absolut freiem Ratschluß, stärker zum Ausdruck zu bringen, als es durch eine bloß ‚endliche Welt' hätte geschehen können. Dies wird aber auf allgemeine Anerkennung noch lange zu warten haben, zumal bei den *Theologen*, so wertvoll auch diese Erkenntnis als Hilfsmittel zur Förderung der von ihnen vertretenen Sache (der Religion) sich erweisen würde" (18, S. 405/406).

Während Cantor einerseits klar zum Ausdruck gebracht hat, daß „das wahre Unendliche oder Absolute, welches in Gott ist, keinerlei Determination gestattet" (18, S. 175), hat er sich andererseits bei der Erforschung seines Transfinitums von einer erkenntnisoptimistischen Grundeinstellung leiten lassen. Er schrieb: „Was ich behaupte und durch diese Arbeit, wie auch durch meine früheren Versuche bewiesen zu haben glaube, ist, daß es nach dem Endlichen ein *Transfinitum* . . ., d. h. eine unbegrenzte Stufenleiter von bestimmten Modis gibt, die ihrer Natur nach nicht endlich, sondern unendlich sind, welche aber ebenso wie das Endliche durch bestimmte, wohldefinierte und voneinander unterscheidbare *Zahlen* determiniert werden können. Mit den endlichen Größen ist daher meiner Überzeugung nach der Bereich der definierbaren Größen *nicht* abgeschlossen, und die Grenzen unseres Erkennens lassen sich entsprechend weiter ausdehnen, ohne daß es dabei nötig wäre, unsrer Natur irgendwelchen Zwang anzutun" (18, S. 176). „*Alle sogenannten Beweise wider die Möglichkeit aktual unendlicher Zahlen sind . . . der Hauptsache nach dadurch fehlerhaft . . ., daß sie von vornherein den in Frage stehenden Zahlen alle Eigenschaften der endlichen Zahlen zumuten oder vielmehr aufdrängen, während die unendlichen Zahlen doch andrerseits, wenn sie überhaupt in irgendeiner Form denkbar sein sollen, durch ihren Gegensatz zu den endlichen Zahlen ein ganz neues Zahlengeschlecht konstituieren müssen, dessen Beschaffenheit von der Natur der Dinge durchaus abhängig und Gegenstand der Forschung, nicht aber unserer Willkür oder unserer Vorurteile ist*" (18, S. 371/372). „Denn, wie schon gesagt, es handelt sich bei unsern *transfiniten* Zahlen um ein *neues Zahlengeschlecht*, dessen Beschaffenheit man zu erforschen, nicht aber nach dem Rezept von Vorurteilen eigenmächtig zu präparieren hat" (18, S. 418).

Diese Ausführungen Cantors gestatten es, eine Reihe von Schlußfolgerungen zu ziehen, die Cantors Weltanschauung näher charakterisieren. H. Meschkowski schreibt: „*Kowalewski* dürfte *Cantor* schon richtig verstanden haben, wenn er ... die Reihe der Alephs als die ‚Stufen zum Throne Gottes' (in der Cantorschen Konzeption) bezeichnet" (99, S. 114). „Cantor rechnet sich zu denen, die das Aktual-Unendliche ‚sowohl *in concreto*, wie auch *in abstracto*' bejahen ... Der Glaube an das Aktual-Unendliche *in concreto* ... bedeutet die Überzeugung, daß aktual-unendliche Mengen in der Wirklichkeit vorkommen" (99, S. 115). H. Meschkowski stellt nun die Frage „Wo existieren die Cantorschen Mengen von der Mächtigkeit $\aleph_0$? Wo die von der Mächtigkeit des Kontinuums?" und schreibt: „*Cantor* hat bekanntlich auf diese Frage eine klare Antwort gegeben ... Er glaubt an eine ‚Realexistenz' seiner Mengen nicht nur im Reich der Ideen, sondern auch in der physikalischen Welt" (99, S. 218). Dabei ist zu beachten, daß dem platonischen Reich der Ideen das „außerweltliche Sein Gottes" entspricht und die physikalische Welt mit der „kreatürlichen Welt" zusammenfällt.

Indem Cantor wiederholt betonte, daß die transfiniten Zahlen ein neues Zahlengeschlecht konstituieren, dessen Beschaffenheit von der Natur der Dinge abhängt und nicht willkürlich verändert werden kann, bekannte sich Cantor auch in diesem Zusammenhang zu einer wissenschaftlichen Methodologie. Cantor verteidigte seine wissenschaftliche Grundhaltung auch in der Auseinandersetzung mit namhaften Theologen seiner Zeit. Sich auf einen Briefwechsel mit Kardinal Franzelin beziehend, schrieb Cantor: „Von *theologischer* Seite ist mir eingewendet worden, daß dasjenige, was ich Transfinitum in natura naturata (in der von Gott geschaffenen Welt – d. V.) nannte ..., sich nicht verteidigen ließe und ... den Irrtum des Pantheismus enthalten würde. Auf dieses Bedenken antwortete ich" (18, S. 385): „Obwohl ich weiß, daß die Lehre vom

‚Infinitum creatum', zwar nicht von allen, doch von den meisten Kirchenlehrern bekämpft wird und im besonderen auch vom großen *S. Thomas Aquinatus* . . . gewisse Meinungen dagegen angeführt werden, so sind doch die Gründe, welche in dieser Frage im Verlauf zwanzigjähriger Forschung, ich kann sagen, wider Willen, weil im Gegensatz zu von mir stets hochgehaltener Tradition, von innen her sich mir aufgedrängt und mich gewissermaßen gefangen genommen haben, stärker als alles, was ich bisher dagegen gesagt fand, obgleich ich es in weitem Umfange geprüft habe" (18, S. 399). „Daß aber ein ‚Infinitum creatum' als existent angenommen werden muß, läßt sich mehrfach beweisen . . . Ein Beweis geht vom Gottesbegriff aus und schließt zunächst aus der höchsten Vollkommenheit Gottes Wesens auf die Möglichkeit der Schöpfung eines Transfinitum ordinatum, sodann aus seiner Allgüte und Herrlichkeit auf die Notwendigkeit der tatsächlich erfolgten Schöpfung eines Transfinitum. Ein anderer Beweis zeigt a posteriori, daß die Annahme eines Transfinitum in natura naturata eine bessere, weil vollkommenere Erklärung der Phänomene . . . ermöglicht als die entgegengesetzte Hypothese . . ." (18, S. 400).

In seinem Antwortbrief an Cantor brachte nun Kardinal Franzelin zum Ausdruck, daß in Cantors Begriff des Transfinitums „keine Gefahr für religiöse Wahrheiten" liegt und daß Cantors Irrtum „aus der mangelhaften Auffassung des Absoluten" folgt. Er schrieb ferner: „In der Voraussetzung, daß Ihr Transfinitum *actuale* in sich keinen Widerspruch enthält, ist Ihr Schluß auf die *Möglichkeit der Schöpfung* eines Transfinitum aus dem Begriffe von Gottes Allmacht ganz richtig. Allein zu meinem Bedauern gehen Sie weiter und schließen ‚aus seiner Allgüte und Herrlichkeit *auf die Notwendigkeit* einer tatsächlich erfolgten Schöpfung des Transfinitum'. Gerade weil Gott an sich das absolute unendliche Gut und die absolute Herrlichkeit ist . . ., ist die *Notwendigkeit* einer Schöpfung, welche immer diese sein mag, ein Widerspruch, und die *Freiheit* der Schöpfung eine ebenso notwendige Vollkommenheit Gottes, wie alle seine anderen Vollkommenheiten, oder besser, Gottes unendliche Vollkommenheit ist . . . ebenso *Freiheit*, als Allmacht . . . Nach Ihrem Schlusse auf die *Notwendigkeit* einer Schöpfung des Transfinitum müßten Sie noch viel weiter gehen. Ihr Transfinitum actuale ist ein Vermehrbares; nun wenn Gottes unendliche Güte und Herrlichkeit die Schöpfung des Transfinitum überhaupt mit Notwendigkeit fordert, so folgt, aus ganz demselben Grunde der Unendlichkeit seiner Güte und Herrlichkeit, die Notwendigkeit der Vermehrung, bis es nicht mehr vermehrbar wäre, was Ihrem eigenen Begriffe des Transfinitum widerspricht. Mit anderen Worten: wer die Notwendigkeit einer Schöpfung aus der Unendlichkeit der Güte und Herrlichkeit Gottes erschließt, der muß behaupten, daß alles Erschaffbare wirklich von Ewigkeit erschaffen ist; und daß es vor Gottes Auge kein Mögliches gibt, das seine Allmacht ins Dasein rufen könnte. Diese Ihre unglückliche Meinung von der Notwendigkeit der Schöpfung wird Ihnen auch in Ihrer Bekämpfung der Pantheisten sehr hinderlich sein ..." (18, S. 386).

In Beantwortung dieses Schreibens stimmte Cantor den Ausführungen des Kardinals „mit voller Überzeugung" zu und erklärte: „Es war an der betreffenden Stelle nicht meine Meinung, von einer objektiven, metaphysischen Notwendigkeit zum Schöpfungsakt, welcher Gott, der *absolut Freie* unterworfen gewesen wäre, zu sprechen, sondern ich wollte nur auf eine gewisse subjektive Notwendigkeit *für uns* hinweisen, aus Gottes Allgüte und Herrlichkeit auf die tatsächlich *erfolgte* (*nicht* a parte Dei *zu erfolgende*) Schöpfung, *nicht bloß* eines *Finitum ordinatum, sondern* eines *Transfinitum ordinatum* zu schließen ..." (18, S. 400). Schließlich ergänzte Cantor seine Erklärung wie folgt: „Da für mich die absolute Freiheit Gottes außer Frage stand, so war die ‚Notwendigkeit' an der betreffenden Stelle des Briefes ... meinerseits nicht so verstanden, wie es hier vorausgesetzt und mit Recht bekämpft wird. Macht man sich aber mit dem richtigen Sinn meiner Argumentation genauer vertraut, so scheint ... der ... versuchsweise angedeutete apriorische Beweis für die tatsächlich *erfolgte* Schöpfung einer transfiniten Welt eine weitere Erwägung und Prüfung zu verdienen" (18, S. 387).

In Übereinstimmung mit W. N. Molodschi bemerken wir: „Die Antwort Cantors ist ein Zugeständnis an die Theologie der Form nach, aber nicht dem Wesen nach" (101, S. 233). Man darf daher aus den Worten Cantors nicht schließen, daß er auf die Grundlage seiner wissenschaftlichen Methodologie zugunsten der Theologie verzichtet hat. Wenn Cantor auch der Ansicht war, daß Gott das Transfinitum völlig frei nach seinem Ermessen erschaffen hat, so hat er doch die Frage umgangen, ob Gott fähig sei, die Natur des einmal von ihm erschaffenen Transfinitums zu verändern. Indirekt hat Cantor allerdings diese Frage verneinend beantwortet, da er sich, trotz der von Kardinal Franzelin aufgezeigten Konsequenzen, zu seinem „apriorischen Beweis für die tatsächlich *erfolgte* Schöpfung einer transfiniten Welt" bekannt hat. Außerdem hat Cantor der Konsequenz seiner Argumentation, „daß alles Erschaffbare wirklich von Ewigkeit erschaffen ist und daß es kein Mögliches gibt, das Gottes Allmacht ins Dasein rufen könnte“, eher „mit voller Überzeugung zugestimmt“ als widersprochen. Man kann daraus schließen, daß Cantor der Ansicht war, daß das einmal von Gott erschaffene Transfinitum ewig existieren wird mit den ihm eigenen Gesetzen. Mit dieser Auffassung ist Cantor seinen wissenschaftlichen Prinzipien treu geblieben.

Wir stimmen nun W. N. Molodschi zu, wenn er schreibt: „Cantor versuchte, der Mengenlehre ein philosophisches Fundament zu geben. Er verfolgte dabei zwei Ziele. Cantor wollte mit Hilfe der Philosophie den Weg zur Überwindung der Schwierigkeiten vorzeichnen, die er beim Aufbau der allgemeinen Mengenlehre entdeckt hat. Eine philosophische Begründung der Mengenlehre hielt Cantor auch für einen erfolgreichen Kampf mit den Gegnern des Begriffs der aktualen Unendlichkeit für notwendig“ (101, S. 220). Wir fügen ergänzend hinzu: Wenn auch platonistische und deistische Auffassungen für Cantors Weltanschauung charakteristisch sind, so darf man doch den Erkenntnisoptimismus Cantors und sein Bekenntnis zu einer wissenschaftlichen Methodologie in der Mathematik nicht übersehen.

Wir werden nun den Nachweis dafür erbringen, daß die seit der griechischen Geistesgeschichte fortbestehende einseitige Orientierung der klassischen Mathematik durch die platonische Ontologie auch heute noch nicht ganz überwunden ist. Zu diesem Zweck führen wir uns zunächst in aller Deutlichkeit vor Augen, welche Vorstellungen der klassische Mathematiker und Logiker mit der platonischen Ontologie verbindet. H. Scholz und G. Hasenjaeger schreiben: Die klassische Mathematik fußt auf der platonischen Ontologie „in den Grenzen, in denen diese Ontologie sich bis jetzt ... als krisenfest erwiesen hat“ (119, S. V). Die Vorstellungen, die H. Scholz und G. Hasenjaeger mit dieser Ontologie verbinden, lassen sich in drei Schwerpunkten zusammenfassen:

1. „Für diese Ontologie ist charakteristisch die Grundvoraussetzung, daß die Objekte der Mathematik und mit ihnen die mathematischen Bereiche an sich existieren, wie die platonischen Ideen“ (119, S. 1). „... Mengen sind Universalien wie die Eigenschaften, mit denen sie zusammenfallen, wenn Eigenschaften, die denselben Individuen zukommen, als identisch betrachtet werden ... Für den Platonismus sind die Universalien Dinge an sich ...“ (119, S. 7).

2. „Für diese Ontologie existieren die unendlichen Bereiche beliebig hoher Mächtigkeit als fertig vorliegende Objekte in derselben Art wie die durch Aufzählung ihrer Elemente erfaßbaren endlichen Mengen und in gleichem Range mit ihnen" (119, S. 1). „Nun versteht es sich zwar, daß auch der Platonismus die Unvollendbarkeit des Unendlichen als solche nicht antastet; aber für ihn ist dies nur eine an den Grenzen menschlichen Könnens gespiegelte, folglich unwesentliche Eigenschaft des Unendlichen gegenüber der wesentlichen Eigenschaft des in sich Vollendetseins, die von jedem Menschenwerk unabhängig ist" (119, S. 7). Für den Platonismus erschöpft sich das Unendliche der Mathematik nicht im Unvollendbaren.
3. Für diese Ontologie ist wesentlich, „daß auf Handlungen im Sinn von Operationen grundsätzlich verzichtet werden kann" (119, S. V). „Man beherrscht die Methoden, mit deren Hilfe sie gänzlich eliminiert werden können. Diese lückenlose Eliminierbarkeit ist noch einmal eine ausdrückliche platonische Forderung" (119, S. 10). Die klassische Mathematik in ihrem Bezug auf die platonische Ontologie „ist unabhängig davon, ob es überhaupt Wesen gibt, die irgendeine vorgeschriebene Handlung vollziehen können. Erst in dieser für sie charakteristischen Voraussetzungslosigkeit kommt ihr platonischer Charakter voll zur Geltung" (119, S. V).

Nachdem H. Scholz und G. Hasenjaeger ihre Auffassung dargestellt hatten, setzten sie ihre Ausführungen fort mit den Worten: „Die weittragenden Folgen dieser Auffassung sind in zwei Hauptpunkten konzentriert.

Erster Hauptpunkt: die Beurteilung *der Potenzmengen.* Mit den abzählbaren Mengen existieren, genauso wie im endlichen Falle, auch ihre Potenzmengen, mit dem ihnen zukommenden Charakter der *Überabzählbarkeit.* Das Überabzählbare steht also gleichberechtigt neben dem Abzählbaren.

Zweiter Hauptpunkt: der für den Platonismus charakteristische Gehalt *des ausgeschlossenen Dritten.* Es genügt hier, die mengentheoretische Formulierung dieses Prinzips ins Auge zu fassen. Sie besagt, daß eine für die Elemente einer beliebigen Menge, also mit Einschließung der unendlichen Mengen von einer beliebigen Mächtigkeit erklärte Eigenschaft allen Elementen der Menge zukommt oder es gibt (wenigstens) ein Mengenelement, dem sie *nicht* zukommt, unabhängig davon, ob ein solches Element angegeben werden kann oder nicht" (119, S. 1).

Die in dieser Weise charakterisierte platonische Ontologie gibt zu zwei schwerwiegenden Problemen Anlaß. 1. Problem: H. Scholz und G. Hasenjaeger bemerken selbst: „Die in diesen Hauptpunkten konzentrierte Ontologie ist nun freilich nicht krisenfest. Die Mengenmannigfaltigkeit, die sie als an sich existierend voraussetzt, muß in jedem Falle so beschrieben werden, daß die erkennbar inkonsistenten Mengen herausfallen. Eine Verschärfung des Mengenbegriffs ist erforderlich" (119, S. 2). 2. Problem: B. Thum hebt hervor: „Die idealistisch-platonische Auffassung ... steht vor dem schon in der Antike aufgetretenen Problem des Verhältnisses zwischen den an sich bestehenden ideellen Gegenständen und dem durch die Konstruktionen und Denkoperationen des Mathematikers gesetzten Gedanklichen, vor einer ungeklärten und nicht überblickbaren Dialektik zwischen Ansichsein und durch gedankliche Operationen Setzbarsein" (146, S. 89).

Wir führen uns nun vor Augen, wie B. Thum, H. Scholz und G. Hasenjaeger die zwei angegebenen Probleme zu lösen versuchten. B. Thum sieht die Lösung des 2. Problems darin, „daß man den Übergang von Möglichkeiten des gedanklichen Bildens und Setzens zum objektiv Bestehenden vollzieht" (146, S. 89). Er fragt aber auch: „Darf man ... die Berechtigung eines solchen Überganges angesichts der Antinomien und der schwierigen Probleme der Grundlegung der Mengenlehre als unproblematisch betrachten?" (146, S. 89). Damit wäre aber das 2. Problem bis zu einem gewissen Grade auf das 1. Problem zurückgeführt. Für H. Scholz und G. Hasenjaeger ist die Lösung des 1. Problems, nämlich die Überwindung der Antinomien der Mengenlehre, mit einem Übergang vom uneingeschränkten Platonismus zu einem „R-revidierten Platonismus" verbunden. Sie schreiben: Die erforderliche Verschärfung des Mengenbegriffs „ist ... bestimmt durch das Russellsche Abstufungsprinzip, das ... nur Mengen von wohlbestimmten Stufen und Elementen, die einer wesentlichen Einschränkung unterworfen sind, zuläßt. Die in diesem Sinne revidierte Ontologie kann als ein R-revidierter Platonismus bezeichnet werden" (119, S. 2). Die Einschränkung, der die Elemente unterworfen sind, wird durch das Russellsche „Zirkelfehlerprinzip" zum Ausdruck gebracht. Es lautet: „Was immer *alle* Elemente einer Menge voraussetzt, darf nicht ein Element der Menge sein" (115, S. 56). Durch dieses Prinzip und die daran anschließende Typen- bzw. Stufentheorie haben bekanntlich B. Russell und A. N. Whitehead erstmalig die Antinomien der Mengenlehre überwunden. Sie schreiben aber auch:

Der Effekt der Typentheorie ist negativ, „sie verbietet gewisse Schlüsse, die sonst gültig wären, aber sie erlaubt nicht einen, der sonst ungültig wäre“ (115, S. 5). Aus diesem Grunde haben die beiden Probleme durch den Übergang zum R-revidierten Platonismus noch keine befriedigende Lösung erfahren.

Es ist nun ganz offensichtlich, daß die meisten der für den objektiven Idealismus platonischer Prägung typischen Vorstellungen vom materialistischen Standpunkt aus unhaltbar sind, da in ihnen die wirklichen Verhältnisse „auf den Kopf gestellt“ werden. Wir wollen uns das noch einmal kurz verdeutlichen. Die platonische Ontologie geht davon aus, „daß die Objekte der Mathematik . . . an sich existieren, wie die platonischen Ideen“. Da die platonischen Ideen in einem jenseitigen geschlossenen Reich der Ideen ihre Existenz haben, existieren die mathematischen Objekte demnach unabhängig davon, ob sie überhaupt ein Mensch in sein Bewußtsein aufnimmt. Die mathematische Erkenntnis erscheint dann als Wiedererinnerung der menschlichen Seele an das, was sie im Reich der Ideen erschaut hat, oder, etwas moderner gesprochen, als „das Resultat einer sukzessiven Entdeckung einer an sich existierenden platonischen Welt“ (119, S. 7/8). Da diese Entdeckung rein kontemplativ erfolgt, kann „auf Handlungen im Sinn von Operationen grundsätzlich verzichtet werden“. Außerdem braucht demzufolge das in sich vollendete Unendliche, welches „von jedem Menschenwerk unabhängig ist“, nicht „an den Grenzen menschlichen Könnens“ gespiegelt zu werden. So verleiht schließlich die platonische Ontologie auch in ihrem Bezug auf die Mathematik ihrer Unterschätzung jeglicher menschlicher Tätigkeit unverhüllt Ausdruck.

Gewiß hat dieser platonische Realismus großen Einfluß gehabt auf die Entwicklung der klassischen Mathematik. Gewiß ist aber auch, daß sich die seitens der klassischen Mathematiker an die platonische Ontologie gebundenen und für die klassische Mathematik notwendigen Vorstellungen vom materialistischen Standpunkt aus präzisieren und erklären lassen. Eine materialistische Kritik der platonischen Ontologie in ihrem Bezug auf die klassische Mathematik steht also vor der Aufgabe, den für die Mathematik relevanten rationalen Gehalt der in den drei Schwerpunkten zusammengefaßten Vorstellungen in Form von Grundannahmen herauszuarbeiten und dabei einerseits die in den zwei Hauptpunkten konzentrierten weittragenden Folgen zu garantieren und andererseits die zwei sich ergebenden schwerwiegenden Probleme zu lösen. Erst wenn diese Aufgabe bewältigt ist, sind die Grundannahmen konsequent materialistisch zu begründen.

4.2. Der logizistische Standpunkt

Der logizistische Versuch einer Grundlegung der Mathematik ist durch das Bestreben gekennzeichnet, die Mathematik auf die Logik zurückzuführen. R. Carnap schreibt: „Als ‚*Logizismus*' wird die Auffassung bezeichnet, daß die Mathematik auf Logik zurückführbar, also nichts anderes als ein Teil der Logik sei" (22, S. 91). Der logizistische Standpunkt wird durch folgende zwei Grundthesen gekennzeichnet:

„1. die mathematischen *Begriffe* sind aus den logischen Begriffen ableitbar, und zwar durch explizite Definitionen;

2. die mathematischen *Sätze* sind aus den logischen Grundsätzen ableitbar, und zwar durch rein logische Deduktionen" (22, S. 91/92).

W. K. Essler hat das logizistische Programm wie folgt charakterisiert: „Das Programm der logischen Grundlegung der Theorie der natürlichen und der reellen Zahlen (das logizistische Grundlegungsprogramm) besteht darin, die Grundbegriffe dieser beiden Theorien unter ausschließlicher Verwendung von logischen Zeichen zu definieren und die Grundsätze jener Theorien unter Benützung dieser Definitionen zu beweisen" (32, S. 155).

G. Frege versuchte als erster, die Grundbegriffe der Arithmetik der natürlichen Zahlen durch explizite Definitionen auf logische Begriffe zurückzuführen und die Peanoschen Axiome unter Verwendung dieser Definitionen rein logisch zu beweisen. Allerdings hat sich Freges System als widerspruchsvoll erwiesen.

Der Hauptvertreter des Logizismus war B. Russell. Wir werden uns daher bei der Behandlung des logizistischen Grundlegungsprogrammes im wesentlichen auf das von B. Russell und A. N. Whitehead verfaßte Werk „Principia Mathematica" beziehen. Beim homogenen Stufenaufbau der Mengenlehre, den wir bis zur Begründung der Arithmetik der natürlichen Zahlen durch das Peanosche Axiomensystem durchgeführt haben, haben wir uns bereits von einigen Grundgedanken der einfachen Typentheorie von Russell und Whitehead leiten lassen. So haben wir nur homogene Mengen in Betracht gezogen, d. h. Mengen, deren Elemente entweder Individuen oder Mengen gleicher Stufe sind. Außerdem haben wir bestimmte Mengen, die wir auch als extensionale Begriffe auffassen können, stets durch explizite Definitionen eingeführt, die zum größten Teil allein durch die Mengenbildungs- und Extensionalitätsaxiome gerechtfertigt waren. War eine explizite Definition eines Begriffes nicht allein durch die Mengenbildungs- und Extensionalitätsaxiome gerechtfertigt, so wurde nur noch das Unendlichkeitsaxiom zur Rechtfertigung hinzugezogen. In den Fällen, in denen wir lediglich eine prädikative Aussageform, die einen Begriff beschreibt, durch eine Definitionsäquivalenz eingeführt haben, hätten wir prinzipiell auch den beschriebenen Begriff durch eine Definitionsgleichung explizit definieren können. Die Rechtfertigung hierfür ist ebenfalls in den zugrunde gelegten Mengenbildungs- und Extensionalitätsaxiomen zu sehen. Die Mengenbildungs- und Extensionalitätsaxiome, die für Mengen jeder endlichen Stufe zu formulieren sind, werden von den Logizisten als rein logische Prinzipien der extensionalen Begriffsbildung aufgefaßt. B. Russell und A. N. Whitehead, die statt von Mengen von Klassen und statt von Aussageformen von Propositionalfunktionen sprechen, formulieren diese Prinzipien wie folgt:

1. „Jede Propositionalfunktion muß eine Klasse bestimmen, die als die Gesamtheit aller der betreffenden Funktion genügenden Argumente angesehen werden kann. Dieses Prinzip muß ebenso gelten, wenn der Funktion eine unendliche, wie wenn ihr eine endliche Anzahl von Argumenten genügt. Es muß auch gelten, wenn gar keine Argumente der Funktion genügen ..."
2. „... eine Klasse muß etwas durch ihren Elementebestand vollständig Bestimmtes sein ..." (115, S. 109/110).

Allein bei Zugrundelegung der diesen logischen Prinzipien entsprechenden Mengenbildungs- und Extensionalitätsaxiome, also ohne Verwendung des Unendlichkeitsaxioms, hätten wir bei unserem homogenen Stufenaufbau der Mengenlehre die Begriffe der Null (0), des Nachfolgers (nf) und der natürlichen Zahl (Ntz) auch unter Bezugnahme auf den Begriff der induktiven Menge (Ime) durch die folgenden expliziten Definitionen einführen können:

(1) $0 = \hat{\mathrm{X}}(\sim \exists a\, a \in \mathrm{X})$

(2) $\forall \mathfrak{M}\ \mathrm{nf}(\mathfrak{M}) = \acute{\mathrm{X}}(\exists a\, (a \in \mathrm{X} \wedge \mathrm{X} \setminus \{a\} \in \mathfrak{M}))$

(3) $\mathrm{Ime} = \hat{\xi}((0 \in \xi \wedge \forall \mathfrak{M}\, (\mathfrak{M} \in \xi \rightarrow \mathrm{nf}(\mathfrak{M}) \in \xi)))$

(4) $\mathrm{Ntz} = \hat{\mathfrak{x}}(\forall \mu\, (\mu \in \mathrm{Ime} \rightarrow \mathfrak{x} \in \mu))$.

Damit hätten wir die Grundbegriffe der Peanoschen Arithmetik unter ausschließlicher Verwendung von logischen Zeichen definiert. Man hat dabei lediglich zu beachten, daß die Einermenge 1. Stufe und die Differenz zweier Mengen 1. Stufe bereits definiert wurden und daß das Zeichen Epsilon ($\in$) im Sinne der Kopula „ist" als logisches Zeichen aufgefaßt wird. Nun wären unter Benutzung dieser Definitionen die Grundsätze der Peanoschen Arithmetik, also die fünf Peanoschen Axiome, zu beweisen. Das erste, das zweite, das dritte und das fünfte Peanosche Axiom können tatsächlich ohne jegliche Schwierigkeiten unter Verwendung dieser Definitionen bewiesen werden. Anders verhält es sich jedoch mit dem vierten Peanoschen Axiom $\mathfrak{P}_4$, welches in diesem Zusammenhang wie folgt formuliert werden kann:

$$\mathfrak{P}_4\colon \forall \mathfrak{x} \forall \mathfrak{y} \, ((\mathfrak{x} \in \mathrm{Ntz} \wedge \mathfrak{y} \in \mathrm{Ntz}) \rightarrow (\sim \mathfrak{x} = \mathfrak{y} \rightarrow \sim \mathrm{nf}(\mathfrak{x}) = \mathrm{nf}(\mathfrak{y}))) \, .$$

Um auch das Axiom $\mathfrak{P}_4$ beweisen zu können, ist das Unendlichkeitsaxiom erforderlich. Man sieht dies leicht ein, wenn man wieder die einzelnen natürlichen Zahlen sukzessiv wie folgt definiert: $1 = \mathrm{nf}(0)$, $2 = \mathrm{nf}(1)$, $3 = \mathrm{nf}(2)$ usw. Das Axiom $\mathfrak{P}_4$ soll dann nämlich gerade garantieren, daß die Reihe der natürlichen Zahlen nicht an einer bestimmten Stelle abbricht, indem von dieser Stelle an alle natürlichen Zahlen mit der leeren Menge 2. Stufe identisch sind. Das ist aber gleichbedeutend damit, daß ein unendlicher Individuenbereich (Gegenstandsbereich) zugrunde gelegt werden muß. W. K. Essler schreibt hierzu: „Damit ist bei dieser Definition der Begriffe ‚0‘, ‚nf‘ und ‚Ntz‘ das Axiom $\mathfrak{P}_4$ nicht bei jeder Interpretation über jedem nichtleeren Gegenstandsbereich wahr, es ist bei dieser Definition jener Begriffe also nicht logisch wahr und deshalb auch in keinem widerspruchsfreien Logiksystem beweisbar. Hält man . . . an den Definitionen . . . fest und erklärt, daß man nur an dem Fall interessiert sei, daß $\mathfrak{P}_4$ wahr ist, so ist dies gleichbedeutend damit, daß man nur unendliche Gegenstandsbereiche in Betracht zieht . . . Wenn man $\mathfrak{P}_4$ als Axiom aufstellt, so bedeutet dies, daß man die Unendlichkeit des Gegenstandsbereichs fordert“ (32, S. 157). Man setzt also voraus, daß es in der materiellen Welt unendlich viele Gegenstände gibt, was bestenfalls empirisch wahr, keinesfalls jedoch logisch wahr ist. W. K. Essler bemerkt in dem Zusammenhang völlig richtig: „Die These Kants, daß die Arithmetik kein Zweig der Logik sei, scheint durch die obige Überlegung gestützt zu werden, ja sie wird dadurch sogar verschärft; denn Kant wollte den apriorischen Charakter dieser Wissenschaft nicht preisgeben, während sie jetzt eine empirische Wissenschaft zu sein scheint. Das Argument Kants, daß der Satz ‚5 + 7 = 12‘ nicht logisch wahr sein kann, ist jedoch nicht richtig“ (32, S. 158). Wenn man nämlich den Begriff der Summe (+) wie folgt definiert:

$$\forall \mathfrak{M} \forall \mathfrak{N} \, \mathfrak{M} + \mathfrak{N} = \hat{\mathbf{X}}(\exists \mathbf{A} \exists \mathbf{B}((\mathbf{A} \in \mathfrak{M} \wedge \mathbf{B} \in \mathfrak{N}) \wedge (\mathbf{A} \cap \mathbf{B} = \mathbf{0} \wedge \mathbf{X} = \mathbf{A} \cup \mathbf{B})))$$

dann wird der Satz „5 + 7 = 12“ beweisbar. Nicht beweisbar ist allerdings der Satz, der zum Ausdruck bringt, daß 5, 7 und 12 verschiedene natürliche Zahlen sind. Erst wenn man zu den logischen Grundsätzen (Prinzipien) und den expliziten Definitionen noch das Unendlichkeitsaxiom hinzunimmt, kann man zeigen, daß alle natürlichen Zahlen nicht leer und voneinander verschieden sind.

Bezüglich der logischen Grundlegung der Theorie der reellen Zahlen schreibt nun R. Carnap: „Das Wesentliche an der angedeuteten logizistischen Methode der Einführung der reellen Zahlen ist, daß hier diese Zahlen *nicht ‚postuliert'*, sondern *‚konstruiert'* werden. Es wird nicht durch Postulate oder Axiome die Existenz von Gebilden angesetzt, die die Eigenschaften der reellen Zahlen haben, sondern es werden durch explizite Definitionen logische Gebilde konstruiert, die auf Grund dieser Definitionen diejenigen Eigenschaften haben, die man in der Arithmetik den reellen Zahlen beizulegen pflegt ... Diese ‚konstruktivistische' Auffassung gehört zu den Grundtendenzen des Logizismus" (22, S. 94). Allerdings muß auch hier angemerkt werden, daß nicht alle Sätze der Arithmetik der reellen Zahlen unter alleiniger Verwendung von expliziten Definitionen und logischen Grundsätzen beweisbar sind. R. Carnap bemerkt selbst: „Zunächst stellt sich heraus, daß manche Sätze der Arithmetik und Mengenlehre, wenn sie in üblicher Weise aufgefaßt werden, zu ihrem Beweis außer den logischen Grundsätzen noch besondere Grundsätze erfordern, die als *Unendlichkeitsaxiom* und als *Auswahlaxiom* ... bezeichnet werden". Beide Axiome sind Existenzsätze und daher keine Grundsätze der Logik (22, S. 95).

Es muß nun an dieser Stelle darauf hingewiesen werden, daß die Mengenbildungsaxiome in unserer Darstellung auch als Existenzsätze formuliert wurden. Dennoch können sie als logische Prinzipien der Mengen- bzw. Klassenbildung aufgefaßt werden, da sie völlig gleichwertig durch logische Regeln zur Klasseneinführung und Klassenbeseitigung ersetzt werden können (32, S. 101). Bei der Formulierung dieser Regeln wird unmittelbar von einem Klassenbildungsoperator $\hat{}$ (Zirkumflex) oder λ (Lambda) Gebrauch gemacht. Der Gebrauch des bestimmten Artikels ι (Jota), der bei Zugrundelegung der Mengenbildungsaxiome durch die Hinzunahme der Extensionalitätsaxiome gerechtfertigt wurde und der dann seinerseits die Einführung des Klassenbildungsoperators $\hat{}$ zum Zweck der Abkürzung ermöglichte, wird hierbei vermieden bzw. umgangen. Jedenfalls können die Mengenbildungs- und Extensionalitätsaxiome als logische Prinzipien der extensionalen Begriffsbildung aufgefaßt werden. Dies gilt jedoch keineswegs für das

Unendlichkeitsaxiom und für die Auswahlaxiome, da diese Axiome reine Existenzsätze darstellen.

Nach Meinung der Logizisten hat es die Logik nur mit den möglichen Formen des Denkens zu tun und darf daher keine Aussagen darüber machen, ob etwas existiert oder nicht. Wenn nun die Mathematik ein Teil der Logik sein soll, dann „darf auch sie von Existenz nicht im absoluten Sinn, sondern nur bedingungsweise sprechen: wenn Gebilde von der und der Art existieren, dann auch Gebilde von der und der Art, die sich aus jenen logisch ergeben" (22, S. 96). B. Russell verwandelte daher einen mathematischen Satz $\mathfrak{S}$, der zu seinem Beweis das Unendlichkeitsaxiom $\mathfrak{U}$ oder ein Auswahlaxiom $\mathfrak{A}$ erfordert, in einen Bedingungssatz $(\mathfrak{U} \to \mathfrak{S})$ oder $(\mathfrak{A} \to \mathfrak{S})$ oder $((\mathfrak{U} \wedge \mathfrak{A}) \to \mathfrak{S})$. Ein derartiger Bedingungssatz ist dann aus den Grundsätzen der Logik beweisbar.

Aus der Sicht der Typentheorie von Russell und Whitehead erscheint nun unser homogener Stufenaufbau der Mengenlehre als einstellige einfache Typentheorie. Jeder eingeführte Begriff ist nämlich als einstelliger Beziehungsbegriff und damit als Eigenschaftsbegriff auffaßbar. Statt von (extensionalen) Eigenschaftsbegriffen, die ja weiter nichts als Mengen bzw. Klassen von bestimmter Stufe sind, spricht man auch einfach von (extensionalen) Eigenschaften. Mit den Eigenschaften werden auch die Terme (Variablen und Konstanten), die (mehrdeutig bzw. eindeutig) die entsprechenden Eigenschaften bezeichnen, nach Stufen unterschieden. Die Einstelligkeit der entwickelten einfachen Typentheorie, d. h. die Auffassung jedes Beziehungsbegriffes als Eigenschaftsbegriff, wurde durch die Definition des geordneten Paares nach Kuratowski ermöglicht. Durch diese Definition wurde nämlich der Begriff des geordneten Paares von Mengen bestimmter Stufe (Individuen können als Mengen 0-ter Stufe aufgefaßt werden) auf den stufenrelativierten Mengenbegriff zurückgeführt. Nun kann auch der Begriff des geordneten Tripels von Mengen bestimmter Stufe auf den Begriff des geordneten Paares von Mengen bestimmter Stufe zurückgeführt werden usw. Das geordnete Tripel von Individuen wird dabei wie folgt definiert:

$\forall a \forall b \forall c\ [a, b, c] = [[a, b], \{\{c\}\}]$.

Wird der stufenrelativierte Begriff des geordneten n-Tupels $(n \geqq 2)$ nicht durch explizite Definitionen sukzessiv auf den stufenrelativierten Mengenbegriff zurückgeführt, sondern vielmehr nur im naiven Sinne verstanden, dann gelangt man zu einer mehrstelligen einfachen Typentheorie (32, S. 116–118). In diesem Fall ist zur

Bestimmung des Typus eines Begriffes (einer Beziehung) und des entsprechenden Termes nicht nur die Stufenzahl, sondern auch die Stellenzahl erforderlich. Den Termen, die Individuen bezeichnen, wird nach dieser Theorie der Typus +, den Termen, die Eigenschaften von Individuen bezeichnen, der Typus (+) und den Termen, die Eigenschaften von Eigenschaften von Individuen bezeichnen, der Typus ((+)) zugeordnet. (+, +) ist der Typus des Begriffs der Identität, die zwischen Individuen besteht, ((+), (+)) ist der Typus des Begriffs der Identität, die zwischen Eigenschaften von Individuen besteht, und ((+, +), (+, +)) ist der Typus des Begriffs der Identität, die zwischen zweistelligen Beziehungen zwischen Individuen besteht. ((+, +), (+, +, +), (+, +, +)) ist schließlich der Typus des Begriffs einer Beziehung, in der eine zweistellige Beziehung zwischen Individuen und zwei dreistellige Beziehungen zwischen Individuen stehen. Wir werden nun noch zum Vergleich den Typus einiger Begriffe in der mehrstelligen einfachen Typentheorie und in der einstelligen einfachen Typentheorie in einer Tabelle gegenüberstellen.

Begriff	Typus des Begriffs in der mehrstelligen einfachen Typentheorie	Typus des Begriffs in der einstelligen einfachen Typentheorie
Begriff der Einermenge 1. Stufe	((+))	((+))
Begriff der Gleichmächtigkeitsrelation zwischen Mengen 1. Stufe	((+), (+))	((((+))))
Begriff der Vereinigungsoperation für Mengen 1. Stufe	((+), (+), (+))	((((((+))))))

Für die mehrstellige einfache Typentheorie kann man nun auch die sinnvollen prädikativen Ausdrücke der Objektsprache charakterisieren. Wenn $T_1, \ldots, T_r$ Terme von den Typen $\tau_1, \ldots, \tau_r$ sind, dann ist $[T_1, \ldots, T_r] \in T$ genau dann ein sinnvoller prädikativer Ausdruck, wenn T ein r-stelliger Term vom Typ $(\tau_1, \ldots, \tau_r)$ ist.

Wir wenden uns nun der verzweigten Typentheorie von B. Russell und A. N. Whitehead zu. Durch die verzweigte Typentheorie sollten nichtprädikative (imprädikative) Begriffsbildungen ausgeschlossen werden. „... dabei heißt eine Begriffsbildung (Definition) ‚nichtprädikativ', wenn sie ein Gebilde definiert unter Bezugnahme auf eine Gesamtheit, zu der das Gebilde gehört" (22, S. 99). Derartige Definitionen führen nach Meinung von Russell zu Zirkelfehlern und müssen daher verboten werden. Das Zirkelfehlerprinzip (Circulus-vitiosus-Prinzip) bringt das Verbot nichtprädikativer Begriffsbildungen zum Ausdruck. R. Carnap formuliert dieses Prinzip wie folgt: „Keine Gesamtheit kann Glieder enthalten, die nur mit Hilfe dieser Gesamtheit definiert werden können" (22, S. 98). B. Russell und A. N. Whitehead schreiben selbst: „‚Wenn eine gewisse Menge unter der Voraussetzung, sie bilde eine Gesamtheit, Elemente enthielte, die nur in Termen dieser Gesamtheit definierbar sind, dann bildet diese Vielheit keine Gesamtheit'. Dies wollen wir das ‚Zirkelfehlerprinzip' nennen, weil es uns instand setzt, fehlerhafte Zirkel zu vermeiden, die in der Annahme illegitimer Gesamtheiten liegen. Argumentationen, die das Zirkelfehlerprinzip verwirft, sollen ‚Zirkeltrugschlüsse' heißen. Solche Argumentationen können unter Umständen zu Widersprüchen führen, aber es kommt auch oft vor, daß die Folgerungen, zu denen sie führen, in der Tat wahr sind, obwohl die Argumentationen trügen" (115, S. 56). Vor Russell hat bereits H. Poincaré und nach Russell hat H. Weyl das Verbot nichtprädikativer Definitionen ausgesprochen. „... man wies hier darauf hin, daß ein nichtprädikativ definierter Begriff infolge des Zirkels in der Definition sinnlos sei" (22, S. 99).

Ein Beispiel für eine nichtprädikative Begriffsbildung ist der durch die Definitionsaussage (4) eingeführte Begriff der natürlichen Zahl (Ntz). Die Menge Ntz wird nämlich unter Bezugnahme auf die Menge Ime definiert, in der die Menge Ntz selbst als Element enthalten ist. Daß Ntz $\in$ Ime gilt, folgt unmittelbar aus den Definitionsaussagen (3) und (4). Wir werden nun verdeutlichen, worin die angebliche Sinnlosigkeit des Begriffs Ntz besteht. Die Menge Ntz, die durch die Definitionsaussage (4) definiert werden soll, kommt als möglicher Wert der Variablen μ in versteckter Weise bereits im definierenden Ausdruck (Definiens) vor, was zu einem Zirkel in der Definition von Ntz führt. Die Menge Ntz wird indirekt schon bei ihrer Definition vorausgesetzt und durch sich selbst mit definiert, was als zirkelhaft und daher unzulässig erscheint. Die Sinnlosigkeit dieses nichtprädikativ definierten Begriffs Ntz zeigt sich angeblich besonders deutlich, wenn man das Zutreffen dieses Begriffs in einem Einzelfall nachweisen will. Beachtet man die Definitionsaussagen (1),

(2), $1 = nf(0)$ und $2 = nf(1)$, so muß man, um zu überprüfen, ob $2 \in Ntz$ gilt (ob der Begriff Ntz auf die Zahl 2 zutrifft) auf Grund der Definitionsaussage (4) untersuchen, ob die Zahl 2 ein Element jeder induktiven Menge ist oder nicht. Wenn man aber für jede induktive Menge untersuchen muß, ob die Zahl 2 ein Element von ihr ist oder nicht, so muß man dies auch für die Menge Ntz tun, die ja ebenfalls eine induktive Menge ist. Um also auf diese Weise festzustellen, ob $2 \in Ntz$ gilt oder nicht, müßte man u. a. auch untersuchen, ob die Zahl 2 ein Element von Ntz ist oder nicht. Demnach wäre gar nicht überprüfbar, ob der Begriff Ntz auf die Zahl 2 zutrifft. Durch derartige Überlegungen wurde B. Russell zur Aufstellung der verzweigten Typentheorie veranlaßt.

In der verzweigten Typentheorie werden die Begriffe und die entsprechenden Terme nicht nur durch ihren Typus, der durch Stufenzahl und Stellenzahl festgelegt wird, sondern auch noch durch ihre Ordnung, die durch eine Ordnungszahl angegeben werden kann, charakterisiert. Innerhalb eines jeden Typus werden also die Begriffe und die entsprechenden Terme noch nach ihrer Ordnung unterschieden. Der Einfachheit halber beschränken wir uns auf die einstellige verzweigte Typentheorie. Statt von (extensionalen) Begriffen bzw. (extensionalen) Eigenschaften sprechen wir wieder von Mengen. Wir haben also lediglich innerhalb einer jeden Stufe Mengen nach ihrer Ordnung zu unterscheiden. Diese Unterscheidung wird nach Meinung von Russell dadurch erforderlich, daß es unzulässig ist, eine Menge n-ter Stufe ($n \geqq 1$) durch einen Ausdruck zu definieren, der durch Quantifizierung einer Variablen für Mengen n-ter Stufe (einer Variablen n-ter Stufe) auf die Gesamtheit aller Mengen n-ter Stufe Bezug nimmt. Eine Menge n-ter Stufe ist von 1. Ordnung, wenn im definierenden Ausdruck kein Bezug auf die Gesamtheit aller Mengen n-ter Stufe genommen wird. Eine Menge n-ter Stufe ist von 2. Ordnung, wenn im definierenden Ausdruck auf die Gesamtheit aller Mengen n-ter Stufe von 1. Ordnung Bezug genommen wird usw. Ein Ausdruck, in dem auf die Gesamtheit aller Mengen n-ter Stufe ohne Relativierung auf eine bestimmte Ordnung Bezug genommen wird, wird für unzulässig erklärt. Hiernach wird dann in keiner Definition einer Menge n-ter Stufe ($n \geqq 1$) auf eine Gesamtheit Bezug genommen, zu der sie selbst gehört.

Wir verdeutlichen nun das Gesagte am Beispiel der Definition der Menge Ntz, die ja eine Menge 3. Stufe ist. Die Menge Ntz wird jetzt als Menge 3. Stufe von 2. Ordnung in prädikativer Weise wie folgt definiert: Die Menge Ntz ist die Menge aller Mengen 2. Stufe von 1. Ordnung, die in jeder induktiven Menge 3. Stufe von 1. Ordnung als Element enthalten sind. Wird nun noch die Definition der Menge Ime, die ja eine Menge 4. Stufe ist, so relativiert, daß die Menge Ime nur Mengen 3. Stufe von 1. Ordnung als Element enthalten kann, dann kann die Menge Ntz kein Element der Menge Ime sein, da sie eine Menge 3. Stufe von 2. Ordnung ist. Auf diese Weise können nichtprädikative Begriffsbildungen durch die verzweigte Typentheorie vermieden werden.

Die verzweigte Typentheorie führt nun aber schon bei der Darstellung der Theorie der reellen Zahlen zu erheblichen Schwierigkeiten. Gewisse Begriffe sind nicht definierbar und gewisse Sätze sind gar nicht formulierbar, geschweige denn beweisbar. Das liegt daran, daß keine Definitionen und keine Sätze zugelassen werden, in denen auf alle reellen Zahlen schlechthin Bezug genommen wird. Es ist ja auf Grund der verzweigten Typentheorie nur sinnvoll, von allen reellen Zahlen einer bestimmten Ordnung zu sprechen und nicht von allen reellen Zahlen schlechthin. Um diese Schwierigkeiten zu überwinden, hatte B. Russell zunächst das sogenannte Reduzibilitätsaxiom aufgestellt. B. Russell und A. N. Whitehead charakterisieren es in ihrer Terminologie wie folgt: „Das *Reduzibilitätsaxiom* ist die Annahme, daß es, wenn eine Funktion ... gegeben ist, eine damit formal äquivalente *prädikative Funktion* gibt ..." (115, S. 81). Formal äquivalent heißen dabei „zwei Propositionalfunktionen, die dieselbe Klasse definieren" (115, S. 110). „Vermöge des Reduzibilitätsaxioms gibt es, wenn $\varphi\hat{z}$ irgendeine Funktion ist, eine formal äquivalente prädikative Funktion $\psi!\hat{z}$; dann ist die Klasse $\hat{z}(\varphi z)$ mit der Klasse $\hat{z}(\psi!z)$ identisch, so daß jede Klasse durch eine *prädikative* Funktion definiert werden kann" (115, S. 109). Wir entnehmen diesen Ausführungen, daß das Reduzibilitätsaxiom garantieren soll, daß jede Menge n-ter Stufe ($n \geqq 1$) auf prädikative Weise definierbar ist. Daß dies tatsächlich der Fall ist, „läßt sich nicht beweisen, sondern muß axiomatisch vorausgesetzt werden", bemerkt G. Küng (80, S. 63). G. Küng, der statt von Mengen von Eigenschaften spricht, hebt auch hervor, daß die Definition einer Eigenschaft „prädikativ ist", wenn sie „sich nicht durch einen Quantifikator auf eine Gesamtheit bezieht, zu welcher die zu definierende Eigenschaft selbst schon gehört" (80, S. 63). Es ist nun nicht verwunderlich, daß das Reduzibilitätsaxiom sehr umstritten wurde und ernsthafte Einwände hervorgerufen hat. G. I. Rusawin schreibt: „Ernsthafte Einwände ruft auch das Reduzibilitätsaxiom hervor, welches behauptet, daß zu jeder nichtprädikativen Definition innerhalb eines gegebenen logischen Typs eine zu ihr äquivalente prädikative Definition existiert" (113, S. 235). So kam es schließlich, daß Russell und Whitehead schon in der 2. Auflage der „Principia Mathematica" das Reduzibilitätsaxiom wieder fallen ließen.

Wir werden nun Argumente betrachten, die für die Zulässigkeit nichtprädikativer Begriffsbildungen aufgestellt wurden. Ein wesentlicher Grund hierfür liegt darin, daß nichtprädikative Begriffsbildungen in der Theorie der reellen Zahlen unentbehrlich sind. Es war F. P. Ramsey, ein Schüler von Russell, der als erster erklärte, daß nichtprädikative Definitionen zwar einen Zirkel, aber keinen Fehler enthalten. „Er verweist auf die Kennzeichnung ‚der längste Mann in diesem Zimmer'" (22, S. 101). „Hier wird etwas gekennzeichnet mit Hilfe einer Gesamtheit, zu der es selbst gehört" (22, S. 102). Durch diese Kennzeichnung wird die Person nicht erschaffen, sondern nur aus der Gesamtheit herausgehoben. Da die gekennzeichnete Person schon vorher existiert hat, wird die Kennzeichnung als zulässig betrachtet. „Ebenso, meint *Ramsey*, sei es nun auch mit den Eigenschaften; die Gesamtheit der Eigenschaften existiere schon an sich; daß wir Menschen endliche Wesen sind und daher nicht jede dieser unendlich vielen Eigenschaften für sich bezeichnen können, sondern manche von ihnen nur durch Bezugnahme auf die Gesamtheit aller Eigenschaften kennzeichnen können, sei ein empirisches Faktum, das die Logik nichts angehe" (22, S. 102). Carnap nimmt gegen die Auffassung Ramseys, „daß die Gesamtheit der Eigenschaften schon vor ihrer Kennzeichnung durch Definitionen existiere", Stellung und schreibt: „Mir scheint, eine solche Auffassung ist nicht mehr weit entfernt von einem Glauben an ein platonisches Reich der Ideen, die an sich bestehen, unabhängig davon, ob und in welcher Form die endlichen Menschen imstande sind, sie zu denken" (22, S. 102). Carnap bekennt sich in dem Zusammenhang zur intuitionistischen Mathematik, die, auf den Menschen bezogen, eine endliche, schrittweise Konstruktion der gedanklichen Gebilde fordert und daher auch „anthropologische Mathematik" genannt wird, und wendet sich entschieden gegen die platonistische Mathematik, die sich vom „Standpunkt eines unendlichen Geistes" über die „Schranken des wirklich Erkennbaren und Definierbaren" hinwegsetzt und daher „theologische Mathematik" genannt werden sollte. Man müßte demzufolge „Ramseys Mathematik eine theologische Mathematik" nennen.

Carnap vertritt nun die Ansicht, daß man Ramseys Ergebnis beibehalten kann, ohne seine „absolutistische Auffassung", seinen „Begriffsabsolutismus" zu teilen. Carnaps Ausgangspunkt für die Begründung der Zulässigkeit nichtprädikativer Begriffsbildungen ist die Frage, ob das Überprüfen des Zutreffens eines nichtprädikativ definierten Begriffs in einem Einzelfall tatsächlich zu einem Zirkel führt. Wir betrachten daher noch einmal die Definitionsaussage (4), durch die der Begriff Ntz in nichtprädikativer Weise definiert wird und prüfen, ob der Begriff Ntz auf die Zahl 2 zutrifft oder nicht. Gemäß Definition (4) haben wir also zu prüfen, ob die Zahl 2 in jeder induktiven Menge als Element enthalten ist oder nicht. Müßte man dazu tatsächlich jede einzelne induktive Menge in Betracht ziehen, so würde sich allerdings ein unlösbarer Zirkel ergeben, da die Menge Ntz selbst eine induktive Menge ist. Die Überprüfung einer logischen oder mathematischen Allaussage besteht aber nicht in der individuellen Durchlaufung aller Einzelfälle, da in der Regel eine unendliche Gesamtheit zugrunde liegt. R. Carnap schreibt: „Der Gedanke an die Notwendigkeit der Durchlaufung beruht auf einer Verwechslung der ‚numerischen' (individuellen – d. V.) Allgemeinheit, die sich auf vorgegebene Gegenstände bezieht, mit der ‚spezifischen' (generellen – d. V.) Allgemeinheit ... Die spezifische Allgemeinheit wird nicht dadurch festgestellt, daß Einzelfälle durchlaufen werden, sondern dadurch, daß aus gewissen Bestimmungen gewisse andere logisch abgeleitet werden" (22, S. 103). In unserem Beispiel, in dem wir nachweisen wollen, daß der Begriff Ntz auf die Zahl 2 zutrifft, haben wir nunmehr zu zeigen, daß aus der Bestimmung „eine induktive Menge zu sein" die Bestimmung „die Zahl 2 als Element zu enthalten" logisch folgt. Dies kann wie folgt geschehen:

zu zeigen: $\forall \mu\ (\mu \in \mathrm{Ime} \rightarrow 2 \in \mu)$ (wegen Definition (4))

zu zeigen: $\forall \mu\ ((0 \in \mu \land \forall \mathfrak{M}\ (\mathfrak{M} \in \mu \rightarrow \mathrm{nf}(\mathfrak{M}) \in \mu)) \rightarrow 2 \in \mu)$ (wegen Definition (3))

Beweis:

Vor.:

(1) $0 \in \mu$

(2) $\forall \mathfrak{M}\ (\mathfrak{M} \in \mu \rightarrow \mathrm{nf}(\mathfrak{M}) \in \mu)$

Beh.: $2 \in \mu$

Aus Vor. (2) folgt $(0 \in \mu \rightarrow \mathrm{nf}(0) \in \mu)$ und wegen Vor. (1) auch $\mathrm{nf}(0) \in \mu$. Auf Grund der Definition $1 = \mathrm{nf}(0)$ folgt hieraus $1 \in \mu$. Aus Vor. (2)

folgt nun ferner $(1 \in \mu \rightarrow nf(1) \in \mu)$ und mit $1 \in \mu$ auch $nf(1) \in \mu$, woraus wegen der Definition $2 = nf(1)$ schließlich $2 \in \mu$ folgt.

Dieser triviale Beweis läßt bereits erkennen, daß man auch für einen nichtprädikativ definierten Begriff überprüfen kann, ob er in einem Einzelfall zutrifft oder nicht. Dadurch haben sich aber nichtprädikative Definitionen doch noch als sinnvoll erwiesen. R. Carnap schreibt schließlich: „Wenn wir den Gedanken an die Notwendigkeit eines Durchlaufens der Einzelfälle fallen lassen und uns klarmachen, daß die Allgemeingültigkeit einer Aussage für beliebige Eigenschaften nichts anderes bedeutet als ihre logische (genauer: tautologische) Geltung bei unbestimmter Eigenschaft, so kommen wir zu der Überzeugung, daß die nichtprädikativen Definitionen logisch zulässig sind“ (22, S. 104).

Wir könnten nun das Russellsche Zirkelfehlerprinzip, welches das Verbot nichtprädikativer Definitionen zum Ausdruck bringt, ohne weiteres aufgeben, wenn Russell nicht nachgewiesen hätte, daß sowohl die logischen (syntaktischen) als auch die epistemologischen (semantischen) Antinomien durch Zirkeltrugschlüsse zustande gekommen sind. Bevor wir also nichtprädikative Definitionen erlauben, müssen wir uns vergewissern, daß diese Widersprüche nicht nur durch das Verbot nichtprädikativer Definitionen, sondern auch auf andere Weise vermieden werden können. Die logischen Antinomien werden tatsächlich bereits durch die einfache Typentheorie ausgeschlossen, da in ihr nur homogene Mengen zugelassen werden. Die in den logischen Antinomien auftretenden Mengen (die antinomischen Mengen) sind dagegen nicht homogen. Anders verhält es sich mit den semantischen Antinomien, die mit solchen semantischen Begriffen wie „Wahrheit“ und „Definierbarkeit“ zusammenhängen. Sie wurden erst durch die verzweigte Typentheorie ausgeschlossen, in der „die Eigenschaften eines jeden Typus noch in ‚Ordnungen‘ unterteilt“ wurden; „diese Einteilung nahm nicht mehr Bezug auf die Art der Gegenstände, für die die Eigenschaft gilt, sondern auf die Form der Definition, durch die sie eingeführt ist“ (22, S. 97). Man kann aber auch die semantischen Antinomien unter Verzicht auf die verzweigte Typentheorie vermeiden, wenn man die Theorie der semantischen Stufen akzeptiert, wonach die Ausdrücke (Aussageformen und Aussagen) bzw. Sätze nach Sprachstufen unterschieden werden. Dies hat auch F. P. Ramsey klar erkannt. W. K. Essler schreibt nämlich: „Frank P. Ramsey zeigte 1925, daß die ... geschilderte einfache Typentheorie zur Ausscheidung sinnloser Wortzusammenstellungen und zur Vermeidung von Antinomien ausreicht, falls die Sätze nach Sprachstufen getrennt werden“ (32, S. 117).

Wir verdeutlichen uns nun noch einmal das Anliegen des Logizismus. N. A. Kisseljowa schreibt: „Der Logizismus (seine Vertreter waren B. Russell, A. Whitehead, R. Carnap) versuchte die Mathematik durch ihre Zurückführung auf die Logik zu begründen, d. h. durch die Definition ihrer ‚undefinierbaren‘ (Grund-)Begriffe in Termen der Logik, die Formulierung aller ihrer Sätze in der ‚Sprache‘ der mathematischen Logik und den Beweis dieser Sätze (darunter auch der Axiome) nach den Regeln derselben Logik“ (69, S. 82). Um dieses Ziel überhaupt erreichen zu können, mußte zunächst einmal die Logik selbst als ein deduktives System dargestellt werden. Ende des 19. Jh. hat G. Frege als erster einen deduktiv-axiomatischen Aufbau der mathematischen Logik ausgeführt und darüber hinaus versucht, die Mathematik durch eine Zurückführung der Grundbegriffe der Arithmetik der natürlichen Zahlen auf die Begriffe der Logik zu begründen. Dabei darf allerdings der Zusammenhang dieses Fregeschen Versuches einerseits mit der Tendenz der Arithmetisierung der Mathematik, die sich vor allem in der Ausarbeitung der Theorie der reellen Zahlen durch Dedekind, Weierstraß und Cantor zeigte, und andererseits mit der Axiomatisierung der Arithmetik der natürlichen Zahlen durch Dedekind und Peano nicht übersehen werden. Nur unter Beachtung dieses Zusammenhanges ist verständlich, daß sich Frege bei seinem Versuch einer logischen Begründung der Mathematik auf die Arithmetik der natürlichen Zahlen beschränkte. Er setzte einfach voraus, daß die Mathematik bereits auf die Arithmetik der natürlichen Zahlen zurückgeführt ist und daß das Peanosche Axiomensystem bis zu einem gewissen Grade den Zusammenhang der Grundbegriffe der Arithmetik der natürlichen Zahlen zum Ausdruck bringt. Da aber durch das Axiomensystem nicht eindeutig festgelegt wird, wie die Grundbegriffe zu interpretieren sind, verfolgte Frege schließlich das Ziel, diese Unbestimmtheit durch eine Zurückführung der Grundbegriffe auf Begriffe der Logik zu beheben. So entstand das Programm des Logizismus, die Grundbegriffe der reinen Mathematik in Termen der Logik zu definieren und ihre Grundaussagen als Sätze der Logik zu beweisen. G. I. Rusawin schreibt hierzu: „Sofern die ganze reine Mathematik logisch aus der Arithmetik der natürlichen Zahlen abgeleitet werden kann, genügt es zur Verwirklichung dieses Programms, allein die Grundbegriffe der Arithmetik in Termen der Logik zu definieren und ihre Grundgesetze als Theoreme der Logik zu beweisen“ (113, S. 228/229).

Es war nun B. Russell, der als erster auf einen Widerspruch im System Freges hinwies. G. Küng schreibt: „Im Juni 1901 machte *Russell* bei seinen logizistischen Studien eine niederschmetternde Entdeckung: aus scheinbar einsichtigen klassenlogischen Voraussetzungen ließ sich ein Widerspruch ableiten" (80, S. 61/62). Es handelte sich um die logische Antinomie der Klasse aller Klassen, die sich nicht selbst als Element enthalten (Russellsche Antinomie). G. Küng folgerte daraus: „Eine sorglos realistische Auffassung der für Mathematik und Logik grundlegenden Klassen erwies sich als unhaltbar. Dies war der schwerste Schlag, den der doch gerade unter den Mathematikern verbreitete Glaube an abstrakte platonische Entitäten je erlitt, und seine Auswirkungen sind in der zeitgenössischen Philosophie von weitreichender Bedeutung" (80, S. 62). B. Russell, der selbst Mathematiker war und schon vor dieser „niederschmetternden Entdeckung" von der „Ungenauigkeit seiner Wissenschaft" enttäuscht wurde, ließ sich in diesem Zusammenhang zu der Äußerung hinreißen, daß die Mathematik eine Wissenschaft sei, in der wir weder wissen, „worüber wir reden, noch ob das, was wir sagen, wahr sei" (91, S. 29). Russell bezieht sich damit offenbar nur auf diejenige Mathematik, in der um die Jahrhundertwende logische Antinomien entdeckt wurden, die die dritte Grundlagenkrise der Mathematik auslösten. Tatsächlich ist eine Theorie, die zu logischen Widersprüchen führt, völlig wertlos, da in ihr jede Aussage, also auch jede falsche Aussage, beweisbar ist. Insofern kann Russells Äußerung nicht als eine Disqualifizierung der Mathematik schlechthin, sondern nur als eine Charakterisierung der konkreten Situation in der Mathematik um die Jahrhundertwende gewertet werden. Dies zeigt auch die Konsequenz, die Russell aus seiner Feststellung gezogen hat. Er hat nämlich zusammen mit Whitehead das Programm des Logizismus weiterentwickelt und in dem Werk „Principia Mathematica" unter Vermeidung von Antinomien durch seine Typentheorie weitgehend realisiert. „So betont Russell, daß Mathematik und Logik historisch getrennte Disziplinen waren, während es nach Veröffentlichung der ‚Principia Mathematica' fast unmöglich wurde, eine Demarkationslinie zwischen diesen beiden Gebieten zu ziehen, so daß jetzt tatsächlich ‚zwei zu einem wurden' " (69, S. 83). Wir können jedoch diese Einschätzung Russells nicht ganz teilen, da wir bereits auf eine Reihe von Schwierigkeiten bei der Realisierung des logizistischen Programms aufmerksam gemacht haben. Insbesondere haben wir darauf hingewiesen, daß einige von Russell postulierte Axiome keineswegs zur Logik gehören. Es ist aber als ein Verdienst des Logizismus zu werten, daß er durch seine Klärung der Begriffe der logischen Deduktion (Entwicklung deduktiver Systeme der Logik) und der expliziten Definition (Hervorhebung der Erkenntnisfunktion der Definition) einen wesentlichen Beitrag zur Herausbildung einer Methodologie der deduktiven Wissenschaften geleistet hat. G. I. Rusawin schreibt: „Das Verdienst des Logizismus besteht gerade darin, daß viele seiner Vertreter eine strenge logische Analyse der Grundbegriffe der Mathematik verwirklicht haben, daß sie die Wechselbeziehungen zwischen ihnen geklärt haben und dadurch in bedeutendem Maße die weitere Forschung auf dem Gebiet der Grundlagen der Mathematik und der mathematischen Logik unterstützt haben" (113, S. 243).

Es ist nun auch nicht verwunderlich, daß die Vertreter des logischen Positivismus des Wiener Kreises die Ergebnisse des Logizismus für ihre subjektiv-idealistische Philosophie nutzten. N. A. Kisseljowa schreibt: „So halten die Anhänger des logischen Positivismus die ‚Principia Mathematica' für ein Modell, mit welchem man ihre eigenen philosophischen Forschungen vergleichen kann. Sie meinen ..., daß ‚die Philosophie für andere Begriffe und Disziplinen dasselbe leisten muß, was dieses System für die Logik und Mathematik geleistet hat' ..., denn alle Philosophie ist – oder könnte sein – nichts anderes als die Logik der Wissenschaft" (69, S. 83). Dabei ist allerdings folgendes zu beachten: „Da von den Vertretern des Logizismus (vor allem *B. Russell* und dem Wiener Kreis von Neupositivisten) häufig von einer positivistischen Begründung der Logik ausgegangen wird, kann diese Position der Mathematik ... nicht gerecht werden. Die Bedeutung des logizistischen Standpunktes liegt darin, daß es möglich zu sein scheint, die Mathematik aus der allgemeinen Mengenlehre zu begründen" (160, S. 160/161).

Wir werden nun die philosophische Position der Hauptvertreter des Logizismus zu charakterisieren versuchen und dabei vor allem positivistische Auffassungen in ihrem Bezug auf die logizistische Grundlegung der Mathematik einer materialistischen Kritik unterziehen. B. Russell war zweifellos der Hauptvertreter des Logizismus. Durch die ihm bewußt gewordene Grundlagenkrise der Mathematik wurde er um die Jahrhundertwende zu philosophischen Fragestellungen geführt. Zu dieser Zeit wurde in England gerade der monistische Idealismus durch einen pluralistischen Idealismus abgelöst. Russell bekannte sich sofort zu diesem ontologisch orientierten idealistischen Pluralismus, da der idealistische Monismus die „wahre“ Wirklichkeit als eine mystische, nicht in Worte zu fassende Einheit hinter den Erscheinungen auffaßte und demzufolge die Berechtigung einer Analyse der Wirklichkeit verneinte. So schrieb Russell: „Es wird oft gesagt, daß der Prozeß der Analyse eine Verfälschung sei, daß man, wenn man irgendein gegebenes konkretes Ganzes analysiere, dieses verfälsche, und daß die Ergebnisse der Anlyse nicht wahr seien. Ich glaube nicht, daß diese Ansicht richtig ist“ (80, S. 21). Auf diese Weise setzte sich Russell für einen ontologischen Pluralismus ein, wonach die Wirklichkeit aus verschiedenen selbständigen Wesenheiten zusammengesetzt sei und „somit ein analytisches Unterscheiden von Einzelheiten keine Verfälschung darstelle“ (80, S. 21). G. Küng schreibt: „Den Kern der Auseinandersetzung ... bildete damals die Frage der sogenannten ‚inneren‘ und ‚äußeren‘ Relationen, und *Russell* verteidigte seinen Standpunkt durch eine eingehende Analyse der Beziehungssachverhalte“ (80, S. 22). Für Russell stand außer Frage, daß echte Relationen, wie z. B. die aus der Mathematik bekannte Kleinerbeziehung zwischen natürlichen Zahlen und die Vaterbeziehung zwischen Menschen, „äußere“ Relationen sind, die sich nicht auf „Substanzen innewohnende Attribute“ zurückführen lassen. So ergab schließlich seine Analyse der Beziehungssachverhalte, daß, ontologisch betrachtet, weder die monadische Weltansicht von Leibniz noch die monistische Wirklichkeitsauffassung des damals in England vorherrschenden Idealismus eine befriedigende Erklärung der Existenz echter Relationen liefern konnte. „Die Ausflucht, wonach die Relationen nur in der Vorstellung eines verbindenden Bewußtseins und nicht in der Wirklichkeit lägen, nimmt *Russell* nicht an“. Er schreibt vielmehr: „Wenn ich meine, *A* sei der Vater von *B*, während dies nicht der Fall ist, dann ist meine Meinung falsch“ (80, S. 23). Folgerichtig faßt Russell daher im Sinne seiner pluralistischen Wirklichkeitsauffassung die Relationen als selbständige Wesenheiten auf, die nicht auf Attribute (Eigenschaften) zurückführbar sind.

Unter logischem Gesichtspunkt ergab die Analyse der Beziehungssachverhalte, daß das Subjekt-Prädikat-Schema der traditionellen Logik nicht ausreicht, um Relationen zum Ausdruck zu bringen. Aus diesem Grunde entwickelte Russell die Relationenlogik weiter, die sich seit der Mitte des 19. Jh. bei den Mathematikern herausgebildet hatte. Dabei bediente er sich bereits der logischen Analyse der Sprache. Sie führte ihn zu der grundlegenden These, daß der logischen Satzstruktur, insbesondere der Subjekt-Prädikat-Struktur von Sätzen, die ontologische Struktur der Sachverhalte, insbesondere die Substanz-Eigenschaft-Gliederung von Sachverhalten, entspricht. G. Küng schreibt hierzu: „Diese Parallelität von logischer und ontologischer Struktur zeigt, wie zwischen Logik und Ontologie eine enge Beziehung besteht, wie die logische Analyse der Sprache und die ontologische Analyse der Wirklichkeit miteinander verwandt sind. Es ist deshalb nicht verwunderlich, daß *Russell* die Bedeutung der Sprachanalyse für die Philosophie hervorhebt: . . .‚Daß jede gesunde (sound) Philosophie mit einer Analyse der Sätze (propositions) beginnen sollte, ist eine Wahrheit, die so evident ist, daß sie wahrscheinlich keines Beweises bedarf'" (80, S. 25).

Während Russell anfangs die extrem platonistische Auffassung vertrat, daß jedem einzelnen Wort der Sprache eine besondere Entität (Wesenheit) entspricht, die durch das jeweilige Wort benannt wird, hat er später mit dem Übergang von der natürlichen Sprache zu einer symbolischen Sprache auf die Annahme vieler Entitäten verzichtet. Der Verzicht auf die Annahme einer Vielzahl von Entitäten war möglich, da viele Wörter (Terme) auf Grund von expliziten Definitionen oder Gebrauchsdefinitionen lediglich als Abkürzungen aufgefaßt werden konnten. Russell gab nun der Auffassung, wonach letzte nicht weiter analysierbare Entitäten angenommen werden müssen, die Bezeichnung „logischer Atomismus". Er unterschied zwei Arten von Atomen, die Individuen und die Universalien. Zu den Universalien gehören die Eigenschaften und die Relationen. In der Sprache der „Principia Mathematica" werden sie durch verschiedene Buchstaben symbolisiert. Russell betont schließlich die besondere Wichtigkeit der Relationsbezeichnungen für die Beschreibung der Wirklichkeit.

Während man die bisher dargestellten Äußerungen Russells im Sinne eines platonischen Realismus (objektiven Idealismus) verstehen kann, lassen die folgenden Ausführungen eindeutig erkennen, daß sich Russell spätestens 1914 dem Neopositivismus (subjektiven Idealismus) zugewandt hat. 1914 hat nämlich Russell die Auffassung geäußert, daß es besser sei, „statt das Risiko eines *Schlusses* auf die Existenz nicht direkt gegebener Entitäten auf sich zu nehmen, . . . Entitäten aus dem direkt Gegebenen zu *konstruieren*". Er schreibt selbst: „Die oberste Regel wissenschaftlichen Philosophierens lautet: Wo immer möglich, müssen an die Stelle erschlossener (infered) Entitäten logische Konstruktionen treten" (80, S. 26).

Russell kam auf diese Idee, weil es ihm in den „Principia Mathematica“ gelungen war, die natürlichen Zahlen durch explizite Definitionen als Klassen von Klassen zu konstruieren. Dadurch wurden die natürlichen Zahlen seiner Ansicht nach auf rein logische Entitäten zurückgeführt. Man kann diese Zurückführung als das Ergebnis einer besonderen Art der logischen Analyse auffassen.

Wesentlich für die Methode der Zurückführung ist, daß sie sich expliziter Definitionen bedient und in letzter Instanz zu dem direkt oder unmittelbar Gegebenen führt, auf das sich die Grundzeichen beziehen. Die nichtlogischen Grundzeichen beziehen sich dabei nur auf direkt Wahrgenommenes, auf sogenannte Sinnesdaten. Die einzelnen Sinnesdaten stellen, nach Ansicht Russells, das unmittelbar Gegebene dar. Er spricht statt von Dingen der Außenwelt nur von bestimmten Klassifizierungen von Sinnesdaten, die er auch Ereignisse nennt. „Die Frage, ob den Ereignissen etwas objektiv Reales entspreche, beantwortet *Russell* im Sinne des subjektiven Idealismus: ‚Wir nehmen Ereignisse und nicht Substanzen wahr‘“ (162, S. 131). Damit leugnet Russell, daß den menschlichen Empfindungen eine objektive Realität zugrunde liegt, die, wie W. I. Lenin sehr treffend bemerkte, „dem Menschen in seinen Empfindungen gegeben ist, die von unseren Empfindungen . . . abgebildet wird und unabhängig von ihnen existiert“ (83, S. 119). In Auseinandersetzung mit dem Empiriokritizismus, der ersten Variante des Neopositivismus, hat Lenin den Standpunkt der materialistischen Erkenntnistheorie, wonach unsere Empfindungen Abbilder der Außenwelt sind, überzeugend begründet. Seine Kritik des Empiriokritizismus kann in entsprechender Weise auch als eine Kritik des logischen Empirismus Russells aufgefaßt werden.

Wir verdeutlichen nun, warum Russells Variante des Neopositivismus logischer Empirismus genannt wird. G. Küng schreibt: „Der zugrunde liegende Gedanke ist derselbe, der schon von den britischen Empiristen des 18. Jahrhunderts angewandt worden war: jede Idee (idea) mußte bei ihnen ja entweder direkt aus der Sinneserfahrung stammen oder aus Ideen zusammengesetzt sein, welche direkt aus der Sinneserfahrung stammen. Das entscheidend Neue bei *Russell* liegt jedoch darin, daß er die Art der Zusammengesetztheit mit Hilfe der mathematischen Logik exakt anzugeben versucht“ (80, S. 29). Dabei ist allerdings zu beachten, daß sich Russell besonders die idealistisch-empiristische Erkenntnistheorie Humes zum Vorbild nahm. Es ist daher nicht verwunderlich, daß es nach der

Lehre Russells „nur einzelne Sinnesdaten (sense-data) gibt, die untereinander logisch verbunden sind und allein das Wirkliche ausmachen“ (163, S. 857).

Russells Lehre wurde von seinem Schüler L. Wittgenstein weiterentwickelt. „Es war *Wittgenstein*, der als erster systematisch über die neue sprachanalytische Auffassung der Philosophie und das Verhältnis dieser Philosophie zu den andern Wissenschaften nachgedacht hat. Er formulierte ausdrücklich, daß das Ziel der Philosophie in der logischen Analyse der Sprache liege“ (80, S. 32). Man kann daher sagen: „Die verschiedenen Ausgestaltungen und Varianten des Neupositivismus sind im Grunde genommen in *Wittgensteins Tractatus logico-philosophicus* vorweggenommen und in ihrem Kern zusammengefaßt: ‚Die Gesamtheit der wahren Sätze ist ... die Gesamtheit der Naturwissenschaften. Die Philosophie ist keine der Naturwissenschaften. Der Zweck der Philosophie ist die logische Klärung der Gedanken. Die Philosophie ist keine Lehre, sondern eine Tätigkeit. Das Resultat der Philosophie sind nicht ‚philosophische Sätze‘, sondern das Klarwerden von Sätzen‘ “. Im Anschluß daran formulierte M. Schlick, der Begründer des Neopositivismus des Wiener Kreises, den man auch logischen Positivismus nennt: „Es ist das eigentliche Geschäft der Philosophie, den Sinn von Behauptungen und Fragen zu suchen und klarzumachen ... Der Sinn jedes Satzes wird in letzter Linie ganz allein durch Gegebenes bestimmt und schlechterdings durch nichts anderes“ (163, S. 857).

Der Hauptvertreter des Wiener Kreises war R. Carnap. Carnap entwickelte in seinem Werk „Der logische Aufbau der Welt“ Russells Methode der Zurückführung weiter. Er nannte durch wiederholte Anwendung von Zurückführungen oder Konstruktionen entstehende Hierarchien von Ausdrücken (Begriffen) Konstitutionssysteme. G. Küng schreibt: „Das bedeutendste Werk aus *Carnaps* erster Periode, ‚Der logische Aufbau der Welt‘, stellt ein wichtiges Experiment dar: hier wurde erstmals versucht, ein allumfassendes Konstitutionssystem ... nicht nur zu postulieren, sondern wenigstens annähernd auch wirklich aufzubauen. Nach der Anregung von *Russell* sucht *Carnap* dabei mit einem einzigen nichtlogischen Grundzeichen, nämlich mit einem Zeichen für die Relation der Ähnlichkeitserinnerung zwischen Erlebnissen, auszukommen. Die Ähnlichkeitserinnerung ist eine Relation, welche zwischen je zwei Erlebnissen besteht, wenn das erkennende Subjekt das frühere der zwei Erlebnisse als zum späteren ähnlich in Erinnerung hat. Die Erlebnisse sind die Individuen des Systems“ (80, S. 71). Carnaps

„logischer Aufbau der Welt“ erweist sich schließlich auch als eine subjektiv-idealistische Konstruktion. Was für Russell die Ereignisse waren, das waren für Carnap die Erlebnisse.

Während sich Carnap bei seiner logischen Analyse der Sprache anfangs auf syntaktische Beziehungen beschränkte, hat er von 1938 an auch semantische Beziehungen in Betracht gezogen. Semantische Beziehungen sind dabei Beziehungen zwischen den Zeichen und dem, was sie bezeichnen oder bedeuten (zwischen den Zeichen und dem Abgebildeten). Da der Neopositivismus jedoch die Existenz der realen Außenwelt nicht anerkennt, bleibt Carnap auch bei seiner semantischen Analyse der Sprache dem subjektiven Idealismus verhaftet. G. Küng schreibt: „*Carnap* sieht ... jede Aussage über die Wirklichkeit als ein Ganzes an, in dem sich zwei Komponenten durchdringen: das Material des sogenannten Tatbestandes der Erfahrung und die wahlbestimmte Form“ (80, S. 82). Es ist ganz offensichtlich, daß die Erfahrung im Sinne des subjektiv-idealistischen Empirismus und die Wahlbestimmtheit im Sinne des subjektiv-idealistischen Konventionalismus zu verstehen sind. In seine semantischen Systeme nahm Carnap sogenannte Bedeutungspostulate auf, die er selbst lediglich als Konventionen über den Wortgebrauch verstanden wissen wollte. Schließlich zeigt sich auch in diesem Zusammenhang der Agnostizismus des logischen Positivismus. „Obwohl *Carnap* sagt, daß die Prädikatzeichen Eigenschaften und Klassen abbildeten, und somit von abstrakten Entitäten spricht, lehnte er doch die metaphysische Behauptung, daß es solche Entitäten gebe, als sinnlos ab. Er hielt den Universalienstreit ... für ein Scheinproblem ...“ (80, S. 81). Überhaupt hat der logische Positivismus fast alle grundlegenden Probleme der bisherigen Philosophie als Scheinprobleme abgetan.

Wir werden nun zeigen, wie die neopositivistische Position der Hauptvertreter des Logizismus die Realisierung der ursprünglichen Intention des logizistischen Programms von vornherein unmöglich machte. Nach Meinung der Neopositivisten sagen die Sätze der Logik und Mathematik nichts über die erfahrbare Wirklichkeit aus. Sie werden als inhaltsleer aufgefaßt. „Durch die These, daß mathematisch-logische Sätze weder empirische noch synthetische Sätze a priori sind, sondern analytische, sollen die Schwierigkeiten des traditionellen Empirismus bzw. Positivismus behoben werden“ (163, S. 667). Damit geht der Neopositivismus jedoch in seinem Verständnis der Mathematik noch über I. Kant hinaus, der lediglich den apriorischen Charakter der Mathematik nicht preisgeben wollte.

Der Erkenntnisprozeß in der Mathematik wird schließlich von den Vertretern des Neopositivismus auf logische Konstruktion reduziert. Wenn auch dabei die Erkenntnisfunktion der expliziten Definition von Begriffen herausgearbeitet wurde, so wurde sie doch einseitig verabsolutiert, da die Rolle der Abstraktion bei der Begriffsbildung nicht beachtet wurde. Letzteres ist nun wieder dadurch bedingt, daß der Neopositivismus die Existenz der realen Außenwelt nicht anerkennt und daher schon eine Ausdrucksweise wie „die Widerspiegelung realer Verhältnisse der Wirklichkeit" für „sinnlos" hält. Auf diesen Sachverhalt hat insbesondere K. Schröter aufmerksam gemacht (123, S. 251). In ähnlicher Weise hat der Neopositivismus auch viele Fragestellungen für sinnlos erklärt. Man kann in dem Zusammenhang darauf hinweisen, daß der Agnostizismus des Neopositivismus ganz klar hervortritt, wenn in einem Satz der Form „Diese Frage ist sinnlos" das Wort „sinnlos" durch die Wortkombination „prinzipiell unbeantwortbar" ersetzt wird (163, S. 858). Da der Neopositivismus die Widerspiegelung von Zusammenhängen der Wirklichkeit nicht kennt, wird schließlich „der Sinn eines Satzes nicht durch die wirklichen Zusammenhänge, die er widerspiegelt, festgelegt", „sondern durch die Klasse der aus ihm ableitbaren, nichtanalytischen Sätze" (163, S. 859). Nichtanalytische Sätze sind dabei Sätze, denen ein unmittelbares Ereignis bzw. ein unmittelbares Erlebnis im bereits erörterten subjektiv-idealistischen Sinne entspricht. Die Vertreter des Neopositivismus erkennen also nur sogenannte empirische Sätze als nichtanalytische Sätze an. Synthetische Sätze a priori im Sinne Kants halten sie auch für sinnlos. Da nach Ansicht der Neopositivisten alle Sätze der Logik und Mathematik analytisch sind und sich daher aus ihnen auch nur analytische Sätze ableiten lassen, ergibt sich nach dieser Ansicht wieder, daß die Sätze der Logik und Mathematik nichts über die Wirklichkeit aussagen und demzufolge inhaltsleer sind. Damit wären wir wieder beim Ausgangspunkt angelangt.

Es ist nun nicht schwer, die Ansicht der Neopositivisten, wonach alle Sätze der Logik und Mathematik analytische Sätze sind, zu widerlegen. Es genügt hierzu, ein Gegenbeispiel anzugeben. Doch verdeutlichen wir uns zunächst, wann ein Satz bzw. eine Aussage analytisch genannt wird. Eine Aussage heißt genau dann analytisch, wenn sie analytisch wahr oder analytisch falsch ist. Eine Aussage ist genau dann analytisch falsch, wenn ihre Negation analytisch wahr ist. Schließlich ist eine Aussage analytisch wahr genau dann, wenn sie aus Definitionsaussagen logisch folgt. Definitionsaussagen und logisch wahre Aussagen gehören also zu den analytisch wahren Aussagen. Legen wir nun die Definitionsaussagen der Arithmetik der natürlichen Zahlen zugrunde, die wir in diesem Abschnitt dem logizistischen Programm gemäß angegeben haben, dann ist das vierte Peanosche Axiom kein analytischer Satz. Auch solche fundamentalen Sätze der Arithmetik wie z. B. „$5 \neq 7$“ und „$6 \neq 7$“ sind keine analytischen Sätze. Der Satz „$5 + 7 = 12$“ ist dagegen ein analytischer Satz, und hier irrte Kant.

Es ergibt sich nun die Frage, warum wir bei unserem mengentheoretischen Aufbau im Unterschied zum neopositivistisch orientierten logizistischen Herangehen sowohl das vierte Peanosche Axiom als auch solche Sätze wie „$5 \neq 7$“ und „$6 \neq 7$“, die als Abkürzungen für „$\sim 5 = 7$“ bzw. „$\sim 6 = 7$“ stehen, beweisen konnten. Es gibt dafür zwei Gründe. 1. Wir haben eine Annahme über die reale Außenwelt gemacht, nämlich die, daß es in ihr unendlich viele Individuen gibt. Diese Annahme kann im Zusammenhang mit der These von der Unendlichkeit der Materie begründet werden. 2. Wir haben die Begriffsbildung als Einheit von Abstraktion über Äquivalenzrelationen und Konstruktion durch Definitionen aufgefaßt. Diese Auffassung wird der Kompliziertheit des Erkenntnisprozesses gerecht. Um dies zu verdeutlichen, sei noch einmal unser Vorgehen in groben Zügen skizziert. Zunächst haben wir die Kardinalzahlen als Äquivalenzklassen durch Abstraktion über der Äquivalenzrelation der Gleichmächtigkeit eingeführt. Dann haben wir die Menge der natürlichen Zahlen als die Menge der endlichen Kardinalzahlen definiert. Unter Verwendung des Unendlichkeitsaxioms konnten wir schließlich zeigen, daß es zu jeder natürlichen Zahl genau eine von ihr verschiedene natürliche Zahl gibt, die unmittelbar auf sie folgt.

Da die Vertreter des Neopositivismus die Existenz der realen Außenwelt nicht anerkennen und die Begriffsbildung demzufolge auf logische Konstruktion einschränken, können sie mathematische Sätze, die keine analytischen Sätze sind, nicht ohne Aufgabe ihres neopositivistischen Standpunktes beweisen. Dabei ist zu beachten, daß wohl kaum ein Mathematiker gefunden werden kann, der solche Sätze wie „$5 \neq 7$“ und „$6 \neq 7$“ für sinnlos erklären läßt. Das wäre aber die unausweichliche Konsequenz des neopositivistischen Standpunktes. Es ist schließlich die Wirklichkeitsauffassung des Neopositivismus, die es ihm nicht gestattet, die Existenz eines unendlichen Individuenbereiches anzunehmen. Die Individuen der Konstitutionssysteme im Sinne des Neopositivismus sind nämlich die unmittelbar gegebenen Ereignisse bzw. Erlebnisse, die als Empfindungskomplexe weiter nichts als Bewußtseinstatsachen sind. Die Gesamtheit der Bewußtseinstatsachen, ja die Gesamtheit der Bewußtseinsinhalte der Menschen überhaupt, wird aber stets endlich sein. Die logische Konstruktion durch explizite Definition, die von den Grundbegriffen ausgeht, die sich ihrerseits auf die Individuen beziehen, stellt nun die einseitig verstandene Begriffsbildung dar, die zum Aufbau eines Konstitutionssystems im Sinne des Neopositivismus führt.

Wir wenden uns nun der Erkenntnisfunktion der Definition zu. B. Russell und A. N. Whitehead schreiben: „Eine Definition ist eine Erklärung, daß ein gewisses neu eingeführtes Symbol oder eine Verbindung von Symbolen dasselbe zu bedeuten hat, wie eine gewisse andere Verbindung von Symbolen, deren Sinn schon bekannt ist". Sie ist „weder wahr noch falsch, da sie der Ausdruck eines Willens, nicht einer Aussage ist". „Theoretisch ist es überhaupt unnötig, Definitionen zu geben . . . Praktisch freilich würden unsere Formeln, wenn wir keine Definitionen einführten, bald so umfänglich, daß sie nicht mehr zu handhaben wären; theoretisch aber sind alle Definitionen überflüssig". Die Bedeutung der Definitionen liegt aber auch darin, „daß sie oft wichtigere Belehrung vermitteln, als in den Propositionen enthalten ist, in denen sie gebraucht werden. Das ergibt sich aus zwei Gründen. Erstens bedeutet eine Definition gewöhnlich, daß das definiens sorgfältiger Betrachtung wert ist. Daher ist der Bestand an Definitionen ein Ausdruck für unsere Auswahl der Gegenstände und für unser Urteil über die Frage, was besonders wichtig sei. Zweitens enthält die Definition, wenn das, was definiert wird (wie es oft vorkommt), etwas schon Vertrautes ist, wie Kardinal- oder Ordinalzahlen, eine Analyse eines Alltagsbegriffes und vermag darum einen merklichen Fortschritt auszudrücken" (115, S. 21/22). Im letzteren Falle gibt die Definition einem Begriff, der vorher mehr oder weniger vage gewesen war, Bestimmtheit.

Russell ist mit diesen Ausführungen offenbar sowohl der Nominaldefinition als auch der Explikation von Begriffen gerecht geworden. Anders verhält es sich jedoch mit der Realdefinition von Begriffen. Durch die Realdefinition von Begriffen soll nämlich vor allem das objektiv existierende Wesen von Dingen und Erscheinungen erfaßt werden. Eine solche Problemstellung ist aber für den Neopositivismus sinnlos. Der Bestand an Definitionen ist nach seiner Ansicht nur ein Ausdruck „für unser Urteil über die Frage, was besonders wichtig sei". Hier zeigt sich bereits der Konventionalismus des Neopositivismus.

Russell hat zwischen expliziten Definitionen und Gebrauchsdefinitionen unterschieden. Für den Aufbau von Konstitutionssystemen waren die soeben charakterisierten expliziten Definitionen besonders wichtig. Für Kennzeichnungen und für Klassen hat Russell Gebrauchsdefinitionen angegeben. Genau genommen wurden der Gebrauch des Kennzeichnungsoperators (ι) und der Gebrauch des Klassenbildungsoperators ($\hat{\ }$) durch derartige Definitionen festgelegt. Während Russells Gebrauchsdefinition für den Kennzeichnungsoperator allgemeine Anerkennung gefunden hat, hat sich seine Gebrauchsdefinition für den Klassenbildungs- bzw. Mengenbildungsoperator nicht durchgesetzt. Dies liegt nicht zuletzt daran, daß Russell in der Frage nach der Existenz der Klassen bzw. Mengen eine für den Neopositivismus typische agnostizistische Grundhaltung eingenommen hat, die in folgenden Worten zum Ausdruck kommt: „Es genügt . . . zu bemerken, daß wir in der vollständigen Behandlung . . . die Entscheidung darüber vermieden haben, ob eine Klasse von Dingen in irgendeinem Sinne Existenz als ein einziger Gegenstand hat. Eine irgendwie geartete Entscheidung dieser Frage ist für unsere Logik bedeutungslos . . ." (115, S. 38). Russell läßt einfach die Frage offen, was Klassen bzw. Mengen sein können, wenn sie mehr als symbolische Fiktionen sein sollen, und schreibt: „Wenn wir aber die Annahme, daß es Mengen gibt, zurückweisen, so darf man von uns nicht erwarten, daß wir dogmatisch das Gegenteil behaupten. Wir sind in dieser Hinsicht einfach Agnostiker" (114, S. 185).

Russell ist sich durchaus dessen bewußt, daß man weder den Agnostizismus noch den Skeptizismus logisch widerlegen kann. Zusammen mit Whitehead schreibt er: „In ähnlicher Weise hat auch jener erfundene Skeptiker, der behauptet, er wisse *nichts*, und durch die Frage widerlegt wird, ob er wisse, daß er nichts weiß, eine *Sinnlosigkeit* behauptet und wurde zu Unrecht durch eine Argumentation widerlegt, die einen Zirkeltrugschluß in sich schließt. Damit die Behauptung des Skeptikers einen Sinn bekomme, ist es nötig, den Dingen, über die er seine Unwissenheit behauptet, eine Einschränkung aufzuerlegen, weil die Dinge, von denen man möglicherweise nichts weiß, eine illegitime Gesamtheit bilden. Aber sobald er der Menge von Propositionen, von denen er nichts zu wissen behauptet, eine geeignete Einschränkung auferlegt hat, darf die Proposition, daß er von den einzelnen Elementen dieser Menge nichts wisse, selbst nicht ein Element der Menge sein. Daher unterliegt ein sinnvoller Skeptizismus nicht der obigen Form der Widerlegung" (115, S. 56/57). In Übereinstimmung mit W. I. Lenin können wir jedoch Russell entgegnen: „In der Erkenntnistheorie muß man, ebenso wie auf allen anderen Gebieten der Wissenschaft, dialektisch denken, d. h. unsere Erkenntnis nicht für etwas Fertiges und Unveränderliches halten, sondern untersuchen, auf welche Weise das *Wissen* aus *Nicht-Wissen* entsteht, wie unvollkommenes, nicht exaktes Wissen zu vollkommenerem und exakterem Wissen wird" (83, S. 92). In Übereinstimmung mit F. Engels fügen wir hinzu: „Die schlagendste Widerlegung" des Agnostizismus „wie aller andern philosophischen Schrullen ist die Praxis" (29, S. 19).

Wir werden nun verdeutlichen, daß auch Mathematik und Logik allgemeine Beziehungen der Wirklichkeit widerspiegeln. K. Schröter schreibt: „Selbst eine so allgemeine Beziehung wie die Elementbeziehung der allgemeinen Mengenlehre gibt doch tatsächlich gewisse Verhältnisse der Wirklichkeit wieder ... Die Klassen bzw. Mengen der allgemeinen Mengenlehre sind ... nicht, wie es im Neopositivismus heißt, nur eine Zusammenfassung in Gedanken; sondern, weil in der Wirklichkeit die Elementbeziehung eine große Rolle spielt, deshalb hat sie in der abstrakten Fassung der Mathematik, nämlich in der Mengenlehre, eine so entscheidende Bedeutung. Nicht nur einzelne Gegenstände, sondern auch die Eigenschaften von Gegenständen und die Beziehungen zwischen Gegenständen haben einen realen Charakter" (123, S. 251). Mit den Gegenständen existieren auch ihre Eigenschaften und Beziehungen sowie die Eigenschaften von Eigenschaften und Beziehungen usw. außerhalb und unabhängig vom menschlichen Bewußtsein.

Bei der Begründung der materiellen Existenz des ursprünglichen Gegenstandes der Mathematik haben wir bereits den Gegenständen exhärente Eigenschaften und Beziehungen von den Gegenständen inhärenten Eigenschaften und Beziehungen unterschieden. Exhärente Eigenschaften wurden Eigenschaften von Gegenständen genannt, die den Gegenständen nur äußerlich sind und sie umfassen. Wird nun noch das Moment der relativen Beständigkeit und Isoliertheit der Gegenstände der materiellen Welt hervorgehoben, so werden die Gegenstände zu Individuen, die dem Identitätsgesetz genügen. Dadurch wird die Identität als Beziehung zwischen Individuen realisiert. B. Fogarasi schreibt: „In diesem Sinne ist die Identität in der Wirklichkeit und im Denken *ein Element, ein Moment der Zusammenhänge* ... Die metaphysische (antidialektische – d. V.) Auffassung sah in der Wirklichkeit nur die Beständigkeit. In Wahrheit ist diese Beständigkeit eine relative, ein Moment der Bewegung. Die Identität ist ein Moment auch der objektiven Vorgänge, die vom Denken widergespiegelt werden" (35, S. 45). Genau so wie mit der Identität verhält es sich auch mit der Elementbeziehung. Sie ist in der Wirklichkeit und im Denken eine Form des Zusammenhangs. Als Form objektiver Zusammenhänge wird sie vom Denken widergespiegelt. Dabei ist zu beachten, daß Mengen von Individuen entstehen, wenn untereinander gleiche exhärente Eigenschaften von Gegenständen miteinander identifiziert werden. Dadurch wird aber die Elementbeziehung in ihrer abstrakten Form als Beziehung zwischen Individuen und Mengen realisiert.

Wenn wir nun das axiomatische System der allgemeinen Mengenlehre von Zermelo und Fraenkel mit dem von Russell und Whitehead vergleichen, so können wir feststellen, daß es in dem System von Zermelo und Fraenkel keine Individuen gibt und daß die Mengen des Systems nicht nach Stufen unterschieden werden. Die Mengenbildung geht hier von der leeren Menge aus, deren Existenz durch das Schema der Aussonderungsaxiome gesichert ist. Die weltanschauliche Begründung des axiomatischen Systems von Zermelo und Fraenkel ist daher wesentlich schwieriger als die des Systems von Russell und Whitehead. Dies gilt generell für axiomatische Systeme der allgemeinen Mengenlehre, in denen es keine Individuen gibt. Allerdings ist das nicht verwunderlich, da in derartigen Systemen schon die natürlichen Zahlen so definiert werden, daß nicht alle anschaulichen Vorstellungen über natürliche Zahlen Berücksichtigung finden. Allerdings werden die in den Peanoschen Axiomen zum Ausdruck gebrachten Beziehungen stets garantiert.

Was nun F. Hausdorff über die Definition der Kardinalzahlen schreibt, gilt sinngemäß auch für die Definition der natürlichen Zahlen: „Wir ordnen jeder Menge A ein Ding a zu derart, daß äquivalenten Mengen und nur solchen dasselbe Ding entspricht ... Diese formale Erklärung sagt, was die Kardinalzahlen sollen, nicht was sie sind. Prägnantere Bestimmungen sind versucht worden, aber sie befriedigen nicht und sind auch entbehrlich. Relationen zwischen Kardinalzahlen sind ... nur ein bequemer Ausdruck für Relationen zwischen Mengen: das ‚Wesen' der Kardinalzahl zu ergründen, müssen wir der Philosophie überlassen" (44, S. 25). Die Mathematiker lassen also die Frage offen, was die natürlichen Zahlen wirklich sind. Sie rechtfertigen dies damit, daß die natürlichen Zahlen „den Versuchen, sie angemessen zu definieren, von jeher getrotzt haben ..." (24, S. XVI). R. Courant und H. Robbins tun dies auch mit der zusätzlichen Begründung: Worauf es in der Mathematik ankommt und „was ‚nachprüfbaren' Tatsachen entspricht, ist Struktur und Beziehung ..." (24, S. XVI). Tatsächlich sind die entscheidenden Sätze der verschiedenen axiomatischen Systeme der allgemeinen Mengenlehre im wesentlichen dieselben, obwohl die zugrunde liegenden Begriffe in recht unterschiedlicher Weise definiert werden. Wir sehen darin eine Rechtfertigung dafür, daß wir uns bei der weltanschaulichen Begründung der allgemeinen Mengenlehre auf axiomatische Systeme beschränken können, in denen es Individuen gibt.

Wir betrachten nun wieder den homogenen Stufenaufbau der allgemeinen Mengenlehre, der von den Individuen ausgeht. Neben beliebigen Mengen 1. Stufe werden als bestimmte Mengen 1. Stufe nur die Allmenge und die leere Menge 1. Stufe eingeführt. Die Allmenge 1. Stufe erscheint dabei als der extensionale Individuenbegriff. Zur Bestimmung dieses Begriffs dient die wesentliche Eigenschaft der Individuen, dem Identitätsgesetz zu genügen. Wir haben bereits darauf hingewiesen, daß der Begriff der Identität in dem Zusammenhang die relative Beständigkeit und Isoliertheit der Gegenstände in der materiellen Welt erfaßt. Damit haben wir zugleich gegen die neopositivistische Auffassung Stellung genommen, wonach die Notwendigkeit für den Gebrauch des Begriffs der Identität lediglich einer linguistischen Situation entspringt. W. Stegmüller schreibt nämlich: „Die Notwendigkeit, den Begriff der Identität zu benützen, entspringt ... nicht einer ontologischen Situation (Beschaffenheit der Welt), sondern einer linguistischen, d. h. einer Eigentümlichkeit unserer Sprache" (136, S. 60). Wir haben uns jedoch des Begriffs der Identität bedient, um die Gegenstände der materiellen Welt als Individuen zu begreifen. Beliebige exhärente Eigenschaften von Gegenständen der materiellen Welt wurden durch den Übergang zu beliebigen Mengen 1. Stufe begriffen. Die natürlichen Zahlen erscheinen nun als Mengen 2. Stufe. R. Carnap schreibt hierzu: Die natürlichen Zahlen „sind logische Bestimmungen, die nicht den Dingen, sondern den Begriffen zukommen" (22, S. 93). Auch dieser neopositivistischen Ansicht von Carnap muß widersprochen werden. Die natürlichen Zahlen sind nämlich nicht nur und schon gar nicht primär logische Bestimmungen. Sie sind vielmehr Eigenschaften von exhärenten Eigenschaften von Dingen der materiellen Welt und existieren daher auch materiell. Allerdings müssen die exhärenten Eigenschaften von Dingen der materiellen Welt bereits begriffen sein, bevor die Eigenschaften dieser Eigenschaften begriffen werden können. Die mathematischen Eigenschaften sind nun unter den Eigenschaften der exhärenten Eigenschaften dadurch ausgezeichnet, daß sie nach dem Begreifen der exhärenten Eigenschaften auch als Eigenschaften der entsprechenden extensionalen Begriffe (Mengen 1. Stufe) erscheinen. Entsprechendes gilt für die mathematischen Eigenschaften höherer Ordnung. In dieser Feststellung liegt ein wesentlicher Ausgangspunkt für eine konsequent-materialistische Kritik aller subjektiv-idealistischen Interpretationen der Mathematik. Ferner ermöglicht diese Feststellung einen Zugang zur Aufweisung der weltanschaulichen Voraussetzungen der Mathematik, soweit sie im Rahmen der allgemeinen Mengenlehre dargestellt werden kann.

4.3. Das formalistische Programm

Der formalistische Versuch einer Grundlegung der Mathematik ist auf die vollständige Formalisierung der klassischen Mathematik und den Nachweis ihrer Widerspruchsfreiheit gerichtet. Das formalistische Programm wurde von D. Hilbert entwickelt. G. I. Rusawin schreibt: „Die Grundidee des Hilbertschen Programms der Begründung der Mathematik bestand darin, die klassische Mathematik in Gestalt eines formalisierten axiomatischen Systems darzustellen und dann ihre Widerspruchsfreiheit zu beweisen“ (113, S. 271).

Schon um 1900 begann Hilbert, verschiedene Teilgebiete der Mathematik axiomatisch darzustellen, zuerst die dreidimensionale Euklidische Geometrie und später auch die Arithmetik der natürlichen Zahlen und die Arithmetik der reellen Zahlen. Wie wir bei der Behandlung der axiomatischen Methode schon erwähnt haben, entsprach diese Darstellung noch „der inhaltlichen Axiomatik“, „bei welcher die Grundbeziehungen als etwas in der Erfahrung oder in anschaulicher Vorstellung Aufweisbares und somit inhaltlich Bestimmtes angesehen werden, worüber die Sätze der Theorie Behauptungen enthalten“ (63, S. 6/7). D. Hilbert und P. Bernays bemerken in dem Zusammenhang: „In der weitesten Bedeutung des Wortes nennen wir die Entwicklung einer Theorie axiomatisch, wenn die Grundbegriffe und Grundvoraussetzungen als solche an die Spitze gestellt werden und aus ihnen der weitere Inhalt der Theorie mit Hilfe von Definitionen und Beweisen logisch abgeleitet wird“ (63, S. 1).

Hilbert hat nun einen relativen Widerspruchsfreiheitsbeweis für das Axiomensystem der Euklidischen Geometrie nach der bereits behandelten Modellmethode geführt. Er konstruierte für dieses Axiomensystem unter Bezugnahme auf die Cartesische Geometrie ein arithmetisches Modell im Bereich der reellen Zahlen. Er schrieb selbst: „Die Axiome der fünf ... aufgestellten Axiomgruppen stehen miteinander nicht im Widerspruch, d. h. es ist nicht möglich, durch logische Schlüsse aus denselben eine Tatsache abzuleiten, welche einem der aufgestellten Axiome widerspricht. Um dies einzusehen, wollen wir aus den reellen Zahlen ein System von Dingen bilden, in dem sämtliche Axiome der fünf Gruppen erfüllt sind" (58, S. 34). „In der ... Cartesischen Geometrie sind ... *sämtliche* ... Axiome I–V gültig. ... Jeder Widerspruch in den Folgerungen aus den Axiomen I–V müßte demnach in der Arithmetik des Systems der reellen Zahlen erkennbar sein" (58, S. 37). Hilbert hat also nachgewiesen, daß die Euklidische Geometrie widerspruchsfrei ist, wenn die Arithmetik der reellen Zahlen zu keinem Widerspruch führt. Da mengentheoretische Vorstellungen bereits in die Arithmetik der reellen Zahlen Eingang gefunden haben und in Cantors Mengenlehre inzwischen Widersprüche entdeckt wurden, stand Hilbert nun vor prinzipiellen Schwierigkeiten. Schließlich wollte er die Widerspruchsfreiheit der gesamten Mathematik nachweisen. „Doch im Falle der Widerspruchslosigkeit der gesamten Mathematik handelt es sich darum, zu beweisen, daß die mengentheoretischen Widersprüche in richtig geführten mathematischen Beweisen nicht entstehen" (74, S. 367), schreibt E. Kolman. Dieser Gedanke führte Hilbert zur Entwicklung seiner Beweistheorie.

Die Beweistheorie Hilberts ist mit dem Übergang von der inhaltlichen zur formalen Axiomatik verbunden. Die betrachtete mathematische Theorie wird formalisiert oder – was dasselbe ist – in Form eines Kalküls dargestellt. Auf eine Interpretation des Kalküls wird verzichtet. Von dem zugrunde gelegten Axiomensystem wird gefordert, daß es klassisch widerspruchsfrei und klassisch vollständig ist. Dabei ist ein Axiomensystem einer formalisierten mathematischen Theorie genau dann klassisch widerspruchsfrei, wenn kein Ausdruck der Theorie zusammen mit seiner Negation aus dem Axiomensystem beweisbar ist. Ein solches Axiomensystem ist ferner genau dann klassisch vollständig, wenn für jede Aussage der Theorie die Aussage selbst oder ihre Negation aus dem Axiomensystem beweisbar ist. Es ist nun Aufgabe der Beweistheorie, durch metamathematische Betrachtung einer formalisierten mathematischen Theorie, d. h. durch Betrachtung ihrer Ausdrücke und ihrer formalen Beweise, die als bestimmte endliche Folgen von Ausdrücken erscheinen, die klassische Widerspruchsfreiheit und die klassische Vollständigkeit der betreffenden Theorie nachzuweisen. „Dabei muß besonders beachtet werden, daß alle metamathematischen Betrachtungen im Anschaulich-Finiten bleiben; anderenfalls tritt die Schwierigkeit auf, daß der Widerspruchsfreiheitsbeweis evtl. mit widerspruchsvollen metamathematischen Begriffsbildungen und Schlußweisen geführt wird“ (160, S. 198).

Hilbert selbst sieht den Grundgedanken seiner Beweistheorie in der Formalisierung der Mathematik. Er schreibt: „Der Grundgedanke meiner Beweistheorie ist folgender: Alle Aussagen, die die Mathematik ausmachen, werden in Formeln umgesetzt, so daß die eigentliche Mathematik zu einem Bestande an Formeln wird. Diese unterscheiden sich von den gewöhnlichen Formeln der Mathematik nur dadurch, daß in ihnen außer den gewöhnlichen Zeichen noch die logischen Zeichen ... vorkommen“ (57, S. 2). „Gewisse Formeln, die als Fundament des formalen Gebäudes der Mathematik dienen, werden Axiome genannt. Ein Beweis ist eine Figur, die uns als solche anschaulich vorliegen muß; er besteht aus Schlüssen, wo jede der Prämissen entweder Axiom ist oder mit der Endformel eines Schlusses übereinstimmt, der vorher im Beweise vorkommt ... An Stelle des inhaltlichen Schließens tritt in der Beweistheorie ein äußeres Handeln nach Regeln ... Eine Formel soll beweisbar heißen, wenn sie entweder ein Axiom oder die Endformel eines Beweises ist. Zu der eigentlichen so formalisierten Mathematik kommt eine gewissermaßen neue Mathematik, eine Metamathematik, die zur Sicherung jener notwendig ist, in der – im Gegensatz zu den rein formalen Schlußweisen der eigentlichen Mathematik – das inhaltliche Schließen zur Anwendung kommt, aber lediglich zum Nachweis der Widerspruchsfreiheit der Axiome“ (60, S. 192). „In dieser Metamathematik wird mit den Beweisen der eigentlichen Mathematik operiert und diese letzteren bilden selbst den Gegenstand der inhaltlichen Untersuchung. Auf diese Weise vollzieht sich die Entwicklung der mathematischen Gesamtwissenschaft im beständigen Wechsel auf zweierlei Art: durch Gewinnung neuer beweisbarer Formeln aus den Axiomen mittels formalen Schließens und ... durch Hinzufügung neuer Axiome nebst dem Nachweis der Widerspruchsfreiheit mittels inhaltlichen Schließens. Die Axiome und beweisbaren Sätze, d. h. die Formeln, die in diesem Wechselspiel entstehen, sind die Abbilder der Gedanken, die das übliche Verfahren der bisherigen Mathematik ausmachen“ (60, S. 180).

J. v. Neumann formulierte den Grundgedanken der Hilbertschen Beweistheorie mit folgenden Worten: „Auch wenn die inhaltlichen Aussagen der klassischen Mathematik unzulässig sein sollten, so ist es doch sicher, daß die klassische Mathematik ein in sich geschlossenes, nach feststehenden, allen Mathematikern bekannten Regeln vor sich gehendes Verfahren involviert, dessen Inhalt ist, gewisse, als ‚richtig' oder ‚bewiesen' bezeichnete Kombinationen der Grundsymbole sukzessiv aufzubauen. Und zwar ist dieses Aufbauverfahren sicher ‚finit' und direkt konstruktiv" (102, S. 116/117). „Die Behauptung eines klassisch-mathematischen Satzes läßt sich nicht immer finit ... kontrollieren, wohl aber der formale Weg, auf dem man zu ihr gelangt. Will man also die klassische Mathematik in bezug auf ihre Zuverlässigkeit prüfen ..., so darf man nicht ihre Aussagen untersuchen, sondern ihre Beweismethoden. Sie ist als ein kombinatorisches Spiel mit den Grundsymbolen aufzufassen, und es ist kombinatorisch-finit festzustellen, zu welchen Kombinationen der Grundsymbole ihre Beweis genannten Aufbaumethoden führen können" (102, S. 117).

Mit seiner Verwandlung der Mathematik in eine Gesamtheit von Formeln, die als bestimmte Kombinationen von Grundsymbolen erscheinen, hat Hilbert den formalistischen Standpunkt eingenommen. Dieser Standpunkt erwies sich als zweckmäßig für seine beweistheoretischen Untersuchungen. Tatsächlich mußte die Mathematik, soweit sie zum Gegenstand beweistheoretischer Untersuchungen wurde, formalisiert werden. Ohne Bezug auf einen Formalismus konnten die beweistheoretischen Probleme nicht klar formuliert, geschweige denn gelöst werden. Da wesentliche inhaltliche (semantische) Begriffsbildungen als problematisch angesehen wurden, wurde bei den beweistheoretischen Untersuchungen nur von formalen (syntaktischen) Begriffsbildungen Gebrauch gemacht. Auf eine Interpretation des Formalismus konnte daher verzichtet werden. Vom formalistischen Standpunkt aus wurden also nur rein formale (syntaktische) Untersuchungen der Mathematik vorgenommen. Aus diesem Grunde ist verständlich, daß in einer extrem formalistischen Auffassung das Wesen der Mathematik auf das Operieren mit Formeln reduziert wurde.

Wenn auch der Grundgedanke der Hilbertschen Beweistheorie die Formalisierung der klassischen Mathematik war, so bestand doch das Hauptziel dieser Beweistheorie in dem Nachweis der Widerspruchsfreiheit der durch Formalisierung der klassischen Mathematik entstandenen formalen Systeme. Um dieses Ziel zu erreichen, stellte Hilbert der formalen Mathematik die inhaltliche Metamathematik gegenüber. Hilbert nannte „die inhaltliche Theorie der formalisierten Beweise“ „*Metamathematik*“ (56, S. 181). Die formale Mathematik, ihre Formeln und ihre formalen Beweise, wurden also zum Untersuchungsgegenstand der Metamathematik. Hilbert selbst unterschied nicht zwischen Metamathematik und Beweistheorie (63, S. 44).

Da es bei den metamathematischen (beweistheoretischen) Untersuchungen vor allem um den Nachweis der Widerspruchsfreiheit der formalen Systeme der Mathematik ging, durfte bei diesen Untersuchungen von umstrittenen mengentheoretischen Begriffsbildungen und Methoden kein Gebrauch gemacht werden. Insbesondere mußte auf die Verwendung des Begriffs der aktual unendlichen Menge und auf die Anwendung des Prinzips vom ausgeschlossenen Dritten auf potentiell unendliche Folgen verzichtet werden. Hilbert beschränkte sich daher bei seinen metamathematischen Untersuchungen auf die Anwendung solcher mathematischen Begriffsbildungen und Methoden, die von einem finiten Standpunkt aus vertretbar sind.

In dem bedeutenden Werk „Grundlagen der Mathematik“ haben D. Hilbert und P. Bernays den finiten Standpunkt (die finite Einstellung) näher charakterisiert. Von diesem Standpunkt aus werden nur finite Begriffsbildungen zugelassen. Die allgemeinen und existentialen Urteile sowie ihre Negationen erhalten eine finite Deutung. Das mathematisch-logische Schließen wird auf finites Schließen eingeschränkt. Eine „finite Begriffsbildung“ ist eine „Definition“, die sich „an die Grenzen der grundsätzlichen Vorstellbarkeit von Objekten sowie der grundsätzlichen Ausführbarkeit von Prozessen hält und sich somit im Rahmen konkreter Betrachtung vollzieht“. Entsprechendes wird von einer „finiten Behauptung“ gefordert. „Ein *allgemeines* Urteil über Ziffern (Zahlzeichen – d. V.) kann finit nur im hypothetischen Sinn gedeutet werden, d. h. als eine Aussage über jedwede vorgelegte Ziffer. Ein solches Urteil spricht ein Gesetz aus, das sich an jedem vorliegenden Einzelfall verifizieren muß. Ein *Existenzsatz* über Ziffern, also ein Satz von der Form ‚es gibt eine Ziffer n von der Eigenschaft $\mathfrak{A}$(n)‘, ist finit aufzufassen als ein ‚Partialurteil‘, d. h. als eine unvollständige Mitteilung einer genauer bestimmten Aussage, welche entweder in der direkten Angabe einer Ziffer von der Eigenschaft $\mathfrak{A}$(n) oder der Angabe eines Verfahrens zur Gewinnung einer solchen Ziffer besteht, – wobei zur Angabe eines Verfahrens gehört, daß für die Reihe der auszuführenden Handlungen eine bestimmte Grenze aufgewiesen wird" (63, S. 32).

„Für ein allgemeines und ein existentiales Urteil ist es nicht ohne weiteres klar, was im finiten Sinne als seine Negation gelten soll. ... Daß es eine Ziffer n von der Eigenschaft $\mathfrak{A}$(n) nicht gibt, kann in unscharfem Sinne gemeint sein, als die Feststellung, daß eine Ziffer von dieser Eigenschaft uns zur Angabe nicht zur Verfügung steht. Eine solche Feststellung hat aber wegen ihrer Bezogenheit auf einen zufälligen Erkenntnisstand keine objektive Bedeutung. Soll aber unabhängig vom Erkenntnisstande das Nichtvorhandensein einer Ziffer n von der Eigenschaft $\mathfrak{A}$(n) behauptet werden, so kann das im finiten Sinne nur durch eine Unmöglichkeitsbehauptung geschehen, welche besagt, daß eine Ziffer n nicht die Eigenschaft $\mathfrak{A}$(n) besitzen *kann*. Wir kommen so auf eine *verschärfte* Negation; diese aber ist nicht das genau kontradiktorische Gegenteil der Existenzbehauptung ..." (63, S. 33). „Daß eine von diesen beiden Möglichkeiten sich bieten muß, ist nicht logisch selbstverständlich. Wir können daher vom finiten Standpunkt nicht die Alternative benutzen, daß es entweder eine Ziffer n gibt, für die $\mathfrak{A}$(n) zutrifft, oder daß das Zutreffen von $\mathfrak{A}$(n) auf eine Ziffer ausgeschlossen ist" (63, S. 33/34).

Auch „die Verneinung der Gültigkeit" eines allgemeinen Urteils von der Form „für jede Ziffer n gilt $\mathfrak{A}$(n)" „ergibt ohne weiteres noch keinen finiten Sinn; wird sie aber zu der Behauptung verschärft, daß die Allgemeingültigkeit von $\mathfrak{A}$(n) sich durch ein Gegenbeispiel widerlegen läßt, dann bildet diese verschärfte Negation nicht das kontradiktorische Gegenteil des allgemeinen Urteils; ... es ist dann wiederum nicht logisch selbstverständlich, daß entweder das allgemeine Urteil oder die verschärfte Negation zutreffen muß, daß also entweder $\mathfrak{A}$(n) für jede vorgelegte Ziffer n zutrifft oder daß sich eine Ziffer angeben läßt, für welche $\mathfrak{A}$(n) unzutreffend ist ... es ist weder die Alternative logisch ersichtlich, daß ein allgemeines Urteil über Ziffern entweder zutreffen oder in seinen Konsequenzen auf einen Widerspruch führen, also widerlegbar sein müsse, noch ... ist es selbstverständlich, daß ein solches Urteil, wenn es widerlegbar ist, dann auch durch ein Gegenbeispiel widerlegbar ist" (63, S. 34).

D. Hilbert und P. Bernays stellen nun in dem Zusammenhang fest: „Die komplizierte Situation, die wir hier in betreff der Verneinung von Urteilen beim finiten Standpunkt vorfinden, entspricht der These *Brouwers* von der Ungültigkeit des Satzes vom ausgeschlossenen Dritten für unendliche Gesamtheiten". Es gelingt nämlich für allgemeine und existentiale Urteile nicht, „eine dem Satz vom ausgeschlossenen Dritten genügende Negation finiten Inhalts zu finden“ (63, S. 34). D. Hilbert und P. Bernays bemerken aber auch: „Der methodische Standpunkt des ‚Intuitionismus‘, den Brouwer zugrunde legt, bildet eine gewisse *Erweiterung der finiten Einstellung* . . .“ (63, S. 43).

Was das finite Schließen anbelangt, so schreiben D. Hilbert und P. Bernays: „Das finite Schließen“ ist „das direkte inhaltliche, in Gedanken-Experimenten an anschaulich vorgestellten Objekten sich vollziehende und von axiomatischen Annahmen freie Schließen“ (63, S. 32). H. Scholz und G. Hasenjaeger bemerken in dem Zusammenhang: Der finite Standpunkt „kommt zum Ausdruck in der Ablehnung aller aus dem Endlichen auf das Unendliche übertragenen Annahmen oder Schlußprozesse, die nicht durch ihren konstruktiven Charakter beglaubigt sind. Was hierunter zu verstehen ist, liegt in gewissen Hauptpunkten fest. Jenseits dieses Bereichs ist es kontrovers. Dies soll jedoch kein Nachteil sein. Es gehört vielmehr zu den wesentlichen Ansprüchen des Finitismus, daß er sich einer endgültigen Abgrenzung grundsätzlich widersetzt“ (119, S. V).

D. Hilbert und P. Bernays haben klar erkannt, daß schon die übliche Behandlung der Arithmetik der positiven ganzen Zahlen nicht dem methodischen Standpunkt des Finitismus entspricht, „daß vielmehr durch die arithmetischen Schlußweisen und Begriffsbildungen mannigfach die Grenzen der finiten Betrachtung überschritten werden“. So werden „Existenzaussagen über ganze Zahlen“ zugelassen „ohne Rücksicht auf die Möglichkeit einer tatsächlichen Bestimmung der betreffenden Zahl“, und man macht Gebrauch von der Alternative, „daß eine Aussage über ganze Zahlen entweder für alle Zahlen zutrifft oder daß es eine Zahl gibt, für die sie unzutreffend ist“ (63, S. 34/35). „Diese Alternative, das ‚tertium non datur‘ (Prinzip vom ausgeschlossenen Dritten – d. V.) für ganze Zahlen (genauer: positive ganze Zahlen – d. V.) kommt implizite auch zur Anwendung bei dem ‚Prinzip der kleinsten Zahl‘ . . .“ (63, S. 35). Es gibt viele Beispiele „von zahlentheoretischen Alternativen“, „welche sich mittels des tertium non datur für ganze Zahlen ergeben, dagegen auf finitem Wege vom heutigen Stande unserer Kenntnis nicht zu erweisen sind“. „In der Analysis . . . gehört die nichtfinite Art der Begriffsbildung und der Beweisführung geradezu zur Methode der Theorie“ (63, S. 36). „In der Anwendung des Auswahlprinzips . . . liegt eine weitere Art der

Überschreitung des finiten Standpunktes vor, die über die Anwendung des ‚tertium non datur' noch hinausgeht". „Der weitgehendste Gebrauch von nichtfiniten Annahmen, noch weit über die Voraussetzungen der Analysis hinaus, wird in der allgemeinen *Mengenlehre* gemacht . . ." (63, S. 41). Es sei nur die Annahme der Existenz einer aktual unendlichen Menge (das Unendlichkeitsprinzip) erwähnt, auf deren Grundlage Cantor seine Theorie der transfiniten Zahlen entwickelt hat. D. Hilbert schrieb „über das Unendliche": „Die Analysis allein führt uns noch nicht zu der tiefsten Einsicht in das Wesen des Unendlichen. Diese wird uns vielmehr erst durch . . . die Mengenlehre" vermittelt, insbesondere durch die Cantorsche „Theorie *der transfiniten Zahlen*; diese erscheint mir als die bewundernswerteste Blüte mathematischen Geistes und überhaupt eine der höchsten Leistungen rein verstandesmäßiger menschlicher Tätigkeit" (56, S. 167). Hilbert schrieb dann weiter: „Aus dem Paradies, das Cantor uns geschaffen, soll uns niemand vertreiben können . . ." (56, S. 170). Hilbert wollte also keineswegs auf das Cantorsche Transfinitum verzichten. Er wollte auch nicht das Prinzip vom ausgeschlossenen Dritten verwerfen. Er schrieb vielmehr zusammen mit Bernays: „Wir sehen uns . . . vor die Aufgabe gestellt, die Anwendung jener Prinzipien, mit denen wir über das finite Denken hinausgehen, durch einen Nachweis ihrer Widerspruchsfreiheit zu rechtfertigen" (63, S. 42).

Hilbert bekennt sich zur „Methode der idealen Elemente", deren große Bedeutung für die Mathematik außer Frage steht, und unterscheidet zwischen finiten Aussagen und idealen Aussagen der Mathematik. Während finite Aussagen dadurch gekennzeichnet sind, daß sie vom finiten Standpunkt aus einen Sinn (eine Bedeutung) haben, erweisen sich ideale Aussagen vom finiten Standpunkt aus als sinnlos (bedeutungslos). Da im Bereich der finiten Aussagen sehr unübersichtliche logische Verhältnisse anzutreffen sind, hat Hilbert die idealen Aussagen eingeführt, um zu erreichen, daß insgesamt wieder die üblichen logischen Gesetze gelten. Hilbert schreibt selbst: „Gerade wie $i = \sqrt{-1}$ eingeführt wurde, um die Gesetze der Algebra z. B. die über Existenz und Anzahl der Wurzeln einer Gleichung in der einfachsten Gestalt aufrechtzuerhalten . . ., so haben wir hier *zu den finiten Aussagen die idealen Aussagen zu adjungieren*, um die formal einfachen Regeln der üblichen Aristotelischen Logik zu erhalten" (56, S. 174). „Da die idealen Aussagen, nämlich die Formeln, soweit sie nicht finite Behauptungen ausdrücken, nichts bedeuten, . . . können an ihnen die logischen Operationen nicht inhaltlich wie an den finiten Aussagen vorgenommen werden. Es ist also nötig, die logischen Operationen und auch die mathematischen Beweise selbst zu formalisieren; dies erfordert eine Umsetzung der logischen Beziehungen in Formeln ... wir treffen als ... Vorarbeit den *Logikkalkül* an" (56, S. 176). Die Formalisierung einer mathematischen Theorie in einem Logikkalkül ist also eine notwendige Voraussetzung für den Nachweis ihrer Widerspruchsfreiheit mit finiten Methoden, d. h. vom finiten Standpunkt aus.

H. Weyl charakterisiert das formalistische Programm Hilberts mit folgenden Worten: „*Hilbert* macht sich anheischig, durch die axiomatische Methode die Mathematik in ihrem vollen Besitzstande zu sichern. Freilich ist auch er davon durchdrungen, daß die Kraft des inhaltlichen Denkens nicht weiter reicht als *Brouwer* behauptet, daß sie die transfiniten Schlußweisen der Mathematik nicht zu tragen imstande ist, daß es keine Rechtfertigung für alle die transfiniten Aussagen der Mathematik als *inhaltlicher, einsichtiger Wahrheiten* gibt. Was *Hilbert* sicherstellen will, ist nicht die *Wahrheit*, sondern die *Widerspruchslosigkeit* der alten Analysis" (155, S. 44). „Zu diesem Zweck muß er die Mathematik samt der Logik *formalisieren* zu einem nach festen Regeln vor sich gehenden Spiel mit *Zeichen* ... Die mathematischen Formeln, die aus jenen Zeichen bestehen, lassen nicht durchweg eine inhaltliche Deutung zu; neben die sinnvollen sind ‚ideale Aussagen' getreten, die eingeführt wurden, um die Gültigkeit der einfachen logischen Gesetze künstlich wiederherzustellen, die nach *Brouwer* beim Übergang zum Unendlichen verlorengegangen waren – so wie in der algebraischen Zahlentheorie ideale Zahlen eingeführt werden, um die Gültigkeit der einfachen Teilbarkeitssätze zu erzwingen" (155, S. 44/45). „Ein mathematischer *Beweis* besteht darin, daß man sich Axiome ... herstellt ... und von ihnen aus durch Anwendung" von Schlußregeln „zunächst auf solche Axiome, weiterhin auf die bereits gewonnenen Formeln zu immer neuen ... ‚*beweisbaren Formeln*'" vordringt (155, S. 47). „Bis hierhin ist alles Spiel, nicht Erkenntnis. Das Spiel wird nun aber in der ‚*Metamathematik*', wie *Hilbert* sich ausdrückt, zum Gegenstand der Erkenntnis gemacht: es soll erkannt werden, daß man niemals zu einem *Widerspruch* gelangt. Ein solcher läge vor, wenn von zwei in concreto durchgespielten Beweispartien die eine mit einer Formel $\mathfrak{h}$ endete, die andere mit der entgegengesetzten $\bar{\mathfrak{h}}$. Nur zur Gewinnung dieser einen Erkenntnis wird von *Hilbert* das finite inhaltliche bedeutungserfüllte Denken benötigt, das auf keine ‚Axiome' gebracht werden kann. Insbesondere betätigt sich in diesem inhaltlichen Denken ein anschaulich-finiter Schluß durch vollständige Induktion ..." (155, S. 47).

Bevor Hilbert sein formalistisches Programm entwickelt hat, welches mit dem Übergang von der inhaltlichen zur formalen Axiomatik verbunden war, hat er sich allerdings eingehend mit der Frage beschäftigt, ob es nicht doch eine „Rechtfertigung für ... die transfiniten Aussagen der Mathematik als *inhaltlicher, einsichtiger Wahrheiten* gibt". Insbesondere hat er sich mit der grundlegenden Annahme der Existenz des aktual Unendlichen auseinandergesetzt. Er versuchte, einen *„unendlichen Individuenbereich"* zu finden, „der nicht wie die Zahlenreihe ein reines Gedankengebilde, sondern aus dem Gebiet der sinnlichen Wahrnehmung oder aber der realen Wirklichkeit entnommen ist" (63, S. 15). D. Hilbert und P. Bernays stellen jedoch nach eingehenden Untersuchungen fest: „Sehen wir ... näher zu, so werden wir gewahr, daß überall, wo wir im Gebiet der Sinnesqualitäten oder in der physikalischen Wirklichkeit unendliche Mannigfaltigkeiten anzutreffen glauben, von einem eigentlichen Vorfinden einer solchen Mannigfaltigkeit keine Rede ist, daß vielmehr die Überzeugung von dem Vorhandensein einer solchen Mannigfaltigkeit auf einer gedanklichen Extrapolation beruht, deren Berechtigung jedenfalls ebensosehr der Prüfung bedarf wie die Vorstellung von der Totalität der Zahlenreihe" (63, S. 15/16). „Ähnlich verhält es sich in all den Fällen, wo man glaubt, direkt eine Unendlichkeit als durch Erfahrung oder durch Anschauung gegeben aufweisen zu können ... Die nähere Betrachtung zeigt jeweils, daß eine Unendlichkeit uns ... tatsächlich gar nicht gegeben ist, sondern erst durch einen gedanklichen Prozeß interpoliert oder extrapoliert wird" (63, S. 17). D. Hilbert und P. Bernays schreiben dann weiter: „Auf Grund dieser Überlegungen kommen wir zu der Einsicht, daß die Frage nach der Existenz einer unendlichen Mannigfaltigkeit durch eine Berufung auf außermathematische Objekte nicht entschieden werden kann, sondern innerhalb der Mathematik selbst gelöst werden muß ... Unendlich viele Individuen vorzuführen, ist grundsätzlich unmöglich; daher kann ein unendlicher Individuenbereich als solcher nur durch seine Struktur gekennzeichnet werden, d. h. durch Beziehungen, welche zwischen seinen Elementen bestehen" (63, S. 17). „Weil die Existenz unendlicher Individuenbereiche nicht als ausgemacht gelten kann", wird „die Einführung solcher unendlichen Bereiche erst durch einen Nachweis der Widerspruchsfreiheit für ein das Unendliche charakterisierendes Axiomensystem gerechtfertigt" (63, S. 19). Damit wird aber die Widerspruchsfreiheit zu einem Kriterium mathematischer Existenz erhoben.

Was D. Hilbert und P. Bernays bezüglich des mathematischen Unendlichkeitsbegriffes ausgeführt haben, gilt sinngemäß auch für andere mathematische Begriffe. Sie schreiben ganz allgemein: Durch die Mathematik werden „die Tatsachen eines gewissen Erfahrungsbereiches" „im Sinne einer einfachen Begriffsbildung extrapoliert". Die „*idealisierende Begriffsbildung*" erfolgt „zum Zweck der vereinfachten Darstellung" der Wirklichkeit. Sie muß „außer der approximativen Übereinstimmung mit der Wirklichkeit noch die Bedingung erfüllen", daß die in ihr „vollzogene Extrapolation auch in sich widerspruchsfrei ist" (63, S. 16). Mit dieser Auffassung haben D. Hilbert und P. Bernays eine materialistische Position bezüglich des Verhältnisses von Mathematik und Wirklichkeit zum Ausdruck gebracht. Von diesem Ausgangspunkt her haben sie auch den Übergang von der inhaltlichen zur formalen Axiomatik wie folgt begründet: „Wir können ... bei der inhaltlichen Axiomatik deshalb nicht stehenbleiben, weil wir es in der Wissenschaft ... vorwiegend mit solchen Theorien zu tun haben, die gar nicht vollkommen den wirklichen Sachverhalt wiedergeben, sondern eine *vereinfachende Idealisierung* des Sachverhaltes darstellen und darin ihre Bedeutung haben. Eine derartige Theorie kann gar nicht durch Berufung auf die evidente Wahrheit ihrer Axiome oder auf Erfahrung ihre Begründung erhalten, vielmehr kann diese Begründung nur in dem Sinne geschehen, daß die in der Theorie vollzogene Idealisierung, d. h. die Extrapolation, durch welche die Begriffsbildungen und Grundsätze der Theorie die Reichweite entweder der anschaulichen Evidenz oder der Erfahrungsdaten überschreiten, als eine widerspruchsfreie eingesehen wird. Für diese Erkenntnis der Widerspruchsfreiheit nützt uns auch die Berufung auf die approximative Gültigkeit der Grundsätze nichts, denn ein Widerspruch kann ja gerade dadurch zustande kommen, daß eine Beziehung als strikte gültig angenommen wird, die nur in eingeschränktem Sinne besteht. Wir sind also genötigt, die Widerspruchsfreiheit von theoretischen Systemen losgelöst von der Betrachtung der Tatsächlichkeiten zu untersuchen, und damit befinden wir uns bereits auf dem Standpunkt der formalen Axiomatik" (63, S. 2/3).

Die formale Axiomatik wird von D. Hilbert und P. Bernays wie folgt charakterisiert: „In der formalen Axiomatik ... werden die

Grundbeziehungen nicht als von vornherein inhaltlich bestimmt angenommen, vielmehr erhalten sie erst implizite ihre Bestimmung durch die Axiome; und es wird auch in allen Überlegungen einer axiomatischen Theorie nur dasjenige von den Grundbeziehungen benutzt, was in den Axiomen ausdrücklich formuliert ist" (63, S. 7). „Auch die formale Axiomatik bedarf sowohl zur Verfolgung der Deduktionen wie für den Nachweis der Widerspruchsfreiheit ... gewisser Evidenzen, aber mit dem wesentlichen Unterschied, daß diese Art von Evidenz nicht auf einer besonderen Erkenntnisbeziehung zu dem jeweiligen Sachgebiet beruht, vielmehr für jedwede Axiomatik ein und dieselbe ist, nämlich diejenige primitive Erkenntnisweise, welche die Vorbedingung für jede exakte theoretische Forschung überhaupt bildet" (63, S. 2). Schließlich bemerken D. Hilbert und P. Bernays: „Die formale Axiomatik bedarf der inhaltlichen notwendig als ihrer Ergänzung, weil durch diese überhaupt erst die Anleitung zur Auswahl der Formalismen und ferner für eine vorhandene formale Theorie auch erst die Anweisung zu ihrer Anwendung auf ein Gebiet der Tatsächlichkeit gegeben wird" (63, S. 2).

Um nun das formalistische Programm zu realisieren, wandten sich D. Hilbert und P. Bernays zunächst der Arithmetik der natürlichen Zahlen zu. Sie formalisierten die Arithmetik im Prädikatenkalkül der 1. Stufe. Als Axiomensystem (Z) der elementaren Arithmetik wählten sie das durch die identitätstheoretischen Axiome und die Rekursionsgleichungen für die Addition und die Multiplikation ergänzte Peanosche Axiomensystem (63, S. 371). Das Axiomensystem (Z) stimmt im wesentlichen mit dem von uns bei der Behandlung der axiomatischen Methode angegebenen Axiomensystem für die elementare Arithmetik überein. D. Hilbert und P. Bernays schreiben auch: „Man bemerkt, daß in diesem Axiomensystem der Begriff ‚Zahl' zusammenfällt mit dem Begriff ‚Ding des Individuenbereiches', so daß wir nicht nötig haben, ein besonderes Grundprädikat ‚Zahl sein' einzuführen; vielmehr wird die Formalisierung der beiden Axiome

Null ist eine Zahl,

wenn a eine Zahl ist, so ist a' eine Zahl

bereits durch die Einführung der 0 und des Strichsymbols in Verbindung mit der Einsetzungsregel für die Individuenvariablen geleistet" (63, S. 220). Lediglich die von uns angegebenen identitätstheoretischen Axiome wurden von D. Hilbert und P. Bernays zu folgenden zwei Axiomen zusammengefaßt:

$\forall a_0 \; a_0 = a_0$

$(\forall) \; \forall a_1 \forall a_2 \, (a_1 = a_2 \rightarrow (H(a_1) \rightarrow H(a_1/a_2)))$.

Dabei ist $H(a_1)$ ein beliebiger Ausdruck der elementaren Arithmetik, in dem a_1 vollfrei und a_2 nicht vorkommt. Außerdem wird vorausgesetzt, daß jede in $H(a_1)$ vorkommende Variable entweder vollfrei oder nur gebunden vorkommt.

Um nun die Widerspruchsfreiheit des Axiomensystems (Z) nachzuweisen, genügt es zu zeigen, daß es wenigstens einen Ausdruck der elementaren Arithmetik gibt, der nicht aus (Z) beweisbar ist, denn die klassische Widerspruchsfreiheit fällt mit der syntaktischen (formalen) Widerspruchsfreiheit zusammen. D. Hilbert und P. Bernays setzten sich das Ziel, die Unbeweisbarkeit des Ausdrucks $\sim 0 = 0$ aus dem Axiomensystem (Z) nachzuweisen. Sie schrieben: „Wir stellten ... fest, daß es zum Nachweis der Widerspruchsfreiheit eines Formalismus genügt, eine bestimmte Formel als unableitbar aus diesem Formalismus zu erkennen. Andererseits ist klar, daß die Negation einer ableitbaren Formel unableitbar sein muß, sofern Widerspruchsfreiheit bestehen soll. So muß insbesondere die Formel $0 \neq 0$ als Negation der ... ableitbaren Formel $0 = 0$ unableitbar sein. Der verlangte Nachweis der Widerspruchsfreiheit reduziert sich also darauf, zu zeigen, daß die Formel $0 \neq 0$ aus unserem Formalismus nicht ableitbar ist. Nennen wir die Ableitung einer Formel aus gewissen Axiomen (mit Hilfe des logischen Kalküls) einen ‚Beweis', so kommt unsere Aufgabe darauf hinaus, einen Beweis der Formel $0 \neq 0$ aus unseren zusammengestellten Axiomen als unmöglich zu erkennen" (63, S. 220/221).

D. Hilbert und P. Bernays zogen auch solche Behauptungen der elementaren Arithmetik (Zahlentheorie) in Betracht, „für welche die Frage ihres Zutreffens ein ungelöstes mathematisches Problem bildet" (63, S. 372). So haben sie die Goldbachsche Vermutung, „daß jede gerade Zahl Summe von zwei Primzahlen ist" (63, S. 371), bei Zugrundelegung der Definitionsaussage

$\forall a_0 \, (Pa_0 \leftrightarrow \forall a_1 \forall a_2 \, ((\sim a_1 = 0' \wedge \sim a_2 = 0') \rightarrow \sim (a_1 \cdot a_2) = a_0))$

für die Primzahleigenschaft wie folgt formalisiert:

$\forall a_0 \, (\sim a_0 = 0 \rightarrow \exists a_1 \exists a_2 \, ((Pa_1 \wedge Pa_2) \wedge (a_0 + a_0) = (a_1 + a_2)))$.

Wäre es D. Hilbert und P. Bernays gelungen, sowohl die klassische Widerspruchsfreiheit als auch die klassische Vollständigkeit des Axiomensystems (Z) zu beweisen, so hätten sie schließen können, daß entweder die Goldbachsche Vermutung selbst oder ihre Negation aus dem Axiomensystem (Z) unter Hinzuziehung der Definitionsaussage für die Primzahleigenschaft beweisbar ist. D. Hilbert und P. Bernays hatten sich aber ein noch höheres Ziel gesetzt. Sie wollten für das System (Z) ein effektives Verfahren finden, dessen Anwendung die Entscheidung der noch ungelösten zahlentheoretischen Probleme ermöglicht. Sie schrieben selbst: „Ein Reduktionsverfahren für das System (Z) . . . müßte durch seine Anwendung die Entscheidung dieser Probleme bewirken" (63, S. 372).

Man kann sagen, daß sich schon bei der Behandlung der elementaren Arithmetik die prinzipielle Unmöglichkeit der Verwirklichung des formalistischen Programms in seiner ursprünglichen Form herausgestellt hat. „Die größte Bedeutung für die Einschätzung dieses Programms haben die Resultate, die in den 30-er Jahren von Kurt Gödel erhalten wurden" (113, S. 276), scheibt G. I. Rusawin. „A. Fraenkel und I. Bar-Hillel halten die Resultate Gödels für die größten Errungenschaften des abstrakten menschlichen Denkens unserer Zeit" (113, S. 277).

Das erste Resultat von Gödel, welches in diesem Zusammenhang von großer Bedeutung ist, ist der Gödelsche Unvollständigkeitssatz. Aus diesem Satz folgt unmittelbar: Wenn das Axiomensystem (Z) inhaltlich widerspruchsfrei ist, dann kann eine Aussage der elementaren Arithmetik konstruiert werden, die zwar wahr, aber aus dem Axiomensystem (Z) weder beweisbar noch widerlegbar ist. Dabei heißt eine Aussage genau dann widerlegbar, wenn ihre Negation beweisbar ist. Es gilt auch: Wenn das Axiomensystem (Z) klassisch widerspruchsfrei ist, dann ist es nicht klassisch vollständig und erst recht nicht semantisch (inhaltlich) vollständig. Mehr noch: Die elementare Arithmetik ist überhaupt nicht vollständig axiomatisierbar. Man kann schon die inhaltsbezogene elementare Arithmetik nicht vollständig formalisieren. G. I. Rusawin schreibt hierzu: „Dieses Resultat schränkt die Verwirklichung des ersten Teils des Hilbertschen Programms – die Formalisierung der klassischen Mathematik – bedeutend ein" (113, S. 279).

Beim Beweis seines Unvollständigkeitssatzes hat Gödel die „Methode der Arithmetisierung der Syntax" angewandt. Er hat unter Verwendung dieser Methode eine Aussage A der elementaren Arithmetik konstruiert, für die er folgendes Theorem beweisen konnte: A ist wahr genau dann, wenn A nicht beweisbar ist. Aus diesem Theorem folgt dann unmittelbar, daß die Aussage A weder beweisbar noch widerlegbar, d. h. unentscheidbar ist, wenn noch die inhaltliche Widerspruchsfreiheit des zugrunde gelegten Axiomensystems vorausgesetzt wird. Betrachtet man nun die Aussage

A etwas genauer, so stellt sich heraus, daß sie ihre eigene Unbeweisbarkeit zum Ausdruck bringt. K. Gödel schreibt selbst: „Wir haben also einen Satz vor uns, der seine eigene Unbeweisbarkeit behauptet". „Ein solcher Satz hat entgegen dem Anschein nichts Zirkelhaftes an sich, denn er behauptet zunächst die Unbeweisbarkeit einer ganz bestimmten Formel ... und erst nachträglich ... stellt sich heraus, daß diese Formel gerade die ist, in der er selbst ausgedrückt wurde" (42, S. 175). Gödel sieht die weitgehende Analogie, die zwischen seinem Satz A und dem Satz „Der Satz, den ich jetzt ausspreche, ist falsch" („ich lüge jetzt"), der seine eigene Falschheit behauptet und zu der semantischen Antinomie des Lügners führt, besteht. Er erkennt aber auch, daß aus seinem Satz A keine Antinomie folgt. Außerdem bemerkt er: „Der im System ... unentscheidbare Satz wurde ... durch metamathematische Überlegungen doch entschieden" (42, S. 176). Insofern gestattet das erste Resultat von Gödel keine agnostizistischen Schlußfolgerungen. Gödel selbst hat sein erstes Resultat einmal mit folgenden Worten wiedergegeben: Es gibt kein entscheidbares Axiomensystem, „welches auch nur hinsichtlich der arithmetischen Sätze vollständig wäre", „vorausgesetzt, daß keine falschen (d. h. inhaltlich widerlegbaren) arithmetischen Sätze aus den Axiomen des betreffenden Systems beweisbar sind" (43, S. 150).

Das zweite in diesem Zusammenhang wichtige Resultat von Gödel hängt mit seinem Unvollständigkeitssatz eng zusammen. Es ist ein Satz über die Beweisbarkeit der Widerspruchsfreiheit eines formalen Systems. Aus diesem Satz folgt unmittelbar: Wenn das Axiomensystem (Z) klassisch widerspruchsfrei ist, dann kann eine Aussage der elementaren Arithmetik konstruiert werden, die die Behauptung, daß das Axiomensystem (Z) klassisch widerspruchsfrei ist, innerhalb der elementaren Arithmetik selbst zum Ausdruck bringt und die aus dem Axiomensystem (Z) nicht beweisbar ist. Die Konstruktion einer derartigen Aussage kann wieder unter Verwendung der Methode der Arithmetisierung der Syntax erfolgen. Man kann dieses Resultat auch wie folgt ausdrücken: Wenn das Axiomensystem (Z) klassisch widerspruchsfrei ist, dann kann die Widerspruchsfreiheit dieses Systems nicht mit den Methoden der elementaren Arithmetik selbst bewiesen werden. Dies gilt auch für jedes andere klassisch widerspruchsfreie Axiomensystem der elementaren Arithmetik. Man kann also sagen: Wenn das formale System der elementaren Arithmetik klassisch widerspruchsfrei ist, dann kann die Widerspruchsfreiheit dieses Systems nicht mit den in diesem System selbst formalisierbaren Methoden (Mitteln) bewiesen werden. Da zu den im formalen System der elementaren Arithmetik formalisierbaren Methoden auch alle finiten Methoden gehören, kann die Widerspruchsfreiheit dieses Systems erst recht nicht mit finiten Methoden bewiesen werden. Tatsächlich können die finiten Methoden, d. h. die finiten Begriffsbildungen und die finiten Schlußweisen, im formalen System der elementaren Arithmetik formalisiert werden, „denn die finiten Methoden sind ja in der üblichen Arithmetik inbegriffen" (63, S. 42), schrieben D. Hilbert und P. Bernays. D. Hilbert und P. Bernays haben außerdem darauf hingewiesen, daß „der methodische Standpunkt des ‚Intuitionismus'" eine „*Erweiterung der finiten Einstellung*" darstellt (63, S. 43). Der Terminus „finit" wird also hinsichtlich seiner Bedeutung von Hilbert und Bernays enger gefaßt als der Terminus „intuitionistisch einwandfrei". Dies ist zu beachten, da Gödel die Bedeutungen der Termini „finit" und „intuitionistisch einwandfrei" identifiziert. Gebraucht man nun den Terminus „finit" im Sinne von Hilbert und Bernays, dann kann man sagen, daß schon die Widerspruchsfreiheit der elementaren Arithmetik nicht mit finiten Methoden beweisbar ist. Dieses Resultat zeigt die Unmöglichkeit der Verwirklichung des zweiten Teils des Hilbertschen Programms. Der Nachweis der Widerspruchsfreiheit der klassischen Mathematik kann prinzipiell nicht mit finiten Methoden erbracht werden.

Gödel selbst hat sein zweites Resultat einmal mit folgenden Worten zum Ausdruck gebracht: „Für alle formalen Systeme, für welche oben die Existenz unentscheidbarer arithmetischer Sätze behauptet wurde, gehört insbesondere die Aussage der Widerspruchsfreiheit des betreffenden Systems zu den in diesem System unentscheidbaren Sätzen. D. h. ein Widerspruchsfreiheitsbeweis für eines dieser Systeme σ kann nur mit Hilfe von Schlußweisen geführt werden, die in σ selbst nicht formalisiert sind. Für ein System, in dem alle finiten (d. h. intuitionistisch einwandfreien) Beweisformen formalisiert sind, wäre also ein finiter Widerspruchsfreiheitsbeweis, wie ihn die Formalisten suchen, überhaupt unmöglich" (43, S. 150/151). Selbst wenn also Hilbert und Bernays den Terminus „finit" doch weiter gefaßt hätten, als wir es hier unter Berufung auf sie getan haben, so wäre trotzdem ein Nachweis der Widerspruchsfreiheit der klassischen Mathematik mit finiten Methoden unmöglich. Dieses zweite Resultat von Gödel gibt aber auch keinen Anlaß zu agnostizistischen Schlußfolgerungen. „Indem ... *Gentzen* das zwar nicht mehr finite, aber doch noch anschaulich-konstruktive Hilfsmittel der transfiniten Induktion bis zur ersten ε-Zahl ($\varepsilon_0 = \omega_{\omega}^{\cdot^{\cdot^{\cdot}}}$) bei metamathematischen Betrachtungen zuließ, gelang es ihm tatsächlich, die elementare Arithmetik als klassisch widerspruchsfrei nachzuweisen“ (160, S. 198).

Wie wir soeben gezeigt haben, hat sich das Hauptziel des formalistischen Programms – der Nachweis der Widerspruchsfreiheit der klassischen Mathematik mit finiten Methoden – als unrealisierbar herausgestellt. Aber auch andere Erwartungen von D. Hilbert und P. Bernays erwiesen sich als unerfüllbar. So gaben Hilbert und Bernays der Hoffnung Ausdruck, ein effektives Verfahren „für das System (Z)“ zu finden, das „durch seine Anwendung die Entscheidung“ der noch ungelösten zahlentheoretischen Probleme bewirkt (63, S. 372). Da Hilbert und Bernays annahmen, daß das Axiomensystem (Z) nicht nur klassisch widerspruchsfrei, sondern auch klassisch vollständig sei, wollten sie also ein Verfahren finden, welches für jede vorgegebene Aussage der elementaren Arithmetik in endlich vielen Schritten zu entscheiden gestattet, ob die Aussage aus dem Axiomensystem (Z) beweisbar ist oder nicht. Wäre das Axiomensystem (Z) nicht nur klassisch widerspruchsfrei, sondern auch klassisch vollständig, so hätte die Angabe eines derartigen Verfahrens tatsächlich die endgültige Lösung des Entscheidungsproblems der elementaren Arithmetik bedeutet. Man hätte nämlich in diesem Falle durch Anwendung eines solchen Verfahrens für eine beliebige Aussage der elementaren Arithmetik auch effektiv entscheiden können, ob sie wahr ist oder nicht. Sie wäre genau dann wahr, wenn sie aus dem Axiomensystem (Z) beweisbar wäre. Wegen des ersten Resultates von Gödel kann aber das Axiomensystem (Z) nicht klassisch vollständig sein. Allein aus diesem Grunde wäre mit der Angabe eines Verfahrens, welches für jede Aussage der elementaren Arithmetik in endlich vielen Schritten zu entscheiden gestattet, ob sie aus dem Axiomensystem (Z) beweisbar ist oder nicht, das Entscheidungsproblem der inhaltsbezogenen elementaren Arithmetik keineswegs gelöst. Außerdem folgt aus einem Resultat von A. Church, daß es ein derartiges effektives Verfahren überhaupt nicht geben kann. Das Resultat von A. Church kann in unserem Zusammenhang wie folgt formuliert werden: Wenn das Axiomensystem (Z) klassisch widerspruchsfrei ist, dann gibt es kein effektives Verfahren, um festzustellen, ob ein Ausdruck der elementaren Arithmetik aus dem Axiomensystem (Z) beweisbar ist oder nicht. Dies gilt auch für jedes andere klassisch widerspruchsfreie Axiomensystem der elementaren Arithmetik. In diesem Sinne ist das Entscheidungsproblem für das formale System der elementaren Arithmetik unlösbar. Man kann also kein generelles Verfahren finden, um zu entscheiden, ob ein Ausdruck der elementaren Arithmetik aus einem klassisch widerspruchsfreien Axiomensystem der elementaren Arithmetik beweisbar ist oder nicht. W. Stegmüller schreibt in dem Zusammenhang: „Das ursprüngliche *Gödel*sche Unvollständigkeitstheorem gilt für den zahlentheoretischen Formalismus. Das Theorem von *Church* gilt bereits für die Quantifikationstheorie. Es konnte jetzt gezeigt werden, daß es auch für die Zahlentheorie Gültigkeit besitzt" (138, S. 94).

D. Hilbert und P. Bernays waren auch der Ansicht, daß die Grundbegriffe einer formalisierten mathematischen Theorie durch das zugrunde gelegte Axiomensystem implizit definiert werden. Ihrer Meinung nach „erhalten sie erst implizite ihre Bestimmung durch die Axiome" (63, S. 7). Demnach müßte durch das Axiomensystem (Z) eine implizite Definition der Grundbegriffe der elementaren Arithmetik erfolgen. Tatsächlich schrieb D. Hilbert: „Die aufgestellten Axiome sind zugleich die Definitionen jener elementaren Begriffe . . ." (61, S. 37). Da wir aber bei der Behandlung der axiomatischen Methode unter Verwendung des Endlichkeitssatzes für Modelle bereits gezeigt haben, daß es für die elementare Arithmetik ein Nichtstandardmodell gibt, kann das Axiomensystem (Z) nicht kategorisch sein. Dies gilt auch für jedes andere Axiomensystem der elementaren Arithmetik. Es kann daher kein Axiomensystem der elementaren Arithmetik geben, durch welches die Grundbegriffe der elementaren Arithmetik „bis auf Isomorphie" bestimmt werden. Von einer impliziten Definition der Grundbegriffe kann also erst recht keine Rede sein.

Wir wollen uns nun noch vor Augen führen, wie P. Bernays, der einer der engsten Mitarbeiter Hilberts war, im Jahre 1970 das formalistische Programm Hilberts eingeschätzt hat. Er schrieb: „Indem man nach dem Gedanken von Hilbert die deduktive Struktur einer formalisierten Theorie zum Gegenstand nimmt, wird die Theorie gewissermaßen ins Zahlentheoretische projiziert. Die so erhaltene zahlentheoretische Struktur ist im allgemeinen wesentlich verschieden von der durch die Theorie intendierten Struktur. Sie kann aber dazu dienen, die Widerspruchsfreiheit der Theorie von einem Standpunkt zu erkennen, der elementarer ist als die Annahme der intendierten Struktur. Hilbert gedachte auf solche Weise einen elementaren Nachweis der Widerspruchsfreiheit der gesamten klassischen Mathematik zu gewinnen und damit das mathematische Grundlagenproblem ein für allemal aus der Welt zu schaffen. Dieses

Programm mußte in zweierlei Hinsicht revidiert werden: Einerseits mußten die Ansprüche hinsichtlich der Elementarität der beweistheoretischen Überlegungen herabgesetzt werden. Der von Hilbert ins Auge gefaßte ‚finite Standpunkt' erwies sich für den Zweck als nicht ausreichend, wobei es sich zugleich zeigte, daß dieser Standpunkt eingeschränkter ist als derjenige des Brouwerschen Intuitionismus. Das andere Erfordernis der Revision des Hilbertschen Programmes bezieht sich auf die Vorstellung einer definitiven Erledigung der Grundlagenfragen der Mathematik. Bisher sind für die formalen Systeme der Zahlentheorie und für Teilsysteme der Analysis Widerspruchsfreiheitsbeweise mit verschiedenen Methoden erbracht worden, die alle im Bereiche dessen liegen, was die intuitionistische Mathematik anerkennt. Nehmen wir an, daß es gelänge, in einem geeignet erweiterten Rahmen konstruktiver Mathematik Widerspruchsfreiheitsbeweise für formale Systeme der klassischen Analysis und für die formalisierte axiomatische Mengenlehre zu führen, so würde auch damit noch keineswegs ein Abschluß erreicht sein. Denn wie schon erwähnt wurde, geht die Semantik der Mengenlehre über die axiomatisch präzisierte Mengenlehre wesentlich hinaus. Und überhaupt läßt sich gewiß nicht die gesamte Mathematik durch eine formal abgegrenzte Theorie erschöpfend darstellen. Die Mathematik als Ganzes – dieses können wir aus den Antinomien der Mengenlehre entnehmen – ist nicht wiederum eine Struktur, d. h. ein mathematischer Gegenstand, noch auch einem solchen isomorph. Die beweistheoretische Betrachtung kann sich demnach nicht auf die Mathematik überhaupt, sondern jeweils nur auf bestimmte abgegrenzte mathematische Theorien erstrecken. Wenn nun in den beiden genannten Hinsichten die ursprüngliche Zielsetzung der Hilbertschen Beweistheorie der Modifikation bedarf, so hat doch dieses Unternehmen Hilberts sich als sehr fruchtbar erwiesen. Die beweistheoretischen Untersuchungen bilden heute ein ergebnisreiches Feld der mathematischen Forschung" (15, S. 63/64).

Wir wenden uns nun den philosophischen Auffassungen Hilberts zu. Hilbert entwickelte seine weltanschauliche Position einerseits bei der Auswertung der großen naturwissenschaftlichen Entdeckungen seiner Zeit und andererseits in der Auseinandersetzung mit idealistischen Ansichten der klassischen deutschen Philosophie. Man kann die weltanschauliche Position Hilberts durchaus als materialistisch bezeichnen. Allerdings hat Hilbert den materialistischen Standpunkt nicht immer mit aller Konsequenz vertreten. Jedenfalls hat er die

Grundfrage der Philosophie auch in bezug auf die Mathematik materialistisch beantwortet. Er hat klar zum Ausdruck gebracht, daß durch eine „Unterbindung des Zuflusses von neuem Material aus der Außenwelt“ ein sehr „wichtiger Lebensnerv ... der Mathematik abgeschnitten“ würde (61, S. 29). Außerdem hat er erkannt, daß die Mathematik „Tatsachen eines gewissen Erfahrungsbereiches ... im Sinne einer einfachen Begriffsbildung extrapoliert“, deren Rechtfertigung vor allem in „der approximativen Übereinstimmung mit der Wirklichkeit“ liegt (63, S. 16). Schließlich hat er Hegels Behauptung, „alles Naturgeschehen aus Begriffen deduzieren zu können“, als „unzutreffend“ charakterisiert. Er schrieb: „Im Gegensatz zu Hegel erkennen wir, daß die Weltgesetze auf keine andere Weise zu gewinnen sind als aus der Erfahrung. Mögen bei der Konstruktion des Fachwerkes der physikalischen Begriffe mannigfache spekulative Gesichtspunkte mitwirken: Ob die aufgestellten Gesetze und das aus ihnen aufgebaute logische Fachwerk von Begriffen stimmt, das zu entscheiden ist allein die Erfahrung imstande“ (59, S. 961). Da Hilbert diese Auffassung bei der Beantwortung der Frage, welchen Anteil „das Denken einerseits und die Erfahrung andererseits an unserer Erkenntnis haben“ und „in welchem Sinne all das Wissen ... Wahrheit ist“, äußerte und dabei „Erfahrung“ im Sinne von „Praxis“ verstand (59, S. 959), kann man sagen, daß Hilbert in der Praxis den Ausgangspunkt der Erkenntnis und das Kriterium der Wahrheit sah. Die große Bedeutung der Praxis für naturwissenschaftliche Entdeckungen einerseits und mathematische Erkenntnisse andererseits brachte Hilbert mit folgenden Worten zum Ausdruck: „So erlebten wir allein in der Physik eine ununterbrochene Reihe von Entdeckungen ... Und darin zeigen sich beständig Theorie und Praxis, Denken und Erfahrung aufs innigste verschlungen. Bald eilt die Theorie, bald das Experiment voraus, immer sich gegenseitig bestätigend, ergänzend und anregend“ (59, S. 959). „Das Instrument, welches die Vermittlung bewirkt zwischen Theorie und Praxis, zwischen Denken und Beobachten, ist die Mathematik; sie baut die verbindende Brücke und gestaltet sie immer tragfähiger“ (59, S. 962).

Wir betrachten nun den Versuch Hilberts, „das Wesen des Unendlichen aufzuklären“ (56, S. 163). Hilbert verfolgte damit ein Anliegen, welches von großer Bedeutung für die Belange der Mathematik ist, denn „die Mathematik ist die Wissenschaft vom Unendlichen“ (156, S. 1), wie H. Weyl einmal bemerkte. Getreu seiner materialistischen Grundposition, wollte Hilbert zunächst klären,

„welche inhaltliche Bedeutung dem Unendlichen in der Wirklichkeit zukommt" (56, S. 163). Dabei lehnte er zu Recht „das unzulängliche Hilfsmittel metaphysischer Spekulation" ab und erkannte nur „Gründe, die sich auf die Erfahrung stützen und auf der Anwendung von Naturgesetzen beruhen", an (56, S. 164). In diesem Zusammenhang hat Hilbert allerdings die naturwissenschaftlichen Entdeckungen seiner Zeit metaphysisch verabsolutiert. Das ist ein wesentlicher Grund dafür, daß Hilbert bei seinem Versuch einer Begründung der klassischen Mathematik Zugeständnisse sowohl an den transzendentalen Idealismus Kants als auch an den Positivismus des Wiener Kreises machte.

Wir verfolgen nun den Gedankengang Hilberts. Er schrieb: „Bekanntlich ist alle Materie aus kleinen Bausteinen, den *Atomen* zusammengesetzt, durch deren Kombination und Verbindung die ganze Mannigfaltigkeit der makroskopischen Stoffe entsteht. Bei der Atomistik der Materie blieb aber die Physik nicht stehen". „Die Elektrizität ... erwies sich" als „aus positiven und negativen *Elektronen*" aufgebaut. „Planck entdeckte die *Energiequanten*. Und das Fazit ist jedenfalls, daß ein homogenes Kontinuum, welches die fortgesetzte Teilbarkeit zuließe, und somit das Unendliche im Kleinen realisieren würde, in der Wirklichkeit nirgends angetroffen wird. Die unendliche Teilbarkeit eines Kontinuums ist nur eine in Gedanken vorhandene Operation, nur eine Idee, die durch unsere Beobachtungen der Natur und die Erfahrungen der Physik und Chemie widerlegt wird" (56, S. 164).

„Die zweite Stelle, an der uns in der Natur die Frage nach der Unendlichkeit entgegentritt, treffen wir bei der Betrachtung der Welt als Ganzes. Hier haben wir die Ausdehnung der Welt zu untersuchen ... Zur Annahme der Unendlichkeit des Raumes führt mit Notwendigkeit die *Euklidische* Geometrie. Nun ist zwar die Euklidische Geometrie ein in sich widerspruchsfreies Gebäude und Begriffssystem; daraus folgt aber noch nicht, daß sie in der Wirklichkeit Gültigkeit besitzt. Ob dies der Fall ist, kann allein die Beobachtung und Erfahrung entscheiden ... Aus der Tatsache, daß außerhalb eines Raumstückes immer wieder noch Raum vorhanden ist, folgt nur die Unbegrenztheit des Raumes, keineswegs aber seine Unendlichkeit. Unbegrenztheit und Endlichkeit aber schließen einander nicht aus. Die mathematische Forschung liefert in der sogenannten *elliptischen* Geometrie das natürliche Modell der endlichen Welt ... Einstein hat die Notwendigkeit gezeigt, von der Euklidischen Geometrie abzugehen. Auf Grund seiner Gravitationstheorie nimmt er auch die kosmologischen Fragen in Angriff und zeigt die Möglichkeit einer endlichen Welt, und alle von den Astronomen gefundenen Resultate sind auch mit der Annahme der elliptischen Welt durchaus verträglich" (56, S. 164/165).

Auf Grund dieser Resultate der Naturwissenschaft schloß Hilbert: „Die Endlichkeit des Wirklichen haben wir nun in zwei Richtungen festgestellt: nach dem Unendlichkleinen und dem Unendlichgroßen. Dennoch könnte es sehr wohl zutreffen, daß das Unendliche *in unserem Denken* einen wohlberechtigten Platz hat und die Rolle eines unentbehrlichen Begriffes einnimmt. Wir wollen zusehen, wie es damit in der mathematischen Wissenschaft bestellt ist . . ." (56, S. 165). „Die Analysis" ist „ein praktisches Instrument zum Gebrauch des Unendlichen" geworden. „Aber die Analysis allein führt uns noch nicht zu der tiefsten Einsicht in das Wesen des Unendlichen. Diese wird uns vielmehr erst durch . . . die Mengenlehre, deren Schöpfer Georg Cantor war", vermittelt. „Will man in Kürze die neue Auffassung des Unendlichen, der Cantor Eingang verschafft hat, charakterisieren, so könnte man wohl sagen: in der Analysis haben wir es nur mit dem Unendlichkleinen und dem Unendlichgroßen als Limesbegriff, als etwas Werdendem, Entstehendem, Erzeugtem, d. h. . . . mit dem *potentiellen Unendlichen* zu tun. Aber das eigentliche Unendliche ... ist dies nicht. Dieses haben wir z. B., wenn wir die Gesamtheit der Zahlen 1, 2, 3, 4, . . . selbst als eine fertige Einheit betrachten oder die Punkte einer Strecke als eine Gesamtheit von Dingen ansehen, die fertig vorliegt. Diese Art des Unendlichen wird als *aktual unendlich* bezeichnet. Schon die beiden um die Grundlagen der Mathematik hochverdienten Mathematiker Frege und Dedekind haben – unabhängig voneinander – das aktual Unendliche angewandt und zwar zu dem Zwecke, die Arithmetik unabhängig von aller Anschauung und Erfahrung auf reine Logik zu begründen und durch diese allein zu deduzieren. Dedekinds Bestreben ging sogar soweit, die endliche Anzahl nicht der Anschauung zu entnehmen, sondern unter wesentlicher Benutzung des Begriffes der unendlichen Mengen rein logisch abzuleiten. Cantor aber gestaltete den Begriff des aktual Unendlichen systematisch aus" (56, S. 167). Er hat die „Theorie der transfiniten Zahlen" geschaffen und ausgebaut. So wurde schließlich durch die Arbeiten von Frege, Dedekind und Cantor „das Unendliche auf den Thron gehoben und genoß die Zeit des höchsten Triumphes . . . Die Reaktion blieb nicht aus; . . . es stellten sich bei bloßer Anwendung der allmählich üblich gewordenen Begriffsbildungen und

Schlußweisen Widersprüche heraus, zuerst vereinzelt, allmählich immer schärfer und immer ernster; die sogenannten Paradoxien der Mengenlehre" (56, S. 169).

Hilbert suchte nun einen „Weg, den Paradoxien zu entgehen", ohne die klassische Mathematik einschränken zu müssen. Hilbert erkannte auch, daß die Erreichung dieses Zieles nur möglich ist, „wenn uns die volle Aufklärung über *das Wesen des Unendlichen* gelingt". Er ging davon aus, „daß in der Wirklichkeit das Unendliche nirgends zu finden ist" und daß „das Denken über die Dinge ... den Geschehnissen mit den Dingen" ähnlich sein muß. Ferner stellte er fest, daß uns „das inhaltliche logische Schließen" niemals getäuscht hat, „wenn wir es auf wirkliche Dinge oder Geschehnisse anwandten", und er fügte hinzu: „Getäuscht hat es nur dann, wenn wir beliebige abstrakte Begriffsbildungen hinnahmen, auch solche, unter die unendlichviele Gegenstände fallen; wir haben dann das inhaltliche Schließen eben unzulässig angewandt, d. h. wir haben offenbar notwendige Vorbedingungen für die Anwendung inhaltlichen logischen Schließens nicht berücksichtigt. Und in der Erkenntnis, daß solche vorhanden sind und berücksichtigt werden müssen, befinden wir uns in Übereinstimmung mit den Philosophen, insbesondere mit Kant" (56, S. 170).

Hilbert faßt nun seine Auffassung über das Unendliche wie folgt zusammen: „Das Gesamtergebnis ist ...: das Unendliche findet sich nirgends realisiert; es ist weder in der Natur vorhanden, noch als Grundlage in unserem verstandesmäßigen Denken zulässig – eine bemerkenswerte Harmonie zwischen Sein und Denken. Im Gegensatz zu den früheren Bestrebungen von Frege und Dedekind erlangen wir die Überzeugung, daß als Vorbedingung für die Möglichkeit wissenschaftlicher Erkenntnis gewisse anschauliche Vorstellungen und Einsichten unentbehrlich sind und die Logik allein nicht ausreicht. Das Operieren mit dem Unendlichen kann nur durch das Endliche gesichert werden. Die Rolle, die dem Unendlichen bleibt, ist ... lediglich die einer Idee – wenn man, nach den Worten Kants, unter einer Idee einen Vernunftbegriff versteht, der alle Erfahrung übersteigt und durch den das Konkrete im Sinne der Totalität ergänzt wird – einer Idee überdies, der wir unbedenklich vertrauen dürfen in dem Rahmen, den die von mir hier skizzierte und vertretene Theorie gesteckt hat" (56, S. 190). Hilbert meint damit seine Beweistheorie, in der nur finite Begriffsbildungen und Schlußweisen zugelassen sind und deren Gegenstand die formalisierte klassische Mathematik als eine Gesamtheit von Formeln ist, zu denen neben den finiten Aussagen auch die idealen Aussagen gehören. Schließlich betont Hilbert seine Ansicht, daß das Unendliche „die Negation eines überall herrschenden Zustandes ist, eine ungeheuerliche Abstraktion – ausführbar nur durch die bewußte oder unbewußte Anwendung der axiomatischen Methode" (59, S. 960).

Hilbert hat sicher recht, wenn er hervorhebt, „daß die Mathematik über einen unabhängig von aller Logik gesicherten Inhalt verfügt und daher nie und nimmer allein durch Logik begründet werden kann, weshalb auch die Bestrebungen von Frege und Dedekind scheitern mußten". Doch Hilbert zieht daraus den Schluß, daß „als Vorbedingung für die Anwendung logischer Schlüsse und für die Betätigung logischer Operationen schon etwas in der Vorstellung gegeben" sein muß (56, S. 171). Das, was als „Vorbedingung" in der Vorstellung gegeben sein muß, erscheint nun bei Hilbert einerseits als „unmittelbares Erlebnis" im Sinne des Positivismus des Wiener Kreises und andererseits als „anschauliche Einsicht" im Sinne des transzendentalen Idealismus Kants.

Hilberts Zugeständnis an den Positivismus des Wiener Kreises kommt in folgenden Worten zum Ausdruck: Es „ist als Vorbedingung für die Anwendung logischer Schlüsse und für die Betätigung logischer Operationen schon etwas in der Vorstellung gegeben: gewisse, außer-logische konkrete Objekte, die anschaulich als unmittelbares Erlebnis vor allem Denken da sind. Soll das logische Schließen sicher sein, so müssen sich diese Objekte vollkommen in allen Teilen überblicken lassen und ihre Aufweisung, ihre Unterscheidung, ihr Aufeinanderfolgen oder Nebeneinandergereihtsein ist mit den Objekten zugleich unmittelbar anschaulich gegeben als etwas, das sich nicht noch auf etwas anderes reduzieren läßt oder einer Reduktion bedarf. Dies ist die philosophische Grundeinstellung, die ich für die Mathematik wie überhaupt zu allem wissenschaftlichen Denken, Verstehen und Mitteilen für erforderlich halte. Und insbesondere in der Mathematik sind Gegenstand unserer Betrachtung die konkreten Zeichen selbst, deren Gestalt unserer Einstellung zufolge unmittelbar deutlich und wiedererkennbar ist" (56, S. 171). Tatsächlich ist die Reduktion der Mathematik auf eine Theorie apriorischer Zeichen und Zeichenreihen und deren Umformung für die neopositivistische Mathematikauffassung charakteristisch. Hilbert hat jedoch niemals behauptet, daß formale Operationen mit inhaltsleeren Zeichen und Zeichenreihen den eigentlichen Gegenstand der Mathematik ausmachen. Schließlich hat er durch seine eigenen mathematischen Leistungen auch den Fortschritt der inhaltsbezogenen Mathematik wesentlich mitbestimmt.

Wir verdeutlichen nun Hilberts Zugeständnis an den transzendentalen Idealismus Kants. Hilbert schreibt: „Im Gegensatz zu den früheren Bestrebungen von Frege und Dedekind erlangen wir die Überzeugung, daß als Vorbedingung für die Möglichkeit wissenschaftlicher Erkenntnis gewisse anschauliche Vorstellungen und Einsichten unentbehrlich sind ..." (56, S. 190). Tatsächlich ist für den transzendentalen Idealismus Kants die Auffassung charakteristisch, daß es eine transzendentale Erkenntnis (Erkenntnis a priori) gibt, die zu apriorischen Einsichten führt. Dabei ist die transzendentale Erkenntnis im Sinne Kants dadurch gekennzeichnet, daß sie vor aller Erfahrung liegt und eine auf Erfahrung beruhende wissenschaftliche Erkenntnis erst ermöglicht. Hilbert beruft sich selbst auf Kant, indem er schreibt: „Es haben in der Tat Philosophen – und *Kant* ist der klassische Vertreter dieses Standpunktes – behauptet, daß wir außer der Logik und der Erfahrung noch a priori gewisse Erkenntnisse über die Wirklichkeit haben. Nun gebe ich zu, daß schon zum Aufbau der theoretischen Fachwerke gewisse apriorische Einsichten nötig sind und daß stets dem Zustandekommen unserer Erkenntnisse solche zugrunde liegen. Ich glaube, daß auch die mathematische Erkenntnis letzten Endes auf einer Art solcher anschaulicher Einsicht beruht, und daß wir sogar zum Aufbau der Zahlentheorie eine gewisse anschauliche Einstellung a priori nötig haben. Damit behält also der allgemeinste Grundgedanke der *Kant*schen Erkenntnistheorie seine Bedeutung". „Das Apriori ist dabei nichts mehr und nichts weniger als eine Grundeinstellung oder der Ausdruck für gewisse unerläßliche Vorbedingungen des Denkens und Erfahrens. Aber die Grenze einerseits zwischen dem, was wir a priori besitzen, und andererseits dem, wozu Erfahrung nötig ist, müssen wir anders ziehen als Kant ... (59, S. 961).

Hilbert hat klar erkannt: „Kant hat die Rolle und den Umfang des Apriorischen überschätzt" (59, S. 961). Er wendet sich entschieden gegen die Auffassung Kants, daß Raum und Zeit Anschauungsformen a priori seien. Da die „empirische Natur der Geometrie zu einem sicheren Ergebnis der Wissenschaft geworden" ist, darf die Euklidische Geometrie nicht als a priori gültig angenommen werden. Da auch die Newtonsche Auffassung von der „Absolutheit der Zeit" durch die Relativitätstheorie überwunden wurde, kann auch die Zeit keine Anschauungsform a priori sein. „Kant, der kritische

Philosoph, erwies sich hier so gar nicht kritisch, indem er ohne weiteres Newton akzeptierte". Hilbert kommt zu dem Schluß: „Die allzu weitgehende Apriori-Theorie konnte schlagender als durch diesen Fortgang der physikalischen Wissenschaft nicht ad absurdum geführt werden". „Bei der Aufnahme in den apriorischen Bestand ist die äußerste Vorsicht am Platze; sind doch viele der früher als apriorisch geltenden Erkenntnisse heute sogar als unzutreffend erkannt worden". „In der *Kant*schen Apriori-Theorie sind noch anthropomorphe Schlacken enthalten, von denen sie befreit werden muß und nach deren Entfernung nur diejenige apriorische Einstellung übrigbleibt, die auch der rein mathematischen Erkenntnis zugrunde liegt: es ist im wesentlichen die von mir in verschiedenen Abhandlungen charakterisierte finite Einstellung" (59, S. 962). Hilbert sah also in der finiten Einstellung die apriorische Voraussetzung der mathematischen Erkenntnis.

Es ist bemerkenswert, daß auch der Materialismus gewisse Voraussetzungen der individuellen Erkenntnis als relativ a priori anerkennt. Es handelt sich dabei um Voraussetzungen, die dem erkennenden Subjekt unabhängig von seiner individuellen Erfahrung und insofern relativ a priori gegeben sind. Diese Voraussetzungen sind jedoch nicht unabhängig von jeder menschlichen Erfahrung. Sie haben sich im historischen Entwicklungsprozeß der Menschheit herausgebildet. In diesem Zusammenhang kann man nun sagen, daß die finite Einstellung im Sinne Hilberts eine relativ apriorische Voraussetzung bzw. Vorbedingung wissenschaftlicher Erkenntnis ist. Da Erkenntnisse, die bei Zugrundelegung der finiten Einstellung gewonnen wurden, niemals zu logischen Widersprüchen geführt haben und durch die Praxis stets als wahr bestätigt wurden, steht a priori fest, daß die finite Einstellung zu gesicherter Erkenntnis führt. In diesem relativen Sinne hat also die finite Einstellung einen apriorischen Charakter. Sie erscheint insbesondere als eine sichere Grundlage der mathematischen Erkenntnis.

Man kann nun sagen: Bei einer historischen Betrachtungsweise hätte Hilbert den relativen Charakter apriorischer Voraussetzungen erkennen können. Einer Ersetzung des Kantschen Apriorismus, der von Hilbert schon sehr weitgehend kritisiert wurde, durch einen vom materialistischen Standpunkt aus akzeptierbaren relativen Apriorismus hätte dann nichts mehr im Wege gestanden. Bei einer dialektischen Betrachtungsweise hätte Hilbert auch das Unendliche im Endlichen begreifen können. Er hätte dann keinen Grund mehr gehabt, das Unendliche als eine transzendente Idee im Sinne Kants,

d. h. als eine Idee, die alle mögliche Erfahrung übersteigt, aufzufassen. Auf diese Weise wäre jedes Zugeständnis an den transzendentalen Idealismus Kants hinfällig geworden. Bei einer konsequent-materialistischen Betrachtungsweise hätte sich auch jedes Zugeständnis an den Positivismus des Wiener Kreises erübrigt. Hilbert hätte beachten müssen, daß die außerlogischen konkreten Objekte, die Zeichen und die Zeichenreihen, „die anschaulich als unmittelbares Erlebnis vor allem Denken da sind", auch schon vor jedem unmittelbaren Erlebnis als materielle Objekte sinnlich gegenständlich sind. Außerdem hätte er beachten müsssen, daß „die idealen Aussagen, nämlich die Formeln, soweit sie nicht finite Behauptungen ausdrücken", nur vom finiten Standpunkt aus „nichts bedeuten". Vom finiten Standpunkt aus wurden die idealen Aussagen eingeführt, um die Gültigkeit derjenigen logischen Gesetze, die beim Übergang zum Unendlichen verlorengegangen waren, künstlich wiederherzustellen. Unter Berücksichtigung dieser kritischen Bemerkungen kann man schließlich feststellen, daß „die philosophische Grundeinstellung", die Hilbert bezüglich der Mathematik und bezüglich jedes wissenschaftlichen Denkens für erforderlich hielt, durchaus mit einer materialistischen Position vereinbar ist.

Für Hilberts philosophische Grundeinstellung ist ein ausgesprochener Erkenntnisoptimismus typisch. Schon in seinem auf dem internationalen Mathematiker-Kongreß in Paris im Jahre 1900 gehaltenen Vortrag mit dem Thema „Mathematische Probleme" hat Hilbert klar zum Ausdruck gebracht, daß es „philosophische Gründe" sind, die in uns eine Überzeugung entstehen lassen, „die jeder Mathematiker gewiß teilt, die aber bis jetzt . . . niemand durch Beweise gestützt hat" und Hilbert meint „die Überzeugung, daß . . . jedes bestimmte mathematische Problem einer strengen Erledigung notwendig fähig sein müsse, sei es, daß es gelingt, die Beantwortung der gestellten Frage zu geben, sei es, daß die Unmöglichkeit seiner Lösung und damit die Notwendigkeit des Mißlingens aller Versuche dargetan wird" (61, S. 33). Hilberts methodologische Einstellung kann man folgenden Worten entnehmen: „Wie überhaupt jedes menschliche Unternehmen Ziele verfolgt, so braucht die mathematische Forschung Probleme" (61, S. 23). „Wer, ohne ein bestimmtes Problem vor Augen zu haben, nach Methoden sucht, dessen Suchen ist meist vergeblich" (61, S. 32). Schließlich gab Hilbert allgemeine methodologische Hinweise für die Lösung mathematischer Probleme und schrieb: Die „Überzeugung von der Lösbarkeit eines jeden mathematischen Problems ist uns ein kräftiger

Ansporn während der Arbeit; ... *denn in der Mathematik gibt es kein Ignorabimus!*" (61, S. 34). Die erkenntnisoptimistische Grundeinstellung Hilberts blieb jedoch nicht auf die Mathematik beschränkt. Hilbert vertrat vielmehr ganz allgemein die Meinung, „daß es ein unlösbares Problem überhaupt nicht gibt" und formulierte: „Statt des törichten Ignorabimus heiße im Gegenteil unsere Losung:

Wir müssen wissen,
wir werden wissen" (59, S. 963).

Wir wenden uns nun noch dem philosophischen Standpunkt extremer Formalisten zu. Extreme Formalisten betrachten die Mathematik als eine rein formale Wissenschaft. Sie reduzieren das Wesen der Mathematik auf das Operieren mit Formeln. Sie sind ferner der Ansicht, daß die Mathematik nichts über die Wirklichkeit aussagt. Sofern sie überhaupt einen Inhalt der Mathematik anerkennen, wollen sie ihn durch eine logische Analyse der Sprache klären. Mit einer solchen Auffassung haben sich aber die extremen Formalisten eindeutig auf die philosophische Position des Neopositivismus des Wiener Kreises begeben.

K. Schröter bemerkt in dem Zusammenhang völlig richtig: „Der Wiener Kreis hat ... eine erhebliche Veränderung seiner ursprünglichen Konzeption durchgemacht. Nach der ursprünglichen Meinung beschränkt sich nämlich die logische Analyse der Sprache allein auf das Studium ... rein syntaktischer Beziehungen, also nur auf Untersuchungen über die Aneinanderreihung und die Umformung von Zeichenreihen nach gewissen Regeln. Im weiteren Verlauf der Entwicklung der modernen Logik hat es sich nun auch für den Wiener Kreis als notwendig herausgestellt, auf den Inhalt dessen, was in der Sprache ausgesagt wird, einzugehen. Das ist natürlich selbstverständlich für jeden, der auf einer materialistischen Grundlage steht. Denn gerade dadurch erhalten die Untersuchungen erst einen wissenschaftlichen Charakter. Da der Neopositivismus jedoch die reale Außenwelt gar nicht kennt, müssen für ihn auch die gesamten Untersuchungen über Inhalt und inhaltliche Bedeutung von Aussagen ins rein Sprachliche gewendet werden. So besteht nach ... Meinung des Neopositivismus, wie er auch ... von Carnap vertreten wird, die logische Analyse eines Ausdrucks darin, diesen in ein bestimmtes Sprachsystem einzuordnen, da er durch die Angabe seines Verhältnisses zu anderen Ausdrücken festgelegt werden muß. Das ist natürlich vollständig unmöglich. Es ist nicht möglich, sich über Sinn und Sinnlosigkeit klar zu werden, ohne auf die Realität Rücksicht zu nehmen. Gerade erst durch den Zusammenhang mit der Realität werden Sätze sinnvoll bzw. sinnlos. Hier darf auch die Realität nicht mit der Erfahrung verwechselt werden. Im Neopositivismus, der sich hierbei streng an den Empirismus alten Stiles anklammert, wird zwar immer darauf hingewiesen, daß man für das, was nicht auf die Erfahrung zurückgeführt werden kann, überhaupt keinen Sinn angeben könne. Hier darf jedoch nicht von der Erfahrung die Rede sein, sondern hier muß von der Realität gesprochen werden. Das, was mit der Realität nichts zu tun hat, das kann in der Tat keinen Sinn haben. Die mathematischen Sätze haben natürlich einen Sinn. Sie geben nämlich gewisse allgemeine Verhältnisse der Wirklichkeit wieder“ (123, S. 252).

Es wurde bereits der Nachweis erbracht, daß es grundlegende mathematische Sätze gibt, die weder synthetisch-apriorische Sätze im Sinne Kants, noch analytische Sätze im Sinne Carnaps sind. Dadurch wurde die entscheidende These der neopositivistischen Mathematikauffassung, die besagt, daß die Sätze der Mathematik nichts über die erfahrbare Wirklichkeit aussagen und demzufolge inhaltsleer sind, eindeutig widerlegt. Durch den Nachweis, daß der Wahrheitswert grundlegender mathematischer Sätze von der Beschaffenheit der Wirklichkeit abhängt, wird zugleich die Bedeutung, die die Methode der logischen Analyse der Sprache und die Methode der Formalisierung für die mathematische Erkenntnis haben, wesentlich eingeschränkt. Dies ist auch dann der Fall, wenn bei der Anwendung der Methode der logischen Sprachanalyse nicht nur syntaktische, sondern auch semantische Beziehungen in Betracht gezogen werden, da der Neopositivismus die Existenz der realen Außenwelt nicht anerkennt und demzufolge auch semantische Beziehungen ins rein Sprachliche wendet. Schließlich wird durch den nachgewiesenen Bezug der Mathematik auf die reale Außenwelt ganz offensichtlich, daß die weltanschaulichen Probleme der Mathematik nicht auf neopositivistische Weise als „Scheinprobleme“ abgetan werden dürfen.

Ein typischer Vertreter des neopositivistischen Standpunktes in der Mathematik ist H. B. Curry, der die Mathematik als „die Wissenschaft von den formalen Systemen“ bezeichnete (98, S. 88). Curry wollte erreichen, daß mit den formalen Systemen der Mathematik keinerlei ontologische Überlegungen verbunden werden (113, S. 282). Er wollte jegliche „metaphysischen Elemente“ aus der Mathematik verbannen (98, S. 88). Wenn Curry auch die Aussagen der Mathematik als „sinnerfüllte Wahrheiten" auffaßte, so war er doch der Ansicht, daß die Mathematik nichts über die Wirklichkeit aussagt. Demzufolge war die Wahrheit für ihn nur eine innersprachliche Angelegenheit. Er schrieb: „Mathematik ist eine Wissenschaft ... sie besteht aus Aussagen ... deren Wahrheit bestimmt wird durch die fundamentalen Definitionen" (98, S. 89). H. Meschkowski fügt hinzu: „In seiner Neigung, die letzten Reste einer ‚Metaphysik' aufzuspüren und auszufegen, kritisiert er auch noch *Hilberts* Bemühen, die Widerspruchsfreiheit seiner Systeme zu beweisen" (98, S. 89).

Es muß an dieser Stelle mit aller Deutlichkeit darauf hingewiesen werden, daß Hilbert in keiner Weise den neopositivistischen Standpunkt der extremen Formalisten geteilt hat. In Übereinstimmung mit P. Bernays kann man sagen: „Die Anerkennung der methodischen Bedeutsamkeit der beweistheoretischen Untersuchungen und insbesondere derjenigen über formale Widerspruchsfreiheit, ist nicht daran gebunden, ... daß man jenen Standpunkt des ‚Formalismus' einnimmt, wonach die klassische Mathematik nur als reine Formeltechnik ihre Berechtigung hat. So dachte auch Hilbert im Grunde nie, trotz mancher in solcher Richtung weisender Äußerungen von ihm. – Die Aufgabenstellung der konstruktiven Nachweise von Widerspruchsfreiheit ist durch die hohe Stufe des Theoretischen motiviert, wie sie in der klassischen Mathematik vorliegt" (13, S. 200).

H. Meschkowski, der bedauert, daß „die schöne Gemeinsamkeit aller Mathematiker" aufhört, wenn „die Welt der Formeln" verlassen wird und „Aussagen ... über den ‚Seinsgrund' der Mathematik" gemacht werden (99, S. 223), bekennt sich zum „Formalismus als Methode" (99, S. 219). Er schreibt: „Es erscheint jedenfalls nützlich, wenn man bei der Darstellung mathematischer Theorien diese schwierigen Grundlagenfragen beiseite läßt. In diesem Sinne möchten wir den Formalismus als ein *methodisches Prinzip* empfehlen. Wenn ein moderner Mathematiker seine Disziplin formalistisch deutet, so heißt das nicht unbedingt, daß für ihn Mathematik nur ein Spiel der Symbole und Formeln sei. Er läßt nur die schwierige Frage aus, was denn die Mathematik noch mehr sein kann als nur die Wissenschaft von den formalen Systemen. Dieses Verfahren hat den großen Vorteil, daß es in der (so verstandenen) Mathematik keine Meinungsverschiedenheiten gibt". „Wir meinen, daß sich auf die Parole" „*Formalismus als Methode*" „die überwiegende Mehrzahl der Mathematiker einigen könnte. Wir verzichten in der Mathematik auf ontologische Untersuchungen und auf die Festlegung philosophischer Standorte. Nicht deshalb, weil wir für Fragestellungen dieser Art kein Organ hätten. Wir halten es aber für einen Gewinn in einer zerstrittenen Welt, wenn im Bereich der Mathematik gemeinsame Aussagen möglich sind für Vertreter aller philosophischen oder politischen Konzeptionen" (99, S. 219). Auch der Formalismus als Methode im Sinne von Meschkowski ist Positivismus in Aktion. Er ist weder weltanschauungsfrei noch politisch neutral. Er zeigt die Ausweglosigkeit der positivistischen Konzeption in bezug auf eine weltanschauliche Begründung der Mathematik. Wir werden nicht darauf verzichten, unseren materialistischen Standpunkt auch bezüglich der Mathematik zu vertreten und eine materialistische Begründung der Mathematik anzustreben.

4.4. Die intuitionistische Richtung

Der intuitionistische Versuch einer Grundlegung der Mathematik geht von der Tätigkeit des Mathematikers aus, die allerdings in subjektiv-idealistischer Form reflektiert wird. L. E. J. Brouwer, der die intuitionistische Richtung der mathematischen Grundlagenforschung begründete, schreibt: „Die Mathematik ist mehr ein Tun als eine Lehre" (109, S. 39). V. Richter fügt hinzu: Nach Brouwer besteht „das Wesen der Mathematik im Tun, nämlich in der zählenden Aktivität des Menschen". „Für *Brouwer* ist . . . das mathematische Tun in außersprachlichen ‚Intuitionen' fundiert. Die mathematische Handlung ist nach ihm bewußtseinsimmanent" (109, S. 40). Den Ausgangspunkt der Tätigkeit des Mathematikers bildet die sogenannte „Urintuition" des Zählens. L. Kronecker, der als ein „Vorläufer" des Intuitionismus gelten kann, hat diesen Gedanken einmal mit folgenden Worten zum Ausdruck gebracht: „Die ganzen Zahlen hat der liebe Gott gemacht, alles andere ist Menschenwerk" (98, S. 48).

A. Heyting, einer der bedeutendsten Vertreter des Intuitionismus, hat das Anliegen der intuitionistischen Grundlegung der Mathematik wie folgt formuliert: „Das Ziel, das der intuitionistische Mathematiker sich setzt, ist folgendes. Er will Mathematik treiben als natürliche Funktion des Intellekts, als freie, lebendige Aktivität des Denkens. Für ihn ist die Mathematik ein Erzeugnis des menschlichen Geistes. Die Sprache, sowohl die gewöhnliche wie die formalistische, gebraucht er nur zur Mitteilung, d. h. um andere oder sich selbst zum Nachdenken seiner mathematischen Gedanken zu veranlassen. Eine solche sprachliche Begleitung ist kein Bild der Mathematik, noch weniger die Mathematik selbst“ (55, S. 106). Mit diesen Ausführungen hat sich Heyting zu den Grundgedanken Brouwers bekannt, wonach das Wesen der Mathematik im Tun besteht, das mathematische Tun in außersprachlichen Intuitionen fundiert und bewußtseinsimmanent ist. E. W. Beth erkennt in dem Zusammenhang einen Gegensatz zwischen Logizismus und Intuitionismus. Er schreibt: „Hier ist der Kontrast zu Freges Standpunkt interessant. Frege betont, daß man vom subjektiven Prozeß, durch den die mathematische Aktivität des Geistes hervorgebracht wird, abstrahieren muß, um das Wesen der Mathematik zu durchdringen, da die Mathematik objektiv nur insofern logischer Untersuchung zugänglich ist, wie sie in den durch die mathematische Sprache dargestellten Ausdrucksweisen sinnlich vergegenständlicht worden ist. Brouwer ist der Meinung, daß die äußere Erscheinungsform eher die Durchdringung des Wesens der Mathematik hemmt als fördert; dies ist der Grund, warum er präzise von dieser Erscheinungsform abstrahieren will“ (16, S. 69). Dabei wird unter der äußeren Erscheinungsform der Mathematik ihre Sprache verstanden.

Der subjektiv-idealistische Charakter der intuitionistischen Konzeption kommt besonders deutlich in den folgenden Ausführungen von Brouwer und von Heyting zum Ausdruck. Brouwer schreibt: „Mathematik ist eine freie Schöpfung unabhängig von der Erfahrung; sie entwickelt sich aus einer einzigen einfachen Anschauung a priori (a priori intuition), die man ebensogut ‚Konstanz in der Veränderung‘ wie ‚Einheit in der Vielheit‘ nennen kann“ (16, S. 76). Heyting fügt bezüglich des Aufbaus der Mathematik hinzu: „Der wichtigste Baustein ist der Begriff der Einheit, zu dem als architektonisches Prinzip die Reihe der ganzen Zahlen gehört. Diese ganzen Zahlen müssen hier betrachtet werden als Einheiten, welche sich nur durch ihre Stellung in der Reihe voneinander unterscheiden“ (55, S. 106). Er schreibt ferner: Es muß bemerkt werden, weil es „für ein richtiges Verständnis wesentlich ist . . ., daß wir den ganzen Zahlen, und ähnlicherweise anderen mathematischen Gegenständen, eine Existenz unabhängig von unserem Denken, eine transzendente Existenz also, nicht zuschreiben. Vielleicht ist es wahr, daß jeder Gedanke auf einen als unabhängig von ihm bestehend gedachten Gegenstand Bezug nimmt. Wir können das dahingestellt bleiben lassen. Jedenfalls braucht dieser Gegenstand nicht vom menschlichen Denken überhaupt unabhängig zu sein. Die mathematischen Gegenstände, wenn auch vielleicht unabhängig vom einzelnen Denkakt, sind ihrem Wesen nach durch das menschliche Denken bedingt. Ihre Existenz ist nur gesichert, insoweit sie durch Denken bestimmt werden können; ihnen kommen nur Eigenschaften zu, insoweit diese durch Denken an ihnen erkannt werden können. Diese Möglichkeit der Erkenntnis offenbart sich uns aber nur durch das Erkennen selbst. Der Glaube an die transzendente Existenz, der durch die Begriffe nicht gestützt wird, muß als mathematisches Beweismittel zurückgewiesen werden. Hier liegt ... der Grund für den Zweifel an dem Satz vom ausgeschlossenen Dritten" (55, S. 106/107). Schließlich bemerkt auch Brouwer, daß „der logische Satz vom ausgeschlossenen Dritten ein unerlaubtes mathematisches Beweismittel sei, dem kein anderer als ein scholastischer und heuristischer Wert zugesprochen werden könne, so daß Theoreme, bei deren Beweis seine Anwendung nicht umgangen werden kann, jedes mathematischen Inhalts entbehren". (109, S. 43) Den „verborgenen Grund" für die Annahme der uneingeschränkten Gültigkeit des logischen Satzes vom ausgeschlossenen Dritten sieht Brouwer in der „Übertragung der Logik der endlichen Mengen auf die Logik der unendlichen Mengen" und letztlich in der „Verwechslung der mathematischen ‚Objekte' mit den Naturdingen. ... Denn die Naturdinge existieren unabhängig vom Handeln der Menschen, die mathematischen ‚Objekte' dagegen nicht" (109, S. 43/44).

H. Scholz und G. Hasenjaeger sehen in dem Zusammenhang den entscheidenden Unterschied zwischen Platonismus und Intuitionismus bei der Grundlegung der Mathematik „in der Rangordnung ..., in der die ontologischen Voraussetzungen und die Möglichkeiten von Handlungen zur Geltung kommen". Für den Platonismus „sind die ontologischen Voraussetzungen so wesentlich, daß auf Handlungen im Sinne von Operationen grundsätzlich verzichtet werden kann". Für den Intuitionismus dagegen „sind die Operationen das Grundlegende. Die Frage, wie weit aus ihnen nachträglich eine Ontologie abstrahiert werden kann, ist sekundär. Jedenfalls braucht man keine Ontologie, um sich zu konstituieren. Entscheidend ist die vorausgesetzte Einsichtigkeit der geforderten Handlungen. Daher der Name ‚Intuitionismus'" (119, S. V/VI). Tatsächlich hat der Intuitionismus die auf der „Urintuition" des Zählens beruhende Konstruierbarkeit und die intuitive Einsicht in die Konstruktion zum Kriterium mathematischer Existenz erhoben.

G. I. Rusawin schreibt über die Stellung des Intuitionismus zur Logik: „Wie die Sprache, spielt auch die Logik bei der intuitionistischen Begründung der Mathematik keine bestimmende Rolle. Vom Standpunkt des Intuitionisten aus muß eine mathematische Konstruktion so unmittelbar und klar sein, daß keine andere Begründung erforderlich ist. ‚Man kann sehr gut einsehen, – meint Heyting –, ob eine Überlegung richtig ist, ohne von der Logik Gebrauch zu machen'. Nichtsdestoweniger verzichten die Intuitionisten nicht vollkommen auf die klassische Logik. Sie deuten sie nur anders und schränken ihren Anwendungsbereich ein. Von ihrem Standpunkt aus stellt ein beliebiges logisches Theorem ein mathematisches Theorem von höchster Allgemeinheit dar. Deshalb betrachten sie im Unterschied zum Logizismus die Mathematik nicht als einen Teil der Logik, sondern umgekehrt die Logik als einen Teil der Mathematik" (113, S. 249/250). Der Intuitionismus vertritt also die Ansicht, daß die Mathematik von der Logik unabhängig ist, daß die Logik eher auf der Mathematik beruht als umgekehrt und daß einige Prinzipien der Logik bei den Konstruktionen der Mathematik nicht uneingeschränkt anwendbar sind.

Nach Ansicht von H. Scholz und G. Hasenjaeger steht der Intuitionismus dem Platonismus im Bereich der Mathematik nicht zuletzt deswegen gegenüber, weil er die „schärfste Ausprägung des finitären Standpunktes" darstellt. Sie schreiben: „Ein Standpunkt heiße finitär, wenn er die Priorität des Endlichen vor dem Unendlichen vertritt in dem Sinne, daß er eine eigenständige Existenz des Unendlichen neben dem Endlichen auch für die Mengenlehre nicht zuläßt, sondern auch in diesem Falle das Unendliche nur anerkennt als einen Spielraum von Möglichkeiten, die sich bei unbegrenztem Fortschreiten im Endlichen unbegrenzt reproduzieren" (119, S. 7). Der Intuitionismus lehnt also auf Grund seines finitären Standpunktes das aktual Unendliche in Gestalt wirklich seiender, in sich vollendeter unendlicher Mengen ab. Er bekennt sich zum potentiell Unendlichen, welches in Form möglich werdender, unvollendbarer konstruktiver Prozesse erscheint. Er läßt schließlich nur das gelten, was effektiv erreicht werden kann. „Dann kann das Unendliche nur in den Prozessen existieren, für die wie im Elementarfall der Erzeugung der Zahlenreihe die grundsätzliche Unvollendbarkeit in Anspruch genommen werden kann. Dann ist die Mathematik als Beherrschung des Unendlichen das Ergebnis eines auf eigentümlich mathematischen Intuitionen fußenden und an ihnen von Fall zu Fall zu überprüfenden schöpferischen Handelns, und nur dies, also in keinem Falle das Resultat einer sukzessiven Entdeckung einer an sich existierenden platonischen Welt. Dann können Potenzmengen nur noch aus endlichen Mengen erzeugt werden, und mit den Potenzmengen aus unendlichen Mengen entfällt der entscheidende Schritt vom Abzählbaren ins Überabzählbare" (119, S. 7/8).

H. Scholz und G. Hasenjaeger schreiben weiter: „Ergänzt wird diese Charakterisierung der Mathematik durch das Programm eines mathematischen Aktivismus, der die Ersetzung des an sich Wahren durch das effektiv Verifizierbare, des an sich Falschen durch das effektiv Falsifizierbare, des an sich Existierenden durch das effektiv Konstruierbare verlangt. Durch diese Anforderung an die Existenzsätze werden mit den indirekten Existenzbeweisen alle Aussagen hinfällig, die eine Existenzbehauptung nicht durch ein Beispiel erhärten oder Bezug nehmen auf ein Verfahren, durch dessen Anwendung ein Element von der angeforderten Art effektiv bestimmt werden kann. Das klassische Prinzip der kleinsten Zahl muß also eingeschränkt werden. Und erst recht das Auswahlprinzip ... Andererseits geht der Satz des ausgeschlossenen Dritten über in das (deshalb abgelehnte) Axiom von der Entscheidbarkeit jedes mathematischen Problems; denn er besagt in seiner allgemeinsten Formulierung für jede mathematische Annahme p, daß p effektiv verifiziert oder effektiv falsifiziert werden kann. Ist also M eine beliebige unendliche Menge, $\mathfrak{E}$ wie im Fall der Goldbachschen Vermutung eine für die Elemente von M erklärte Eigenschaft, so müßte das Zutreffen von $\mathfrak{E}$ auf jedes Element von M beweisbar oder ein Verfahren angebbar sein, mit dessen Hilfe man effektiv zu einem Element von M gelangt, auf welches $\mathfrak{E}$ nicht zutrifft. Solche Erwartungen sind jedoch, trotz Hilbert, auch für die klassische Mathematik nicht verbindlich; denn sie gehen weit hinaus über das, was in der klassischen Interpretation des ausgeschlossenen Dritten mit dem ausdrücklichen Verzicht auf irgendwelche Entscheidbarkeitsforderungen vorausgesetzt ist" (119, S. 8/9). „Man darf aber nicht sagen, daß das Axiom von der Entscheidbarkeit jedes mathematischen Problems inzwischen sogar widerlegt ist durch die zahlreichen Unentscheidbarkeitstheoreme, über die man heute verfügt ... Denn das Problem, auf welches diese Theoreme Bezug nehmen, ist jedesmal die Frage, ob es ein Verfahren gibt, mit dessen Hilfe jeder Einzelfall einer unendlichen Schar von gleichartigen Entscheidungsfragen (Fragen, die nur mit Ja oder Nein beantwortet werden können) effektiv entschieden werden kann oder nicht. Die Unentscheidbarkeitstheoreme besagen in jedem einzelnen Falle, daß es ein solches Verfahren nicht gibt, in dem scharfen Sinne, daß jeder Versuch, ein solches Verfahren zu definieren, an einem Widerspruch scheitert. Damit ist aber dieses Problem entschieden. Es steht also nicht so, daß das ausgeschlossene Dritte für die intuitionistische Mathematik durch sein Negat zu ersetzen ist, sondern nur, daß es im allgemeinen Falle, generell für unendliche Bereiche, nicht zu den Prinzipien gehört, von denen Gebrauch gemacht werden darf; denn die Tatsache, daß es mathematische Probleme gibt, die, wie bis heute die Goldbachsche Vermutung, bei dem jeweils gegenwärtigen Stande der Forschung unentschieden sind, ist ein historisches Faktum, also jedenfalls nicht der Inhalt eines mathematischen (genauer: eines metamathematischen) Theorems. Nur für endliche Mengen darf das ausgeschlossene Dritte in seiner intuitionistischen Interpretation in Anspruch genommen werden, weil diese im Gegensatz zu den unendlichen Mengen effektiv durchlaufen werden können, und auch für diese nur dann, wenn die zu prüfende Eigenschaft für jedes Element einer solchen Menge effektiv entscheidbar ist. Dies trifft auf viele von der klassischen Mathematik anerkannte Eigenschaften nicht zu“. Ein Beispiel ist „die Eigenschaft, eine algebraische Zahl zu sein“ (119, S. 9).

Aus diesen Ausführungen von H. Scholz und G. Hasenjaeger geht nun tatsächlich klar hervor, daß der Satz vom ausgeschlossenen Dritten in seiner intuitionistischen Interpretation nicht auf unendliche Bereiche anwendbar ist. Es kommt aber auch zum Ausdruck, daß die Negation dieses Satzes ebensowenig wie der Satz selbst als bewiesen gelten kann, denn dieser Satz behauptet in seiner intuitionistischen Interpretation die Entscheidbarkeit bzw. Lösbarkeit jedes mathematischen Problems. Demzufolge kann man eine erkenntnisoptimistische und eine erkenntnispessimistische Haltung in der Mathematik unterscheiden. Während Hilbert als Begründer des Formalismus eine erkenntnisoptimistische Haltung eingenommen hat, hat Brouwer als Begründer des Intuitionismus eine erkenntnispessimistische Haltung zum Ausdruck gebracht. E. W. Beth schreibt: „1900 formulierte Hilbert das Axiom der Lösbarkeit jedes mathematischen Problems“ (16, S. 77), und V. Richter fügt hinzu: „Noch um die Jahrhundertwende war die allgemein herrschende Auffassung die von Hilbert. Dieser hatte 1900 das Axiom der Lösbarkeit jedes mathematischen Problems ausgesprochen. Dagegen hat Brouwer richtig bemerkt, daß dieses Axiom mit dem logischen Satz vom ausgeschlossenen Dritten äquivalent sei ..." (109, S. 43). Schließlich schreibt Brouwer: „Meiner Überzeugung nach sind das Lösbarkeitsaxiom und der Satz vom ausgeschlossenen Dritten beide falsch ..." (109, S. 44).

Nach Ansicht Brouwers ist der Glaube an den Satz vom ausgeschlossenen Dritten „historisch dadurch verursacht worden, daß man zunächst aus der Mathematik der Teilmengen einer bestimmten ... endlichen Menge die klassische Logik abstrahiert, sodann dieser Logik eine von der Mathematik unabhängige Existenz a priori zugeschrieben und sie schließlich auf Grund dieser vermeintlichen Apriorität unberechtigterweise auf die Mathematik der unendlichen Mengen angewandt hat" (155, S. 42). V. Richter erwähnte: „Brouwer hat als erster im Jahre 1907 ausdrücklich bemerkt, daß man die Logik der mathematischen Theorie der endlichen Mengen, die die klassische Logik verwendet, nicht ohne weiteres auf unendliche Mengen übertragen darf. Denn die ‚Objekte' einer unendlichen Menge, etwa der Zahlenreihe 1, 2, ..., sind nach der Auffassung des potentiellen Unendlichen in ihrer ‚Existenz' von dem Konstruktionsverfahren abhängig, nach welchem sie ‚erzeugt' werden" (109, S. 42). H. Weyl, ebenfalls ein Vertreter des Intuitionismus, bemerkte in dem Zusammenhang: „Man muß sich durchaus vor der Vorstellung hüten, daß, wenn eine unendliche Menge definiert ist, man nicht bloß die für ihre Elemente charakteristische Eigenschaft kenne, sondern diese Elemente selbst sozusagen ausgebreitet vor sich liegen habe und man sie nur der Reihe nach durchzugehen brauche, ... um ausfindig zu machen, ob in der Menge ein Element von dieser oder jener Art existiert" (109, S. 43). Bezüglich der Existenz einer Zahl mit einer geforderten Eigenschaft äußerte sich schließlich Heyting wie folgt: Die Existenz einer Zahl mit einer geforderten Eigenschaft „bedeutet ... nichts anderes als die Möglichkeit, eine Zahl mit der geforderten Eigenschaft wirklich aufzuweisen", und die Nichtexistenz einer Zahl mit der geforderten Eigenschaft „bedeutet die Möglichkeit, diese Eigenschaft auf einen Widerspruch zurückzuführen". Weil wir nicht wissen, ob in jedem Falle „eine dieser Möglichkeiten besteht", können wir nicht behaupten, daß in jedem Falle eine solche Zahl „existiert oder nicht existiert". „In diesem Sinn kann man sagen, daß der Satz vom ausgeschlossenen Dritten hier nicht angewandt werden darf" (55, S. 107/108).

Da der klassische Mathematiker die Ansich-Existenz mathematischer Objekte unabhängig von jeglicher Konstruktion annimmt, behauptet er folgerichtig, daß jeder mathematische Satz entweder wahr oder falsch sein muß. In dieser Behauptung ist der Satz vom ausgeschlossenen Dritten in seiner klassischen Interpretation enthalten. G. I. Rusawin erwähnt in dem Zusammenhang, daß diese Behauptung nach Meinung Brouwers auf einem doppelten Mißverständnis beruht. „Erstens wird angenommen, daß es die Mathematik mit der objektiven Wahrheit zu tun habe, während sie doch erst als Ergebnis der Tätigkeit der Mathematiker geschaffen wird. Zweitens wird hier unberechtigterweise eine Prozedur auf unendliche Mengen ausgedehnt, die nur bezüglich endlicher Mengen berechtigt ist, weil es sogar im Prinzip unmöglich ist, alle Elemente einer unendlichen Menge zu prüfen" (113, S. 251/252). Da der Intuitionist zu jeder durch eine mathematische Aussage zum Ausdruck gebrachten Intention „die Intention auf eine Konstruktion zu ihrer Erfüllung hinzugefügt denkt" (55, S. 115) oder, was dasselbe ist, in jeder mathematischen Aussage auch ihre effektive Verifikation mit intendiert, darf man aus intuitionistischer Sicht eine Alternative von Aussagen nur dann behaupten, wenn man wenigstens eine der Aussagen, die als Alternativglieder vorkommen, effektiv verifiziert hat. Da es ferner unentschiedene mathematische Probleme gibt, darf der Satz vom ausgeschlossenen Dritten aus intuitionistischer Sicht nicht in seiner Allgemeinheit behauptet werden.

Zum besseren Verständnis dieser Ausführungen werden nun die Grundzüge der intuitionistischen Aussagenlogik in Anlehnung an Heyting skizziert. Heyting unterscheidet zwischen Aussagen und Sätzen. „. . . ein Satz ist die Behauptung einer Aussage. Eine mathematische Aussage drückt eine bestimmte Erwartung aus, z. B. bedeutet die Aussage ‚Die Eulersche Konstante C ist rational' die Erwartung, man könne zwei ganze Zahlen a und b finden, derart, daß $C = a/b$. Vielleicht noch besser als das Wort ‚Erwartung' drückt das von den Phänomenologen geprägte Wort ‚Intention' aus, was hier gemeint wird". Das Wort „Aussage" wird auch „für die durch die Aussage sprachlich zum Ausdruck gebrachte Intention" gebraucht. „Die Intention geht, wie schon früher betont, nicht auf einen als unabhängig von uns bestehend gedachten Sachverhalt, sondern auf ein als möglich gedachtes Erlebnis, wie es auch aus dem obigen Beispiel deutlich hervorgeht. Die Behauptung einer Aussage bedeutet die Erfüllung der Intention, z. B. würde die Behauptung ‚C ist rational' bedeuten, man habe die gesuchten ganzen Zahlen tatsächlich gefunden". Die Behauptung wird von der entsprechenden Aussage durch das Behauptungszeichen $\vdash$ unterschieden. „Die

Behauptung einer Aussage ist selbst nicht wieder eine Aussage, sondern die Feststellung einer empirischen Tatsache, nämlich der Erfüllung der durch die Aussage ausgedrückten Intention“ (55, S. 113).

Heyting führt nun als erste logische Funktion die Negation ein. Er schreibt: „Eine logische Funktion ist ein Verfahren, um aus einer gegebenen Aussage eine andere Aussage zu bilden. Die Negation ist eine solche Funktion . . ., nämlich die Intention auf einen mit der ursprünglichen Intention verbundenen Widerstreit. Die Aussage ‚C ist nicht rational‘ bedeutet also die Erwartung, man könne aus der Annahme, C sei rational, einen Widerspruch herleiten. Es ist wichtig zu bemerken, daß die Negation einer Aussage immer auf ein Beweisverfahren, welches den Widerspruch herbeiführt, Bezug nimmt, auch, wenn in der ursprünglichen Aussage von keinem Beweisverfahren die Rede ist“ (55, S. 113). Als Zeichen für die in dieser Weise verstandene Negation wird das Symbol $\urcorner$ verwandt. H. Wessel bemerkt nun völlig richtig: „Der wesentliche Unterschied zwischen der klassischen und der intuitionistischen Logik besteht . . . in der unterschiedlichen Auffassung der logischen Negation“ (154, S. 175). Heyting schreibt selbst: „Streng gesagt, müssen wir genau unterscheiden zwischen der Verwendung von ‚nicht‘ in der Mathematik und in der gewöhnlichen Sprache nichtmathematischer Erörterungen. In mathematischen Behauptungen kann keine Unbestimmtheit entstehen; ‚nicht‘ hat immer einen genauen Sinn. ‚Das Urteil p ist nicht wahr‘ oder ‚das Urteil p ist falsch‘ bedeutet ‚wenn wir die Wahrheit von p annehmen, so gelangen wir zu einem Widerspruch‘“ (154, S. 175). H. Wessel fügt hinzu: „Weiter schreibt Heyting, daß sich jede mathematische Behauptung in der folgenden Form ausdrücken ließe: ‚Ich habe gedanklich die Konstruktion A durchgeführt‘. Die mathematische Negation dieser Behauptung hingegen läßt sich wie folgt ausdrücken: ‚Ich habe gedanklich die Konstruktion B durchgeführt, die die Annahme zum Widerspruch führt, daß sich die Konstruktion von A vollenden läßt‘. Im Unterschied zur mathematischen ist die faktische Negation der ersten Behauptung: ‚Ich habe gedanklich die Konstruktion von A nicht durchgeführt‘. Nach Heytings Auffassung hat diese letzte Feststellung aber nicht die Form einer mathematischen Behauptung“ (154, S. 175/176).

Man kann sich nun leicht davon überzeugen, daß für die mathematische Negation im Sinne Heytings der Satz vom ausgeschlossenen Dritten in seiner Allgemeinheit nicht behauptet werden kann. Heyting scheibt: „$p \vee q$ bedeutet diejenige Intention, welche dann und nur dann erfüllt ist, wenn wenigstens eine der Intentionen p und q erfüllt ist. Die Formel für den Satz vom ausgeschlossenen Dritten wäre $\vdash p \vee \neg p$. Man kann diesen Satz für eine bestimmte Aussage p erst dann behaupten, wenn p entweder bewiesen oder auf einen Widerspruch zurückgeführt ist. Ein Beweis für den allgemeinen Satz müßte also in der Angabe einer Methode bestehen, nach der man, wenn eine beliebige Aussage gegeben wäre, immer entweder diese Aussage selbst oder ihre Negation beweisen könnte. Die Formel $p \vee \neg p$ deutet also auf die Erwartung einer mathematischen Konstruktion (Beweismethode) hin, welche diese Forderung erfüllt; das heißt, diese Formel ist eine mathematische Aussage, und die Frage nach ihrer Gültigkeit ist eine mathematische Frage, welche, wenn überhaupt, mit mathematischen Mitteln lösbar ist. In diesem Sinn ist die Logik von der Mathematik abhängig" (55, S. 114).

Heyting sieht auch einen Zusammenhang zwischen dem Satz vom ausgeschlossenen Dritten und der Frage nach der Lösbarkeit mathematischer Probleme. Er schreibt: „Ein Problem ist gegeben durch eine Intention, deren Erfüllung gesucht wird. Es ist gelöst, wenn entweder die Intention durch eine Konstruktion erfüllt ist, oder bewiesen ist, daß sie auf einen Widerspruch führt. Die Lösbarkeitsfrage kann also auf die Beweisbarkeitsfrage zurückgeführt werden. Ein Beweis für eine Aussage ist eine mathematische Konstruktion, welche selbst wieder mathematisch betrachtet werden kann" (55, S. 114). Schließlich versucht Heyting unter Bezugnahme auf den Beweisbarkeitsbegriff zu zeigen, „wie sich ein grundsätzlich unlösbares Problem denken läßt" (55, S. 115).

Im Jahre 1930 hat Heyting bereits die intuitionistische Aussagenlogik formalisiert, d. h. in Form eines Kalküls dargestellt (54). Ein Vergleich des intuitionistischen Aussagenkalküls mit dem klassischen Aussagenkalkül läßt folgendes erkennen: Beide Kalküle unterscheiden sich im wesentlichen dadurch, daß die Formel $(\neg\neg p \rightarrow p)$ im intuitionistischen Aussagenkalkül nicht ableitbar ist, während die Formel $(\sim\sim p \rightarrow p)$ im klassischen Aussagenkalkül ableitbar ist. Das ist auch der entscheidende Grund dafür, daß die Formeln $(p \vee \neg p)$ und $(((p \rightarrow q) \rightarrow p) \rightarrow p)$ im intuitionistischen Aussagenkalkül nicht ableitbar sind, während die entsprechenden Formeln im klassischen Aussagenkalkül ableitbar sind. Da im intuitionistischen Aussagenkalkül zwar auch die Implikation $((p \vee \neg p) \rightarrow (\neg\neg p \rightarrow p))$, aber nicht ihre Umkehrung ableitbar ist, kann man sagen, daß in der intuitionistischen Logik der Satz zur

Beseitigung der Negation ($\neg\neg p \rightarrow p$) schwächer ist als der Satz vom ausgeschlossenen Dritten ($p \vee \neg p$). Beachtet man nun noch, daß jede im intuitionistischen Aussagenkalkül ableitbare Formel nach Ersetzung von $\neg$ durch $\sim$ in eine im klassischen Aussagenkalkül ableitbare Formel übergeht, dann kann man sagen, daß die intuitionisitische Negation schwächer ist als die klassische Negation, da für die intuitionistische Negation weniger Formeln ableitbar sind als für die klassische Negation, denn die Formel ($\neg\neg p \rightarrow p$) ist im intuitionistischen Aussagenkalkül nicht ableitbar. Da auch die Formel $(((p \rightarrow q) \rightarrow p) \rightarrow p)$ im intuitionistischen Aussagenkalkül nicht ableitbar ist, muß man hinzufügen, daß auch die intuitionistische Implikation schwächer ist als die klassische Implikation. Es sei nun noch erwähnt, daß im intuitionistischen Aussagenkalkül die Formeln $\neg\neg(p \vee \neg p)$, $(p \rightarrow \neg\neg p)$, $(\neg\neg\neg p \rightarrow \neg p)$ und $(((p \rightarrow q) \wedge (p \rightarrow \neg q)) \rightarrow \neg p)$ ableitbar sind, während die Formeln $(p \vee \neg p)$, $\neg(p \vee \neg p)$ und $(\neg\neg p \rightarrow p)$ nicht ableitbar sind. Allerdings ist auch die Formel $\sim(p \vee \sim p)$ im klassischen Aussagenkalkül nicht ableitbar. Würden wir nun den Satz zur Beseitigung der Negation ($\neg\neg p \rightarrow p$) oder den Satz vom ausgeschlossenen Dritten ($p \vee \neg p$) zum intuitionistischen Aussagenkalkül hinzunehmen und überall das Zeichen $\neg$ durch das Zeichen $\sim$ ersetzen, so erhielten wir den klassischen Aussagenkalkül. Statt von Ableitbarkeit im intuitionistischen Aussagenkalkül wird auch von intuitionistischer Gültigkeit gesprochen.

Bezüglich des Heytingschen intuitionistischen Aussagenkalküls schreibt G. I. Rusawin: „Viele orthodoxe Intuitionisten meinen, obwohl sie das System von Heyting anerkennen, daß kein statisches System der Logik den dynamischen mathematischen Gedanken genau ausdrücken kann. Deshalb kann ein beliebiges symbolisches System nur als angenäherte Widerspiegelung des konstruktiven mathematischen Gedankens dienen. Hier begegnen wir wieder der Grundeinstellung des Intuitionismus, wonach der Prozeß des mathematischen Denkens selbst primär und bestimmend ist, während die Sprache und die Logik nur seine unvollkommenen Ausdrucksmittel darstellen“ (113, S. 253). Aus diesem Grunde ist auch verständlich, daß für den Intuitionismus im Unterschied zum Formalismus die Formalisierung mathematischen Wissens nur sekundäre Bedeutung besitzt.

Nachdem wir die Grundzüge der intuitionistischen Aussagenlogik skizziert haben, wollen wir noch ein paar Bemerkungen zur intuitionistischen Prädikatenlogik anschließen. Zunächst sei jedoch erwähnt, daß man unter Bezugnahme sowohl auf die angegebenen intuitionistisch gültigen aussagenlogischen Gesetze als auch auf die angegebenen intuitionistisch nicht gültigen aussagenlogischen Gesetze genau angeben kann, welche indirekten Beweise intuitionistisch akzeptierbar sind und welche nicht. Es ist nämlich keineswegs der Fall, daß alle indirekten Beweise in der Mathematik von den Intuitionisten abgelehnt werden. Abgelehnt werden von den Intuitionisten nur solche indirekten Beweise, bei denen die zu beweisende Aussage eine unnegierte Behauptung p ist und die Annahme des indirekten Beweises demzufolge $\neg p$ sein müßte. Von den prädikatenlogischen Gesetzen, die nicht intuitionistisch gültig sind, sind vor allem der dem Satz vom ausgeschlossenen Dritten entsprechende Satz ($\forall x\, H(x) \vee \exists x \neg H(x)$) und der dem Satz zur Beseitigung der Negation entsprechende Satz ($\neg \forall x H(x) \rightarrow \exists x \neg H(x)$) zu nennen. Der Satz ($\neg \forall x H(x) \rightarrow \exists x \neg H(x)$) kann nicht intuitionistisch gültig sein, da denkbar ist, daß aus der Annahme $\forall x H(x)$ zwar ein Widerspruch abgeleitet, aber kein Gegenbeispiel konstruiert werden kann. In diesem Falle wäre die Aussage $\neg \forall x H(x)$, aber nicht die Aussage $\exists x \neg H(x)$ effektiv verifizierbar. Man könnte demzufolge nur auf die Wahrheit des reinen Existentialsatzes $\exists x \sim H(x)$ im Sinne der klassischen Logik schließen. Die Intuitionisten lehnen jedoch reine Existentialsätze als Urteilsabstrakte ab, deren Wert nur darin besteht, daß sie dazu anregen, wirkliche Urteile zu suchen.

Bezüglich der Existentialsätze schreibt H. Weyl: „Ein Existentialsatz – etwa ‚es gibt eine gerade Zahl' – ist überhaupt kein Urteil im eigentlichen Sinne, das einen Sachverhalt behauptet . . . ‚2 ist eine gerade Zahl', das ist ein wirkliches Urteil . . .; ‚es gibt eine gerade Zahl' ist nur ein aus diesem Urteil gezogenes *Urteilsabstrakt* . . . Wo von nichts als der *Möglichkeit* einer Konstruktion die Rede ist, liegt kein inhaltvolles Urteil vor, sondern nur im Hinblick auf *die gelungene Konstruktion, den geführten Beweis* gewinnt eine Existentialbehauptung Sinn. An den vielen Existenztheoremen der Mathematik ist jeweils nicht das Theorem das Wertvolle, sondern die im Beweis geführte Konstruktion . . ." (155, S. 41). H. Meschkowski erwähnt in dem Zusammenhang: „Ein Beweisverfahren wird ‚konstruktiv' genannt, wenn es gestattet, das Objekt der zu beweisenden Aussage zu berechnen oder . . . zu konstruieren" (98, S. 50). Die Frage nach der Möglichkeit einer Konstruktion eines mathematischen Objekts entsteht aber für die Intuitionisten nicht nur im Zusammenhang mit dem Beweis einer mathematischen Aussage, sondern auch im Zusammenhang mit der Definition eines mathematischen Begriffs. Insofern kann man generell sagen, daß für die

Intuitionisten mathematische Objekte nur dann existieren, wenn sie konstruiert bzw. konstruierbar sind. Jede andere Auffassung des Terminus „Existenz mathematischer Objekte“ wird von den Intuitionisten als metaphysisch abgelehnt.

Bei der Erläuterung ihrer Ansichten beziehen sich die Intuitionisten häufig auf ungelöste mathematische Probleme. Ein solches ungelöstes mathematisches Problem kann durch die Frage „Gibt es ungerade vollkommene Zahlen?“ repräsentiert werden. Dabei ist eine vollkommene Zahl eine Zahl, die gleich der Summe ihrer echten Teiler ist. Da $6 = 1 + 2 + 3$ ist, ist 6 eine vollkommene Zahl. Wir betrachten nun die Aussage „Einige ungerade Zahlen sind vollkommen“. Da bisher noch keine Zahl konstruiert wurde, die ungerade und vollkommen ist, dürfen wir diese Aussage nicht behaupten. Wir dürfen aber auch die Negation dieser Aussage, nämlich die Aussage „Keine ungerade Zahl ist vollkommen“, nicht behaupten, da bisher noch nicht bewiesen wurde, daß die Eigenschaft einer Zahl, ungerade und vollkommen zu sein, zu einem Widerspruch führt. Da die Aussage „Einige ungerade Zahlen sind vollkommen“ bisher weder bewiesen noch auf einen Widerspruch zurückgeführt worden ist, darf schließlich auch die Aussage „Einige ungerade Zahlen sind vollkommen oder keine ungerade Zahl ist vollkommen“ nicht behauptet werden. Da diese Aussage aber ein Spezialfall des Satzes vom ausgeschlossenen Dritten ist, wird der Satz vom ausgeschlossenen Dritten in seiner Allgemeinheit von den Intuitionisten nicht akzeptiert. H. Wessel schreibt in dem Zusammenhang: „Wenn die Intuitionisten den Satz ‚Einige ungerade Zahlen sind vollkommen oder keine ungerade Zahl ist vollkommen‘ nicht als logisch wahr ansehen, so meinen sie eigentlich den Satz ‚Wir können nachweisen, daß einige ungerade Zahlen vollkommen sind oder wir können nachweisen, daß keine ungerade Zahl vollkommen ist‘. Und dieser Satz ist natürlich offensichtlich nicht logisch wahr, da wir beides nicht nachweisen können . . . Logisch gültig ist hingegen der Satz: ‚Wir können nachweisen, daß einige ungerade Zahlen vollkommen sind oder wir können nachweisen, daß keine ungerade Zahl vollkommen ist oder wir können weder das eine noch das andere nachweisen‘. Da die Intuitionisten das Zeichen der Unbestimmtheit nicht einführen und nicht zwischen innerer und äußerer Negation unterscheiden, sind sie gezwungen . . ., der Aussagenlogik bestimmte Beschränkungen aufzuerlegen. Sinowjew hingegen ist es gelungen, das Anliegen der Intuitionisten durch eine echte Erweiterung der klassischen Logik zu realisieren“ (154, S. 178/179).

Ein anderes ungelöstes mathematisches Problem kann durch die Frage „Ist jede gerade Zahl als Summe zweier Primzahlen darstellbar?“ repräsentiert werden. Wir nehmen zunächst wieder den intuitionistischen Standpunkt ein. Die Goldbachsche Vermutung ist die Aussage „Jede gerade Zahl ist als Summe zweier Primzahlen darstellbar“. Diese Aussage dürfen wir nicht behaupten, da bisher noch nicht bewiesen wurde, daß die Eigenschaft einer Zahl, gerade zu sein, die Eigenschaft, als Summe zweier Primzahlen darstellbar zu sein, nach sich zieht. Die Negation der Goldbachschen Vermutung ist die Aussage „Einige gerade Zahlen sind nicht als Summe zweier Primzahlen darstellbar“. Auch diese Aussage dürfen wir nicht behaupten, da bisher noch keine Zahl konstruiert wurde, die gerade und nicht als Summe zweier Primzahlen darstellbar ist. Die Aussage „Jede gerade Zahl ist als Summe zweier Primzahlen darstellbar oder einige gerade Zahlen sind nicht als Summe zweier Primzahlen darstellbar“ ist nun wieder ein Spezialfall des Satzes vom ausgeschlossenen Dritten, der ebenfalls nicht behauptet werden darf. Im Sinne der klassischen Mathematik ist jedoch genau eines von beiden der Fall, selbst dann, wenn wir beides prinzipiell nicht nachweisen könnten. Falls sich beides als prinzipiell nicht nachweisbar herausstellen sollte, dann gibt es weder ein Verfahren, welches zur Berechnung einer geraden Zahl führt, die nicht als Summe zweier Primzahlen darstellbar ist, noch ein Verfahren, welches aus der Eigenschaft einer Zahl, gerade zu sein, auf die Eigenschaft, als Summe zweier Primzahlen darstellbar zu sein, zu schließen gestattet. In diesem Falle wäre vom klassischen Standpunkt aus jede gerade Zahl als Summe zweier Primzahlen darstellbar, aber dieser Zusammenhang zwischen den Eigenschaften von Zahlen, gerade zu sein und als Summe zweier Primzahlen darstellbar zu sein, wäre kein gesetzmäßiger (notwendiger), sondern nur ein zufälliger Zusammenhang. Außerdem wäre dieser Zusammenhang nicht als ein generell (intensional) allgemeiner, sondern nur als ein individuell (extensional) allgemeiner Zusammenhang zu charakterisieren.

Ein weiteres ungelöstes mathematisches Problem kann durch die Frage „Ist die Menge der Primzahlzwillinge endlich?“ repräsentiert werden. Dabei ist ein Primzahlzwilling ein geordnetes Primzahlpaar der Gestalt [p, p+2]. Das geordnete Paar [5, 7] ist z. B. ein Primzahlzwilling. Wir betrachten nun zwei vom klassischen Standpunkt aus nicht unterschiedene Definitionsweisen vom intuitionistischen Standpunkt aus an je einem Beispiel.

1. Definition: k ist die größte Primzahl derart, daß $k+1$ auch eine Primzahl ist; wenn eine solche Zahl nicht existiert, dann ist $k=1$.

2. Definition: l ist die größte Primzahl derart, daß $l+2$ auch eine Primzahl ist; wenn eine solche Zahl nicht existiert, dann ist $l=1$.

Während k durch die 1. Definition tatsächlich bestimmt wird, wird l durch die 2. Definition keineswegs bestimmt. Auf Grund der 1. Definition ist $k=2$, während auf Grund der 2. Definition l so lange unbestimmt bleibt, bis das in diesem Zusammenhang formulierte mathematische Problem gelöst ist. Wir besitzen jedenfalls gegenwärtig kein Verfahren zur Berechnung von l, weil nicht bekannt ist, ob die Menge der Primzahlzwillinge endlich oder unendlich ist. Da vom intuitionistischen Standpunkt aus ein mathematisches Objekt erst dann definiert ist, wenn es ein Verfahren zu seiner Berechnung bzw. zu seiner Konstruktion gibt, lehnen die Intuitionisten Definitionen vom 2. Typ ab.

Wir betrachten nun, wie die Intuitionisten die reellen Zahlen definieren. Die Einführung der rationalen Zahlen bereitet vom intuitionistischen Standpunkt aus keine grundsätzlichen Schwierigkeiten. Die intuitionistische Einführung der reellen Zahlen geht auf Brouwer zurück. Heyting skizziert sie wie folgt: „Man denke sich die rationalen Zahlen in irgendeiner Weise abgezählt"; zur Vereinfachung werden nur die Zahlen des abgeschlossenen Einheitsintervalls betrachtet und in folgender Abzählung zugrunde gelegt:

$$0, 1, \frac{1}{2}, \frac{1}{3}, \frac{2}{3}, \frac{1}{4}, \frac{3}{4}, \frac{1}{5}, \frac{2}{5}, \frac{3}{5}, \frac{4}{5}, \ldots \quad \text{(A)}.$$

„Eine reelle Zahl wird bestimmt durch eine Einschaltungsteilung in der Reihe (A); das heißt durch ein Gesetz, welches jeder rationalen Zahl der Reihe nach das Prädikat ‚links' oder ‚rechts' zuordnet, derart, daß der natürlichen Ordnung der rationalen Zahlen genügt wird . . ." (55, S. 108).

„Die Forderung, daß die Prädikatenreihe durch ein Gesetz bis ins Unendliche bestimmt ist, kann man fallen lassen; es genügt, wenn sie in irgendeiner Weise, z. B. durch freie Wahlen, nach und nach bestimmt wird"; solche Folgen werden unbeschränkt fortsetzbar genannt. „Die Definition der reellen Zahl wird also in der Weise erweitert, daß" neben gesetzmäßigen Folgen „auch unbeschränkt fortsetzbare Folgen zugelassen werden". Ein Beispiel einer unbeschränkt fortsetzbaren Folge ist die Folge

$$0, 1, \frac{1}{2}, \frac{1}{3}, \frac{2}{3}, \frac{1}{4}, \frac{3}{4}, \frac{1}{5}, \frac{2}{5}, \frac{3}{5}, \frac{4}{5}, \ldots$$
l, r, l, l, r, l, r, l, l,

„Im allgemeinen sind nur diejenigen Fragen in bezug auf eine unbeschränkt fortsetzbare Folge einer bestimmten Antwort fähig, welche sich auf jede mögliche Fortsetzung der Folge beziehen; andere Fragen, wie oben diejenige nach dem Prädikat von $\frac{3}{5}$, müssen somit als sinnlos betrachtet werden. Die Wahlfolge ersetzt also nicht sosehr die einzelne gesetzmäßige Folge als vielmehr die Gesamtheit aller möglichen Gesetze. Eine rechts-links-Wahlfolge, deren Freiheit nur durch die aus der natürlichen Ordnung der rationalen Zahlen hervorgehenden Bedingungen eingeschränkt wird, bestimmt nicht eine reelle Zahl, sondern die Menge aller reellen Zahlen, oder das Kontinuum ... Wenn man die Wahlfreiheit durch zuvor gegebene Regeln einschränkt, erhält man Mengen von reellen Zahlen"; wenn man z. B. vorschreibt, die Folge müsse so anfangen, wie es in dem Beispiel angegeben wurde, dann wird die Menge der reellen Zahlen zwischen $\frac{1}{2}$ und $\frac{2}{3}$ definiert (55, S. 109).

„Eine Menge ist nicht Inbegriff ihrer Elemente (das hat keinen Sinn, wenn man diese nicht als an sich existierend betrachtet), sondern wird mit ihrem definierenden Gesetz identifiziert ..." „Die durch eine kennzeichnende Eigenschaft ihrer Elemente definierten Mengen (klassische Terminologie) nennt *Brouwer* Spezies". „Eine Spezies wird, ebensowenig wie eine Menge, als Inbegriff ihrer Elemente betrachtet, sondern mit ihrer definierenden Eigenschaft identifiziert. Imprädikative Definitionen sind schon hierdurch unmöglich, daß, wie für den Intuitionisten von selbst spricht, als Elemente einer Spezies nur vorher definierte Gegenstände auftreten können" (55, S. 110/111).

Auch H. Weyl hat sich mit dem Begriff der Wahlfolge beschäftigt. Er schreibt: „... es ist darunter nicht mehr eine wie auch immer gesetzmäßig determinierte, sondern eine Folge zu verstehen, *die von Schritt zu Schritt durch freie Wahlakte entsteht* und die darum nur als eine werdende betrachtet werden kann. Die werdende Wahlfolge repräsentiert das Kontinuum ..., die durch ein Gesetz ins Unendliche bestimmte Folge aber die einzelne in das Kontinuum hineinfallende reelle Zahl. Das Kontinuum erscheint hier nicht als ein

Aggregat fester Elemente ..., sondern als ein *Medium freien Werdens*" (155, S. 42/43). Man erkennt an diesen Ausführungen sehr klar, daß die Intuitionisten das Werden verabsolutieren und dem Sein metaphysisch (antidialektisch) gegenüberstellen.

Wir fassen nun die Grundgedanken des Intuitionismus zusammen und charakterisieren seine philosophische Position. H. Meschkowski schreibt: „Man kann das Programm der Intuitionisten etwa so charakterisieren:

1. Sie lassen das ‚tertium non datur' nicht unbeschränkt gelten,
2. sie lehnen das Aktual-Unendliche ab,
3. sie bemühen sich um eine konstruktive Begründung der Mathematik aus der ‚Urintuition' des Zählens" (98, S. 50).

In der Urintuition des Zählens sehen die Intuitionisten die einzige Quelle der Mathematik. Sie sehen sie im Zusammenhang mit dem Prinzip der vollständigen oder mathematischen Induktion, dem sie einen synthetisch-apriorischen Charakter zuschreiben. „Vom intuitionistischen Standpunkt" aus erscheint „die *vollständige Induktion* als dasjenige, was die Mathematik davor bewahrt, eine ungeheure Tautologie zu sein" und was „ihren Behauptungen einen synthetischen, nichtanalytischen Charakter" verleiht (155, S. 51), schreibt H. Weyl. Für die Intuitionisten ist die mathematische Induktion das Musterbeispiel aller ihrer gedanklichen Konstruktionen. G. I. Rusawin bemerkt dazu: „Die gedanklichen Konstruktionen, von denen die Intuitionisten reden, haben keine Beziehung zur realen Welt und besitzen deshalb einen rein subjektiven Charakter. ‚Für den mathematischen Gedanken – schreibt Heyting – ist charakteristisch, daß er keine Wahrheit über die Außenwelt ausdrückt, sondern ausschließlich mit gedanklichen Konstruktionen verbunden ist'" (113, S. 249). „Nach der Meinung von Weyl ist die Lehre von Brouwer ‚ein bis zuletzt durchdachter mathematischer Idealismus'" (113, S. 257). Auch H. B. Curry macht den Intuitionisten zum Vorwurf, „daß ihre Konzeption ‚idealistisch' sei und immer noch ‚metaphysische Elemente' enthalte. Er sagt (unter Berufung auf *Heyting*) ...: ‚Ihre fundamentale Intuition muß folgende Eigenschaften haben:

1. Sie ist eine konstruktive Tätigkeit unseres Verstandes.
2. Die mathematischen Gegenstände werden mit dem denkenden Geist unmittelbar erfaßt, die mathematische Erkenntnis ist daher von der Erfahrung unabhängig.
3. Weiterhin ist diese fundamentale Intuition unabhängig von der Sprache und hat

4. objektive Realität in dem Sinne, daß sie die gleiche ist bei allen denkenden Wesen'" (98, S. 88).

Die fundamentale Intuition oder Urintuition wird auf diese Weise mit Eigenschaften ausgestattet, die nicht miteinander verträglich sind. Man könnte meinen, daß die Urintuition eine „göttliche Eingebung" sei. Da die Intuitionisten die Intuition als eine übersinnliche und überlogische Fähigkeit unseres Bewußtseins auffassen, können sie sie jedenfalls nicht auf rationale Weise erklären. Aus diesem Grunde hat der Begriff der Intuition bei den Intuitionisten einen sehr vagen und mystischen Charakter.

Indem die Intuitionisten die als apriorisch aufgefaßte Urintuition als einzige Quelle des mathematischen Wissens betrachten, leugnen sie, daß auch die fundamentalen mathematischen Begriffe ihren Ursprung in der Außenwelt haben. H. Weyl behauptet sogar, „daß wir die Außenwelt erst aus dem Material konstruieren, welches uns in der Anschauung gegeben ist" (113, S. 257). Die Urintuition erscheint in dem Zusammenhang als eine „Anschauungsform a priori" im Sinne Kants. Diese Auffassung hat zur Konsequenz, daß die Praxis weder als Ausgangspunkt der mathematischen Erkenntnis noch als Kriterium ihrer Wahrheit anerkannt wird. Der objektive Charakter des mathematischen Wissens geht demzufolge verloren, und die „intuitive Klarheit" der mathematischen Aussagen erscheint folgerichtig als Wahrheitskriterium in der Mathematik. Damit wird aber dem Subjektivismus in der Mathematik Tür und Tor geöffnet. Man muß daher A. A. Markov beipflichten, wenn er schreibt: „Ich kann keineswegs damit einverstanden sein, daß die ‚intuitive Klarheit' als Wahrheitskriterium in der Mathematik betrachtet wird, weil dieses Kriterium den vollständigen Triumph des Subjektivismus bedeutet und mit der Auffassung der Wissenschaft als Form der gesellschaftlichen Tätigkeit unvereinbar ist" (113, S. 262).

Bei aller Kritik der subjektiv-idealistischen Position der Vertreter des Intuitionismus muß aber auch positiv erwähnt werden, daß der Intuitionismus durch seine Auffassung, daß die Mathematik nicht nur rein formale, sondern auch inhaltliche Bedeutung besitzt und nicht auf die Logik zurückgeführt werden kann, ein Gegengewicht zum Formalismus und Logizismus darstellt. Außerdem haben die führenden Vertreter des Intuitionismus, nämlich Brouwer, Heyting und Weyl, durch ihre besondere Hervorhebung der konstruktiven Tätigkeit des Mathematikers die Entstehung der konstruktiven Richtung in der Mathematik gefördert. Wir haben bereits das konstruktive Vorgehen von A. A. Markov und von P. Lorenzen charakterisiert bzw. skizziert. Wenn man sich dieses Vorgehen noch einmal vor Augen führt, so kann man feststellen, daß es sich im wesentlichen dadurch von dem der Intuitionisten unterscheidet, daß weder von der „Urintuition des Zählens“ noch von „freien Wahlfolgen“ Gebrauch gemacht wird. Außerdem wird nicht an die „intuitive Einsicht“ in die ausgeführte Konstruktion appelliert. Dadurch haben Markov und Lorenzen aber die offensichtlich subjektiv-idealistische Position der Intuitionisten überwunden. Dies war möglich, da sie ihren Konstruktionen jeweils einen Konstruierbarkeitsbegriff zugrunde gelegt haben, der durch ein System von Konstruktionsvorschriften vorher festgelegt wurde. Als System von Konstruktionsvorschriften erscheint bei Lorenzen ein Kalkül und bei Markov ein Algorithmus. Während also Konstruktionsprozesse bei Lorenzen durch Kalküle determiniert werden, werden sie bei Markov durch Algorithmen bestimmt. Sowohl die Kalküle als auch die Algorithmen sind Systeme von Regeln zum schematischen Operieren mit Zeichenreihen. Allerdings unterscheiden sich Kalküle und Algorithmen in zweifacher Hinsicht:

1. Während Kalküle ungeordnete Mengen von Regeln sind, sind Algorithmen geordnete Mengen von Regeln.
2. Während die Regeln der Kalküle Aufforderungen von der Modalität einer Erlaubnis sind, sind die Regeln der Algorithmen Aufforderungen von der Modalität eines Gebots.

Man kann nun sagen, daß die Vertreter der konstruktiven Richtung in der Mathematik das Programm der Intuitionisten weitgehend realisieren konnten, weil sie deren subjektiv-idealistischen Standpunkt überwunden haben. Man kann sogar sagen, daß heute neben der klassischen Mathematik eine konstruktive Mathematik entstanden ist, die sich in weltanschaulicher Hinsicht wesentlich von der klassischen Mathematik unterscheidet.

H. Hermes und W. Markwald bringen einen wesentlichen Aspekt des Unterschiedes zwischen konstruktiver und klassischer Mathematik mit folgenden Worten zum Ausdruck: „Der konstruktive Mathematiker ist ein *Erfinder*; er schafft neue Dinge durch seine Konstruktionen. Dagegen ist der klassische Mathematiker, welcher das Unendliche als gegeben ansieht, ein *Entdecker*. Er findet nur solche Dinge, welche ‚an sich‘ schon da sind“ (52, S. 7).

Der in weltanschaulicher Hinsicht bestehende Unterschied zwischen konstruktiver und klassischer Mathematik wird in folgender Tabelle erfaßt:

Stellung zu:	konstruktive Mathematik	klassische Mathematik
Existenz	Erzeugbarkeit durch gedankliche Operationen	Ansichsein
	Konstruierbarkeit	Widerspruchsfreiheit
	objektivierbar	objektiv
Tätigkeit	konstruktiv	kontemplativ
	Schaffung der Objekte	keine Veränderung der Objekte
	keine Eliminierbarkeit	Projizierbarkeit auf den Hintergrund des Seins
Unendlichkeit	potentiell	aktual
	möglich Werdendes	wirklich Seiendes
	unvollendbar	in sich vollendet
überabzählbar unendliche Gesamtheiten	nicht erzeugbar	gleichberechtigt vorhanden
Prinzip vom ausgeschlossenen Dritten	nicht universell anwendbar	allgemeingültig

Wir sind nun der Ansicht, daß eine konstruktive Mathematik als Ersatz für die klassische Mathematik keine Existenzberechtigung hat. Die Mathematik als Ganzes würde nämlich bei einer Ersetzung der klassischen Mathematik durch eine konstruktive Mathematik

1. einen großen Teil ihrer Substanz verlieren,
2. bedeutend komplizierter werden und
3. die innere Triebkraft ihrer Entwicklung einbüßen.

Wir sind ferner der Ansicht, daß eine konstruktive Mathematik nicht unabhängig von der klassischen Mathematik entwickelt werden kann. Um diese Ansicht zu begründen, betrachten wir die konstruktive Mathematik in Gestalt der operativen Mathematik von Lorenzen. Die operative Mathematik hat Kalküle als Gegenstand, die die Grundlage für die Konstruktion von Objektbereichen der Mathematik darstellen. Die Auswahl der in der operativen Mathematik zu untersuchenden Kalküle wurde bisher allein durch das Ziel determiniert, möglichst viele Objektbereiche der klassischen

Mathematik bis zu einem gewissen Grade konstruktiv zu erzeugen. Wollte man nun die Mathematik erst mit Hilfe der konstruktiven Methode begründen, so dürfte man die klassische Mathematik nicht als gegeben voraussetzen. Man müßte vielmehr die Auswahl der Kalküle ohne Bezug auf die klassische Mathematik motivieren. Man könnte versuchen, die Regeln der ausgewählten Kalküle aus empirisch vorgefundenen Bewegungsgesetzen materieller Objekte zu gewinnen. Gelänge das nicht für alle ausgewählten Kalküle, so hätten die subjektiven Idealisten bezüglich einer unabhängig von der klassischen Mathematik entwickelten konstruktiven Mathematik recht, wenn sie behaupten, daß die durch gewisse Kalküle erzeugbaren mathematischen Objekte mit ihren Eigenschaften und Beziehungen „freie Schöpfungen des menschlichen Geistes" seien, wobei „freie Schöpfungen" im Sinne von „willkürlichen Schöpfungen" zu verstehen sind. Eine unabhängig von der klassischen Mathematik entwickelte konstruktive Mathematik trägt also die Gefahr in sich, subjektiv-idealistischen Positionen einen Platz in der Mathematik einzuräumen.

Wir sind schließlich der Ansicht, daß die konstruktive Methode ihre Funktion in der Mathematik voll und ganz in dialektischer Einheit mit der axiomatischen Methode im Rahmen der klassischen Mathematik erfüllt. Durch die „*existentiale Form*" „unterscheidet sich die *axiomatische Methode* von der *konstruktiven* . . . *Methode*" (63, S. 1), bemerkten schon D. Hilbert und P. Bernays. Es bleibt noch die Frage offen, in welchem Verhältnis die auf Grund axiomatischer Setzungen bzw. Kennzeichnungen an sich existierenden mathematischen Objekte und Strukturen zu den auf Grund von Konstruktionsvorschriften erzeugbaren mathematischen Objekten und Strukturen stehen. Wir sehen in dem dialektischen Widerspruch zwischen Ansichsein und durch gedankliche Operationen Erzeugbarsein die innere Triebkraft der Entwicklung der Mathematik als Ganzes.

5. Die materialistische Begründung der Mathematik

5.1. Die weltanschaulichen Voraussetzungen

Daß die Mathematik keine weltanschauungsfreie Wissenschaft ist, kann man durch folgende Argumente belegen:

1. Die drei Grundlagenkrisen der Mathematik, die 500 vor unserer Zeitrechnung, im 17. Jahrhundert unserer Zeitrechnung und zu Beginn des 20. Jahrhunderts auftraten, waren mit dem weltanschaulichen Problem der Klärung des Verhältnisses von Kontinuität und Diskontinuität in der wirklichen Welt verbunden. E. Kolman schrieb: „Insbesondere entstehen solche Probleme wie das der Kontinuumhypothese dadurch, daß die Wirklichkeit eine dialektische unzertrennbare Einheit des Diskreten und des Kontinuierlichen ist, wir jedoch diese Einheit einseitig und als durch eine Kluft getrennt in der Arithmetik als individuelle Zahlen, in der Geometrie als homogene Raumfiguren auffassen" (74, S. 369). Die Versuche, die Kluft zwischen dem Kontinuum und dem Diskontinuum zu überbrücken, Koninuität und Diskontinuität in ihrer Einheit zu begreifen und schließlich das Wesen des Kontinuums zu ergründen, waren Merkmale der Grundlagenkrisen der Mathematik.

Das Kontinuumproblem ist heute noch eines der wichtigsten ungelösten Probleme der Mathematik. Im Rahmen der allgemeinen Mengenlehre läßt es sich in seiner speziellen Form durch folgende Frage repräsentieren: Gibt es eine unendliche Teilmenge der Menge der reellen Zahlen, die weder der Menge der natürlichen Zahlen noch der Menge der reellen Zahlen selbst gleichmächtig ist? Die von Cantor formulierte Antwort auf diese Frage, auch Cantorsche Kontinuumhypothese genannt, lautet: Es gibt keine unendliche Teilmenge der Menge der reellen Zahlen, die weder der Menge der natürlichen Zahlen noch der Menge der reellen Zahlen gleichmächtig ist. Die Mächtigkeit der Menge der reellen Zahlen ist die auf die Mächtigkeit der Menge der natürlichen Zahlen nächstfolgende Mächtigkeit. Daß die Menge der reellen Zahlen mit der Potenzmenge der Menge der natürlichen Zahlen, d. h. mit der Menge aller Teilmengen der Menge der natürlichen Zahlen, gleichmächtig ist, läßt sich leicht nachweisen. Das Problem besteht nun darin, daß die Mächtigkeit oder Kardinalzahl der Menge aller Teilmengen der Menge der natürlichen Zahlen so lange unbestimmt bleibt, so lange die Cantorsche Kontinuumhypothese weder bewiesen noch widerlegt ist.

Die bereits beim mengentheoretischen Aufbau der Mathematik erwähnten Ergebnisse von K. Gödel und P. Cohen besagen, daß die Kontinuumhypothese aus den üblichen Axiomen der Mengenlehre – wenn aus ihnen kein Widerspruch folgt – weder beweisbar noch widerlegbar ist. Dieses Resultat gestattet, zwei Konsequenzen zu ziehen. Wer in der Mathematik mehr eine Wissenschaft des Möglichen sieht, wird auf eine Verzweigung der Mathematik infolge Bejahung oder Verneinung der Kontinuumhypothese schließen. Wer dagegen die Mathematik in erster Linie als eine – wenn auch sehr abstrakte – Wissenschaft des Wirklichen auffaßt, der wird den Schluß ziehen, daß auf Grund der üblichen Axiome der Mengenlehre allein noch nicht auf die Existenz aller möglichen Teilmengen der Menge der natürlichen Zahlen geschlossen werden kann, so daß die Kardinalzahl oder Mächtigkeit des Kontinuums so lange unbestimmt bleibt, so lange nicht weitere Axiome zur Bildung von Mengen, insbesondere von Teilmengen, zu den üblichen Axiomen der Mengenlehre hinzugenommen werden. Bei der Aufstellung derartiger Axiome werden dann – wie bei der Aufstellung jedes Axiomensystems – anschauliche Vorstellungen, insbesondere auch weltanschauliche Vorstellungen, eine bedeutende Rolle spielen.

2. Die Erkenntnisse der Mathematik sind – wie die Erkenntnisse jeder Wissenschaft – wahre Aussagen. Die Aussagen der Mathematik sind jedoch nicht logisch wahr. Eine Aussage ist logisch wahr genau dann, wenn sie bei jeder Interpretation der in ihr vorkommenden außerlogischen Konstanten über jedem nichtleeren Objektbereich wahr ist. Eine logisch wahre Aussage ist also wahr, unabhängig davon, wie die Welt beschaffen ist. Sie wäre auch wahr, wenn unsere Welt anders beschaffen wäre. Sie ist wahr in allen möglichen Welten, wie Leibniz sehr treffend bemerkte. Um die Wahrheit einer logisch wahren Aussage nachzuweisen, braucht man also nicht zu prüfen, wie die Welt beschaffen ist.

Um nun zu zeigen, daß es die Mathematik nicht mit logischen Wahrheiten zu tun hat, betrachten wir die Peanosche Arithmetik und die Euklidische Geometrie. Beide Theorien können – wie wir bereits ausgeführt haben – axiomatisch aufgebaut werden. Das vierte Peanosche Axiom, welches garantieren soll, daß die Reihe der natürlichen Zahlen nicht an einer bestimmten Stelle abbricht, indem von da an alle natürlichen Zahlen miteinander identisch sind, kann wie folgt formuliert werden: Wenn zwei natürliche Zahlen voneinander verschieden sind, dann sind auch ihre unmittelbaren Nachfolger voneinander verschieden. Bei Zugrundelegung der üblichen mengentheoretischen Definitionen für den Begriff der natürlichen Zahl, für die natürliche Zahl Null und für den unmittelbaren Nachfolger einer natürlichen Zahl ist dieses Axiom nur dann eine wahre Aussage, wenn für die Mengenbildung ein unendlicher Individuenbereich zur Verfügung steht. Letzteres ist wiederum nur dann der Fall, wenn die wirkliche Welt eine unendliche Mannigfaltigkeit von Gegenständen darstellt. Würde der Individuenbereich nur aus drei voneinander verschiedenen Gegenständen bestehen, so wären bei Zugrundelegung der üblichen mengentheoretischen Begriffsbildungen im Rahmen des homogenen Stufenaufbaus der Mengenlehre zwar die Zahlen 3 und 4 noch voneinander verschieden, während ihre unmittelbaren Nachfolger, nämlich die Zahlen 4 und 5, bereits miteinander identisch wären. Daraus folgt, daß das vierte Peanosche Axiom nicht bei jeder Interpretation über jedem nichtleeren Gegenstandsbereich wahr ist. Es stellt also keine logische Wahrheit dar, sondern ist vielmehr abhängig davon, wie die Welt beschaffen ist. In einer endlichen Welt wäre das vierte Peanosche Axiom keine wahre Aussage.

Wir wenden uns nun dem Euklidischen Parallelenaxiom zu. Es kann wie folgt formuliert werden: Durch einen außerhalb einer gegebenen Geraden g gelegenen Punkt P gibt es in der durch g und P bestimmten Ebene eine und auch nur eine Gerade, die die gegebene Gerade g nicht schneidet. Die Mathematiker haben lange Zeit versucht, dieses Axiom aus den anderen Axiomen der Euklidischen Geometrie zu beweisen. Alle diese Versuche sind jedoch fehlgeschlagen. Erst später ging man dazu über, die Unabhängigkeit dieses Axioms von den anderen Axiomen der Euklidischen Geometrie nachzuweisen. Man bediente sich dabei modelltheoretischer Methoden. Schließlich wurde die Unabhängigkeit des Euklidischen Parallelenaxioms von den anderen Axiomen der Euklidischen Geometrie bewiesen. Dadurch kam es zu einer Verzweigung der Geometrie. Neben die Euklidische Geometrie traten nichteuklidische Geometrien. Für sie ist die Verneinung des Euklidischen Parallelenaxioms charakteristisch. In der Lobatschewskischen Geometrie wird der Sachverhalt angenommen, daß es durch einen außerhalb einer gegebenen Geraden g gelegenen Punkt P in der durch g und P bestimmten Ebene mehr als eine Gerade gibt, die die gegebene Gerade g nicht schneiden. In der Riemannschen Geometrie hingegen wird der Sachverhalt angenommen, daß es durch einen außerhalb einer gegebenen Geraden g gelegenen Punkt P in der durch g und P bestimmten Ebene keine Gerade gibt, die die gegebene Gerade g nicht schneidet. Diese drei Fälle – es existiert keine nichtschneidende Gerade, es existiert genau eine nichtschneidende Gerade und es existieren mehr als eine nichtschneidende Gerade – erschöpfen alle möglichen Fälle und schließen sich paarweise aus. Sie bilden eine vollständige logische Disjunktion. Mit der Erfassung aller logisch möglichen Fälle durch voneinander verschiedene Geometrien wurde der Bezug zu geometrischen Strukturen bzw. Raumformen der wirklichen Welt wieder hergestellt. Eine der drei verschiedenen Geometrien muß bei der Beschreibung der Raumformen der wirklichen Welt zur Anwendung gelangen. Dadurch, daß nichteuklidische Geometrien bei der Beschreibung des wirklichen Raumes erfolgreich Verwendung gefunden haben, wurde zugleich der Kantsche Apriorismus bezüglich Raum und Zeit endgültig widerlegt. Für Kant waren Raum und Zeit Anschauungsformen a priori. Die räumliche Anschauung wurde dabei im Sinne der Euklidischen Geometrie verstanden. Die Euklidische Geometrie sollte unabhängig von aller Erfahrung die einzig gültige Geometrie sein. Es hängt aber von der Struktur des wirklichen Raumes ab, welche Geometrie eine wahre Bescheibung der Raumbeziehungen in dem jeweils betrachteten Bereich der wirklichen Welt ermöglicht.

Die beiden entwickelten Argumente lassen tatsächlich erkennen, daß die Mathematik keine weltanschauungsfreie Wissenschaft ist. Wie jede andere Wissenschaft beruht auch die Mathematik auf weltanschaulichen Voraussetzungen. Der Mathematiker bildet seine Weltanschauung ausgehend von den Objekten, mit denen er sich in der Mathematik beschäftigt. In seinem Werk „Allgemeine Mengenlehre – Ein Fundament der Mathematik“ brachte D. Klaua die einzige Bedingung, die der klassische Mathematiker allen seinen Objekten (Dingen) auferlegt, in folgender Definition zum Ausdruck: „a ist ein *Ding* genau dann, wenn $a = a$ gilt“ (71, S. 33). Die Dinge der klassischen Mathematik sind also dadurch gekennzeichnet, daß sie dem Identitätsgesetz genügen. F. Engels nannte die Identität, für die das Identitätsgesetz charakteristisch ist, abstrakte Identität und schrieb: „Nur in der Mathematik – einer abstrakten Wissenschaft, die sich mit Gedankendingen beschäftigt ... – ist die abstrakte Identität und ihr Gegensatz gegen den Unterschied am Platz ... Daß die *Identität mit sich* von vornherein den *Unterschied von allem andern* zur Ergänzung nötig hat, ist selbstredend“ (30, S. 228). Mit diesen Worten bestätigte F. Engels, daß ein Ding der Mathematik mit sich selbst identisch ist. Er brachte aber auch zum Ausdruck, daß ein Ding der Mathematik von allen anderen (Dingen der Mathematik) unterschieden ist.

Sowohl aus der Leibnizschen Definition der Identität, wonach Dinge genau dann identisch sind, wenn sie ununterscheidbar sind, d. h., wenn ihnen dieselben Eigenschaften zukommen, als auch aus dem Leibnizschen Ersetzbarkeitstheorem für die Identität, wonach Dinge, wenn sie identisch sind, in jedem Zusammenhang durcheinander ersetzbar sind, folgt im Sinne der klassischen Logik die Aussage

$$\forall x \forall y (x=y \rightarrow \forall M (x \in M \leftrightarrow y \in M)) .$$

Aus dieser Aussage folgt nun unmittelbar im Sinne der klassischen Logik die Aussage

$$\forall x (x=x \rightarrow \forall M (x \in M \leftrightarrow x \in M)) .$$

Durch schrittweise logisch äquivalente Umformung dieser Aussage erhält man schließlich bei Zugrundelegung der klassischen Logik die folgenden Aussagen:

(1) $\forall x (x=x \rightarrow \forall M (x \in M \vee \sim x \in M))$

(2) $\forall x (x=x \rightarrow \forall M \sim (x \in M \wedge \sim x \in M))$

(3) $\forall x (x=x \rightarrow \sim \exists M (x \in M \wedge \sim x \in M))$

(4) $\forall x (x=x \rightarrow \sim \exists M (\sim x \in M \wedge \sim \sim x \in M))$.

Wie sind nun diese Aussagen zu interpretieren? Man kann sagen, daß Objekte, die dem Identitätsgesetz genügen, auch dem Gesetz vom ausgeschlossenen Dritten (wegen (1) bzw. (4)) und dem Gesetz vom ausgeschlossenen Widerspruch (wegen (2) bzw. (3)) genügen müssen. Die auf Aristoteles zurückgehende ontologische Formulierung der Gesetze vom ausgeschlossenen Widerspruch und vom ausgeschlossenen Dritten kann man wie folgt wiedergeben:

Gesetz vom ausgeschlossenen Widerspruch: Es ist unmöglich, daß demselben dasselbe – zugleich und in derselben Hinsicht – sowohl zukommt als auch nicht zukommt.

Gesetz vom ausgeschlossenen Dritten: Es ist unmöglich, daß demselben dasselbe – zugleich und in derselben Hinsicht – weder zukommt noch nicht zukommt.

Da die Objekte der klassischen Mathematik dem Identitätsgesetz genügen, genügen sie auch dem Gesetz vom ausgeschlossenen Dritten. Werden nun Objekte genau dann als bestimmte Objekte aufgefaßt, wenn sie dem Gesetz vom ausgeschlossenen Dritten genügen, dann ergibt sich, daß die Objekte der klassischen Mathematik nicht nur von allen anderen unterschiedene Objekte, sondern auch bestimmte Objekte sind. Als bestimmte wohlunterschiedenen Objekte unserer Anschauung oder unseres Denkens sind aber die Objekte der klassischen Mathematik zu Mengen zusammenfaßbar. G. Cantors Mengendefinition lautet: „Unter einer ‚Menge' verstehen wir jede Zusammenfassung M von bestimmten wohlunterschiedenen Objekten m unserer Anschauung oder unseres Denkens ... zu einem Ganzen" (18, S. 282).

Da die Objekte der klassischen Mathematik dem Identitätsgesetz genügen, genügen sie auch dem Gesetz vom ausgeschlossenen Widerspruch. Daraus folgt, daß die Objekte der klassischen Mathematik nicht nur mit sich selbst identische Objekte, sondern auch widerspruchsfreie Objekte sind. Sie sind Objekte, denen keine Eigenschaft – zugleich und in derselben Hinsicht – zukommt und nicht zukommt. Die Objekte der klassischen Mathematik haben also keine sich logisch widersprechenden Eigenschaften aufzuweisen. Einander logisch widersprechende Eigenschaften erscheinen bei extensionaler Auffassung als Menge und Komplementmenge.

Dadurch, daß der klassische Mathematiker allen seinen Objekten die Bedingung auferlegt, dem Identitätsgesetz zu genügen, erreicht er, daß die Objekte der klassischen Mathematik bestimmte wohlunterschiedene Objekte unserer Anschauung oder unseres Denkens sind, die keine sich logisch widersprechenden Eigenschaften besitzen. Da jedoch diese Bedingung nicht von selbst erfüllt ist, müssen logisch widersprüchliche Mengen, die gegen das Gesetz vom ausgeschlossenen Widerspruch verstoßen, und potentiell unendliche Folgen, die nicht dem Gesetz vom ausgeschlossenen Dritten genügen, aus der klassischen Mathematik eliminiert werden.

F. Engels hat nicht nur erkannt, daß das Identitätsgesetz für die Objekte der klassischen Mathematik charakteristisch ist, sondern er hat auch das Identitätsgesetz den Fundamentalsatz der metaphysischen Anschauung genannt (30, S. 228) und betont, daß „die metaphysische Anschauungsweise ... auf ... weiten, je nach der Natur des Gegenstandes ausgedehnten Gebieten ... berechtigt und sogar notwendig ist" (31, S. 24). Wir schließen daraus, daß die metaphysische Anschauungsweise in der klassischen Mathematik in gewissen Grenzen auch vom materialistischen Standpunkt aus vertretbar ist. Wir stellen uns ferner die Aufgabe, die Grenzen der metaphysischen Denkweise in der klassischen Mathematik aufzuweisen.

Die metaphysische Anschauungsweise in der klassischen Mathematik ist durch folgende weltanschauliche Grundannahmen gekennzeichnet:

1. Die Objekte der Mathematik existieren an sich.
2. Die für die Mathematik relevante Eigenschaft des Unendlichen ist die des in sich Vollendetseins.
3. Handlungen im Sinne von Operationen sind aus der Mathematik eliminierbar.

Diese weltanschaulichen Grundannahmen wurden bisher – wie wir bereits bei der Behandlung der platonistischen Auffassung gezeigt haben – mit der platonischen Ontologie verbunden. Dadurch erschienen sie im objektiv-idealistischen Gewand. Es wird nun ausgeführt, wie diese Grundannahmen durch die weltanschaulichen Voraussetzungen der Mathematik materialistisch begründet und schließlich durch die klassische Lösung der logischen Antinomien der Mathematik garantiert werden.

Wir interpretieren zunächst die Aussage „Die Objekte der klassischen Mathematik existieren an sich". Beim heutigen Entwicklungsstand von Mathematik und Mengenlehre kann man sagen, daß die klassische Mathematik mit der Mengenlehre zusammenfällt. Jedes Untersuchungsobjekt der klassischen Mathematik erscheint als Menge. In den folgenden Ausführungen beziehen wir uns nur auf axiomatische Systeme der Mengenlehre (der klassischen Mathematik), zu deren Objekten auch Individuen gehören. Um nun zu garantieren, daß alle Objekte der klassischen Mathematik an sich existieren, definieren wir: Objekte existieren an sich genau dann, wenn sie dem Identitätsgesetz genügen. Diese Definition hat für die ursprünglichsten zu Mengen zusammenfaßbaren Dinge, die Individuen, einen tieferen materialistisch vertretbaren Sinn aufzuweisen.

Bezüglich der Individuen schrieb D. Klaua: „Jedes mit unseren Sinnen wahrnehmbare Ding ist ein Individuum; jeder Bewegungsvorgang in der Materie ist ein Individuum" (71, S. 13) und schließlich: „jedes materielle Ding ist ein Individuum" (72, S. 24). Mit dieser Feststellung nimmt der Mathematiker einen bestimmten Standpunkt gegenüber der materiellen Welt ein. Die Aussage „Jedes Ding der materiellen Welt ist ein Individuum" kennzeichnet diesen Standpunkt. Es ist der Standpunkt, den der Mathematiker einnehmen muß, wenn er der materiellen Welt als Mathematiker gegenübertreten will. Indem der Mathematiker der materiellen Welt als Mathematiker gegenübertritt, begründet er seine abstrakte Weltanschauung. Er schaut die Dinge der materiellen Welt einschließlich der Bewegungsvorgänge in der Welt als Individuen an, d. h. als Dinge, die selbst keine Mengen, aber die ursprünglichsten zu Mengen zusammenfaßbaren Dinge sind. Da die Individuen als Objekte der klassischen Mathematik auch dem Identitätsgesetz genügen müssen, werden die Dinge der materiellen Welt sogar als mit sich selbst identisch betrachtet. Auf diese Weise erfaßt der Mathematiker in seiner Weltanschauung die Dinge der materiellen Welt in ihrem Ansichsein. F. Engels schrieb: „Im Ansich besteht ... die ursprüngliche Identität der in einem Ding ... verborgenen unentwickelten Gegensätze; im Fürsich tritt die Unterscheidung und Trennung dieser verborgenen Elemente ein und ihr Widerstreit beginnt“ (31, S. 69).

Die Aussage „Ein Ding der materiellen Welt ist mit sich selbst identisch und von allen anderen unterschieden“ bringt die „abstrakte Identität“ und ihren „Gegensatz gegen den Unterschied“ zum Ausdruck (30, S. 228). Sie reflektiert die unentwickelte Einheit der in den Dingen verborgenen Gegensätze und somit die relative Beständigkeit der Dinge, die ihre relative Isoliertheit zur Folge hat. Sie erfaßt das Ansichsein der Dinge in der materiellen Welt. Die Aussage „Ein Ding der materiellen Welt ist zugleich es selbst und ein anderes“ bringt die „konkrete Identität“, die „den Unterschied, die Veränderung in sich schließt“, zum Ausdruck (30, S. 229). Sie reflektiert die entwickelte Einheit und den Widerstreit der in den Dingen vorhandenen Gegensätze und somit die Selbstbewegung der Dinge, die ihren Zusammenhang zur Folge hat. Sie erfaßt das Fürsichsein der Dinge in der materiellen Welt.

Man kann nun sagen, daß Mathematiker und Philosophen in Hervorhebung dialektisch entgegengesetzter Standpunkte der materiellen Welt gegenübertreten. Diese Standpunkte bedingen einander und schließen sich gegenseitig aus. Sie werden gekennzeichnet durch die Art und Weise, wie die materielle Welt und die Dinge in ihr angeschaut bzw. betrachtet werden. Der Mathematiker betrachtet die materielle Welt in ihrem Ansichsein (die Welt an sich) und begreift dabei „den logischen Aufbau der Welt“. Der Philosoph dagegen betrachtet die materielle Welt in ihrem Fürsichsein (die Welt für sich) und begreift dabei „die dialektische Natur der Welt“.

Indem der Mathematiker die Dinge der materiellen Welt als Individuen anschaut, die dem Identitätsgesetz genügen, erfaßt er die Dinge der materiellen Welt in ihrem Ansichsein. Im Ansichsein sind die Dinge der materiellen Welt noch mit sich selbst identisch. Sie erscheinen in ihrer Äußerlichkeit gegeneinander. Aber auch die Bewegungen und Beziehungen in der materiellen Welt werden vom Mathematiker nur in ihrem Ansichsein erfaßt. Sie erscheinen als den Dingen äußerlich. Entsprechendes gilt für die Eigenschaften. Allerdings gibt es auch Eigenschaften, die tatsächlich den Dingen der materiellen Welt nur äußerlich sind und sie umfassen. Derartige Eigenschaften sind durch die Existenz der Dinge in Raum und Zeit bedingt. Jedenfalls erfaßt der Mathematiker die Eigenschaften und Beziehungen der Dinge der materiellen Welt ebenfalls als an sich existierende Objekte. Auf diese Weise erscheint schließlich dem Mathematiker die Welt an sich als ein Moment der materiellen Welt.

Wir interpretieren nun die Aussage „Die für die klassische Mathematik relevante Eigenschaft des Unendlichen ist die des in sich Vollendetseins". In Cantors „naiver" (nichtaxiomatischer) Mengenlehre wurde erstmalig das in sich vollendete oder aktual Unendliche durch die Mathematik erfaßt. Der Begriff des in sich vollendeten oder aktual Unendlichen blieb in der klassischen Mathematik an den Mengenbegriff gebunden. G. Cantor schrieb: „Hiermit hat ... das Aktual-Unendliche in Form aktual-unendlicher *Mengen* sein Bürgerrecht in der Mathematik geltend gemacht" (18, S. 411). Cantor sah nun das in sich vollendete oder aktual Unendliche für die Belange der Mathematik als grundlegend an gegenüber dem unvollendbaren oder potentiell Unendlichen. Er schrieb: „So setzt jedes potentiale Unendliche, soll es streng mathematisch verwendbar sein, ein Aktual-Unendliches voraus" (18, S. 411). Diese für den klassischen Mathematiker charakteristische Auffassung wird durch die Feststellung begründet, daß das unvollendbare oder potentiell Unendliche nicht dem Gesetz vom ausgeschlossenen Dritten oder tertium non datur genügt, daher auch nicht dem Identitätsgesetz genügen kann und demzufolge nicht an sich existiert. G. Cantor schrieb selbst: Das potentiell Unendliche „ist ein bloßer Hilfs- und Beziehungsbegriff unseres Denkens, welcher seiner Definition nach die Veränderlichkeit einschließt und von dem somit das ‚datur' niemals im eigentlichen Sinne ausgesagt werden kann". Er fügte auch hinzu, daß das potentiell Unendliche „kein *eigentliches* Sein hat" (18, S. 180).

Um das Ansichsein aller Objekte der klassischen Mathematik zu garantieren, muß das unvollendbare oder potentiell Unendliche aus der klassischen Mathematik eliminiert werden. Ist das potentiell Unendliche aus der klassischen Mathematik eliminiert, dann ist die einzige für die klassische Mathematik relevante Eigenschaft des Unendlichen das in sich Vollendetsein. Das Unendliche erscheint dann in der klassische Mathematik nur noch in Form aktual unendlicher Mengen. Die Annahme der Existenz aktual unendlicher Mengen ist durchaus mit einem materialistischen Standpunkt vereinbar. Sie kann unter Bezugnahme auf die ursprünglichsten zu Mengen zusammenfaßbaren Dinge, die Individuen, materialistisch begründet werden.

Bezüglich der Individuen schrieb D. Klaua: „Wir nehmen . . . an, es gibt unendlich viele Individuen. Auf diese Annahme führt uns die ganz naive Anschauung, daß doch z. B. alle Bewegungsvorgänge im Makro- und Mikrokosmos aus Vergangenheit, Gegenwart und Zukunft Individuen sind und es solche Bewegungsvorgänge bestimmt in ‚unbegrenzter, unendlicher Anzahl' geben wird. Diese naive Anschauung ist natürlich auf keinen Fall . . . ein stichhaltiger Nachweis der Unendlichkeit der Welt. Man kann überhaupt die Existenz unendlicher Mengen prinzipiell nicht durch naturwissenschaftliche, der unmittelbaren oder mittelbaren Kontrolle menschlicher Sinne zugängliche Experimente nachweisen, da alle menschlichen Tätigkeiten und Beobachtungen in endlichen Bereichen stattfinden. Die Annahme der Unendlichkeit des Individuenbereiches bleibt also Hypothese. Diese Hypothese hat sich aber für die Mathematik und deren Anwendbarkeit als äußerst zweckmäßig erwiesen . . . und noch zu keinerlei Widersprüchen Anlaß gegeben. In diesem Sinne sei unsere naive Anschauung von der Unendlichkeit des Individuenbereiches gerechtfertigt" (72, S. 25). Die Annahme der Unendlichkeit des Individuenbereiches ist für den Standpunkt des Mathematikers gegenüber der materiellen Welt charakteristisch. Da der Mathematiker die Individuen als Dinge der materiellen Welt auffaßt, nimmt er an, daß es in der materiellen Welt unendlich viele Dinge gibt. Er betrachtet die materielle Welt in ihrem Ansichsein als einen aktual unendlichen Individuenbereich. Dabei erfaßt er die unendliche Mannigfaltigkeit der materiellen Welt. Die Absolutheit der Bewegung in der materiellen Welt kann nicht nur als ein Argument für die ewige Veränderlichkeit, sondern auch als ein Argument für die unendliche Mannigfaltigkeit der materiellen Welt angesehen werden. Während der

Philosoph die ewige Veränderlichkeit der materiellen Welt betont, begreift der Mathematiker ihre unendliche Mannigfaltigkeit. Auf diese Weise erfaßt der Mathematiker einen Aspekt der Unendlichkeit der materiellen Welt.

Wir interpretieren nun noch die Aussage „Handlungen im Sinne von Operationen sind aus der klassischen Mathematik eliminierbar". In den axiomatischen Systemen der Mengenlehre (der klassischen Mathematik) sind Operationen sowohl als spezielle Funktionen als auch als spezielle Relationen auffaßbar. Funktionen und Relationen erscheinen wiederum als besondere Abbildungen. Abbildungen sind schließlich Mengen. So erscheinen Handlungen im Sinne von Operationen in der klassischen Mathematik „auf den Hintergrund des Seins projiziert" als Mengen. Auch diese Tatsache kann materialistisch erklärt werden.

Da dem Mathematiker in seiner Weltanschauung die Welt an sich als ein Moment der materiellen Welt erscheint und die materielle Welt zu einer Welt für uns nur durch die praktische und theoretische Tätigkeit wird, wobei der praktischen Tätigkeit die grundlegende und bestimmende Rolle zukommt, ist anzunehmen, daß der Mathematiker in historischer Zeit auch praktisch tätig war. Tatsächlich hat der Mathematiker in historischer Zeit gewisse Tätigkeiten an den Dingen der materiellen Welt sinnlich-gegenständlich ausgeführt. Solche Tätigkeiten waren z. B. Vermessung, Zusammenfassung und Zuordnung: Durch derartige Tätigkeiten wurden lediglich den Dingen äußerliche Eigenschaften und Beziehungen hervorgehoben oder hergestellt. Dabei wurden die Dinge selbst nicht verändert. Das Ansichsein der Dinge in der materiellen Welt wurde durch Tätigkeiten dieser Art nicht aufgehoben.

Da die praktische Tätigkeit auf die Veränderung der Dinge in der materiellen Welt gerichtet ist, bilden die Tätigkeiten, die der Mathematiker in historischer Zeit sinnlich-gegenständlich ausgeführt hat, nur eine Komponente der praktischen Tätigkeit. Die praktische Tätigkeit erscheint als eine Einheit von Komponenten, die einander ausschließen und bedingen. Während die für den Mathematiker relevante Komponente eine Tätigkeit ist, die die Dinge der materiellen Welt selbst nicht verändert und somit in ihrem Ansichsein erhält, ist die für den Philosophen relevante Komponente eine Tätigkeit, die die Dinge der materiellen Welt selbst verändert. Jedenfalls ist die vom Mathematiker in historischer Zeit sinnlich-gegenständlich ausgeführte Tätigkeit eine Komponente der praktischen Tätigkeit zur Veränderung der materiellen Welt.

Nach hinreichend häufiger Wiederholung solcher sinnlich-gegenständlicher Tätigkeiten, die die Dinge der materiellen Welt selbst nicht verändern, bemerkte der Mathematiker, daß er derartige Tätigkeiten auch gedanklich ausführen kann, wenn er die Dinge symbolisch repräsentiert. An die Symbole, die von nun an für die Dinge standen, wurden nur die wenigen Eigenschaften der Dinge als Bedeutung gebunden, die für die sinnlich-gegenständlichen Tätigkeiten des Mathematikers wesentlich waren. Auf dieser ersten Stufe der symbolischen Repräsentation wurden die Tätigkeiten des Mathematikers nur noch gedanklich ausgeführt. Während den sinnlich-gegenständlichen Tätigkeiten des Mathematikers stets nur ein endlicher Bereich von Dingen zugänglich war, wurde nunmehr das potentiell Unendliche in der Mathematik erfaßbar. Die Besonderheiten der bereits nur noch gedanklich ausgeführten Tätigkeiten des Mathematikers ermöglichten es schließlich, daß der Mathematiker dazu überging, sogar seine Tätigkeiten symbolisch zu repräsentieren (zu symbolisieren). Auf dieser zweiten Stufe der symbolischen Repräsentation wurden die Tätigkeiten des Mathematikers nur noch als gedanklich ausgeführt gedacht. Dadurch wurden sie aber „auf den Hintergrund des Seins projiziert". Nunmehr konnten die aktual unendlichen Mengen mit ihrer strukturellen Kennzeichnung in der Mathematik erscheinen. So hat sich der Mathematiker des Sinnlichen, der Symbole, bedient, um „die Macht des Sinnlichen über ihn" zu durchbrechen, wie Frege einmal bemerkte. Operationen mit Symbolen blieben tatsächlich die einzigen sinnlich-gegenständlichen (praktischen) Tätigkeiten des Mathematikers. Derartige Tätigkeiten gehören auf der ersten Stufe der symbolischen Repräsentation in die konstruktive Mathematik und auf der zweiten Stufe der symbolischen Repräsentation nicht in die klassische Mathematik, sondern in die konstruktive Metamathematik.

Mit diesen Ausführungen haben wir die drei weltanschaulichen Grundannahmen, die der Mathematiker bisher mit der platonischen Ontologie verbunden hat, materialistisch begründet, indem wir sie auf die weltanschaulichen Voraussetzungen der Mathematik zurückgeführt haben. Die weltanschaulichen Voraussetzungen der Mathematik können in folgenden Aussagen zusammengefaßt werden:

1. Ein Moment der materiellen Welt ist die Welt an sich, in der auch die Dinge an sich existieren.
2. Ein Aspekt der Unendlichkeit der materiellen Welt ist ihre unendliche Mannigfaltigkeit.

3. Eine Komponente der praktischen Tätigkeit zur Veränderung der materiellen Welt ist die Tätigkeit, die das Ansichsein der Dinge nicht aufhebt.

Es wird nun der Zusammenhang der drei auf diesen weltanschaulichen Voraussetzungen basierenden Grundannahmen aufgezeigt. Das Ansichsein mathematischer Objekte wird – wie bereits ausgeführt wurde – durch das Identitätsgesetz und damit auch durch die Gesetze vom ausgeschlossenen Dritten und vom ausgeschlossenen Widerspruch bestimmt. In diesem Sinne erweisen sich die drei genannten logischen Gesetze als Seinsgesetze. Vor der klassischen Mathematik steht nun die Aufabe, das Ansichsein aller mathematischen Objekte zu garantieren. Da das unvollendbare oder potentiell Unendliche nicht an sich existiert, muß es durch das in sich vollendete oder aktual Unendliche substituiert werden. Potentiell unendliche Folgen sind nun sicher dann durch aktual unendliche Mengen substituierbar, wenn alle Handlungen im Sinne von Operationen „auf den Hintergrund des Seins" projizierbar sind, oder – wie B. Thum schrieb – wenn in jedem Falle der „Übergang von Möglichkeiten des gedanklichen Bildens und Setzens zum objektiv Bestehenden", vom „durch gedankliche Operationen Setzbarsein" zum „Ansichsein" vollzogen werden kann (146, S. 89). Letzteres ist der Fall, wenn die Antinomien der Mengenlehre so gelöst werden können, daß dabei die zuvor logisch widersprüchlichen oder antinomischen Mengen, falls sie nicht ganz aus der Mathematik eliminiert werden, zu an sich existierenden mathematischen Objekten werden. Das Problem der Lösung der logischen Antinomien der Mengenlehre erweist sich somit als ein Kardinalproblem für die weltanschauliche Begründung der klassischen Mathematik.

Die Lösung der logischen Antinomien der Mengenlehre kann im wesentlichen auf drei verschiedene Weisen erfolgen. Die radikale Lösung der Antinomien wird von der konstruktiven Mathematik vorgenommen, indem die Abstraktion der aktualen Unendlichkeit verworfen wird. H. Weyl begründete diese Art der Lösung der Antinomien mit folgenden Worten: „Trotz des antinomischen Charakters hat bisher die Idee der absoluten Existenz im Gebiete der natürlichen Zahlen und Zahlenmengen zu keinem Widerspruch geführt. *G. Cantor* aber streifte alle Fesseln ab, indem er völlig frei mit dem Mengenbegriff operierte, insbesondere zuließ, daß von jeder Menge wieder die Menge aller ihrer Teilmengen gebildet werden könne. Er entwickelte eine allgemeine Theorie der *Kardinalzahlen und Ordinalzahlen unendlicher Mengen*. Erst hier stieß man an den äußersten Grenzen der Mengenlehre auf wirkliche Widersprüche. Als ihre Wurzel vermag man aber nur die schon von Anfang an in der Mathematik begangene Kühnheit aufzudecken: daß ein Feld konstruktiver Möglichkeiten als geschlossener Inbegriff an sich seiender Gegenstände behandelt wurde" (155, S. 40/41). Die konstruktive Mathematik begnügt sich daher mit der Abstraktion der potentiellen Unendlichkeit. Da jedoch weder die Definition des Begriffs der aktual unendlichen Menge noch die Annahme der Existenz einer aktual unendlichen Menge notwendig zu Antinomien führt, ist es nicht erforderlich, daß sich die Mathematik mit der Abstraktion der potentiellen Unendlichkeit begnügt.

Die dialektische Lösung der Antinomien ergibt sich, wenn man das Zustandekommen der Antinomien in Cantors „naiver" Mengenlehre analysiert. Hierbei stellt man in Übereinstimmung mit O. Becker folgendes fest: Das Verfahren der Potenzmengenbildung, ausgehend von einer aktual unendlichen Menge, führt zu Mengen von immer höherer Mächtigkeit. „Die unbegrenzte Folge der Mengen mit immer steigenden Mächtigkeiten ist als ganze selbst potentiell unendlich, obwohl ihre einzelnen Glieder aktual-unendliche Mengen sind. Sie ist im Grunde von keiner anderen Struktur als die Folge der natürlichen Zahlen nach vorcantorscher Auffassung" (11, S. 116). Entsprechendes gilt für die unbegrenzte Folge der transfiniten Kardinalzahlen und die unbegrenzte Folge der transfiniten Ordinalzahlen. Zu logischen Antinomien führen erst die Annahme der Existenz einer mächtigsten Menge, die Annahme der Existenz einer größten oder letzten transfiniten Kardinalzahl und die Annahme der Existenz einer größten oder letzten transfiniten Ordinalzahl. Man braucht also nur auf diese Annahmen zu verzichten, um die Antinomien zu vermeiden. O. Becker schrieb: „Es zeigt sich hier die merkwürdige Erscheinung, daß sich die potentielle Natur des Unendlichen, die in Cantors Mengenlehre ganz überwunden schien, gewissermaßen auf höherer Ebene wieder durchsetzt" (11, S. 116). Hier liegt der Ausgangspunkt für eine konsequente Fortsetzung der ursprünglichen revolutionierenden Gedanken Cantors, die dem Wesen des Unendlichen als eines Unvollendbaren Rechnung trägt.

Die klassische Lösung der Antinomien, die das in sich Vollendetsein jedes Unendlichen in der Mathematik garantiert, erfolgt unter Verwendung der axiomatischen Methode. Daß dabei eine metaphysische Begrenzung der Mathematik erfolgt und auch erfolgen muß, wird nicht immer genügend beachtet. Betrachtet man das axiomatische System der Mengenlehre von Zermelo und Fraenkel, so kann man in Übereinstimmung mit O. Becker feststellen: „Um diese Paradoxien zu vermeiden, muß man sich auf die Betrachtung von Mengen beschränken, die unterhalb einer bestimmten (für die Betrachtung) festen Menge liegen, die man als ‚Grundmenge' zugrunde legt. Man muß also eine Begrenzung der ‚Größe' der betrachteten Mengen vornehmen" (11, S. 116). Anders erfolgt die Begrenzung durch das axiomatische System der Mengenlehre von Klaua. Die antinomischen Mengen der Cantorschen „naiven" Mengenlehre erscheinen im Klauaschen axiomatischen System der Mengenlehre als Unmengen. Die Unmengen sind aber gerade dadurch gekennzeichnet, daß sie nicht Element sein können, d. h., daß sie keine Eigenschaften besitzen. Wenn nun aber die Unmengen innerhalb des Klauaschen Systems überhaupt keine Eigenschaften besitzen, dann können sie in ihm auch keine einander logisch widersprechenden Eigenschaften haben, also nicht zu logischen Widersprüchen Anlaß geben.

Da die klassische Lösung der Antinomien als einzige sowohl den klassischen Gehalt des Gesetzes vom ausgeschlossenen Dritten als auch das gleichberechtigte Bestehen des Überabzählbaren neben dem Abzählbaren garantiert, ist sie die für die klassische Mathematik charakteristische Lösung. Bei der radikalen Lösung der Antinomien, die für die konstruktive Mathematik typisch ist, geht sowohl der klassische Gehalt des Gesetzes vom ausgeschlossenen Dritten als auch das Überabzählbare verloren. Die dialektische Lösung der Antinomien nimmt eine Zwischenstellung ein. Sie garantiert zwar das gleichberechtigte Bestehen des Überabzählbaren neben dem Abzählbaren, läßt aber den klassischen Gehalt des Gesetzes vom ausgeschlossenen Dritten auf höherer Ebene verlorengehen. Die klassische Lösung der Antinomien ist schließlich die einzige Lösung, die nicht dem Wesen des Unendlichen als eines Unvollendbaren Rechnung trägt. Sie garantiert dadurch nicht nur, daß die für die klassische Mathematik relevante Eigenschaft des Unendlichen das in sich Vollendetsein ist, sondern auch das Ansichsein der Objekte der klassischen Mathematik und die Eliminierbarkeit von Handlungen im Sinne von Operationen aus der klassischen Mathematik.

Will also die klassische Mathematik die drei weltanschaulichen Grundannahmen in ihrem System garantieren, so muß sie sich zweiseitig metaphysisch limitieren. Die weltanschaulichen Voraussetzungen der Mathematik wirken dabei als untere Grenze ebenso systembegründend wie die klassische Lösung der logischen Antinomien der Mathematik als obere Grenze systemabschließend wirkt. Im Klauaschen axiomatischen System der Mengenlehre können die beiden Grenzen durch folgende Aussagen repräsentiert werden:

Untere Grenze: Es gibt Einheiten, die keine Vielheiten sind (Individuen).

Obere Grenze: Es gibt Vielheiten, die keine Einheiten sind (Unmengen).

Diese Begrenzung hat nur eine systemerzeugende Bedeutung. Die beiden Aussagen sind demzufolge nur systembezogen wahr, also nur relativ wahr. Die Einheiten, die systembezogen keine Vielheiten sind, sind nämlich außerhalb des Systems, also jenseits der unteren Grenze des Systems, konkrete Vielheiten, die ihrerseits zu verschiedenen abstrakten Vielheiten Anlaß geben können. Ebenso können die Vielheiten, die systembezogen keine Einheiten sind, außerhalb des Systems, also jenseits der oberen Grenze des Systems, als Einheiten aufgefaßt werden. Durch die Fixierung der unteren Grenze wird erreicht, daß es im System zu Mengen zusammenfaßbare Dinge gibt, die selbst keine Mengen sind, und durch die Fixierung der oberen Grenze wird erreicht, daß es im System keine antinomischen Mengen gibt.

Wichtig ist, daß sich die klassische Mathematik in irgendeiner Weise begrenzen muß und dies auch tut. Innerhalb dieser Grenzen kommt die klassische Mathematik mit der metaphysischen Denkweise aus. Erst jenseits der oberen Grenze axiomatischer Systeme der Mengenlehre führt die metaphysische Denkweise zu Widersprüchen und muß dort durch die dialektische Denkweise ersetzt werden. Ganz hervorragend hat F. Engels diese Tatsache bereits mit folgenden Worten erfaßt: „Die metaphysische Anschauungsweise, auf so weiten, je nach der Natur des Gegenstandes ausgedehnten Gebieten sie auch berechtigt und sogar notwendig ist, stößt doch jedesmal früher oder später auf eine Schranke, jenseits welcher sie einseitig ... wird und sich in unlösliche Widersprüche verirrt, weil sie über den einzelnen Dingen deren Zusammenhang, über ihrem Sein ihr Werden ... vergißt“ (31, S. 24/25).

5.2. Die idealisierenden Abstraktionen

Der mathematische Erkenntnisprozeß beruht auf Idealisierungen verschiedener Art. Die Bildung mathematischer Begriffe erfolgt durch idealisierende Abstraktion. Unter Idealisierung wird im allgemeinen eine gedankliche Tätigkeit verstanden, die zur Konstruktion von Objekten führt, die in der materiellen Welt nur annähernd realisiert oder realisierbar sind. „N. A. Schanin betrachtet ... die gedankliche Tätigkeit der Idealisierung als Erzeugung solcher Begriffe, die nicht nur mit Eigenschaften ausgestattet werden, die durch ‚reine' Abstraktion gewonnen werden, sondern auch mit erfundenen Eigenschaften, die den betrachteten Objekten entweder ganz fehlen oder die sie in verzerrter Form widerspiegeln" (113, S. 26). G. I. Rusawin bekennt sich zu dieser Auffassung und fügt hinzu: „Wenn die Idealisierung ... als Prozeß der Bildung solcher Begriffe verstanden wird, die entweder Eigenschaften realer Objekte in verzerrter Form zum Ausdruck bringen oder ihnen Eigenschaften zuschreiben, die ihnen fehlen, dann kann man zu Recht behaupten, daß als unmittelbarer Gegenstand der mathematischen Forschung abstrakte oder ideale ... Objekte erscheinen" (113, S. 43).

Mathematische Idealisierung setzt sich zusammen aus Abstraktion, Konstruktion und Extrapolation. Sie wird von Vereinfachung und Schematisierung begleitet. Den Ausgangspunkt bilden sinnlich-gegenständliche Tätigkeiten an empirisch vorgefundenen Objekten. Als Resultat entstehen ideale (idealisierte) Objekte, an die nur wenige Eigenschaften realer Objekte gebunden sind. Außerdem werden ideale Objekte mit Eigenschaften versehen, die reale Objekte überhaupt nicht oder nur angenähert besitzen. Schließlich werden ideale Objekte auch mit Eigenschaften ausgestattet, von denen nicht entscheidbar ist, ob sie realen Objekten zukommen. Da ideale Objekte nicht empirisch aufweisbar sind, können sie nur begrifflicher Natur sein. Sie existieren daher nur gebunden an sprachliche Zeichen mit ihren inneren gehirnphysiologischen und ihren äußeren akustischen oder optischen Zuständen. An ihnen kann demzufolge auch nur gedankliche Tätigkeit ausgeführt werden, deren Vermittlung durch die Laut- oder Schriftsprache möglich ist. Die Bestimmung idealer Objekte kann schließlich wegen ihrer begrifflichen Natur nur durch Definition erfolgen.

Die mathematische Idealisierung ging von solchen praktischen Tätigkeiten wie Zusammenfassung, Zuordnung und Vermessung aus, die an materiellen Objekten vorgenommen wurden. Durch derartige Tätigkeiten wurden lediglich den Objekten äußerliche Eigenschaften und Beziehungen hergestellt oder hervorgehoben. Die Objekte selbst wurden dabei nicht verändert. Nach hinreichend häufiger Wiederholung derartiger sinnlich-gegenständlicher Tätigkeiten, die die empirisch vorgefundenen Objekte selbst nicht verändern, bemerkte der Mathematiker, daß er sie auch gedanklich ausführen kann, wenn er die Objekte symbolisch repräsentiert. An die Symbole, die von nun an für die Objekte standen, wurden nur die Eigenschaften der Objekte als Bedeutung gebunden, die für die Tätigkeiten des Mathematikers wesentlich waren. Hierbei traten bereits die ersten Idealisierungen auf. Einige idealisierte Objekte erschienen als mit sich selbst identische und von allen anderen unterschiedene Einheiten, die keine Vielheiten sind, als Individuen. Andere idealisierte Objekte erschienen als unteilbare, ausdehnungslose Gebilde, als Punkte oder als eindimensionale und zweidimensionale unbegrenzt ausgedehnte Gebilde, als Geraden bzw. Ebenen. Bereits auf dieser ersten Stufe der symbolischen Repräsentation wurde die Idealisierung von einer „Extrapolation nach Unendlich" begleitet. Diese zeigte sich einerseits in der Annahme, daß es unendlich viele Individuen gibt und andererseits in der Festsetzung, daß es unendlich ferne Punkte gibt.

Die Tätigkeiten des Mathematikers erschienen nun als gedankliche Operationen oder als gedankliche Konstruktionen. Die gedanklichen Konstruktionen führten schließlich zu weiteren idealen Objekten, einerseits zu den natürlichen Zahlen, losgelöst von sinnlich-gegenständlichen Gesamtheiten, und andererseits zu den geometrischen Figuren, losgelöst von sinnlich-gegenständlichen Körpern. Mit diesen idealen Objekten konnten nun wiederum gedankliche Operationen ausgeführt werden. F. Engels schrieb: „Die Begriffe von Zahl und Figur sind nirgends anders hergenommen, als aus der wirklichen Welt". Daß sie in einer „abstrakten Form" erscheinen, kann ihren „Ursprung aus der Außenwelt nur oberflächlich verdecken". „Die reine Mathematik hat zum Gegenstand die Raumformen und Quantitätsverhältnisse der wirklichen Welt". „Um diese Formen und Verhältnisse in ihrer Reinheit untersuchen zu können, muß man sie aber vollständig von ihrem Inhalt trennen, diesen als gleichgültig beiseite setzen" (31, S. 44/45).

Bei der Herausbildung der Begriffe von Zahl und Figur trat der empirische Ausgangspunkt der Mathematik besonders deutlich in Erscheinung. Aber schon mit der Annahme der Unbegrenztheit der Reihe der natürlichen Zahlen und mit der Entdeckung unvergleichbarer Strecken, d. h. von Strecken, deren Längenverhältnis nicht durch ein Verhältnis von natürlichen Zahlen ausdrückbar ist, wurde der Bereich des empirisch Erfaßbaren überschritten. A. Alexandrow bemerkt hierzu: „Die Kluft zur Empirie wurde mit der Entdeckung deutlich, daß sich die Seitenlängen und die Diagonalen eines Quadrats nicht vergleichen lassen. Diese Entdeckung war eine logische Schlußfolgerung aus dem Satz von *Pythagoras*. Obwohl dieser anfangs durchaus kein Theorem, sondern die Beschreibung eines geometrischen Sachverhalts, ein empirisch festgestelltes ... Gesetz war, führte er dennoch in logischer Konsequenz zu einem Ergebnis, das aus dem Versuch nicht herleitbar ist und in strengem Sinne keinen empirischen Inhalt hat. Eben in den genannten zwei Punkten der Divergenz mit den empirischen Werten – in der Vorstellung von der unbegrenzten Zahlenreihe und in der Entdeckung der unvergleichbaren Strecken – ist die Entwicklung der Mathematik ... am klarsten gekennzeichnet" (3, S. 251/252). Die Mathematik wird „als Wissenschaft von den quantitativen Beziehungen und den räumlichen Formen definiert, die in idealisierter, vom Inhalt abstrahierter Form verwandt werden". „Als Gegenstand der Mathematik dienen die idealisierten Objekte selbst". „Ihre rein deduktive Methode ist eine unausweichliche Folge einer solchen Fixierung ihres Gegenstandes, da die idealisierten Objekte auf triviale Weise nicht Objekte der Erfahrung sein können" (3, S. 252).

Die idealisierten Objekte wurden symbolisch fixiert. Die Tätigkeiten des Mathematikers wurden an ihnen gedanklich ausgeführt. Erst als der Mathematiker dazu überging, auch seine Tätigkeiten symbolisch zu repräsentieren, bestand die Möglichkeit, sie „auf den Hintergrund des Seins" zu projizieren. Die Tätigkeiten des Mathematikers konnten nunmehr als gedanklich ausgeführt gedacht werden. Auf dieser zweiten Stufe der symbolischen Repräsentation konnten die Tätigkeiten im Sinne von Operationen sowohl als spezielle Funktionen als auch als spezielle Relationen, Funktionen und Relationen wiederum als besondere Abbildungen und schließlich Abbildungen als Mengen erscheinen. Als ideelle Zusammenfassung idealer Objekte zu einem einheitlichen Ganzen ist eine Menge selbst ein ideales Objekt. F. Hausdorff schrieb: „Eine Menge entsteht durch Zusammenfassung von Einzeldingen zu einem Ganzen. Eine Menge ist eine Vielheit, als Einheit gedacht". Die Mengenbildung erfolgt durch „einen primitiven, allen Menschen vertrauten Denkakt, der einer Auflösung in noch ursprünglichere Akte vielleicht weder fähig noch bedürftig ist" (44, S. 11).

Eine grundlegende Form der idealisierenden Abstraktion ist die Abstraktion durch Identifizierung. Durch sie werden auch ideale Objekte der Mathematik eingeführt. Jeder Abstraktion durch Identifizierung liegt eine Äquivalenzrelation zugrunde, da man nur solche

Objekte identifizieren kann, die in einer gegebenen Äquivalenzrelation stehen. Wir definieren nun den Begriff der Äquivalenzrelation.

Eine Menge R ist eine binäre Relation in einer Menge M genau dann, wenn $R \subseteq M \times M$ gilt. R ist eine Äquivalenzrelation in M genau dann, wenn R eine binäre Relation in M ist, für die gilt:

1. $\forall x(x \in M \rightarrow xRx)$ (Reflexivität)
2. $\forall x \forall y(xRy \rightarrow yRx)$ (Symmetrie)
3. $\forall x \forall y \forall z((xRy \land yRz) \rightarrow xRz)$ (Transitivität).

Dabei ist aRb nur eine abkürzende Schreibweise für $[a, b] \in R$. Schließlich ist R eine Äquivalenzrelation genau dann, wenn es eine Menge M gibt, so daß R eine Äquivalenzrelation in M ist.

Ist R eine Äquivalenzrelation in M und $a \in M$, so definieren wir ferner: Die Äquivalenzklasse (Abstraktionsklasse) von a bez. R, die mit R(a) bezeichnet wird, ist die Menge $\hat{x}(aRx)$. Die Äquivalenzklasse R(a) ist also die Menge aller Elemente aus M, die mit a in der Relation R stehen. Beachtet man außerdem, daß die leere Menge mit $\emptyset$ bezeichnet wird, dann kann man folgenden Satz beweisen:
Satz 1: Für eine beliebige Menge M, eine beliebige Äquivalenzrelation R in M und beliebige Elemente $a, b \in M$ gilt:

a) $(aRb \leftrightarrow R(a) = R(b))$
b) $(a \in R(a) \land \sim R(a) = \emptyset)$
c) $(\sim R(a) = R(b) \leftrightarrow R(a) \cap R(b) = \emptyset)$
d) $(aRb \leftrightarrow \exists x(x \in M \land (a \in R(x) \land b \in R(x))))$.

Ist R eine Äquivalenzrelation in M, so definieren wir schließlich noch: Das Äquivalenzsystem von R, das mit Äs(R) bezeichnet wird, ist die Menge $\hat{X}(\exists x(x \in VbR \land X = R(x)))$. Dabei ist zu beachten, daß $VbR = M$ gilt. Nun kann man auch folgenden Satz beweisen:
Satz 2: Für eine beliebige Menge M und eine beliebige Äquivalenzrelation R in M gilt:

$((\sim \emptyset \in \text{Äs}(R) \land \text{Äs}(R) \text{ ist disjunkt}) \land \bigcup \text{Äs}(R) = M)$.

Der Satz 2 wird häufig als Hauptsatz über Äquivalenzrelationen bezeichnet. Er besagt, daß jede in einer Menge M erklärte Äquivalenzrelation R genau eine erschöpfende Einteilung von M in paarweise disjunkte nichtleere Äquivalenzklassen bestimmt. Der Satz 1a) bringt dagegen das Abstraktionsprinzip zum Ausdruck. G. Asser schreibt hierzu: „Das Identifizieren von äquivalenten Elementen bedeutet ... gerade, daß man von den Elementen zu den entsprechenden Äquivalenzklassen übergeht, die für äquivalente

Elemente und nur solche streng identisch sind" (4, S. 31). Die Äquivalenzklassen werden schließlich als neue abstrakte oder ideale Objekte eingeführt. Die große Bedeutung, die die Abstraktion durch Identifizierung für die Mathematik hat, haben wir bereits bei der Behandlung des Gegenstandes der Mathematik, insbesondere beim Aufbau des Zahlensystems, hervorgehoben.

Bei der Behandlung des formalistischen Programms der Grundlegung der Mathematik haben wir eine andere Methode kennengelernt, die ebenfalls zu idealen Objekten führt. Es handelt sich um die Methode der idealen Elemente, der D. Hilbert nicht nur für die Grundlegung der Mathematik, sondern auch für ihre weitere Entwicklung große Aufmerksamkeit gewidmet hat. Beim Aufbau einer mathematischen Theorie werden ideale Elemente eingeführt, wenn einerseits eine möglichst große Allgemeinheit und Vollkommenheit und andererseits eine möglichst einfache Form angestrebt werden. G. I. Rusawin schreibt: „Imaginäre und komplexe Zahlen wurden auf diese Weise zum ersten Male als gewisse ideale Elemente der Theorie in die Algebra eingeführt. Zunächst wurde es mit ihrer Hilfe möglich, einen einheitlichen Algorithmus zur Lösung kubischer Gleichungen zu begründen ... Später half ihre Einführung, die Formulierung der Theoreme über die Anzahl der Wurzeln einer algebraischen Gleichung bedeutend zu vereinfachen" (113, S. 29).

H. Weyl bekannte sich zur Methode der idealen Elemente mit folgenden Worten: „In der euklidischen Geometrie sind die ‚*unendlich fernen Punkte*', in denen sich angeblich parallele Geraden schneiden, solche ... zu den wirklichen Punkten hinzugefügte ideale Elemente ... Die Mathematik vollzieht stets die Erweiterung eines zunächst vorliegenden Operationsbereiches durch ideale Elemente ..., um die Gültigkeit einfacher Gesetze zu erzwingen. So hat die Hinzufügung der unendlich fernen Punkte zur Folge, daß nicht bloß zwei verschiedene Punkte stets durch eine Gerade verbunden werden können, sondern auch zwei verschiedene Geraden, die derselben Ebene angehören, sich stets in einem Punkte schneiden. Die Einführung des *Imaginären* in die Geometrie zur Erzwingung einfacher allgemein gültiger Schnittpunktsätze im Gebiet der algebraischen Kurven und Flächen, die Einführung der *idealen Zahlen* in die Zahlentheorie durch *Kummer* zur Wiederherstellung der beim Übergang von den rationalen zu den algebraischen Zahlen zunächst verloren gehenden Teilbarkeitsgesetze sind wohl die glänzendsten Beispiele für die Fruchtbarkeit dieser *Methode der idealen Elemente*" (155, S. 8/9).

Wir wenden uns nun den idealisierenden Abstraktionen zu, die für die konstruktive Mathematik grundlegend sind. Bei der Charakterisierung des konstruktiven Vorgehens in der modernen Mathematik haben wir uns einerseits auf die operative Mathematik von P. Lorenzen und andererseits auf die Algorithmentheorie von A. A. Markov bezogen. Während Lorenzen vom Kalkül ausgeht, geht Markov vom Algorithmus aus, der dem Kalkül entspricht. V. Richter schreibt: „Dem Kalkül liegen ... ‚Abstraktionen‘ zugrunde, die für jede menschliche Aktivität charakteristisch sind. Lorenzen hebt die sog. ‚Abstraktion der Gleichheit‘ hervor. Die verschiedenen individuellen Realisierungen einer Figur ... in Raum und Zeit werden als die ‚gleiche‘ Figur betrachtet ... Außerdem schließt die wiederholte Anwendung einer Regel ... die sog. potentielle Unendlichkeit ein. Diese Struktur des Operierens wurde von A. A. Markov als ‚Abstraktion der potentiellen Realisierbarkeit‘ ... bezeichnet“ (109, S. 57). „Markov hebt zwei Abstraktionen als Grundlage seiner Algorithmentheorie hervor. Es sind genau jene Abstraktionen, die wir vorher beim Kalkül von Lorenzen erwähnt haben.

1. Die Abstraktion der ‚Identifikation‘ ...; sie ermöglicht, die ‚konkreten‘ Wörter ... oder Buchstaben ... überall, wo diese vorkommen, als dasselbe ‚abstrakte‘ Wort oder denselben ‚abstrakten‘ Buchstaben zu betrachten ... Es handelt sich um verschiedene Realisierungen eines und ‚desselben‘ Wortes ...
2. Die Abstraktion der potentiellen Realisierbarkeit; sie macht verständlich, daß wir ‚beliebig‘ lange Wörter konstruieren können, und ist auch die Grundstruktur der Transformationsregeln des Algorithmus. Diese ... sind durch die im Algorithmus zulässigen Substitutionen angegeben“ (109, S. 58).

Aus diesen Ausführungen geht klar hervor, daß auch in der konstruktiven Mathematik von der Abstraktion durch Identifizierung Gebrauch gemacht wird. Allerdings unterscheidet sich die konstruktive (operative) Auffassung der Abstraktion durch Identifizierung von der klassischen (mengentheoretischen) Auffassung, die wir bereits entwickelt haben. H. Wessel schreibt: „Auch hier geht man von einem Bereich konkreter Objekte aus, zwischen denen eine Äquivalenzrelation festgelegt ist. Die Abstraktion wird aber so gedeutet, daß man auch weiterhin nur über die gegebenen konkreten Objekte spricht ..., sich allerdings bei den Aussagen über diese Objekte auf solche Aussagen beschränkt, ... die invariant bezüglich der entsprechenden Äquivalenzrelation sind“ (154,

S. 159). Wir fügen in Übereinstimmung mit P. Lorenzen hinzu: Äquivalente Objekte können verschieden sein. Von diesen Verschiedenheiten soll abstrahiert werden. Die Abstraktion geschieht dadurch, daß wir uns auf solche Aussagen über die Objekte beschränken, deren Gültigkeit sich bei der Ersetzung eines Objektes durch ein äquivalentes Objekt nicht ändert. Solche Aussagen wollen wir invariant bezüglich der zugrunde liegenden Äquivalenzrelation nennen (90, S. 16). Schließlich schreibt H. Wessel: „Wie wir sehen, besteht hier keine Notwendigkeit, neben den konkreten Objekten noch irgendwelche abstrakten Objekte als Mengen von konkreten Objekten zu postulieren. Ist man sich aber einmal über die Abstraktion als Beschränkung in der Redeweise im klaren, so braucht man auch den Terminus ‚abstraktes Objekt' nicht mehr ängstlich zu meiden, da dessen Bedeutung bekannt ist" (154, S. 159/160).

Neben der Abstraktion durch Identifizierung ist die Abstraktion der potentiellen Realisierbarkeit für die konstruktive Mathematik von grundlegender Bedeutung. Ein auf einem Kalkül oder einem Algorithmus basierender Konstruktionsprozeß hat im Unterschied zu einem realen Prozeß eine Reihe von idealisierten Bedingungen zur Voraussetzung. J. A. Petrov charakterisiert die Abstraktion der potentiellen Realisierbarkeit, indem er die idealisierten Bedingungen, „unter denen der Aufbauprozeß gewisser Objekte als realisierbar und die im Resultat dieses Prozesses entstehenden Objekte als existent angesehen werden", in Form folgender Annahmen zum Ausdruck bringt:

„1. Es wird angenommen, daß die Prozesse beim Aufbau von Objekten diskret sind, d. h., daß diese Prozesse in einzelne genau voneinander unterscheidbare Schritte zerlegbar sind . . .
2. Es wird vorausgesetzt, daß Regeln . . . vorhanden sind, nach denen der Aufbau der Objekte schrittweise vollzogen wird . . .
3. Es wird vorausgesetzt, daß der Aufbauprozeß unabhängig von den vorhandenen materiellen Bedingungen ist und daß eine beliebig große, jedoch immer endliche Anzahl von Schritten dieses Prozesses vollzogen werden kann . . ." (105, S. 17).

Es ist zu beachten, daß die vorausgesetzte Unabhängigkeit des Aufbauprozesses von den materiellen Bedingungen in dem Sinne verstanden werden kann, „daß von den materiellen Bedingungen des Aufbaus abstrahiert wird" (105, S. 17). In diesem Sinne schrieb G. I. Rusawin, „daß es notwendig war, sowohl von der Begrenztheit unseres Lebens in Raum und Zeit als auch von den uns zur Verfügung stehenden materiellen Mitteln zu abstrahieren" (113, S. 30).

Die vorausgesetzte Unabhängigkeit des Aufbauprozesses von den materiellen Bedingungen kann aber auch so verstanden werden, „daß die materiellen Bedingungen des Aufbaus immer als gegeben vorausgesetzt werden“ (105, S. 17). Diese Auffassung hatte N. A. Schanin im Sinn, als er die Abstraktion der potentiellen Realisierbarkeit wie folgt charakterisierte: „Die Abstraktion der potentiellen Realisierbarkeit, die als eine zulässige Idealisierung betrachtet wird, gestattet es, unter ‚Aufbau‘ nicht nur einen unter den gegebenen materiellen Bedingungen praktisch durchführbaren Aufbau zu verstehen, sondern auch einen potentiell realisierbaren Aufbau, d. h. realisierbar unter der Annahme, daß wir nach jedem Schritt im Prozeß des Aufbaus ... über die materiellen Möglichkeiten zur Durchführung des folgenden Schrittes verfügen“ (105, S. 18).

Mit der Abstraktion der potentiellen Realisierbarkeit ist der Begriff des potentiell Unendlichen eng verbunden. Dieser Begriff ist „in solchen Theorien zulässig, die die Abstraktion der potentiellen Realisierbarkeit akzeptieren“ (105, S. 18). Ein Prozeß ist potentiell unendlich genau dann, wenn er aus voneinander unterscheidbaren Schritten besteht und es zu jedem Schritt einen folgenden gibt. Ein potentiell unendlicher Prozeß ist also ein diskreter Prozeß, der in dem Sinne unendlich ist, daß es in ihm keinen letzten Schritt gibt. J. A. Petrov schreibt nun: „Im Rahmen der Abstraktion der potentiellen Unendlichkeit kann man nicht davon sprechen, daß die Realisierung aller Schritte eines beliebigen Aufbauprozesses möglich ist“ (105, S. 19). Tatsächlich kann man sagen: Wenn ein Aufbauprozeß potentiell unendlich ist, dann ist zwar jeder einzelne Schritt realisierbar, aber alle Schritte zusammen sind nicht realisierbar, denn ein Aufbauprozeß, in dem es zu jedem Schritt einen folgenden gibt, besitzt keinen letzten Schritt.

Wir betrachten nun eine idealisierende Abstraktion, die für die klassische Mathematik typisch ist. Dabei beziehen wir uns auf axiomatische Systeme der Mengenlehre, von denen wir das System von Russell und Whitehead und das System von Zermelo und Fraenkel bereits bei der Behandlung des mengentheoretischen Aufbaus der modernen Mathematik charakterisiert haben. In den axiomatischen Systemen der Mengenlehre wird die Abstraktion der absoluten Realisierbarkeit akzeptiert, die eine wesentlich stärkere Idealisierung als die Abstraktion der potentiellen Realisierbarkeit darstellt. J. A. Petrov schreibt: „Das Wesen der Abstraktion der ‚absoluten‘ Realisierbarkeit besteht darin, daß man jedes Objekt als realisierbar annimmt, das sich widerspruchsfrei denken läßt, genauer gesagt, dessen Definition im vorliegenden System zu keinem Widerspruch führt". „Es ist offensichtlich, daß konstruktive Objekte schon auf Grund ihrer Definition (durch die Angabe ihres Aufbauverfahrens) ohne Widerspruch denkbar und deshalb ‚absolut' realisierbare Objekte sind. Jedoch auch nichtkonstruktive Objekte, für die ein effektives Aufbauverfahren entweder nicht bekannt ist oder überhaupt nicht existiert, können ‚absolut' realisierbar sein" (105, S. 38). Um die absolute Realisierbarkeit eines nichtkonstruktiven Objektes zu garantieren, hat man also „nicht nur von den realen materiellen Möglichkeiten zum Aufbau dieses Objektes zu abstrahieren, sondern auch ganz allgemein von dem Vorhandensein irgendeines effektiven Verfahrens zu seinem Aufbau" (105, S. 38/39).

In den axiomatischen Systemen der Mengenlehre wird die absolute Realisierbarkeit von Mengen durch Mengenbildungsaxiome oder Existenzaxiome zum Ausdruck gebracht. In diesen Axiomen werden Bedingungen formuliert, denen die Definitionen der idealen Objekte (Mengen) genügen müssen, damit die Existenz dieser Objekte durch die Axiome postuliert werden kann. Die in den Axiomen formulierten Bedingungen sind dabei so beschaffen, daß die ihnen genügenden Definitionen einerseits nicht auf die Angabe eines effektiven Aufbauverfahrens beschränkt sind und andererseits erfahrungsgemäß nicht zu logischen Widersprüchen führen.

Mit der Abstraktion der absoluten Realisierbarkeit ist der Begriff des aktual Unendlichen eng verbunden. J. A. Petrov schreibt: „Unter aktualer Unendlichkeit kann man eine aktual unendliche Menge verstehen, ohne sie jedoch als Ergebnis eines unendlichen Prozesses aufzufassen, ohne sie überhaupt mit irgendwelchen Prozessen in Zusammenhang zu bringen. Der aktuale Charakter der Menge bedeutet in diesem Falle, daß von dem Erzeugungsprozeß aller Elemente, aus denen die gegebene Menge besteht, abstrahiert wird. Dies gibt die Möglichkeit, eine solche Menge als ein Objekt zu denken, das unmittelbar mit allen seinen Elementen gegeben ist" (105, S. 42). Man darf also eine aktual unendliche Menge, die ein fertig vorliegendes, in sich vollendetes Objekt darstellt, nicht als Resultat des unvollendbaren Prozesses der Erzeugung ihrer Elemente auffassen, denn die Annahme der Vollendung eines unvollendbaren Prozesses führt zu logischen Widersprüchen. Eine Menge ist aktual unendlich genau dann, wenn sie eine echte Teilmenge enthält, mit der sie gleichmächtig ist. Man erkennt nun, daß die Abstraktion der aktualen Unendlichkeit mit einer wesentlich stärkeren Idealisierung verbunden ist als die Abstraktion der potentiellen Unendlichkeit.

Die gemachten Ausführungen sollten verdeutlichen, daß sowohl konstruktive als auch klassische Mathematik durch idealisierende Abstraktionen gewonnene Objektbereiche zu ihrem unmittelbaren Gegenstand haben. Die verschiedenen Abstraktionen der Realisierbarkeit sind dadurch gekennzeichnet, daß jeweils von gewissen Grenzen unserer praktischen bzw. realen Möglichkeiten bei der Erzeugung von Objekten abstrahiert wird. Folgerichtig erscheinen die im Sinne der jeweiligen Abstraktion realisierbaren Objekte einschließlich der entsprechenden unendlichen Objekte als idealisierte Objekte. Idealisierte Objekte sind immer Objekte des Denkens. Es ist schließlich zu beachten, daß jede idealisierende Abstraktion, die zu Denkobjekten führt, ihre eigene Logik nach sich zieht. A. Alexandrow schreibt in dem Zusammenhang: „Die Schärfe früherer Diskussionen der verschiedenen Richtungen in der Mathematik erscheint übertrieben, wenn man diese ... aus höherer Warte betrachtet. Es gibt verschiedene Abstraktionsstufen, verschiedene Strengegrade und sogar verschiedene Logiken“. „Außerdem verstehen wir, daß jegliche Existenz in der Mathematik nur bedingt ist, da sie die Existenz eines idealisierten Objektes ist“. „Da jedoch als Gegenstand der Mathematik idealisierte Objekte dienen und das Zurückgreifen auf die Erfahrung aus ihren Argumenten ausgeschlossen ist, hat die Frage nach den Grundlagen oder der Begründung der Mathematik besonderen Charakter und ihre eigenen Schwierigkeiten“ (3, S. 255).

Die bei der Erforschung der arithmetischen Zahlensysteme und geometrischen Räume entdeckten ordnungstheoretischen, algebraischen und topologischen Strukturen führten zu einer Erweiterung des Gegenstandes der Mathematik. Die entdeckten Strukturen wurden abstrahiert und als reine Strukturen Gegenstand der Untersuchung. P. Bernays schreibt: „In der Mathematik haben wir es ... mit idealisierten Strukturen zu tun“ (15, S. 58). „Die Mathematik ... handelt von den möglichen Strukturen, und zwar insbesondere idealisierten Strukturen“ (14, S. 195). A. Alexandrow fügt hinzu: „Dementsprechend wird die Mathematik als Wissenschaft von beliebigen möglichen ‚reinen‘ Strukturen definiert, und zwar möglichen im Sinne von logisch denkbaren ... und ‚reinen‘ in dem Sinne, daß ihre Elemente und Beziehungen nichts enthalten außer dem, was in der Definition dieser Strukturen gegeben ist“ (3, S. 252/253).

„Die moderne Entwicklungsetappe der Mathematik gibt keinen Grund, sich von ihrer Definition als Wissenschaft von den möglichen reinen Strukturen loszusagen. Jedoch wie beim Übergang zum theoretisch-mengenmäßigen Standpunkt veränderte sich die Vorstellung von der Möglichkeit und Reinheit, d. h. von den zulässigen Abstraktionen“ (3, S. 253). Man kann also sagen, daß „die Mathematik die Wissenschaft von den idealisierten Strukturen ist“ (15, S. 65). Während man in der konstruktiven Mathematik von „durch Konstruktionsprozesse erzeugbaren Strukturen“ spricht, spricht man in der klassischen Mathematik von „durch Axiomensysteme kennzeichenbaren Strukturen“.

P. Bernays schreibt nun: „Die Bedeutsamkeit der Mathematik für die Wissenschaft ergibt sich schon daraus, daß wir es in allen Gebieten der Forschung mit Strukturen zu tun haben“ (14, S. 195). Da jede Wissenschaft mehr oder weniger bestimmte Strukturen von verschiedenen Allgemeinheitsgraden erforscht, wird die Mathematik anwendbar, sobald diese Strukturen genügend klar definiert sind, um als reine oder idealisierte Strukturen untersucht zu werden. In diesem Sinne schreibt schließlich A. Alexandrow: „Die Mathematik ... ist ein mächtiges und universelles Instrument der Erkenntnis und der Lösung von Aufgaben überall dort, wo sich genügend klar definierte Strukturen abzeichnen“ (3, S. 257).

Da die durch idealisierende Abstraktionen gewonnenen idealen Objekte der Mathematik nur eine sehr vermittelte Beziehung zur objektiven Realität besitzen, kann die Zulässigkeit dieser Abstraktionen nicht durch einen direkten Rückgriff auf die Erfahrung, sondern nur durch die verschiedenen Anwendungen der Mathematik gerechtfertigt werden. Was S. A. Janovskaja über die Abstraktionen im allgemeinen sagte, gilt daher insbesondere auch für die idealisierenden Abstraktionen der Mathematik:

„1. Wissenschaftlichen Sinn besitzen nur die Abstraktionen, die das Wesen einer Sache widerspiegeln und deshalb auf irgend etwas anwendbar sind, d. h. die sich ausschließen lassen;
2. es ist jedoch nicht erforderlich, daß dieser Ausschluß in beliebigen Kontexten oder im absoluten (und nicht nur in einem angenäherten) Sinne möglich ist;
3. es muß aber Fälle – und zwar praktisch wichtige – geben, in denen der Ausschluß (zumindest angenähert) möglich ist.

Dies unterscheidet unseren Standpunkt sowohl vom Standpunkt der Nominalisten, die fordern, daß Abstraktionen höherer Ordnung sich *immer ausschließen lassen*, so daß man sie faktisch gar nicht einzuführen brauchte, als auch vom Standpunkt der Realisten (Platonisten), die annehmen, daß es ausreicht, Abstraktionen (auf widerspruchsfreie Weise) *nur einzuführen*, da sie (in diesem Falle) für sich genommen einen realen Sinn besitzen (in einer besonderen Welt ... idealer Objekte existieren). Die einen wie die anderen nehmen der Abstraktion faktisch ihren Erkenntniswert in bezug auf die uns umgebende Welt" (154, S. 161). Schon W. I. Lenin hat den hohen Erkenntniswert wissenschaftlicher Abstraktionen mit folgenden Worten zum Ausdruck gebracht: „*Alle* wissenschaftlichen... Abstraktionen spiegeln die Natur tiefer, getreuer, *vollständiger* wider. Vom lebendigen Anschauen zum abstrakten Denken *und von diesem zur Praxis* – das ist der dialektische Weg ... der Erkenntnis der objektiven Realität" (84, S. 89).

5.3. Die verschiedenen Unendlichkeitsbegriffe

Bei der Behandlung der idealisierenden Abstraktionen der Mathematik wurden bereits die Begriffe des potentiell Unendlichen und des aktual Unendlichen definiert. Durch diese Begriffsbildungen wurden aber keineswegs alle mit dem Unendlichen im Zusammenhang stehenden Probleme gelöst. Nach wie vor kann man in Übereinstimmung mit D. Hilbert feststellen: „Das Unendliche hat wie keine andere Frage von jeher so tief das *Gemüt* der Menschen bewegt; das Unendliche hat wie kaum eine andere *Idee* auf den Verstand so anregend und fruchtbar gewirkt; das Unendliche ist aber auch wie kein anderer *Begriff* so der *Aufklärung* bedürftig" (56, S. 163).

Wir vergegenwärtigen uns zunächst, was die Mathematik zur Aufklärung der verschiedenen Unendlichkeitsbegriffe beigetragen hat, denn H. Weyl schrieb: „Die Mathematik ist die Wissenschaft vom Unendlichen" (156, S. 1).

Bei der Begründung der Infinitesimalrechnung wurden von Leibniz sogenannte unendlich kleine Größen verwendet, Größen, die kleiner als jede noch so kleine positive Zahl, aber echt größer als Null sein sollten. Das Rechnen mit diesen Größen konnte bis ins 19. Jahrhundert hinein nicht präzisiert werden. Erst durch Arbeiten von Cauchy und Weierstraß wurde dann eine exakte Begründung der Analysis gegeben, die auf dem Limesbegriff beruht. „Die mysteriösen unendlich kleinen Größen wurden durch gegen Null strebende

Folgen ersetzt, an die Stelle des aktual unendlich Kleinen trat das potentiell unendlich Kleine“ (147, S. 209), schrieb L. Voelkel. In der Analysis war nunmehr die Rede von veränderlichen Größen, die unendlich groß oder unendlich klein werden. Jene Größen können über jeden noch so großen endlichen Betrag hinaus wachsen bzw. der Null beliebig nahe kommen, ohne daß dieser Zu- bzw. Abnahme bestimmte Grenzen gesetzt sind. „In jedem Stadium des Prozesses, ... wie weit er auch durchgeführt werde, haben die Größen jedoch bestimmte endliche bzw. von Null verschiedene Werte“, schrieb A. Fraenkel. Er fügte hinzu: „Es handelt sich also bei diesem Gebrauch des Begriffs ‚Unendlich‘ nur, wie sich Gauss ausdrückte, um eine facon de parler, die eine umständlichere Ausdrucksweise entbehrlich macht ... Man spricht in diesem Sinne vom uneigentlichen oder potentiellen Unendlich“ (37, S. 7).

D. Hilbert brachte klar zum Ausdruck, daß mit der Weierstraßschen Begründung der Analysis die Bedeutung des Unendlichen für die Mathematik noch nicht vollständig erfaßt wurde. Er schrieb: „Wenn heute in Verfolgung der Schlußweisen, die auf dem Begriff ... des Limes beruhen, in der Analysis volle Übereinstimmung und Sicherheit herrscht ..., so ist dies wesentlich ein Verdienst der wissenschaftlichen Tätigkeit von Weierstraß. Und dennoch hat mit der Weierstraßschen Begründung der Infinitesimalrechnung die Diskussion über die Grundlagen der Analysis noch nicht ihren Abschluß gefunden. Der Grund hierfür liegt darin, daß die Bedeutung des *Unendlichen* für die Mathematik noch nicht restlos geklärt worden war. Zwar das Unendlichkleine und das Unendlichgroße ist in der Weierstraßschen Analysis eliminiert, indem die dies betreffenden Aussagen auf Beziehungen zwischen endlichen Größen zurückgeführt werden. Aber das Unendliche tritt noch immer auf in den unendlichen Zahlenfolgen, welche die reellen Zahlen definieren, und weiter noch in dem Begriff des Systems der reellen Zahlen, welches ganz so wie eine fertig und abgeschlossen vorliegende Gesamtheit aufgefaßt wird. Die Formen des logischen Schließens, in denen diese Auffassung zum Ausdruck kommt ... werden gerade in der Weierstraßschen Begründung der Analysis in ganz unbeschränktem Maß in Anspruch genommen und immer wiederholt angewandt“ (56, S. 161/162).

Es ist das Verdienst von Frege, Dedekind und Cantor, das Unendliche im Sinne unendlicher Gesamtheiten begrifflich erfaßt zu haben. Während Frege und Dedekind unabhängig voneinander lediglich den Begriff der unendlichen Gesamtheit benutzten, hat Cantor in seiner Mengenlehre das Unendliche in Gestalt unendlicher Mengen (Gesamtheiten) systematisch erforscht. D. Hilbert schrieb: „Will man in Kürze die neue Auffassung des Unendlichen, der Cantor Eingang verschafft hat, charakterisieren, so könnte man . . . sagen: in der Analysis haben wir es nur mit dem Unendlichkleinen und dem Unendlichgroßen als Limesbegriff, als etwas Werdendem, Entstehendem, Erzeugtem, d. h. . . . mit dem *potentiellen Unendlichen* zu tun. Aber das eigentliche Unendliche . . . ist dies nicht. Dieses haben wir z. B., wenn wir die Gesamtheit der Zahlen 1, 2, 3, 4, . . . selbst als eine fertige Einheit betrachten oder die Punkte einer Strecke als eine Gesamtheit von Dingen ansehen, die fertig vorliegt. Diese Art des Unendlichen wird als *aktual unendlich* bezeichnet“ (56, S. 167).

Bei der Untersuchung aktual unendlicher Mengen wurde Cantor zur Einführung transfiniter Zahlen veranlaßt. Nachdem sich die Menge der rationalen Zahlen als abzählbar erwiesen hatte, hat Cantor mit Hilfe seines Diagonalverfahrens gezeigt, daß die Menge der reellen Zahlen nicht mehr abzählbar ist. Dadurch wurde bewiesen, daß die Menge der reellen Zahlen von höherer Mächtigkeit ist als die Menge der natürlichen Zahlen. Durch den Nachweis der Existenz unendlicher Mengen verschiedener Mächtigkeit wurde die Einführung transfiniter Kardinalzahlen sinnvoll. Zur Einführung transfiniter Ordinalzahlen wurde Cantor veranlaßt, als er unendliche Punktmengen auf der Zahlengeraden bezüglich ihrer Häufungspunkte untersuchte. Die Menge der Häufungspunkte einer solchen Punktmenge nannte Cantor ihre Ableitung. Er betrachtete auch Ableitungen höherer Ordnung. Diese sind genau so wie die Ableitung 1. Ordnung durch die gegebene Punktmenge bestimmt. Um nun die Ordnung aller Ableitungen einer gegebenen unendlichen Punktmenge charakterisieren zu können, mußte sich Cantor transfiniter Ordinalzahlen bedienen. Die transfiniten Ordinalzahlen und die transfiniten Kardinalzahlen bildeten zusammen den Untersuchungsgegenstand der Theorie der transfiniten Zahlen, die Cantor im Rahmen seiner Mengenlehre entwickelt hat.

In Übereinstimmung mit R. Courant und H. Robbins kann man nun feststellen, daß die Mengenlehre Cantors die Forderung, „das mathematische Unendliche in exakter Weise zu analysieren“, „mit bemerkenswertem Erfolg“ erfüllt hat. Der Begriff des aktual Unendlichen hat die ganze Mathematik durchdrungen, „da mathematische Objekte gewöhnlich nicht als Individuen, sondern als

Glieder einer Klasse oder Gesamtheit untersucht werden, die unendlich viele Objekte desselben Typus enthält, wie z. B. die Gesamtheit der ganzen Zahlen oder der reellen Zahlen" (24, S. 62). Bezüglich der mengentheoretisch begründeten Theorie der reellen Zahlen schrieben D. Hilbert und P. Bernays: „Während ... das Unendlich-Große und das Unendlich-Kleine durch diese Theorie der reellen Zahlen im eigentlichen Sinne ausgeschaltet wird und nur noch im Sinne einer Redeweise bestehen bleibt, wird das *Unendliche als Gesamtheit* beibehalten". Sie fügten hinzu: „Ja, man kann sagen, daß die Vorstellung von den unendlichen Gesamtheiten systematisch erst hier in der strengen Grundlegung der Analysis eingeführt und zur Geltung gebracht wurde" (63, S. 37).

Es ist bemerkenswert, daß in jüngster Zeit Nichtstandardmodelle der Analysis untersucht wurden, in deren Individuenbereich einerseits die Menge der reellen Zahlen „isomorph eingebettet" ist und andererseits unendlich große und unendlich kleine Zahlen vorkommen. Dabei heißt eine Zahl unendlich groß, wenn sie größer als jede reelle Zahl ist, und unendlich klein, wenn sie kleiner als jede positive reelle Zahl, aber größer als Null ist. Außerdem gibt es in derartigen Nichtstandardmodellen auch negative „absolut unendlich große" und negative unendlich kleine Zahlen. Schließlich gibt es im Bereich des Unendlichgroßen und des Unendlichkleinen noch Abstufungen. Durch die Betrachtung von Nichtstandardmodellen der Analysis wurde nun eine exakte Definition der unendlich kleinen Größen möglich. Es ließen sich Sätze ableiten, die als eine Präzisierung früherer Vorstellungen über das Rechnen mit unendlich kleinen Größen aufgefaßt werden können. Auf diese Weise erfuhr das Vorgehen der Begründer der Infinitesimalrechnung eine „nachträgliche Rechtfertigung". Diese Entwicklung hat L. Voelkel sehr treffend mit folgenden Worten charakterisiert: „Man kann sich kaum ein prägnanteres Beispiel für die Gültigkeit des Gesetzes der Negation der Negation in der Entwicklung der Mathematik vorstellen! Die in sich widerspruchsvollen unendlich kleinen Größen von Leibniz und seinen Nachfolgern wurden durch die potentiell unendlich kleinen Größen der Weierstraß-Schule ersetzt..., tauchen dann aber etwa 100 Jahre später wieder auf, nun aber in ‚gereinigter' Form, ohne jede Mystik" (147, S. 210).

Wir charakterisieren nun kurz die Unendlichkeitsauffassungen von Vertretern der verschiedenen Standpunkte, die bei den Versuchen einer Grundlegung der Mathematik eingenommen wurden.

G. Cantor, der das eigentliche oder aktual Unendliche der Mathematik erschlossen hat, hat durchaus die große Bedeutung des uneigentlichen oder potentiell Unendlichen als „Hilfs- und Beziehungsbegriff unseres Denkens" für die Mathematik erkannt, ja, er hat sogar die „Notwendigkeit des Aktual-Unendlichen" damit begründet. Er schrieb: „Man kann ... das Vorkommen des Aktual-Unendlichen und seine Unentbehrlichkeit ... in der Analysis ... unwiderleglich dartun. Unterliegt es nämlich keinem Zweifel, daß wir die *veränderlichen* Größen im Sinne des potentialen Unendlichen nicht missen können, so läßt sich daraus auch die Notwendigkeit des Aktual-Unendlichen folgendermaßen beweisen: Damit eine solche veränderliche Größe in einer mathematischen Betrachtung verwertbar sei, muß strenggenommen das ‚Gebiet' ihrer Veränderlichkeit durch eine Definition vorher bekannt sein; dieses ‚Gebiet' kann aber nicht selbst wieder etwas Veränderliches sein, da sonst jede feste Unterlage der Betrachtung fehlen würde; also ist dieses ‚Gebiet' eine bestimmte aktual-unendliche Wertmenge. So setzt jedes potentiale Unendliche, soll es streng mathematisch verwendbar sein, ein Aktual-Unendliches voraus. Diese ‚Gebiete der Veränderlichkeit' sind die eigentlichen Grundlagen der Analysis ... und sie verdienen es daher in hohem Grade, selbst zum Gegenstand von Untersuchungen genommen zu werden, wie dies ... in der ‚Mengenlehre' ... geschehen ist" (18, S. 410/411).

Cantor hob nun hervor: Nachdem „das Aktual-Unendliche in Form aktual-unendlicher *Mengen* sein Bürgerrecht in der Mathematik geltend gemacht" hat, „ist die Forderung eine unabweisliche geworden, auch den aktual-unendlichen *Zahlbegriff* durch geeignete *naturgemäße Abstraktionen* auszubilden, ähnlich wie die endlichen Zahlbegriffe ... durch Abstraktion aus endlichen Mengen gewonnen worden sind" (18, S. 411). Die Ausbildung des aktual unendlichen Zahlbegriffs erfolgte in Cantors Theorie der transfiniten Zahlen. Die Aufdeckung des fundamentalen Gegensatzes von Kardinalzahl und Ordinalzahl bei unendlichen Mengen ermöglichte Cantor die Erforschung der Struktur des Transfinitums.

Seine Auffassung bezüglich der aktual unendlich kleinen Größen brachte Cantor mit folgenden Worten zum Ausdruck: „Die unendlichkleinen Größen sind meines Wissens bisher ... *nur* in der Form des Uneigentlich-unendlichen zum Nutzen ausgebildet ... Dagegen müßten alle Versuche, dieses Unendlichkleine gewaltsam zu einem *eigentlichen* Unendlichkleinen zu machen, als zwecklos endlich aufgegeben werden. Wenn anders überhaupt eigentlich-unendlichkleine Größen existieren, d. h. definierbar sind, so stehen sie sicherlich in keinem unmittelbaren Zusammenhange mit den gewöhnlichen, unendlich klein *werdenden Größen*“ (18, S. 172). Diese Auffassung kann heute nicht mehr akzeptiert werden. Der Grund hierfür liegt in den Ergebnissen der Untersuchung von Erweiterungen und Nichtstandardmodellen der klassischen Analysis. Man kann nämlich den Bereich der reellen Zahlen so erweitern, daß gerade die Nullfolgen, die potentiell unendlich kleinen Größen der klassischen Analysis, als die aktual unendlich kleinen Zahlen des erweiterten Zahlenbereiches erscheinen.

Cantor war schließlich der Ansicht, daß aktual unendliche Mengen „als Gedanken Gottes“ an sich existieren wie die platonischen Ideen, aber auch in der „von Gott geschaffenen“ Welt realisiert sind. Seine Überzeugung von der Unendlichkeit der materiellen Welt brachte Cantor mit folgenden Worten zum Ausdruck: „Mir unterlag es keinem Zweifel, daß, um zu einer befriedigenden *Naturerklärung* zu gelangen, die letzten ... *einfachen* Elemente der Materie in *aktual unendlicher Zahl* vorauszusetzen und in bezug auf das *Räumliche* als *völlig ausdehnungslos* und *streng punktuell* zu betrachten sind“ (18, S. 275).

Nachdem in Cantors Mengenlehre logische Widersprüche entdeckt wurden, waren die Versuche einer Grundlegung der Mathematik durch das Bestreben gekennzeichnet, derartige Widersprüche systematisch zu vermeiden. In diesem Zusammenhang war auch eine weitere Aufklärung über das Wesen des Unendlichen erforderlich.

Bei seinem Versuch, die Mathematik auf die Logik zurückzuführen, stieß B. Russell schon bei der Begründung der Peanoschen Arithmetik auf eine grundsätzliche Schwierigkeit. Das vierte Peanosche Axiom, welches garantieren soll, daß die Reihe der natürlichen Zahlen nicht an einer bestimmten Stelle abbricht, kann nur unter der Annahme, daß die Anzahl der Individuen in der materiellen Welt unendlich ist, bewiesen werden. Russell schrieb selbst: „Eine gewisse Schwierigkeit bietet ... der übrigbleibende Grundsatz, wonach nicht zwei Zahlen denselben Nachfolger haben. Diese Schwierigkeit entsteht nur, wenn die Gesamtzahl der Individuen in der Welt endlich ist“ (114, S. 24). Die Annahme, daß die Anzahl der Individuen in der Welt unendlich ist, ist aber eine weltanschauliche Voraussetzung der Mathematik, die nicht rein logisch beweisbar ist. Russell hat dies erkannt und mit folgenden Worten zum Ausdruck gebracht: „Aus der Tatsache, daß das Unendliche keinen Widerspruch in sich enthält, aber logisch auch nicht beweisbar ist, müssen wir schließen, daß wir a priori nichts darüber wissen können, ob die Zahl der Dinge in der Welt endlich oder unendlich ist" (114, S. 143). Aus diesem Grunde hat Russell ein „Unendlichkeitsaxiom" in die Mathematik aufgenommen.

D. Hilbert hat ein geschlossenes Programm entwickelt, um die logischen Widersprüche unter Beibehaltung des Begriffs des aktual Unendlichen zu vermeiden. Er schrieb: „Es gibt einen völlig befriedigenden Weg, den Paradoxien zu entgehen, ohne Verrat an unserer Wissenschaft zu üben. Die Gesichtspunkte zur Auffindung dieses Weges und die Wünsche, die uns die Richtung weisen, sind diese:

1. Fruchtbaren Begriffsbildungen und Schlußweisen wollen wir, wo immer nur die geringste Aussicht sich bietet, sorgfältig nachspüren und sie pflegen, stützen und gebrauchsfähig machen. Aus dem Paradies, das Cantor uns geschaffen, soll uns niemand vertreiben können.
2. Es ist nötig, durchweg dieselbe Sicherheit des Schließens herzustellen, wie sie in der gewöhnlichen niederen Zahlentheorie vorhanden ist, an der niemand zweifelt und wo Widersprüche und Paradoxien nur durch unsere Unaufmerksamkeit entstehen.

Die Erreichung dieser Ziele ist offenbar nur möglich, wenn uns die volle Aufklärung über *das Wesen des Unendlichen* gelingt" (56, S. 170).

Getreu seinem Programm wollte Hilbert das aktual Unendliche als fruchtbaren Begriff nicht verwerfen, sondern gebrauchsfähig machen. Er wollte dem Begriff des aktual Unendlichen nachgehen und ihn so verwenden, daß keine Widersprüche entstehen können.

Durch eingehende Untersuchungen gelangte Hilbert zu der Auffassung, daß uns die Naturerkenntnis weder im Großen noch im Kleinen zu Unendlichem führt. Er glaubte an eine endliche, wenn auch unbegrenzte Ausdehnung des Weltraumes, da endliche Weltmodelle in verschiedenen Naturwissenschaften mit Erfolg Anwendung gefunden haben. Er war ferner der Überzeugung, „daß ein homogenes Kontinuum, welches die fortgesetzte Teilbarkeit zuließe, und somit das Unendliche im Kleinen realisieren würde, in der Wirklichkeit nirgends angetroffen wird" (56, S. 164), da sich die Erkenntnis durchgesetzt hat, daß die „Materie" aus Atomen, die Elektrizität aus Elektronen und die Energie aus Quanten besteht. Auf Grund derartiger Überlegungen kam Hilbert zu dem Schluß, daß in der Wirklichkeit nur Gesamtheiten mit einer endlichen, wenn auch sehr großen Anzahl von Elementen vorkommen und daß „die Unendlichkeit ... die Negation eines überall herrschenden Zustandes ist, eine ungeheuerliche Abstraktion – ausführbar nur durch die bewußte oder unbewußte Anwendung der axiomatischen Methode" (59, S. 960). Er fügte hinzu: „Die Rolle, die dem Unendlichen bleibt, ist ... die einer Idee – wenn man, nach den Worten Kants, unter einer Idee einen Vernunftbegriff versteht, der alle Erfahrung übersteigt und durch den das Konkrete im Sinne der Totalität ergänzt wird" (56, S. 190).

Hilbert wollte nun den Rahmen abstecken, in dem wir der Idee des Unendlichen unbedenklich vertrauen dürfen. Er ging davon aus, daß das inhaltliche logische Schließen unentbehrlich ist. Es hat uns „nicht getäuscht, wenn es auf wirkliche Dinge angewandt wurde". Getäuscht hat es nur dann, „wenn wir beliebige abstrakte Begriffsbildungen hinnahmen, auch solche, unter die unendlichviele Gegenstände fallen" (56, S. 170). Hilbert schloß daraus: „Wir haben dann das inhaltliche Schließen eben unzulässig angewandt, d. h. wir haben offenbar notwendige Vorbedingungen für die Anwendung inhaltlichen logischen Schließens nicht berücksichtigt" (56, S. 170).

Bezüglich der Mathematik gelangte Hilbert zu der Auffassung, daß das inhaltliche logische Schließen nur in der finiten Mathematik zulässig ist. In Übereinstimmung mit dieser Auffassung erklärte er: „Das Operieren mit dem Unendlichen kann nur durch das Endliche gesichert werden" (56, S. 190). „Und so wie bei den Grenzprozessen der Infinitesimalrechnung das Unendliche im Sinne des Unendlichkleinen und des Unendlichgroßen sich als eine bloße Redensart erweisen ließ, so müssen wir auch das Unendliche im Sinne der unendlichen Gesamtheit, wo wir es jetzt noch in den Schlußweisen vorfinden, als etwas bloß Scheinbares erkennen. Und so wie das Operieren mit dem Unendlichkleinen durch Prozesse im Endlichen ersetzt wurde, welche ganz dasselbe leisten und zu ganz denselben eleganten formalen Beziehungen führen, so müssen überhaupt die Schlußweisen mit dem Unendlichen durch endliche Prozesse ersetzt werden, die gerade dasselbe leisten, d. h. dieselben Beweisgänge und dieselben Methoden der Gewinnung von Formeln und Sätzen ermöglichen" (56, S. 162).

Mit dem Ziel, die Schlußweisen mit dem Unendlichen durch Prozesse im Endlichen zu ersetzen, die dasselbe leisten, bediente sich Hilbert der Methode der Formalisierung, kombiniert mit der Methode der idealen Elemente. Die Aussagen über das Unendliche wurden durch Formalisierung zu inhaltsleeren idealen Aussagen, die zu den finiten Aussagen hinzugefügt wurden, um wieder die formal einfachen Gesetze der klassischen Logik zu erhalten. Hilbert bemerkte jedoch: „Es gibt ... eine Bedingung, eine einzige, aber auch absolut notwendige, an die die Anwendung der Methode der idealen Elemente geknüpft ist, und diese ist der *Nachweis der Widerspruchsfreiheit*; die Erweiterung durch Zufügung von Idealen ist nämlich nur dann statthaft, wenn dadurch im alten engeren Bereiche keine Widersprüche entstehen“ (56, S. 179).

Hilbert wollte im Rahmen der finiten Metamathematik die Widerspruchsfreiheit der formalisierten klassischen Mathematik durch inhaltliches logisches Schließen nachweisen und auf diese Weise den Gebrauch des Begriffs des aktual Unendlichen in der klassischen Mathematik rechtfertigen. Die Überzeugung von der Realisierbarkeit dieses Anliegens brachte Hilbert mit folgenden Worten zum Ausdruck: „Es ist möglich, auf rein anschauliche und finite Weise – gerade wie die Wahrheiten der Zahlentheorie – auch diejenigen Einsichten zu gewinnen, die die Zuverlässigkeit des mathematischen Apparates gewährleisten“ (56, S. 171). Tatsächlich hat sich jedoch ergeben, daß es nicht einmal möglich ist, die Widerspruchsfreiheit der formalisierten elementaren Arithmetik auf rein anschauliche und finite Weise nachzuweisen. Der Nachweis der Widerspruchsfreiheit der elementaren Arithmetik gelang Gentzen, indem er das nicht mehr finite, aber doch noch anschaulich-konstruktive Hilfsmittel der transfiniten Induktion bis zur ersten ε-Zahl bei metamathematischen Betrachtungen zuließ. Dadurch wurde aber der Rahmen der finiten Metamathematik gesprengt. Das Anliegen Hilberts erwies sich als nicht realisierbar.

H. Weyl wollte zunächst ergründen, warum die Mengenlehre zu logischen Widersprüchen geführt hat. Er ging davon aus, daß sich in der mengentheoretisch begründeten Analysis bisher noch keine „eigentlichen Widersprüche“ ergeben haben, obwohl auch hier das Prinzip vom ausgeschlossenen Dritten sowohl in den Kriterien für die Zugehörigkeit einer Zahl zu einer unendlichen Menge als auch in den Gesetzen für die Definition einer unendlichen Folge von Zahlen uneingeschränkt angewandt wurde. Er kam zu folgender Erklärung: „G. Cantor ... streifte alle Fesseln ab, indem er völlig frei mit dem Mengenbegriff operierte, insbesondere zuließ, daß von jeder Menge wieder die Menge aller ihrer Teilmengen gebildet werden könne. Erst hier stieß man an den äußersten Grenzen der Mengenlehre auf wirkliche Widersprüche. Als ihre Wurzel vermag man aber nur die schon von Anfang an in der Mathematik begangene Kühnheit aufzudecken: daß ein Feld konstruktiver Möglichkeiten als geschlossener Inbegriff an sich seiender Gegenstände behandelt wurde" (156, S. 13).

In dieser Situation bekannte sich Weyl zu dem Anliegen von Brouwer, die Mathematik auf das intuitiv Einsehbare zu beschränken. Er schrieb: „Nimmt man die Mathematik für sich allein, so beschränke man sich mit Brouwer auf die einsichtigen Wahrheiten, in die das Unendliche nur als ein offenes Feld von Möglichkeiten eingeht" (156, S. 17). Er fügte hinzu: „Das Unendliche ist dem Geiste, der Anschauung zugänglich in Form des ins Unendliche offenen Feldes von Möglichkeiten, nach Art der immer weiter fortsetzbaren Zahlenreihe; aber das vollendet, das aktual Unendliche als ein geschlossenes Reich absoluter Existenz kann ihm nicht gegeben sein. Doch wird der Geist durch die Forderung der Totalität und den metaphysischen Glauben an Realität unabweisbar dazu gedrängt, das Unendliche als geschlossenes Sein durch eine symbolische Konstruktion zu repräsentieren" (156, S. 19).

Weyl hat jedenfalls das Unendliche in der Mathematik nur „unter der Kategorie der Möglichkeit" als potentiell Unendliches begrifflich erfaßt. Im Bereich der natürlichen Zahlen hat er das Unendliche in zwei Formen anerkannt:

„1. die freie Möglichkeit, die Reihe der Zahlen 1, 2, 3, . . . an einer willkürlichen Stelle zum Stehen zu bringen (einzelner Wahlakt);
2. die freie Möglichkeit der Bildung einer werdenden und nie zu Ende kommenden Folge natürlicher Zahlen (in infinitum wiederholter Wahlakt) – die aber, wenn sie zu einer ins Unendliche hinaus bestimmten Folge spezialisiert werden soll, in das Gesetz umschlägt" (156, S. 8).

Auch das Kontinuum hat Weyl in Übereinstimmung mit Brouwer nur als ein „Medium freien Werdens" aufgefaßt, in dem eine einzelne Stelle, eine reelle Zahl, durch eine Folge natürlicher Zahlen definiert wird. Er schrieb: „Die werdende Wahlfolge repräsentiert das Kontinuum . . ., die durch ein Gesetz ins Unendliche bestimmte Folge aber die einzelne in das Kontinuum hineinfallende reelle Zahl" (155, S. 42). Indem sich Weyl gegen jeden Versuch wandte, „das ins Unendliche offene Feld der Möglichkeiten in ein geschlossenes Reich absoluter Existenz zu verkehren" (156, S. 9), hat er schließlich das aktual Unendliche in der Mathematik abgelehnt.

Heute stehen sich in der Mathematik die klassische und die konstruktive Richtung mit verschiedenen Unendlichkeitsbegriffen gegenüber. Während die klassische Mathematik den Begriff des aktual Unendlichen durch Anwendung der axiomatischen Methode abgesichert hat, hat die konstruktive Mathematik den Begriff des potentiell Unendlichen durch Anwendung der konstruktiven Methode tragfähiger gestaltet.

P. Lorenzen ging bei seinem Aufbau der konstruktiven (operativen) Mathematik von einer Kritik der „Vormeinungen" aus, die der Verwendung der axiomatischen Methode, des Satzes vom ausgeschlossenen Dritten und des Begriffs der Potenzmenge in der klassischen Mathematik zugrunde liegen (88). Bezüglich der axiomatischen Methode schrieb Lorenzen: „Die Verwendung der axiomatischen Methode scheint ihm (dem klassischen Mathematiker – d. V.) unabhängig von aller philosophischen Meinung zu sein, sie erscheint als das einzig Mögliche. Denn um Sätze zu beweisen, muß man schon Sätze haben, von denen aus man schließen kann. Also muß man als Anfang unbeweisbare Sätze haben. Diese Überlegung, die schon von Aristoteles stammt, übersieht aber, daß man statt von Sätzen (Axiomen – d. V.) auch von Konstruktionen ausgehen kann" (88, S. 206). Folgerichtig wählte Lorenzen die Konstruktion von Ziffern als Ausgangspunkt der Arithmetik.

Die Konstruktion der Ziffern (Zahlen) ist bereits mit dem Begriff des potentiell Unendlichen verbunden. Lorenzen brachte dies mit folgenden Worten zum Ausdruck: „Die Arithmetik ist in der Tat diejenige Theorie, in der das Unendliche in einfachster Form auftritt – ja sie ist im wesentlichen nichts anderes als die Theorie des Unendlichen selbst. Der Begriff der Unendlichkeit tritt dann auf, wenn der Mensch eine Regel ‚begreift', deren wiederholte Anwendung immer wieder zu etwas Neuem führt. Die einfachste Regel, die auf diese Weise eine Unendlichkeit erzeugt, ist die Regel zur Konstruktion von Zahlsymbolen, den Ziffern, etwa in der Form |, ||, |||, . . . Die Konstruktion beginnt mit dem Symbol |, und sie schreitet fort nach der Regel $n \Rightarrow n|$, die vorschreibt, zu der schon konstruierten Ziffer n durch Anfügen von | die Ziffer n| zu erzeugen" (89, S. 50).

Im Gegensatz zu Brouwer gestattete Lorenzen, den Satz vom ausgeschlossenen Dritten auch auf das potentiell Unendliche der Zahlenfolge anzuwenden. Er wollte dadurch eine Verkomplizierung der Arithmetik, wie sie bei Verzicht auf den Satz vom ausgeschlossenen Dritten unvermeidlich ist, verhindern. Allerdings wandte er sich entschieden gegen das philosophische Argument, „man dürfe sich die Menge der Zahlen auch als eine aktual-unendliche *vorstellen*“ (87, S. 5), mit dem in der Regel die Anwendung des Satzes vom ausgeschlossenen Dritten verteidigt wird. Lorenzen sah nämlich einen Zusammenhang dieses Arguments mit dem „Verständnis des menschlichen Denkens als eines Nachvollzuges eines göttlichen Denkens“ (88, S. 201). Er behauptete: „Die ganze neuzeitliche Mathematik lebt aus diesem Verständnis – hier ist die Abhängigkeit der Mathematik von einer Vormeinung ganz deutlich“ (88, S. 202). Lorenzen befreite sich von dieser Abhängigkeit bei seiner Rechtfertigung der uneingeschränkten Anwendbarkeit des Satzes vom ausgeschlossenen Dritten sowie der ganzen klassischen Logik. Er schrieb: „Befreit man sich von dieser Abhängigkeit . . ., so findet man innerhalb der üblichen . . . klassischen Logik einen vom Unterschiede ‚endlich – unendlich‘ unabhängigen Kern. Es hat sich herausgestellt, daß dieser Kern ausreicht, um die Verwendung der klassischen Logik als widerspruchsfrei nachzuweisen“ (88, S. 202). Lorenzen kam zu dem Schluß: „In der Arithmetik . . . liegt kein Motiv zur Einführung von Aktual-Unendlichem vor“ (87, S. 5).

Das Auftreten von aktual Unendlichem in der Mathematik kann nach Ansicht von Lorenzen nur verstanden werden, wenn die Geometrie mit in die Betrachtung einbezogen wird. So schrieb Lorenzen: „An der aktualen Unendlichkeit, die im modernen Begriff der reellen Zahl enthalten ist, ist noch seine Herkunft aus der Geometrie zu erkennen“ (87, S. 5). „Die geometrische Gerade wird durch die arithmetische Menge aller reellen Zahlen (so nennt man ja die endlichen und unendlichen Dezimalbrüche) ersetzt . . . Man spricht daher auch stets vom arithmetischen Kontinuum. Das arithmetische Kontinuum ist nun das Musterbeispiel einer aktualistisch aufgefaßten Unendlichkeit“ (87, S. 8). „Es ist diese in der modernen Mathematik seit dem 17. Jahrhundert latente Aktualunendlichkeit der reellen Zahlen, die mit Cantor erstmalig völlig ans Licht tritt – und auf sie ist die gegenwärtige Anerkennung der Cantorschen Unendlichkeitsauffassung zurückzuführen“ (87, S. 9).

Lorenzen erkannte nun: „Mit der Zulassung der Menge aller reellen Zahlen als legitimen Gegenstand der Mathematik ist gleichwertig die Zulassung der ‚Potenzmenge‘“ (87, S. 9). Aus diesem Grunde untersuchte er die „Vormeinungen“, auf denen die Verwendung der Potenzmenge der Menge G aller Grundzahlen beruht. Er ging davon aus, daß die Fähigkeit, bestimmte Dinge gedanklich zu einer Menge (Einheit) zusammenzufassen, als eine der ursprünglichsten Fähigkeiten unseres Geistes angesehen wird. Er wandte dagegen ein, daß der Übergang von einer Formel (Aussageform) der Gestalt A(x) zu der Menge der x, für die A(x) gilt, nur erforderlich ist, weil verschiedene Formeln dieselbe Menge beschreiben (darstellen) können. Die Mengen werden demzufolge durch Abstraktion von diesen Verschiedenheiten aus den Formeln, die stets endliche Figuren sind, gewonnen. Lorenzen fügte hinzu: „Die Abstraktion, die gestattet, von einer Formel A(x) zu der Menge der x, für die A(x) gilt . . . überzugehen, läßt sich bei kritischer Betrachtung leicht als eine unbedenkliche facon de parler erkennen. Aber die Grundfähigkeit des Geistes, Mengen bilden zu können, wird nicht nur zur Rechtfertigung dieser Abstraktion in Anspruch genommen, sondern auch dazu, um *alle* Teilmengen einer Menge zu bilden. Das ist etwas ganz anderes, denn das läuft darauf hinaus, daß man behauptet, *alle* Formeln A(x) bilden zu können. Die Verwendung des Begriffs der Potenzmenge bedeutet die Verwendung des Begriffs der ‚beliebigen Formel'. Hierzu nützt die angebliche Grundfähigkeit der Abstraktion gar nichts. Woran man denkt, wenn man von einer ‚beliebigen' Formel A(x) spricht, dürfte etwa dieses sein: Eine Formel A(x) ist eine mit den sprachlichen Mitteln der Mathematik zusammengesetzte Vorschrift, in der die Variable x vorkommt. In diesen ‚sprachlichen Mitteln' liegt der Kern der Schwierigkeit" (88, S. 203).

Lorenzen wandte sich nun dem philosophiegeschichtlichen Hintergrund der Potenzmengenproblematik zu und schrieb: „Die philosophiegeschichtliche Verbindung der Potenzmengenproblematik mit Platon ist sehr vage, historisch genauer ist schon die Entsprechung zum Universalienproblem der Scholastik. Die Anhänger der Potenzmenge sind dabei mit den Realisten zu vergleichen, die Leugner mit den Nominalisten" (88, S. 204). Der Ursprung dieses Meinungsstreites lag nach Ansicht von Lorenzen in dem zugrunde liegenden Sprachverständnis. Während die Realisten die Sprache „als Sprache Gottes oder der Natur" auffaßten, die nicht vom Menschen gemacht ist, dem Menschen vielmehr erst ermöglicht, sich seine Welt zu schaffen, verstanden die Nominalisten die Sprache als ein menschliches Werkzeug, als ein Instrument, das selbst erst angefertigt werden muß. Lorenzen kam zu dem Schluß, daß die „realistische" Auffassung der Sprache der Grund dafür ist, daß die Mathematik die Gesamtheit ihrer sprachlichen Mittel als von vornherein gegeben, jedenfalls als unabhängig vom Menschen eindeutig abgegrenzt, betrachtet, und unter diesem Gesichtspunkt „die Anerkennung einer vorgegebenen Gesamtheit aller Aussagen über die Zahlen, woraus durch Abstraktion ja die Potenzmenge entsteht, nicht mehr verwunderlich“ ist (88, S. 204).

Gemäß seinem Anliegen versuchte Lorenzen den Nachweis zu erbringen, „daß für die Mathematik eine Möglichkeit besteht, Sprachen zu konstruieren“, ohne Zugeständnisse an den Realismus zu machen. Er war sich durchaus dessen bewußt, daß dieser Versuch „den Trägheitswiderstand der bisherigen Mathematik“ gegen sich hat, „da mit Sprachkonstruktionen ... die Potenzmenge in ihrer ... Überabzählbarkeit hinfällig wird“ (88, S. 205). Cantor hatte die Überabzählbarkeit der Potenzmenge der Menge G aller Grundzahlen wie folgt begründet: Es kann keine Folge $M_1, M_2, \ldots, M_n, \ldots$ geben, die alle Teilmengen von G enthält, denn die Menge M derjenigen Zahlen n, für die n nicht in M_n als Element enthalten ist, wäre von allen Gliedern der Folge verschieden.

Lorenzen verfolgte nun mit seiner Sprachkonstruktion das Ziel, die Cantorsche Potenzmenge der Menge G aller Grundzahlen durch eine geeignete potentiell unendliche Folge von Formeln zu ersetzen. Er stand also vor der Aufgabe, ein Konstruktionsverfahren für die Formeln anzugeben, die Teilmengen von G beschreiben. Schließlich sollte die Konstruktion gestatten, den Satzbestand der klassischen Analysis im wesentlichen unverändert beizubehalten. Lorenzen hat seine Sprachkonstruktion ausgeführt in den Abhandlungen „Operative Logik und Mathematik“ (91) und „Differential und Integral“ (90). Er schrieb: „Wenn die hier entwickelten Auffassungen richtig sind, steht damit die moderne Mathematik nochmals vor einer Reform“ (87, S. 10), in der das aktual Unendliche als entbehrlich zu erweisen ist. „Die Triebfeder dieser Reform ist ... zu suchen ... in dem Willen, die absolute Sicherheit und Verbindlichkeit der Mathematik wieder herzustellen, die gegenwärtig in den mengentheoretischen Widersprüchen bzw. deren Umgehung durch einigermaßen willkürliche mengentheoretische Formalismen verloren zu gehen droht“ (87, S. 11).

Man kann feststellen, daß alle mit der Lösung der mengentheoretischen Widersprüche verbundenen Versuche, das Wesen des Unendlichen zu ergründen, durch das Bestreben gekennzeichnet waren, das mathematische Unendliche aus der mathematischen Abstraktion und Konstruktion selbst und nicht aus der Wirklichkeit zu erklären.

Russell kam zu dem Schluß, daß wir a priori nichts darüber wissen können, ob die Anzahl der Dinge in der materiellen Welt endlich oder unendlich ist. Er erkannte, daß die Unendlichkeit der Welt logisch nicht beweisbar ist und hat demzufolge ein „Unendlichkeitsaxiom" in die Mathematik eingeführt. Tatsächlich kann die Unendlichkeit der Welt nur dialektisch begründet werden.

Hilbert verabsolutierte die naturwissenschaftlichen Erkenntnisse seiner Zeit und kam zu dem Schluß, daß in der Wirklichkeit nichts Unendliches vorkommt. Demzufolge bediente er sich der Methode der Formalisierung, um den Gebrauch des Begriffs des Unendlichen in die Mathematik zu rechtfertigen. Eine Rechtfertigung des formalen Operierens mit dem Unendlichen durch den Nachweis der Widerspruchsfreiheit kann aber nicht zu einem inhaltlichen Verständnis des Unendlichkeitsbegriffes führen.

Weyl war der Ansicht, daß der Mensch „vom metaphysischen Glauben an die Realität der Außenwelt" (157, S. 226) unabweisbar dazu gedrängt wird, „das Unendliche als geschlossenes Sein durch eine symbolische Konstruktion zu repräsentieren" (156, S. 19). Er schrieb: „Das vollendete Unendliche können wir nur repräsentieren im Symbol" (156, S. 19). Er fügte aber auch hinzu: „Es ist wesentlich, daß das Symbol *als Symbol* und nicht als Bestandstück der zu repräsentierenden Wirklichkeit verstanden wird" (157, S. 221).

In der Mathematik hat Weyl eine symbolische Repräsentation des aktual Unendlichen abgelehnt. Er erkannte nur das potentiell Unendliche in der Mathematik an und schrieb: Das potentiell Unendliche erscheint in der Mathematik, „wenn man die Zahlen nicht hinnimmt, wie sie einem zufällig in der Wirklichkeit begegnen, sondern einbettet in die Reihe |, ||, |||, . . . aller möglichen Zahlen. Diese entsteht durch einen *Erzeugungsprozeß* . . . Es ist nicht so, daß die unendliche Zahlenreihe wirklich hergestellt werden kann, aber man glaubt an die *Möglichkeit*, den Prozeß über jeden schon erreichten Punkt hinaus fortsetzen zu können. Hier wird das Wirkliche projiziert auf den Hintergrund des Möglichen, einer nach festem Verfahren frei vom Geiste erschaffenen, ins Unendliche offenen Mannigfaltigkeit" (157, S. 221/222).

Im Anschluß an diese Ausführungen äußerte Weyl: „Es scheint mir . . . vollständig berechtigt, die Idee des ‚immer noch eins', aus der die Zahlenreihe entspringt, mit *Brouwer* als die mathematische Urintuition anzusprechen" (157, S. 222). So hat Weyl das Unendliche in der Mathematik nicht aus der Wirklichkeit, sondern auf idealistische Weise aus der sogenannten „Urintuition des Zählens" zu erklären versucht. Es kann aber nur eine materialistische Erklärung für den Ursprung des Unendlichen in der Mathematik geben.

Lorenzen war offenbar der Ansicht, daß es in der Wirklichkeit nicht unendlich viele Dinge gibt. Er schrieb: „Wir führen die Zahlen zum Zählen ein. Hieraus folgt keineswegs die Unendlichkeit der Zahlen. Denn auf welche Weise sollten wir jemals zu unendlichvielen zählbaren Dingen gelangen? Zur Unendlichkeit der Zahlen kommen wir erst dann, wenn wir die Zahlen, die ursprünglich nur Mittel zum Zählen sind, für sich selbst betrachten" (87, S. 4). Tatsächlich ist die Unendlichkeit der Zahlenreihe nach Ansicht von Lorenzen allein durch das Begreifen der Regel zur Konstruktion der Zahlen bedingt. Ganz allgemein hat Lorenzen diese Auffassung mit folgenden Worten zum Ausdruck gebracht: „Der Begriff der Unendlichkeit tritt dann auf, wenn der Mensch eine Regel ‚begreift', deren wiederholte Anwendung immer wieder zu etwas Neuem führt" (89, S. 50).

H. Wessel stellte nun die philosophische Frage: „Wie kommt es, daß der Mensch eine solche Regel begreift?" (154, S. 168). Seine Antwort lautete: „Genetisch sind unsere praktischen Erfahrungen Voraussetzung für dieses Begreifen, haben wir aber das Wesen des potentiell Unendlichen erfaßt, so . . . brauchen wir methodisch nicht jedesmal auf die Erfahrung zurückzugreifen" (154, S. 169). Auch A. A. Markov hat den Begriff des potentiell Unendlichen, der eng mit der Abstraktion der potentiellen Realisierbarkeit verbunden ist, aus der praktischen Tätigkeit des Menschen erklärt. Er schrieb: Bei der Abstraktion der potentiellen Realisierbarkeit „wird von den praktischen Grenzen unserer konstruktiven Möglichkeiten abgesehen, die durch die Beschränktheit des uns zur Verfügung stehenden Raumes, der Zeit und des Materials bedingt sind. Gedankliche Konstruktionen sind potentiell realisierbar. Als Vorbild dienen ihnen praktisch realisierbare materielle Konstruktionen" (154, S. 168).

Völlig richtig kam Wessel zu dem Schluß: „Bei menschlichen materiellen und gedanklichen Konstruktionen ist nur der Begriff des potentiell Unendlichen sinnvoll, der die Möglichkeit ausdrückt, immer weiter zu konstruieren". Allerdings fügte Wessel auch hinzu: „Von diesem endlos ‚Immer-weiter-konstruieren' . . . wird aber beim Begriff des Aktual-Unendlichen gerade abgesehen. Es handelt sich bei diesem Begriff genau genommen also um keine Abstraktion, sondern um eine Fiktion" (154, S. 163). Hierzu muß bemerkt werden, daß Wessel die Behauptung, daß es sich bei dem Begriff des aktual Unendlichen, genau genommen, um eine Fiktion handelt, keineswegs hinreichend begründet hat. Wenn auch der Begriff des aktual Unendlichen nicht mit irgendwelchen Konstruktionsprozessen verbunden ist, so muß er deswegen jedoch keine Fiktion sein. Wir sind sogar der Ansicht, daß ein praktischer Konstruktionsprozeß strenggenommen nur dann potentiell unendlich sein kann, wenn ihm in der objektiven Realität ein aktual unendlicher Objektbereich zugrunde liegt. Wenn man allerdings die Wirklichkeit auf die praktische Tätigkeit des Menschen reduziert, so wird man den Begriff des aktual Unendlichen nicht aus der Wirklichkeit erklären können.

Schon F. Engels hat klar erkannt: „Das mathematische Unendliche ist aus der Wirklichkeit entlehnt, wenn auch unbewußt, und kann daher auch nur aus der Wirklichkeit und nicht aus sich selbst, aus der mathematischen Abstraktion erklärt werden" (31, S. 465). Dies gilt nicht nur für das potentiell Unendliche, sondern auch für das aktual Unendliche der Mathematik. Will man nun das Unendliche der Mathematik aus der Wirklichkeit erklären, so muß man folgenden Hinweis von A. N. Kolmogorow beachten: „Die materielle Grundlage der mathematischen Unendlichkeit kann man nur dann verstehen, wenn man das Unendliche in dialektischer Einheit mit dem Endlichen betrachtet" (76, S. 3). Wer das Unendliche außerhalb und unabhängig vom Endlichen sucht, wird es nicht finden.

Die reale Unendlichkeit, die als dialektischer Widerspruch von Endlichem und Unendlichem erscheint, hat Engels wie folgt charakterisiert: „Die Unendlichkeit *ist* ein Widerspruch, und voll von Widersprüchen. Es ist schon ein Widerspruch, daß eine Unendlichkeit aus lauter Endlichkeiten zusammengesetzt sein soll, und doch ist dies der Fall ... Eben *weil* die Unendlichkeit ein Widerspruch ist, ist sie unendlicher, in Zeit und Raum ohne Ende sich abwickelnder Prozeß. Die Aufhebung des Widerspruchs wäre das Ende der Unendlichkeit. Das hatte Hegel schon ganz richtig eingesehn" (31, S. 60/61).

G. W. F. Hegel schrieb: „Das Unendliche ist

a) in *einfacher Bestimmung* das Affirmative als Negation des Endlichen;
b) es ist aber damit in *Wechselbestimmung* mit dem *Endlichen* und ist das abstrakte, *einseitige Unendliche;*
c) das Sich-Aufheben dieses Unendlichen wie des Endlichen als *ein* Prozeß – ist das *wahrhafte Unendliche*" (45, S. 164).

Tatsächlich gibt es kein Endliches ohne Unendliches, aber auch kein Unendliches ohne Endliches. Endliches ist *„sich* zum Ende hin *Bewegendes*“ (84, S. 27), bemerkte W. I. Lenin sehr treffend. Lenin stimmte aber auch Hegel zu, der schrieb: „Es ist die Natur des Endlichen selbst, über sich hinauszugehen, seine Negation zu negieren und unendlich zu werden“ (45, S. 165; 84, S. 28). Mit dem „Vergehen“ eines bestimmten Endlichen ist nämlich das Endliche überhaupt nicht vergangen, „es ist zunächst nur ein *anderes* Endliches geworden, welches aber ebenso das Vergehen als Übergehen in ein anderes Endliches ist, und so fort ... ins *Unendliche*“ (45, S. 163). Das sich zum Ende hin Bewegen, das Vergehen, ist also nur eine Seite des Endlichen, es ist die „Negation seiner selbst“. Jedes Endliche ist nämlich ebenso das Vergehen wie das Übergehen in ein anderes Endliches. Das Übergehen ist aber bereits die „Negation der Negation“ und somit „das Andere des Endlichen“, *„das Unendliche“* (45, S. 163). Dieses Unendliche ist die andere Seite des Endlichen und steht daher im dialektischen Wechselverhältnis mit dem Endlichen. Das Wesen des Unendlichen, das Unvollendbare zu sein, erscheint jedoch erst in dem ständig währenden Prozeß des Sich-Aufhebens des Endlichen und des im Wechselverhältnis mit dem Endlichen stehenden einseitigen Unendlichen. So wird schließlich im realen (wahrhaften) Unendlichen nicht nur das Endliche, sondern auch das einseitige Unendliche dialektisch aufgehoben. Völlig richtig bemerkte Hegel: „Das Unendliche steht somit nicht als ein für sich Fertiges *über* dem Endlichen“ (45, S. 165).

Wir stehen nun vor der Aufgabe, die reale Unendlichkeit der Materie zu erklären. Wir gehen davon aus, daß mit der Materie auch die Bewegung als Daseinsweise und inhärentes Attribut der Materie absolut ist und daß die sich bewegende Materie in relativen Formen und Zuständen erscheint. Dabei ist der Hinweis von Lenin zu beachten, „daß in der (objektiven) Dialektik ... der Unterschied zwischen Relativem und Absolutem relativ ist“ und *„im* Relativen Absolutes enthalten“ ist (84, S. 286). Wir setzen ferner voraus, daß die Erscheinungsformen der Materie qualitativ bestimmte konkrete Einheiten dialektischer Gegensätze sind. Lenin schrieb in dem Zusammenhang: „Die Einheit ... der Gegensätze ist ... relativ. Der Kampf der einander ausschließenden Gegensätze ist absolut, wie ... die Bewegung absolut ist“ (84, S. 286). Wir fügen hinzu: Auch das Umschlagen quantitativer Veränderungen in qualitative ist absolut, wie der Kampf der Gegensätze absolut ist. Aus der Absolutheit des Kampfes der Gegensätze und der Absolutheit des

Umschlagens quantitativer Veränderungen in qualitative kann man nun schließen, daß jede Erscheinungsform der Materie vergeht und zugleich in eine andere übergeht. Damit ist die reale Unendlichkeit der Materie begründet.

Auch W. I. Swiderskij schrieb: „Die reale Unendlichkeit ... bringt nur zum Ausdruck, daß die absolute Natur der sich bewegenden Materie durch konkrete relative qualitative Zustände mit diesen Zuständen eigenen quantitativen Charakteristika erscheint. Dabei ist zu beachten, daß jeder dieser konkreten qualitativen Zustände durch das Maß in seinen quantitativen Veränderungen begrenzt ist. Folglich tritt der Widerspruch der Unendlichkeit ... als Einheit relativer Zustände der sich bewegenden Materie mit der absoluten Natur der Veränderung ... der Materie in Erscheinung" (141, S. 46/47). Man kann sogar sagen, daß der dialektische Widerspruch zwischen der Absolutheit der sich bewegenden Materie und der Relativität ihrer Erscheinungsformen (Zustände) die reale Unendlichkeit erzeugt. Beachtet man außerdem, daß die Ewigkeit mit der Absolutheit und die Vergänglichkeit mit der Relativität verbunden ist und daß die Kontinuität die Erhaltung der Qualität bei quantitativen Veränderungen und die Diskontinuität die Veränderung der Qualität infolge quantitativer Veränderungen zum Ausdruck bringt, so kann man auch sagen, daß die reale Unendlichkeit insofern voll von Widersprüchen ist, als in ihr die dialektischen Wechselverhältnisse von Endlichem und Unendlichem, von Absolutem und Relativem, von Ewigem und Vergänglichem, von Quantitativem und Qualitativem und von Kontinuierlichem und Diskontinuierlichem erscheinen.

Es ist bemerkenswert, daß schon Hegel klar erkannt hatte, daß das mathematische Unendliche in dem Begriff des realen (wahrhaften) Unendlichen seine Grundlage hat. Hegel schrieb: „In philosophischer Rücksicht ... ist das mathematische Unendliche darum wichtig, weil ihm in der Tat der Begriff des wahrhaften Unendlichen zugrunde liegt" (45, S. 309). Dies gilt nicht nur für das potentiell Unendliche, sondern auch für das aktual Unendliche der Mathematik. Da beim Übergang zum mathematischen Unendlichen von der dialektischen Widersprüchlichkeit des realen Unendlichen abstrahiert wird, kann man sagen: Während beim Begreifen des realen Unendlichen als ständig währenden Prozeß eine potentiell unendliche Folge von Endlichem erscheint, erscheint beim Begreifen des im realen Unendlichen dialektisch aufgehobenen einseitigen Unendlichen eine aktual unendliche Menge von Endlichem.

Auf diese Weise wird sowohl das potentiell Unendliche als auch das aktual Unendliche im Zusammenhang mit dem Endlichen begriffen.

Die Verwendung des Begriffs des aktual Unendlichen in der Mathematik kann nun unter ontologischem Aspekt wie folgt gerechtfertigt werden: Da die Absolutheit der sich bewegenden Materie in relativen Formen und Zuständen erscheint, ist die Materie real unendlich. Die reale Unendlichkeit der Materie hat ihrerseits zur Konsequenz, daß die Menge aller materiellen Dinge und Erscheinungen aktual unendlich ist.

Die Rechtfertigung der Verwendung des Begriffs des aktual Unendlichen in der Mathematik kann außerdem unter erkenntnistheoretischem Aspekt erfolgen. Bei seiner Auseinandersetzung mit der These „Wir können *nur das Endliche* erkennen" kam Engels zu dem Schluß: „Dies ist soweit ganz richtig, als nur endliche Gegenstände in den Bereich unseres Erkennens fallen. Aber der Satz hat auch die Ergänzung nötig: ‚Wir können im Grunde *nur das Unendliche* erkennen'. In der Tat besteht alles wirkliche, erschöpfende Erkennen nur darin, daß wir das Einzelne im Gedanken aus der Einzelheit in die Besonderheit und aus dieser in die Allgemeinheit erheben, daß wir das Unendliche im Endlichen, das Ewige im Vergänglichen auffinden und feststellen. Die Form der Allgemeinheit ist aber Form der Insichabgeschlossenheit, damit Unendlichkeit, sie ist die Zusammenfassung der vielen Endlichen zum Unendlichen" (30, S. 248/249). Tatsächlich ist die Extension (Form) jedes absolut existierenden Allgemeinen eine aktual unendliche Menge einzelner Dinge und Erscheinungen.

5.4. Die logischen Widersprüche

Ein logischer Widerspruch ist eine Konjunktion, die aus einer Aussage und ihrer Negation besteht. Man hat zwei Arten von logischen Widersprüchen zu unterscheiden, syntaktische oder logische Antinomien und semantische oder metalogische Antinomien. Syntaktische oder logische Antinomien sind Widersprüche, die beim logischen Ableiten von Sätzen aus grundlegenden Aussagen einer Theorie auftreten. Derartige Widersprüche können unter Umständen auch in einem axiomatisch aufgebauten Kalkül deduziert werden. Die Deduktion (das logische Ableiten) erfolgt durch Anwendung der üblichen logischen Schlußregeln. Semantische oder metalogische Antinomien sind Widersprüche, die beim unkontrollierten Gebrauch semantischer

Begriffe auftreten. Derartige Widersprüche können nur in der Metatheorie zu einer Theorie entstehen. Semantische Begriffe sind z. B. die Begriffe der Definierbarkeit und der Wahrheit.

Von den logischen Widersprüchen (Antinomien) sind die Paradoxien und die Aporien zu unterscheiden. Eine Paradoxie ist eine wahre Aussage, die allgemein anerkannten Anschauungen oder Grundsätzen zu widersprechen scheint. In diesem Sinne schreibt auch H. Meschkowski: „*Paradox* wollen wir einen richtigen Satz nennen, der auf Grund früher gewonnener Einsichten unrichtig *zu sein scheint* ... Der Begriff ist ... durchaus nicht präzis: Was dem einen ‚paradox' erscheint, kann dem anderen völlig ‚einsichtig' sein" (98, S. 45/46). Wir geben nun ein Beispiel für eine Paradoxie an. Betrachtet man die Menge der natürlichen Zahlen, so stellt man fest, daß sie eine echte Teilmenge enthält, mit der sie gleichmächtig ist. Man denke nur an die Menge der geraden natürlichen Zahlen. Für die Menge der natürlichen Zahlen gilt daher: Die ganze Menge ist gleichmächtig mit einer ihrer echten Teilmengen, d. h., das Ganze ist gleich einem seiner Teile. Diese wahre Aussage scheint dem früher allgemein anerkannten Grundsatz „Das Ganze ist größer als jedes seiner Teile" zu widersprechen. Sie ist daher eine Paradoxie. Diese Paradoxie entsteht dadurch, daß ein für endliche Bereiche uneingeschränkt gültiger Grundsatz in unberechtigter Weise auf unendliche Bereiche übertragen wird. Betrachtet man nämlich nur endliche Mengen, dann gibt es zu keiner Menge eine echte Teilmenge, die mit der ganzen Menge gleichmächtig ist. Die Menge der natürlichen Zahlen ist aber eine unendliche Menge, und für jede unendliche Menge ist charakteristisch, daß sie wenigstens eine echte Teilmenge enthält, mit der sie gleichmächtig ist. Der obige Grundsatz muß also beim Übergang vom Endlichen zum Unendlichen aufgegeben werden.

Wir wenden uns nun den Aporien zu. Eine Aporie ist eine Denkschwierigkeit, die beim logisch widerspruchsfreien Erfassen dialektischer Verhältnisse auftritt. Daß dialektisch entgegengesetzte Eigenschaften von natürlichen Objekten oder gesellschaftlichen Produkten im Denken niemals durch logisch entgegengesetzte Eigenschaftsbegriffe adäquat erfaßt werden können, läßt sich leicht einsehen. Da dialektisch entgegengesetzte Eigenschaften nicht nur einander ausschließen, sondern auch einander bedingen, können sie nur durch extensional identische Eigenschaftsbegriffe adäquat erfaßt werden. Als Extension dieser Begriffe kann die leere Menge nicht erscheinen, da dialektisch entgegengesetzte Eigenschaften auf Grund ihrer Konkretheit wenigstens einem Gegenstand zukommen. Als Extensionen logisch entgegengesetzter Eigenschaftsbegriffe erscheinen dagegen eine Menge und ihre Komplementmenge. Der Durchschnitt einer Menge mit ihrer Komplementmenge ist aber stets die leere Menge. Aus diesem Grunde können logisch entgegengesetzte Eigenschaftsbegriffe nicht als *ein* Eigenschaftsbegriff aufgefaßt werden, während Eigenschaftsbegriffe, die dialektisch entgegengesetzte Eigenschaften erfassen, auch als *ein* Eigenschaftsbegriff erscheinen können. Dementsprechend hat z. B. K. Marx den Doppelcharakter der Ware begrifflich erfaßt, indem er die dialektisch entgegengesetzten Eigenschaften von Produkten, einen Gebrauchswert und einen Tauschwert (Nicht-Gebrauchswert) zu haben, als Intension des Begriffes der Ware fixiert hat.

Da jeder logische Widerspruch eine falsche Aussage ist, können dialektische Widersprüche in Natur und Gesellschaft auch nicht durch logische Widersprüche im Denken adäquat erfaßt werden. Allerdings werden dialektische Widersprüche häufig durch Aussagen wiedergegeben, die der Form nach logische Widersprüche zu sein scheinen. Solche Aussagen sind beispielsweise:

(1) Eine Ware hat Gebrauchswert und Nicht-Gebrauchswert.

(2) Ein sich bewegender Körper befindet sich zugleich an einem Ort und nicht an einem Ort.

Da mit derartigen Aussagen nicht behauptet wird, daß „demselben dasselbe zugleich und in derselben Beziehung zukommt und nicht zukommt", wird bei der exakten gedanklichen Widerspiegelung dialektischer Widersprüche nicht gegen den Aristotelischen Satz vom ausgeschlossenen logischen Widerspruch verstoßen. Für die Aussagen (1) und (2) ist das ganz offensichtlich. Bezüglich der Aussage (1) brachte K. Marx sinngemäß zum Ausdruck: Alle Waren haben Gebrauchswert für ihre Nicht-Besitzer und Nicht-Gebrauchswert für ihre Besitzer. Bezüglich der Aussage (2) kann man sagen: Jeder sich bewegende Körper befindet sich zugleich an einem Ort bezüglich der Diskontinuität des Raumes und nicht an einem Ort bezüglich der Kontinuität des Raumes. In diesem Sinne bemerkte auch W. I. Lenin, daß in jeder Bewegung die Einheit von Kontinuität und Diskontinuität des Raumes und der Zeit erscheint. Es hat sich also herausgestellt, daß solche Aussagen wie die Aussagen (1) und (2) durch eine unvollständige gedankliche Widerspiegelung dialektischer Widersprüche zustandekommen. Aporien entstehen jedoch erst, wenn dialektische Verhältnisse unter Vermeidung logischer Widersprüche in Form von Aussagen vollständig erfaßt werden sollen.

Als Beispiele für Aporien können die vier Zenonschen Aporien, die auch Paradoxien genannt werden, und die vier Kantschen Antinomien, die besser Aporien genannt werden sollten, dienen. Alle diese Aporien lassen sich ihrem Wesen nach auf eine Schwierigkeit reduzieren, die Aristoteles mit folgenden Worten zum Ausdruck brachte: „Es hat ... die Betrachtung über das Unbegrenzte (das Unendliche – d. V.) eine Schwierigkeit, denn es ergibt sich viel Unmögliches, mag man aufstellen, daß es nicht existiere, oder daß es existiere" (98, S. 22).

Von den vier Zenonschen Aporien, mit denen Zenon gegen die Wirklichkeit der Bewegung argumentierte, ist die Aporie, die bei der gedanklichen Rekonstruktion eines Wettlaufes des Achilles mit einer Schildkröte entstand, am bekanntesten. Es wird vorausgesetzt, daß sich Achilles und die Schildkröte geradlinig und gleichförmig in derselben Richtung bewegen, daß Achilles viel schneller als die Schildkröte läuft und daß Achilles der Schildkröte einen gewissen Vorsprung gibt. Ohne Beschränkung der Allgemeinheit können wir annehmen, daß Achilles 10mal so schnell läuft wie die Schildkröte und der Schildkröte einen Vorsprung von 10 m gibt. Wenn nun Achilles die 10 m Vorsprung durchlaufen hat, dann hat sich die Schildkröte um 1 m vorwärtsbewegt. Wenn Achilles diesen 1 m auch noch zurückgelegt hat, dann ist die Schildkröte aber wiederum $\frac{1}{10}$ m vorangekommen. Und so geht der Wettlauf weiter. Offensichtlich hat die Schildkröte zu jedem der in Betracht gezogenen Zeitpunkte einen von Null verschiedenen Vorsprung. Zenon schloß daraus, daß Achilles die Schildkröte niemals einholen kann. Daß dieser Schluß ein Fehlschluß ist, kann man unter Bezugnahme auf die mathematische Analysis leicht nachweisen.

Wenn v die Geschwindigkeit der Schildkröte ist, dann kann die geradlinige, gleichförmige Bewegung des Achilles durch die Gleichung $s = 10 \cdot v \cdot t$ und die der Schildkröte durch die Gleichung $s = 10 + v \cdot t$ beschrieben werden. Das Ereignis des Zusammentreffens des Achilles mit der Schildkröte kann durch das geordnete Paar $[t_z, s_z]$ dargestellt werden, dessen Werte t_z und s_z dem linearen Gleichungssystem

$$10 \cdot v \cdot t - s = 0$$

$$v \cdot t - s = -10$$

genügen. Für das Ereignis des Zusammentreffens ergibt sich daher:

$$[t_z, s_z] = \left[\frac{1}{v} \cdot \frac{10}{9}, \frac{100}{9}\right].$$

Man kann nun sagen, daß Zenon lediglich eine unendliche Ereignisfolge $\{[t_n, s_n]\}_{n\in Nz}$ aus der Bewegung des Achilles herausgegriffen und in Betracht gezogen hat. Dabei wurde für jede natürliche Zahl $n \in Nz$ der Wegwert s_n wie folgt gewählt: $s_n = \sum_{i=1}^{n} 10^{2-i}$ $(s_0 = 0)$. Der zugehörige Zeitwert t_n ergibt sich auf Grund der Gleichung $s_n = 10 \cdot v \cdot t_n$ wie folgt: $t_n = \frac{1}{v} \cdot \sum_{i=1}^{n} 10^{1-i}$ $(t_0 = 0)$. Zu jedem in Betracht gezogenen Zeitpunkt t_n hat nun die Schildkröte einen Vorsprung d_n, der sich nach der Gleichung $d_n = 10 + (1 - 10) \cdot v \cdot t_n$ berechnen läßt. Es ergibt sich: $d_n = 10^{1-n}$. Aus diesem Grunde hat die Schildkröte tatsächlich zu jedem der in Betracht gezogenen Zeitpunkte einen von Null verschiedenen Vorsprung. Es ist nun aber auch offensichtlich, daß die Folge $\{s_n\}_{n\in Nz}$ gegen den Grenzwert $\frac{100}{9}$, die Folge $\{t_n\}_{n\in Nz}$ gegen den Grenzwert $\frac{1}{v} \cdot \frac{10}{9}$ und schließlich die Folge $\{d_n\}_{n\in Nz}$ gegen den Grenzwert 0 konvergiert. Aus diesem Grunde konvergiert die Ereignisfolge $\{[t_n, s_n]\}_{n\in Nz}$ aus der Bewegung des Achilles gegen das Ereignis $[t_z, s_z]$ des Zusammentreffens des Achilles mit der Schildkröte. Nachdem Achilles $11\frac{1}{9}$ m zurückgelegt hat, hat er also die Schildkröte eingeholt.

Wenn auch mit diesen Feststellungen erwiesen ist, daß Zenons Schluß ein Fehlschluß war, so ist doch damit die eigentliche Aporie noch nicht behoben. Das haben auch D. Hilbert und P. Bernays klar erkannt. Sie schrieben: Mit dem Hinweis auf die Konvergenz „wird aber ein wesentlicher Punkt der Paradoxie nicht getroffen, nämlich das Paradoxe, was darin liegt, daß eine unendliche Aufeinanderfolge, deren Vollendung wir in der Vorstellung nicht nur faktisch, sondern auch grundsätzlich nicht vollziehen können, in der Wirklichkeit abgeschlossen vorliegen soll" (63, S. 16). Es ist tatsächlich nicht denkbar, daß in der endlichen Wegstrecke vom Startpunkt des Achilles bis zum Treffpunkt des Achilles mit der Schildkröte, die Achilles in einer endlichen Zeit durchläuft, der Wirklichkeit nach unendlich viele Teilstrecken endlicher Länge enthalten sind. Wären nämlich in dieser endlichen Wegstrecke der Wirklichkeit nach unendlich viele Teilstrecken enthalten, dann müßte Achilles wirklich diese Teilstrecken nacheinander durchlaufen. Das hätte aber zur Konsequenz, daß ein gedanklich unvollendbarer Prozeß in der Wirklichkeit vollendet ist. Aus diesem Grunde ist nicht denkbar, daß in einer endlichen Wegstrecke der

Wirklichkeit nach unendlich viele Teilstrecken endlicher Länge enthalten sind. Allerdings ist durchaus denkbar, daß in einer endlichen Wegstrecke der Möglichkeit nach unendlich viele Teilstrecken endlicher Länge enthalten sind. In diesem Sinne spricht man auch von der Zerlegbarkeit einer endlichen Wegstrecke in unendlich viele Teilstrecken. Wird die Zerlegbarkeit auf der Grundlage der Abstraktion der potentiellen Realisierbarkeit verstanden, so erscheint die Unendlichkeit in Form des potentiell Unendlichen, wird sie dagegen auf der Grundlage der Abstraktion der absoluten Realisierbarkeit verstanden, dann erscheint die Unendlichkeit in Form des aktual Unendlichen. Bei Zugrundelegung der Abstraktion der absoluten Realisierbarkeit wird allerdings schon die endliche Wegstrecke selbst als eine aktual unendliche Punktmenge von der Mächtigkeit des Kontinuums aufgefaßt.

Die endliche Wegstrecke vom Startpunkt des Achilles bis zum Treffpunkt des Achilles mit der Schildkröte kann nun auf ganz verschiedene Weise in unendlich viele Teilstrecken zerlegt werden. Unter den möglichen Zerlegungen dieser Wegstrecke in unendlich viele Teilstrecken befinden sich auch diejenigen Zerlegungen, die zu Ereignisfolgen aus der Bewegung des Achilles Anlaß geben, die ihrerseits gegen das Ereignis des Zusammentreffens des Achilles mit der Schildkröte konvergieren. Die wirkliche Bewegung des Achilles vom Startpunkt bis zum Treffpunkt mit der Schildkröte erscheint nun bei Zugrundelegung des mathematischen Raum-Zeit-Kontinuums als Menge aller möglichen gegen das Ereignis des Zusammentreffens konvergierenden Ereignisfolgen. Dabei wird das Kontinuum aller möglichen Ereignisse als Träger möglicher Ereignisfolgen aufgefaßt.

D. Hilbert und P. Bernays bemerkten nun weiter: „Tatsächlich gibt es auch eine viel radikalere Lösung der Paradoxie. Diese besteht in der Erwägung, daß wir keineswegs genötigt sind, zu glauben, daß die mathematische raum-zeitliche Darstellung der Bewegung für beliebig kleine Raum- und Zeitgrößen noch physikalisch sinnvoll ist, vielmehr allen Grund haben zu der Annahme, daß jenes mathematische Modell die Tatsachen eines gewissen Erfahrungsbereiches, eben die Bewegungen, innerhalb der unserer Beobachtung bisher zugänglichen Größenordnungen, im Sinne einer einfachen Begriffsbildung extrapoliert" (63, S. 16). Sollte sich nun bei der Erforschung des Mikrokosmos die Existenz einer Elementarlänge herausstellen, so könnte die Zenonsche Aporie in der Weise behoben werden, wie es D. Hilbert und P. Bernays in Erwägung gezogen haben. D. Hilbert und P. Bernays fügten aber auch hinzu: „Das mathematische Modell der Bewegung hat ungeachtet dessen als *idealisierende Begriffsbildung* zum Zweck der vereinfachten Darstellung seinen bleibenden Wert. Für diesen Zweck muß es außer der approximativen Übereinstimmung mit der Wirklichkeit noch die Bedingung erfüllen, daß die in ihm vollzogene Extrapolation auch in sich widerspruchsfrei ist. Unter diesem Gesichtspunkt wird unsere mathematische Vorstellung von der Bewegung durch die Zenonsche Paradoxie nicht im geringsten erschüttert; das genannte mathematische Gegenargument hat hierfür seine volle Geltung. Eine andere Frage aber ist, ob wir einen wirklichen Nachweis für die Widerspruchsfreiheit der mathematischen Theorie der Bewegung besitzen" (63, S. 16).

Von den vier Kantschen Antinomien, die in Form von These und Antithese dargestellt wurden, ist die erste Antinomie am bekanntesten. Sie lautet: „*Thesis:* Die Welt hat einen Anfang in der Zeit, und ist dem Raum nach auch in Grenzen eingeschlossen" (66, S. 454). „*Antithesis:* Die Welt hat keinen Anfang, und keine Grenzen im Raume, sondern ist, sowohl in Ansehung der Zeit, als des Raumes, unendlich" (66, S. 454*). Die Aussage „Die Welt hat einen Anfang in der Zeit" hat I. Kant wie folgt „bewiesen": „Denn, man nehme an, die Welt habe der Zeit nach keinen Anfang: so ist bis zu jedem gegebenen Zeitpunkte eine Ewigkeit abgelaufen, und mithin eine unendliche Reihe aufeinander *folgender* Zustände der Dinge in der Welt verflossen. Nun besteht aber eben darin die Unendlichkeit einer Reihe, daß sie durch sukzessive Synthesis niemals vollendet sein kann. Also ist eine unendliche verflossene Weltreihe unmöglich, mithin ein Anfang der Welt eine notwendige Bedingung ihres Daseins" (66, S. 454). Der „Beweis" der Aussage „Die Welt hat keinen Anfang in der Zeit" hat folgenden Wortlaut: „Denn man setze: sie habe einen Anfang. Da der Anfang ein Dasein ist, wovor eine Zeit vorhergeht, darin das Ding nicht ist, so muß eine Zeit vorhergegangen sein, darin die Welt nicht war, d. i. eine leere Zeit. Nun ist aber in einer leeren Zeit kein Entstehen irgend eines Dinges möglich ... Also kann zwar in der Welt manche Reihe der Dinge anfangen, die Welt selber aber kann keinen Anfang haben, und ist also in Ansehung der vergangenen Zeit unendlich" (66, S. 454*).

I. Kants Argumentation läßt erkennen, daß ein Nachdenken über die Welt als Ganzes zu Aporien führt. Allerdings wurde I. Kants Argumentation von Mathematikern sehr unterschiedlich bewertet. Eine extrem negative Wertung hat G. Cantor mit folgenden Worten zum Ausdruck gebracht: „Ohne ernste kritische Vorerörterung wird der Unendlichkeitsbegriff von *Kant* in dessen ‚Kritik der reinen Vernunft', in dem Kapitel über die ‚Antinomien der reinen Vernunft' an *vier* Fragen behandelt, um den Nachweis zu liefern, daß sie mit gleicher Strenge *bejaht* und *verneint* werden können. Es dürfte kaum jemals . . . mehr zur Diskreditierung der menschlichen Vernunft und ihrer Fähigkeiten geschehen sein, als mit diesem Abschnitt der ‚kritischen Transzendentalphilosophie'. Ich werde gelegentlich zeigen, daß es diesem Autor nur durch einen *vagen, distinktionslosen* Gebrauch des Unendlichkeitsbegriffs (wenn unter solchen Verhältnissen überhaupt noch von Begriffen die Rede sein kann) gelungen ist, seinen *Antinomien* Geltung zu verschaffen, und dies auch nur bei denen, die gleich ihm einer gründlichen mathematischen Behandlung solcher Fragen gern ausweichen" (18, S. 375).

E. Zermelo, der Herausgeber der gesammelten Abhandlungen G. Cantors, konnte diese Auffassung nicht unwidersprochen hinnehmen. Er schrieb: „Der Kantischen Lehre von den ‚Antinomien der reinen Vernunft' scheint hier *Cantor* doch nicht gerecht zu werden. Nicht um eine Widerlegung oder Ablehnung des Unendlichkeits*begriffes* handelte es sich hier bei Kant, sondern um seine Anwendung auf das *Weltganze*, um die Tatsache, daß die menschliche Vernunft sich durch ihre innere Natur ebenso gedrängt findet, die Welt als begrenzt wie als unbegrenzt, als endlich wie als unendlich anzunehmen – eine Tatsache, die weder durch mathematische Theorien wie die Cantorsche Mengenlehre noch durch seine wohl nicht sehr tiefgreifende Polemik aus der Welt geschafft werden kann. Auch wer wie der Herausgeber die Kantische Theorie der Mathematik, wonach alle mathematischen Sätze auf ‚reine Anschauung' gegründet sein sollen, grundsätzlich *ablehnt*, wird doch zugeben müssen, daß in dieser Lehre von den ‚Antinomien' eine tiefere Einsicht, ein Einblick in die ‚dialektische' Natur des menschlichen Denkens zum Ausdruck kommt. Und ein eigentümliches Schicksal fügte es, daß gerade die ‚Antinomien der Mengenlehre', deren mindestens *formale* Analogie mit den Kantischen nicht wohl in Abrede gestellt werden kann, ein ganzes Menschenalter hindurch der Ausbreitung und Anerkennung der Cantorschen Leistungen im Wege gestanden haben" (18, S. 377). Wir sind der Ansicht, daß man in diesem Falle eher E. Zermelo als G. Cantor zustimmen muß.

Wir wenden uns nun den logischen Widersprüchen zu. Zunächst behandeln wir die semantischen Antinomien. Zu den semantischen

Antinomien gehören die Epimenidessche Antinomie des Lügners und die Antinomien vom Richardschen Typ. Die Epimenidessche Antinomie des Lügners kam wie folgt zustande: Im Altertum hielt man die Bewohner der Insel Kreta für Lügner. Ein Kreter E soll gesagt haben „Ich lüge jetzt" und danach nichts weiter. Man stellte die Frage, ob der Kreter E mit dieser Aussage gelogen oder die Wahrheit gesagt hat. Wenn er gelogen hat, dann kann das, was er gesagt hat, nicht wahr sein und er hat demzufolge die Wahrheit gesagt. Wenn er hingegen die Wahrheit gesagt hat, dann muß das, was er gesagt hat, wahr sein und er hat demzufolge gelogen. Der Kreter E hat also genau dann gelogen, wenn er die Wahrheit gesagt hat. Hieraus folgt nun rein logisch die Epimenidessche Antinomie: Der Kreter E hat die Wahrheit gesagt und der Kreter E hat nicht die Wahrheit gesagt. Wie erfolgt nun die Lösung dieser Antinomie?

Die Lösung dieser wie aller anderen semantischen Antinomien gelingt bei Zugrundelegung der in ihren Anfängen auf F. P. Ramsey zurückgehenden Theorie der semantischen Stufen. Ausgangspunkt dieser Theorie ist die strenge Unterscheidung zwischen Objektsprache (Sprache der 1. Stufe), Metasprache (Sprache der 2. Stufe) und Sprachen höherer Stufen. Aus der Stufenunterscheidung der Sprache wird schließlich das folgende wichtige Prinzip gewonnen: Ein sprachlicher Ausdruck darf nicht zugleich Sprachen verschiedener Stufen angehören, wenn er sinnvoll sein soll. Mit Hilfe dieses Prinzips der Stufenunterscheidung der Sprache läßt sich nun leicht zeigen, daß der Satz „Der Satz, den ich jetzt ausspreche, ist falsch", der mit dem Satz „Ich lüge jetzt" gleichbedeutend ist, nicht sinnvoll sein kann. Der Satz, dessen Falschheit behauptet wird, und der Satz, der die Falschheit eines Satzes behauptet, sind nämlich ein und derselbe Satz. Als Satz, dessen Falschheit behauptet wird, gehört er zu einer Objektsprache. Als Satz, der die Falschheit eines Satzes, nämlich von sich selbst, behauptet, gehört er zur Metasprache der Objektsprache, in der der Satz formuliert ist, dessen Falschheit behauptet wird. Der Satz „Der Satz, den ich jetzt ausspreche, ist falsch" gehört also zugleich Sprachen verschiedener Stufen an und kann daher nicht sinnvoll sein. Aus dem gleichen Grunde ist auch der Satz „Ich lüge jetzt" sinnlos.

Wir untersuchen nun das Zustandekommen einer Antinomie vom Richardschen Typ. Wir betrachten zunächst alle möglichen Lautverbindungen über dem deutschen Alphabet, die aus weniger als dreißig Silben bestehen. Unter diesen endlich vielen Lautverbindungen haben nur einige in der deutschen Sprache einen Sinn. Unter den sinnvollen Lautverbindungen dieser Art gibt es wiederum solche, die eine natürliche Zahl definieren. Beispielsweise definiert der aus vierundzwanzig Silben bestehende Term „die kleinste zweistellige natürliche Zahl, die keinen ungeraden Primfaktor besitzt" die natürliche Zahl sechzehn. Da aber durch Lautverbindungen der charakterisierten Art nur endlich viele natürliche Zahlen definierbar sind und die Menge der natürlichen Zahlen eine unendliche Menge ist, gibt es weitere auf diese Weise nicht definierbare natürliche Zahlen. Unter diesen natürlichen Zahlen gibt es wiederum auf Grund der Wohlordnungseigenschaft der Menge der natürlichen Zahlen eine eindeutig bestimmte kleinste natürliche Zahl R. Die natürliche Zahl R ist die kleinste natürliche Zahl, die nicht mit weniger als dreißig Silben in deutscher Sprache definierbar ist. Nun ist die natürliche Zahl R doch durch den aus neunundzwanzig Silben bestehenden Term „die kleinste natürliche Zahl, die nicht mit weniger als dreißig Silben in deutscher Sprache definierbar ist" definiert. Man kann also sagen: Die natürliche Zahl R ist mit weniger als dreißig Silben in deutscher Sprache definierbar und die natürliche Zahl R ist nicht mit weniger als dreißig Silben in deutscher Sprache definierbar. Diese Aussage ist eine Antinomie vom Richardschen Typ.

Für die Antinomien vom Richardschen Typ ist charakteristisch, daß in ihnen solche semantischen Ausdrücke wie „definieren" („definierbar") oder „benennen" („benennbar") vorkommen. B. Russell und A. N. Whitehead schrieben in dem Zusammenhang: „In den Fällen der Namen und Definitionen ergeben sich die Paradoxien (Antinomien – d. V.) daraus, daß man Unbenennbarkeit und Undefinierbarkeit als Elemente in Namen und Definitionen auffaßt (zuläßt – d. V.)" (115, S. 89). Die Lösung der Antinomien vom Richardschen Typ kann wieder durch Anwendung des Prinzips der Stufenunterscheidung der Sprache erfolgen. Wir betrachten den Term „die kleinste natürliche Zahl, die nicht mit weniger als dreißig Silben in deutscher Sprache definierbar ist". Als Term, der eine natürliche Zahl definiert, gehört er zu einer Objektsprache. Als Term, der sich mit den Worten „nicht definierbar" auf die Definierbarkeit natürlicher Zahlen bezieht, gehört er zur Metasprache der Objektsprache, in der die Definition natürlicher Zahlen erfolgt. Der betrachtete Term gehört also zugleich Sprachen verschiedener Stufen an und ist daher sinnlos. Bei der vorangegangenen Argumentation ist lediglich zu beachten, daß in dem betrachteten Beispiel die aus weniger als dreißig Silben bestehenden sinnvollen Lautverbindungen der deutschen Sprache, die eine natürliche Zahl definieren, zur Objektsprache gehören. Die Argumentation hat gezeigt, daß der betrachtete Term nur dann sinnvoll sein kann, wenn er nicht zur Objektsprache gehört. Wenn der betrachtete Term aber nicht zur Objektsprache gehört, dann kann er auch bei der bisher zugrunde gelegten Auffassung keine natürliche Zahl definieren. Wird dagegen von nun an die Auffassung vertreten, daß auch in der an Ausdrucksmitteln reicheren Metasprache eine Definition natürlicher Zahlen erfolgen kann, dann kann man allerdings sagen, daß der betrachtete Term die eindeutig bestimmte natürliche Zahl R in der Metasprache definiert. Die Antinomie wird dann durch folgende Feststellung gelöst: Während die natürliche Zahl R in der Objektsprache nicht mit weniger als dreißig Silben definierbar ist, ist die natürliche Zahl R in der Metasprache mit weniger als dreißig Silben definierbar. Dabei ist nur zu beachten, daß in diesem Falle sowohl die Objektsprache als auch die Metasprache zur deutschen Sprache gehören. Es sei nun noch erwähnt, daß die Lösung der Antinomien vom Richardschen Typ auch durch Anwendung des Russellschen Zirkelfehlerprinzips erfolgen kann.

Wir wenden uns nun den logischen Antinomien zu. Die Antinomien der Cantorschen „naiven" Mengenlehre sind logische Antinomien. Zu ihnen gehören die Russellsche Antinomie der Menge aller Mengen, die sich nicht selbst als Element enthalten, die Cantorsche Antinomie der Menge aller Mengen und die Burali-Fortischen Antinomien der Menge aller Ordinalzahlen und der Menge aller Kardinalzahlen. Die Russellsche Antinomie erscheint als Musterbeispiel für logische Widersprüche. Zur Russellschen Antinomie in ihrer ursprünglichen Form gelangt man, wenn man den in sich widersprüchlichen Begriff R der Menge aller Mengen, die sich nicht selbst als Element enthalten, betrachtet. Dieser Begriff wird wie folgt definiert:

$$R = \hat{x}(\sim x \in x)\ .$$

Ein Begriff heißt in sich widersprüchlich genau dann, wenn sich aus seiner Definitionsaussage ein Widerspruch logisch ableiten läßt. Im vorliegenden Fall erhält man bei der Ableitung nacheinander folgende Aussagen:

$$R = \hat{x}(\sim x \in x)$$
$$\forall x\,(x \in R \leftrightarrow \sim x \in x)$$
$$(R \in R \leftrightarrow \sim R \in R)$$
$$(R \in R \wedge \sim R \in R)\ .$$

Die letzte Aussage ist eine konjunktive Verknüpfung einer Aussage mit ihrer Negation, also ein logischer Widerspruch, und zwar die Russellsche Antinomie.

Das Zustandekommen der Russellschen Antinomie läßt sich wie folgt erfassen:

1.1. Man denkt sich die Mengen eingeteilt in:
A) Mengen, die sich selbst als Element enthalten,
B) Mengen, die sich nicht selbst als Element enthalten.

2. Man betrachtet die Menge R, in der genau diejenigen Mengen als Element enthalten sind, die sich nicht selbst als Element enthalten.
3. Man stellt die Frage, ob die Menge R sich selbst als Element enthält.
4. Man erhält die Antwort, daß sich die Menge R genau dann selbst als Element enthält, wenn sie sich nicht selbst als Element enthält. Diese Antwort führt sofort zu dem logischen Widerspruch: R enthält sich selbst als Element und R enthält sich nicht selbst als Element.
5. Man löst den Widerspruch, indem man feststellt, daß die Menge R nicht existieren kann.

Die unter 4. erhaltene Antwort auf die unter 3. gestellte Frage kann durch folgende Argumentation begründet werden: Wenn die Menge R sich selbst als Element enthält, dann kann sie sich doch nicht als Element enthalten, da sie ja nur Mengen als Element enthalten darf, die sich nicht selbst als Element enthalten. Wenn die Menge R sich dagegen nicht selbst als Element enthält, dann muß sie sich doch als Element enthalten, da sie ja alle Mengen als Element enthalten soll, die sich nicht selbst als Element enthalten.

Will man nun das Wesen der Russellschen Antinomie tiefer begreifen, so muß man weitere Antinomien vom Russellschen Typ analysieren. Dabei wird sich herausstellen, daß die Antinomien vom Russellschen Typ neben Gemeinsamkeiten auch Unterschiede aufzuweisen haben. Würde man nur die Antinomie der Menge aller Mengen, die sich nicht selbst als Element enthalten, für sich betrachten und ihre Verwandtschaft mit den anderen Antinomien vom Russellschen Typ nicht beachten, dann könnte man leicht zu einer Fehleinschätzung hinsichtlich der Quelle dieser Antinomie gelangen.

B. Russell selbst betrachtete noch die Eigenschaft von Begriffen, imprädikabel zu sein. Ein Begriff ist imprädikabel genau dann, wenn er nicht prädikabel ist, und ein Begriff ist prädikabel genau dann, wenn er von sich selbst aussagbar ist. Es ist nun zu beachten, daß es sich lediglich um Eigenschaftsbegriffe handelt, die hinsichtlich der Eigenschaft „imprädikabel“ betrachtet werden. Man kann sich das an folgendem Beispiel verdeutlichen: Der Begriff „abstrakt“ ist abstrakt und ist daher von sich selbst aussagbar, also nicht imprädikabel. Der Begriff „konkret“ ist nicht konkret und ist daher nicht von sich selbst aussagbar, also imprädikabel. Wie gelangt man nun in diesem Falle zu einer Antinomie?

2.1. Man denkt sich die Begriffe eingeteilt in:
A) Begriffe, die von sich selbst aussagbar sind,
B) Begrifffe, die nicht von sich selbst aussagbar sind.
2. Man betrachtet den Begriff R, der von genau denjenigen Begriffen aussagbar ist, die nicht von sich selbst aussagbar sind (das ist der Begriff „imprädikabel“).
3. Man stellt die Frage, ob der Begriff R von sich selbst aussagbar ist.
4. Man erhält die Antwort, daß der Begriff R genau dann von sich selbst aussagbar ist, wenn er nicht von sich selbst aussagbar ist. Diese Antwort führt sofort zu dem logischen Widerspruch: R ist von sich selbst aussagbar und R ist nicht von sich selbst aussagbar.
5. Man löst den Widerspruch, indem man feststellt, daß der Begriff R nicht existieren kann.

Ein anderes Beispiel einer Antinomie vom Russellschen Typ erhält man, wenn man die Bücher einer Bibliothek, die alle verschiedene Titel tragen mögen, in Klassen einteilt.

3.1. Man denkt sich die Bücher eingeteilt in:
A) Bücher, die ihren eigenen Titel im Text zitieren,
B) Bücher, die ihren eigenen Titel im Text nicht zitieren.
2. Man betrachtet das Buch R, in dessen Text die Titel genau derjenigen Bücher zitiert sind, die ihren eigenen Titel im Text nicht zitieren (das ist der Katalog, in dem genau die Titel aller Bücher der Klasse B registriert sind).
3. Man stellt die Frage, ob das Buch R seinen eigenen Titel im Text zitiert (ob in dem Buch R sein eigener Titel registriert ist).
4. Man erhält die Antwort, daß das Buch R seinen eigenen Titel genau dann im Text zitiert, wenn es seinen eigenen Titel nicht im Text zitiert. Diese Antwort führt sofort zu dem logischen Widerspruch: R zitiert seinen eigenen Titel im Text und R zitiert nicht seinen eigenen Titel im Text.

5. Man löst den Widerspruch, indem man feststellt, daß das Buch R nicht existieren kann. Keine Bibliothek kann ein Buch R besitzen, in welchem genau die Bücher der Klasse B katalogisiert sind.

Als letztes Beispiel soll noch eine Antinomie vom Russellschen Typ analysiert werden, die sehr bekannt ist. Es ist die „Antinomie des Dorfbarbiers", zu der man gelangt, wenn man die Männer eines Dorfes unter bestimmtem Gesichtspunkt klassifiziert.

4.1. Man denkt sich die Männer eingeteilt in:
A) Männer, die sich selbst rasieren,
B) Männer, die sich nicht selbst rasieren.

2. Man betrachtet den Mann R, der genau diejenigen Männer rasiert, die sich nicht selbst rasieren.
3. Man stellt die Frage, ob der Mann R sich selbst rasiert.
4. Man erhält die Antwort, daß sich der Mann R genau dann selbst rasiert, wenn er sich nicht selbst rasiert. Diese Antwort führt sofort zu dem logischen Widerspruch: R rasiert sich selbst und R rasiert sich nicht selbst.
5. Man löst den Widerspruch, indem man feststellt, daß ein solcher Mann R nicht existieren kann. In keinem Dorf kann es einen Mann geben, der genau die Männer der Klasse B rasiert. Konsequenz: Würde der Dorfbarbier definiert als „der Mann im Dorf, der alle die Männer im Dorf rasiert, die sich nicht selbst rasieren", so würde es in keinem Dorf einen Dorfbarbier geben, denn dieser wäre dazu verurteilt, sich weder rasieren noch nicht rasieren zu dürfen.

Bevor nun festgestellt wird, was allen Antinomien vom Russellschen Typ gemeinsam ist, soll auf Unterschiede aufmerksam gemacht werden, die zu Fehleinschätzungen hinsichtlich der Quelle dieser Antinomien geführt haben.

1. Während die Objekte der Klassifikation (Einteilung in Klassen A und B) im Beispiel 1 Mengen sind, sind die Objekte der Klassifikation in den Beispielen 2 bis 4 keine Mengen, sondern Begriffe im Beispiel 2, Bücher einer Bibliothek im Beispiel 3 und Männer eines Dorfes im Beispiel 4.
2. Während die für die Antinomie charakteristische Klasse B des Beispiels 1 nicht als Menge existiert, existieren die für die Antinomien charakteristischen Klassen B der Beispiele 2 bis 4 als Mengen. Die Menge der Begriffe, die nicht von sich selbst aussagbar sind, existiert, obwohl es keine Eigenschaft geben kann, die alle diejenigen Begriffe besitzen, die nicht von sich selbst aussagbar

sind. Gäbe es eine Eigenschaft, die alle diejenigen Begriffe besitzen, die nicht von sich selbst aussagbar sind, so gäbe es auch einen Eigenschaftsbegriff, welcher diese Eigenschaft als Intension besitzt, und dieser würde zur Antinomie des Beispiels 2 führen. Die Menge der Begriffe, die nicht von sich selbst aussagbar sind, existiert also, obwohl sie nicht intensional oder generell kennzeichenbar ist. Ebenso existieren die Menge der Bücher einer Bibliothek, die ihren eigenen Titel im Text nicht zitieren, und die Menge der Männer eines Dorfes, die sich nicht selbst rasieren, obwohl es wegen der Antinomie des Beispiels 3 kein Buch in einer Bibliothek geben kann, in welchem genau die Titel der Bücher der Bibliothek registriert sind, die ihren eigenen Titel im Text nicht zitieren, und wegen der Antinomie des Beispiels 4 keinen Mann in einem Dorf geben kann, der genau die Männer des Dorfes rasiert, die sich nicht selbst rasieren. Anders verhält es sich im Beispiel 1, wo die Objekte der Einteilung in die Klassen A und B selbst Mengen sind. Hier führt die Annahme, daß die charakteristische Klasse B als Menge existiert, sofort zu der Antinomie des Beispiels 1. Daher kann die Menge aller Mengen, die sich nicht selbst als Element enthalten, nicht existieren.

3. Während die charakteristische Klasse B im Beispiel 1 eine aktual unendliche Klasse ist, sind die charakteristischen Klassen B der Beispiele 2 bis 4 endliche Klassen. Mit der Annahme eines aktual unendlichen Individuenbereiches wird die Existenz der Menge der natürlichen Zahlen als aktual unendliche Menge gesichert. Mit der Menge aller Einermengen, gebildet zu jeder der natürlichen Zahlen, hat man dann sofort eine aktual unendliche Klasse von Mengen, die sich nicht selbst als Element enthalten. Erst recht ist dann die Klasse aller Mengen, die sich nicht selbst als Element enthalten, aktual unendlich. Anders verhält es sich mit den Klassen B der Beispiele 2 bis 4. Die Klasse aller Begriffe, die nicht von sich selbst aussagbar sind, ist ebenso wie die Klasse aller Bücher einer Bibliothek, die ihren eigenen Titel im Text nicht zitieren, und die Klasse aller Männer eines Dorfes, die sich nicht selbst rasieren, endlich.

Man kann also feststellen: Die Antinomie des Beispiels 1, also die Antinomie der Menge aller Mengen, die sich nicht selbst als Element enthalten, ist eine Antinomie vom Russellschen Typ, bei der im Unterschied zu den anderen bereits analysierten Antinomien der Beispiele 2 bis 4 auf den Begriff der Menge direkt und auf den Begriff des aktual Unendlichen indirekt Bezug genommen wird. Aus diesem Unterschied kann man nun folgern:

1. Die Antinomien vom Russellschen Typ sind nicht wesentlich mengentheoretischer, sondern vielmehr allgemein logischer Natur.
2. Die Antinomien vom Russellschen Typ resultieren nicht aus der Abstraktion der aktualen Unendlichkeit.

Nun sollen die Gemeinsamkeiten der Antinomien vom Russellschen Typ diskutiert werden, um die Ursache dieser Antinomien zu ermitteln. Ausgangspunkt für die Ableitung der Antinomien in den Beispielen 1 bis 4 waren folgene Definitionen:

1. ∀P (R enthält P als Element↔P enthält nicht P als Element)
2. ∀P (R ist von P aussagbar↔P ist nicht von P aussagbar)
3. ∀P (R zitiert den Titel von P↔P zitiert nicht den Titel von P)
4. ∀P (R rasiert P↔P rasiert nicht P).

Dabei ist P eine Variable, deren zugehöriger Variabilitätsbereich der jeweilige Objektbereich ist. Beachtet man nun noch folgende Definition des logischen Prädikates:

∀Q (Q ist ein logisches Prädikat↔ $\forall P\,(Q(P) \vee \sim Q(P)))$,

so kann man zeigen, daß durch die Definitionsaussagen 1 bis 4 nacheinander folgende R-Eigenschaften nicht logisch korrekt, also nicht durch ein logisches Prädikat definiert wurden: die Eigenschaft, von der R-Menge als Element enthalten zu werden, die Eigenschaft, vom R-Begriff zutreffend charakterisiert zu werden, die Eigenschaft, vom R-Katalog registriert zu werden, und die Eigenschaft, vom R-Barbier rasiert zu werden. Da alle diese Definitionsaussagen die gleiche Struktur besitzen, können sie wie folgt einheitlich symbolisiert werden:

$$\forall P\,(R(P) \leftrightarrow \sim P(P)).$$

Die jeweilige Antinomie vom Russellschen Typ läßt sich nun aus dieser einheitlich symbolisierten Definitionsaussage schrittweise wie folgt ableiten:

$$\forall P\,(R(P) \leftrightarrow \sim P(P))$$
$$(R(R) \leftrightarrow \sim R(R))$$
$$(R(R) \wedge \sim R(R))\;.$$

Die letzte Aussage stellt die jeweilige Antinomie vom Russellschen Typ dar. Sie wird durch eine „Rückbeziehung auf sich selbst" gekennzeichnet und macht durch folgende Ableitung deutlich, daß die Definition der jeweiligen R-Eigenschaft kein logisches Prädikat besitzt:

$$(R(R) \wedge \sim R(R))$$
$$\exists P\,(R(P) \wedge \sim R(P))$$
$$\sim \forall P\,(R(P) \vee \sim R(P))\;.$$

Die letzte Aussage dieser Ableitung bringt gerade zum Ausdruck, daß das jeweilige R-Prädikat kein logisches Prädikat ist.

Aus diesen Betrachtungen ergeben sich folgende Gemeinsamkeiten:

1. Die Antinomien vom Russellschen Typ sind durch eine „Rückbeziehung auf sich selbst" gekennzeichnet.
2. Die Antinomien vom Russellschen Typ resultieren aus Definitionen, die kein logisches Prädikat besitzen.

Schon B. Russell und A. N. Whitehead schrieben: „In allen obigen Widersprüchen ... gibt es ein gemeinsames Kennzeichen, das wir als Selbstbeziehung oder Rückbeziehung beschreiben können" (115, S. 89). J. A. Petrov fügte hinzu: „Eine Untersuchung der Russellschen Antinomie zeigt, daß ihre Ursache nicht in der aktualen Unendlichkeit der in der Antinomie betrachteten Menge liegt, sondern darin, daß die Definition dieser Menge kein echtes logisches Prädikat besitzt" (104, S. 97). Schließlich stellte A. Fraenkel fest: „Die Widersprüche sind nicht wesentlich mengentheoretischer, sondern allgemein logischer Natur" (36, S. 24).

Weit verbreitet ist noch die Auffassung, daß die Russellsche Antinomie der Menge aller Mengen, die sich nicht selbst als Element enthalten, aus der Cantorschen Mengendefinition folgt. G. Cantors Mengendefinition lautet: „Unter einer ‚Menge' verstehen wir jede Zusammenfassung M von bestimmten wohlunterschiedenen Objekten m unserer Anschauung oder unseres Denkens (welche die ‚Elemente' von M genannt werden) zu einem Ganzen" (18, S. 282). A. Fraenkel war nun der Ansicht, daß die Russellsche antinomische Menge aller Mengen, die sich nicht selbst als Element enthalten, nach der Mengendefinition Cantors gebildet wurde, und G. Asser vertrat die Meinung, daß sich die Russellsche Antinomie aus Cantors Mengendefinition ergab. A. Fraenkel schrieb: „M sei nun die Menge aller Mengen, die sich nicht als Element enthalten ... die Menge M ist ein in sich widerspruchsvoller Begriff, obgleich sie nach der Mengendefinition Cantors gebildet ist" (36, S. 21). G. Asser zitierte die Mengendefinition Cantors und fügte hinzu: „Angesichts dieser unpräzisen Definition erscheint es nicht verwunderlich, daß sich aus ihr ziemlich bald effektive Widersprüche ergaben. Am bekanntesten ist hier die sogenannte *Russell*sche Antinomie der Menge aller Mengen, die sich nicht selbst als Element enthalten" (4, S. 1). Es erhebt sich nun die Frage, ob die Russellsche antinomische Menge eine Menge im Sinne der Cantorschen Mengendefinition darstellt. Dann und nur dann, wenn letzteres der Fall ist, kann man sagen, daß sich aus der Cantorschen Definition die Russellsche Antinomie ergab und daher die Cantorsche Definition verworfen werden muß.

Es wird jetzt nachgewiesen, daß die Russellsche antinomische Menge keine Menge im Sinne der Cantorschen Mengendefinition ist, wenn man den Begriff der Bestimmtheit in Cantors Definition hinreichend präzisiert. Die Präzisierung des Begriffs der Bestimmtheit in Cantors Mengendefinition kann einerseits durch die Beschränkung auf „Definitionen mit einem logischen Prädikat" und andererseits durch den Ausschluß der „Rückbeziehung auf sich selbst" erfolgen. In beiden Fällen wird garantiert, daß die Russellsche Antinomie nicht aus Cantors Mengendefinition folgt.

Es ist bemerkenswert, daß A. Fraenkel in einer anderen Abhandlung den Begriff der Bestimmtheit in Cantors Definition selbst so präzisiert hat, daß die Russellsche antinomische Menge nicht nach dieser präzisierten Mengendefinition gebildet werden kann. Damit hat er seiner eigenen Auffassung, wonach die Russellsche antinomische Menge „nach der Mengendefinition Cantors gebildet ist", bis zu einem gewissen Grade widersprochen. Er präzisierte dabei den Begriff der Bestimmtheit wie folgt: „Das Attribut ‚bestimmt' ... fordert: Von jedem beliebigen Objekt muß feststehen, ob es Element der in Frage stehenden Menge ist oder nicht; diese Bedingung ist notwendig, aber auch hinreichend für die ‚Existenz' der betreffenden Menge. Jenes Feststehen bedeutet aber nicht ein wirkliches Feststellen in jedem einzelnen Fall, sondern es muß nur intern bestimmt sein, ob ein gegebenes Objekt zu unserer Menge gehört oder nicht". „Intern" bestimmt sein heißt dabei, „auf Grund des logischen Satzes vom ausgeschlossenen Dritten" entschieden sein (37, S. 14). Für die betreffende Menge selbst bedeutet das gerade, daß sie durch ein logisches Prädikat definiert sein muß. Eine Menge M wird nämlich genau dann durch ein logisches Prädikat definiert, wenn $\forall x\,(x \in M \vee \sim x \in M)$ gilt.

Es darf an dieser Stelle nicht übersehen werden, daß schon G. Cantor selbst seinen Mengenbegriff auf diese Weise präzisiert hat. Er schrieb: „Eine Mannigfaltigkeit (ein Inbegriff, eine Menge) von Elementen, die irgendwelcher Begriffssphäre angehören, nenne ich *wohldefiniert*, wenn auf Grund ihrer Definition und infolge des logischen Prinzips vom ausgeschlossenen Dritten es als *intern bestimmt* angesehen werden muß, *sowohl* ob irgendein derselben Begriffssphäre angehöriges Objekt zu der gedachten Mannigfaltigkeit als Element gehört oder nicht, *wie auch*, ob zwei zur Menge gehörige Objekte, trotz formaler Unterschiede in der Art des Gegebenseins einander gleich sind oder nicht. Im allgemeinen werden die betreffenden Entscheidungen nicht mit den zu Gebote stehenden Methoden oder Fähigkeiten in Wirklichkeit sicher und genau ausführbar sein; darauf kommt es aber hier durchaus nicht an, sondern *allein* auf die *interne Determination*, welche in konkreten Fällen, wo es die Zwecke fordern, durch Vervollkommnung der Hilfsmittel zu einer *aktuellen (externen) Determination* auszubilden ist" (18, S. 150). Unter Beachtung dieser Ausführungen Cantors kann man nun sagen: Eine Menge existiert genau dann im Sinne von Cantors Mengendefinition, wenn sie wohldefiniert ist. Eine Menge ist genau dann wohldefiniert, wenn sie durch ein logisches Prädikat definiert wird.

Um nun nachzuweisen, daß die Russellsche antinomische Menge R nicht im Sinne von Cantors Mengendefinition existiert, genügt es zu zeigen, daß R nicht durch ein logisches Prädikat definiert wird. Letzteres wird aber durch folgende Ableitung offensichtlich:

$$R = \hat{x}(\sim x \in x)$$
$$\forall x\,(x \in R \leftrightarrow \sim x \in x)$$
$$(R \in R \leftrightarrow \sim R \in R)$$
$$(R \in R \wedge \sim R \in R)$$
$$\exists x\,(x \in R \wedge \sim x \in R)$$
$$\sim \forall x\,(x \in R \vee \sim x \in R)\,.$$

Die Russellsche antinomische Menge R ist also keine im Sinne der Cantorschen Mengendefinition existierende Menge, wenn der Begriff der Bestimmtheit in Cantors Definition in Übereinstimmung mit G. Cantor und A. Fraenkel so präzisiert wird, daß jede im Sinne dieser Definition existierende Menge durch ein logisches Prädikat definiert wird.

Eine andere Präzisierung des Begriffs der Bestimmtheit in Cantors Mengendefinition ergibt sich, wenn man die „Rückbeziehung auf sich selbst", die auch für die Russellsche Antinomie kennzeichnend ist, ausschließt. In diesem Falle genügt zunächst die folgende negative Präzisierung des Begriffs der Bestimmtheit: „Mengen", die sich selbst als Element enthalten, sind keine bestimmten Objekte unseres Denkens. Diese Präzisierung wird nahegelegt, da eine Menge erst bestimmt sein kann, sobald alle ihre Elemente bestimmt sind. Eine „Menge", die sich selbst als Element enthält, würde aber ein Element enthalten, welches nicht bestimmt ist, solange sie selbst nicht bestimmt ist. „Mengen", die sich selbst als Element enthalten, sind also keine bestimmten und deshalb unbestimmte Objekte unseres Denkens. Würde nun eine „Menge“ sich selbst als Element enthalten, so würde sie ein unbestimmtes Objekt unseres Denkens enthalten, nämlich sich selbst. Dann wäre sie aber nicht Menge gemäß Cantors Mengendefinition, denn ihr gemäß werden nur bestimmte Objekte zu Mengen zusammengefaßt. Daraus folgt aber sofort, daß jede gemäß Cantors Definition existierende Menge sich nicht selbst als Element enthält. Dann fällt aber die Russellsche antinomische Menge aller Mengen, die sich nicht selbst als Element enthalten, mit der Cantorschen antinomischen Menge aller Mengen zusammen. Die Cantorsche antinomische Menge aller Mengen ist aber auch keine im Sinne der Cantorschen Definition existierende Menge, da die „Menge“ aller Mengen sich selbst und somit ein unbestimmtes Objekt unseres Denkens als Element enthalten würde, was nach Cantors Definition nicht zulässig ist.

Es ist nun ganz offensichtlich, daß Cantors Mengendefinition nicht verworfen werden muß, um die bekannten Antinomien zu vermeiden, sondern daß nur der Begriff der Bestimmtheit in dieser Definition zu präzisieren ist. Im Grunde genommen stellt das von Russell zum Zwecke der radikalen Vermeidung derartiger Antinomien aufgestellte Zirkelfehlerprinzip und die daran anschließende Typentheorie auch nur eine weitergehende Präzisierung des Begriffs der Bestimmtheit in Cantors Definition dar. Während unsere zunächst formulierte Präzisierung besagt, daß eine Menge sich nicht selbst als Element enthalten darf, besagt Russells Zirkelfehlerprinzip: „Was immer *alle* Elemente einer Menge voraussetzt, darf nicht ein Element der Menge sein“ (115, S. 56). Da eine Menge alle ihre Elemente voraussetzt, darf sich eine Menge auch auf Grund des Zirkelfehlerprinzips nicht selbst als Element enthalten. Aus diesem Grunde beruht unsere zunächst formulierte Präzisierung des Begriffs der Bestimmtheit nur auf einem Spezialfall dieses Prinzips.

Durch das Zirkelfehlerprinzip in seiner Allgemeinheit vermieden B. Russell und A. N. Whitehead nicht nur die logischen Antinomien vom Russellschen Typ, sondern auch weitere logische und semantische Antinomien. Dieses Prinzip erwies sich überhaupt bei der Lösung der bisher bekannten Antinomien als sehr tragfähig. B. Russell und A. N. Whitehead schrieben selbst: „Das Prinzip, das uns instand setzt, illegitime Gesamtheiten zu vermeiden, kann wie folgt ausgesprochen werden: ‚Was immer *alle* Elemente einer Menge voraussetzt, darf nicht ein Element der Menge sein'; oder umgekehrt: ,Wenn eine gewisse Menge unter der Voraussetzung, sie bilde eine Gesamtheit, Elemente enthielte, die nur in Termen dieser Gesamtheit definierbar sind, dann bildet diese Vielheit keine Gesamtheit'. Dies wollen wir das ,Zirkelfehlerprinzip' nennen, weil es uns instand setzt, fehlerhafte Zirkel zu vermeiden, die in der Annahme illegitimer Gesamtheiten liegen" (115, S. 56). A. Fraenkel bringt dieses Prinzip mit folgenden Worten zum Ausdruck: „Keine Gesamtheit kann Glieder enthalten, die nur mittels jener Gesamtheit definierbar sind und somit ihrerseits von jener Gesamtheit abhängen" (37, S. 248). Bei Zugrundelegung des Zirkelfehlerprinzips in seiner Allgemeinheit ergibt sich nun folgende einschränkende Präzisierung des Begriffs der Bestimmtheit in Cantors Mengendefinition: Ein Objekt O unseres Denkens erweist sich als nicht bestimmt, wenn es mit Hilfe eines Objektes bestimmt wird, das seinerseits durch das Objekt O mitbestimmt wird. Durch diese Präzisierung wird die „Rückbeziehung auf sich selbst", die eine Bestimmtheit der Objekte verhinderte, endgültig ausgeschlossen.

Nachdem das Zustandekommen der Russellschen Antinomie der Menge aller Mengen, die sich nicht selbst als Element enthalten, analysiert wurde und verschiedene Varianten ihrer Lösung diskutiert wurden, soll nun das Zustandekommen der Cantorschen Antinomie der Menge aller Mengen analysiert werden. Den Ausgangspunkt unserer Betrachtungen bilden drei Definitionen und drei Sätze der Mengenlehre.

(1) $\forall M \forall N \, (M \subseteqq N \leftrightarrow \forall X (X \in M \rightarrow X \in N))$

(2) $\forall M \, \mathfrak{p}(M) = \hat{X}(X \subseteqq M)$

(3) $\forall M \forall N \, (M \leqq N \leftrightarrow \exists X \, (M \sim X \wedge X \subseteqq N))$

(4) $\forall M \, M \sim M$

(5) $\forall M \, (M \leqq \mathfrak{p}(M) \wedge \sim M \sim \mathfrak{p}(M))$ (Satz von Cantor)

(6) $\forall M \forall N \, ((M \leqq N \wedge N \leqq M) \rightarrow M \sim N)$ (Cantor-Bernsteinscher Äquivalenzsatz)

Nun betrachten wir die Cantorsche „Menge" aller Mengen, die mit $\mathfrak{C}$ bezeichnet wird. Wegen (5) gilt dann

(7) $(C \leqq \mathfrak{p}(C) \wedge \sim C \sim \mathfrak{p}(C))$. Hieraus folgt

(8) $C \leqq \mathfrak{p}(C)$ und

(9) $\sim C \sim \mathfrak{p}(C)$.

Da C die „Menge" aller Mengen ist, müßte man wegen (1) und (2) annehmen:

(10) $\mathfrak{p}(C) \subseteqq C$. Wegen (4) folgt hieraus nacheinander

(11) $(\mathfrak{p}(C) \sim \mathfrak{p}(C) \wedge \mathfrak{p}(C) \subseteqq C)$ und

(12) $\exists X\, (\mathfrak{p}(C) \sim X \wedge X \subseteqq C)$. Wegen (3) folgt hieraus schließlich

(13) $\mathfrak{p}(C) \leqq C$.

Aus (8) und (13) folgt nun wegen (6)

(14) $C \sim \mathfrak{p}(C)$.

Aus (9) und (14) folgt schließlich

(15) $(C \sim \mathfrak{p}(C) \wedge \sim C \sim \mathfrak{p}(C))$.

Die Aussage (15) ist die Cantorsche Antinomie der Menge aller Mengen. Entscheidend für das Zustandekommen dieser Antinomie ist die Annahme (10). Auf Grund der Definitionen (1) und (2) folgt aus der Annahme (10) die Aussage $\forall X\, (X \subseteqq C \rightarrow X \in C)$ und hieraus die Aussage $(C \subseteqq C \rightarrow C \in C)$. Aus dieser Aussage folgt schließlich wegen des trivialen Satzes $\forall M\, M \subseteqq M$ die Aussage $C \in C$. Hier liegt der Ausgangspunkt für eine Lösung der Antinomie. Da die Cantorsche „Menge“ aller Mengen sich selbst als Element enthält und „Mengen“, die sich selbst als Element enthalten, auf Grund unserer Präzisierung des Begriffs der Bestimmtheit keine bestimmten Objekte unseres Denkens sind, enthält die Cantorsche „Menge“ aller Mengen ein unbestimmtes Objekt unseres Denkens als Element. Da gemäß Cantors Mengendefinition nur bestimmte Objekte zu Mengen zusammengefaßt werden, kann die Cantorsche „Menge“ aller Mengen nicht im Sinne von Cantors Mengendefinition existieren. Durch diese Feststellung wird das Zustandekommen der Cantorschen Antinomie der Menge aller Mengen in Cantors „naiver“ Mengenlehre verhindert.

Nachdem gezeigt wurde, daß die Russellsche Antinomie der Menge aller Mengen, die sich nicht selbst als Element enthalten und die Cantorsche Antinomie der Menge aller Mengen in Cantors „naiver“ Mengenlehre nicht zustande kommen, wenn nur der Begriff der Bestimmtheit in Cantors Mengendefinition in der angegebenen Weise präzisiert wird, soll nun gezeigt werden, daß bei einer konsequenten Fortsetzung des Cantorschen Grundgedankens bei der Erschließung des Transfinitums auch die Burali-Fortischen Antinomien der Menge aller Ordinalzahlen (Ordnungszahlen) und der Menge aller Kardinalzahlen in Cantors „naiver“ Mengenlehre nicht entstehen.

Cantors Erschließung des Transfinitums ist durch ein anschaulich begründetes „konstruktives“ Vorgehen gekennzeichnet. Das „konstruktive" Vorgehen beruht auf drei Erzeugungsprinzipien. Das erste Erzeugungsprinzip kann man wie folgt formulieren: Wenn irgendeine bestimmte Ordnungszahl vorhanden ist, dann darf man durch Hinzufügung der Einheit eine neue Ordnungszahl als die zu ihr nächstgrößere Zahl bilden (setzen). Mit Hilfe dieses Erzeugungsprinzips erhält man sukzessiv, von der Zahl 0 ausgehend, jede endliche Ordnungszahl. Die auf diese Weise entstehende wohlgeordnete Folge der endlichen Ordnungszahlen nennt Cantor die erste Zahlenklasse (I). In ihr gibt es zu jeder Zahl eine nächstgrößere, aber keine größte Zahl. Die erste transfinite Ordnungszahl wird nun bereits nach dem zweiten Erzeugungsprinzip gesetzt. Das zweite Erzeugungsprinzip besagt: Wenn irgendeine bestimmte Folge von Ordnungszahlen vorliegt, in der keine größte existiert, dann darf man durch Hervorhebung des Wohlordnungstyps eine neue Ordnungszahl als die zu ihnen allen nächstgrößere Zahl schaffen (setzen). Durch dieses zweite Erzeugungsprinzip wird zunächst die Ordnungszahl ω als Wohlordnungstyp der in natürlicher Größenordnung gegebenen ersten Zahlenklasse gesetzt. Die Zahl ω ist dann die zu allen endlichen Ordnungszahlen nächstgrößere Zahl oder, wie man auch sagen kann, ihre Grenze. Sie ist die erste Ordnungszahl, die auf alle endlichen Ordnungszahlen folgt (die größer ist als jede endliche Ordnungszahl), und daher die kleinste transfinite Ordnungszahl.

G. Cantor schrieb selbst: „So widerspruchsvoll es ... wäre, von einer größten Zahl der Klasse (I) zu reden, hat es doch andererseits nichts Anstößiges, sich eine *neue* Zahl, wir wollen sie ω nennen, zu denken, welche der Ausdruck dafür sein soll, daß der ganze Inbegriff (I) in seiner natürlichen Sukzession dem Gesetze nach gegeben sei" (18, S. 195). Mit diesen Worten brachte Cantor seinen Grundgedanken bei der Erschließung des Transfinitums zum Ausdruck. Dieser Grundgedanke ist eng mit der Abstraktion der absoluten Realisierbarkeit verbunden. Er führte zu der Feststellung, daß die Setzung der Zahl ω nicht mehr nach dem ersten, sondern bereits nach dem zweiten Erzeugungsprinzip erfolgte. Während dem ersten Erzeugungsprinzip noch die Abstraktion der potentiellen Realisierbarkeit zugrunde liegt, beruht das zweite Erzeugungsprinzip bereits auf der Abstraktion der absoluten Realisierbarkeit.

Durch kombinierte Anwendung beider Erzeugungsprinzipien erhält man nun immer wieder neue Zahlen und Zahlenfolgen in einer ganz bestimmten Anordnung. Die Bedingung, die jede der auf diese Weise zunächst gesetzten transfiniten Ordnungszahlen erfüllt, ist, daß die Menge der ihr in der Zahlenfolge vorangegangenen Zahlen von der Mächtigkeit der ersten Zahlenklasse (I) ist. Wird diese Bedingung als Forderung an alle zunächst zu bildenden Zahlen gestellt, so wird dadurch dem endlosen Prozeß der Bildung neuer Zahlen ein gewisser vorläufiger Abschluß gegeben. G. Cantor schrieb: „So erweist sich diese Bedingung, *wenn sie als Forderung an alle zunächst zu bildenden Zahlen gestellt wird*, als ein neues, zu jenen beiden hinzutretendes *drittes* Prinzip, welches von mir *Hemmungs- oder Beschränkungsprinzip* genannt wird und das, wie ich zeigen werde, bewirkt, daß die mit seiner Hinzuziehung definierte zweite Zahlenklasse (II) nicht nur eine höhere Mächtigkeit erhält als (I), sondern sogar genau die *nächst höhere*, also *zweite Mächtigkeit*" (18, S. 197). Schließlich definierte Cantor die zweite Zahlenklasse (II) als den Inbegriff aller mit Hilfe der ersten beiden Erzeugungsprinzipien in bestimmter Anordnung bildbaren Zahlen, welche der Bedingung unterworfen sind, daß alle ihnen jeweils vorangegangenen Zahlen eine Menge von der Mächtigkeit der ersten Zahlenklasse bilden. Ganz allgemein lautet nun das dritte Erzeugungsprinzip, welches von Cantor Hemmungs- oder Beschränkungsprinzip genannt und schon bei der Definition der zweiten Zahlenklasse hinzugezogen wurde, wie folgt: Nur dann, wenn irgendeine bestimmte Gesamtheit von Ordnungszahlen vorliegt, die die Mächtigkeit einer bereits vorhandenen definierten Zahlenklasse hat, darf man mit Hilfe eines der beiden anderen Prinzipien die Setzung einer neuen Ordnungszahl vornehmen. G. Cantor war der Ansicht, daß man mit diesen drei Prinzipien „zu immer neuen Zahlenklassen und mit ihnen zu allen . . . sukzessive aufsteigenden Mächtigkeiten gelangen" kann (18, S. 199).

Es wird nun dargestellt, wie G. Cantor selbst das Zustandekommen der beiden Burali-Fortischen Antinomien sah. Cantor hat nämlich als erster diese beiden Antinomien entdeckt. Bezüglich der Antinomie der Menge aller Kardinalzahlen wird dies allgemein anerkannt. Bezüglich der Antinomie der Menge aller Ordinalzahlen schrieb O. Becker: „Historisch ist noch zu bemerken, daß die Antinomie von der Menge aller Ordnungszahlen zwar zuerst von Burali-Forti 1897 . . . veröffentlicht, aber bereits 1896 brieflich von Cantor an Hilbert mitgeteilt wurde . . ." (12, S. 308). Cantor nannte die antinomischen Mengen absolut unendliche oder inkonsistente Vielheiten. Er schrieb: „Eine Vielheit kann . . . so beschaffen sein, daß die Annahme eines ‚Zusammenseins' *aller* ihrer Elemente auf einen Widerspruch führt, so daß es unmöglich ist, die Vielheit als eine Einheit, als ‚ein fertiges Ding' aufzufassen. Solche Vielheiten nenne ich *absolut unendliche* oder *inkonsistente Vielheiten*" (18, S. 443). Cantor bemerkte schließlich: „*Es gibt* ... bestimmte Vielheiten, die *nicht zugleich Einheiten* sind, d. h. solche Vielheiten, bei denen ein reales ‚Zusammensein aller ihrer Elemente' *unmöglich* ist" (18, S. 448).

Um diese Aussage zu beweisen, betrachtete G. Cantor das System Ω aller Ordinalzahlen oder – wie er auch abkürzend sagte – das System Ω aller Zahlen. Das System Ω bildet in seiner natürlichen Größenordnung eine Folge. Wird als erstes Element der Folge die Zahl 0 gewählt, so ist jede in der Folge vorkommende Zahl Wohlordnungstyp der Folge aller ihr vorangegangenen Elemente. Cantor schrieb nun: „Es kann ... Ω *keine konsistente* Vielheit sein; wäre Ω konsistent, so würde ihr als einer wohlgeordneten Menge eine Zahl δ zukommen, die größer wäre als alle Zahlen des Systems Ω; im System Ω kommt aber, weil es *alle* Zahlen umfaßt, auch die Zahl δ vor; es wäre also δ größer als δ, was ein Widerspruch ist. Also: ... *Das System Ω aller Zahlen ist eine inkonsistente, eine absolut unendliche Vielheit*" (18, S. 445).

Die Antinomie der Menge aller Kardinalzahlen hat Cantor nun auch sehr schnell erschlossen. Das System aller transfiniten Kardinalzahlen (Mächtigkeiten) oder, was dasselbe ist, das System aller Alephs bildet in seiner Größenordnung eine dem System Ω ähnliche Folge und ist daher ebenfalls eine inkonsistente oder absolut unendliche Vielheit. Mit dem System aller transfiniten Kardinalzahlen ist schließlich auch das System aller Kardinalzahlen eine inkonsistente Vielheit. Da die Systeme aller Ordinalzahlen und aller transfiniten Kardinalzahlen in ihrer Größenordnung ähnliche Folgen bilden, genügt es, bei der Lösung der Burali-Fortischen Antinomien nur die Antinomie der Menge aller Ordinalzahlen näher zu betrachten. Die Lösung der Antinomie der Menge aller Kardinalzahlen kann dann auf analoge Weise erfolgen.

Wir rekonstruieren zunächst Cantors Ableitung der Antinomie der Menge aller Ordinalzahlen. Dabei sei Ω die durch die $<$-Beziehung wohlgeordnete „Menge" aller Ordinalzahlen und δ der Wohlordnungstyp der „Menge" Ω. Den Ausgangspunkt der Ableitung bildete die Aussage (1) $\forall \xi \, (\xi \in \Omega \rightarrow \xi < \delta)$. Aus ihr folgt unter Hinzuziehung der Annahme (2) $\delta \in \Omega$ die Aussage (3) $\delta < \delta$. Aus der Irreflexivität der $<$-Beziehung folgt aber unmittelbar die Aussage (4) $\sim \delta < \delta$. Aus (3) und (4) ergibt sich schließlich die Aussage (5) $(\delta < \delta \wedge \sim \delta < \delta)$. Die Aussage (5) ist die Burali-Fortische Antinomie der

Menge aller Ordinalzahlen. Entscheidend für das Zustandekommen dieser Antinomie ist die Annahme (2).

Es wird nun der Nachweis erbracht, daß die „Menge“ aller Ordinalzahlen weder im Sinne von Cantors Mengendefinition existiert, noch auf Grund der drei Cantorschen Erzeugungsprinzipien gebildet werden kann. Da δ als Wohlordnungstyp der „Menge“ Ω mit Hilfe der „Menge“ Ω bestimmt wird und die „Menge“ Ω ihrerseits durch ihr Element δ mitbestimmt wird, ist δ auf Grund unserer Präzisierung des Begriffs der Bestimmtheit kein bestimmtes Objekt unseres Denkens. Da δ in der „Menge“ Ω als Element enthalten ist und gemäß Cantors Mengendefinition nur bestimmte Objekte zu Mengen zusammengefaßt werden, kann die „Menge“ Ω nicht im Sinne von Cantors Mengendefinition existieren. Es ist nun nur noch zu zeigen, daß die „Menge“ Ω auch nicht auf Grund der drei Cantorschen Erzeugungsprinzipien gebildet werden kann.

G. Cantor selbst hatte klar erkannt, daß man durch alleinige Anwendung des ersten Erzeugungsprinzips, welches auf der Abstraktion der potentiellen Realisierbarkeit beruht, die erste Zahlenklasse (I) nur als eine werdende Folge erhalten kann. Er schrieb: Bei der Bildung der endlichen (finiten) Ordinalzahlen „wurde nur von dem *ersten* Erzeugungsprinzip Gebrauch gemacht und somit ein Heraustreten aus der Reihe (I) unmöglich“ (18, S. 196). Erst durch die Setzung der transfiniten Ordinalzahl ω, für die bereits das zweite Erzeugungsprinzip erforderlich ist, wird zum Ausdruck gebracht, daß die erste Zahlenklasse in ihrer natürlichen Größenordnung als eine „dem Gesetze nach gegebene“ fertig vorliegende Menge aufgefaßt wird. Diese Auffassung stellt den Cantorschen Grundgedanken bei der Erschließung des Transfinitums dar und ist nur bei Zugrundelegung der Abstraktion der absoluten Realisierbarkeit gerechtfertigt. Da mit der Anwendung des zweiten Erzeugungsprinzips stets eine derartige Auffassung verbunden ist, kann man sagen, daß das zweite Erzeugungsprinzip bereits auf der Abstraktion der absoluten Realisierbarkeit beruht. Durch die Setzung einer Ordinalzahl nach dem zweiten Erzeugungsprinzip wird also zum Ausdruck gebracht, daß die wohlgeordnete Menge aller ihr in der Folge vorangegangenen Zahlen gebildet ist. In dieser Auffassung stimmen wir mit G. Cantor überein und teilen daher nicht die Ansicht von J. A. Petrov, daß erst das zweite Erzeugungsprinzip durch Setzung einer Ordinalzahl gestattet, die Menge aller ihr in der Folge vorangegangenen Zahlen zu bilden (105, S. 46). Es ist vielmehr die dem zweiten Erzeugungsprinzip zugrunde liegende Abstraktion der absoluten Realisierbarkeit, die bereits diese Menge zu bilden gestattet.

G. Cantor hatte nun ferner erkannt, daß man durch kombinierte Anwendung des ersten und zweiten Erzeugungsprinzips nur die zweite Zahlenklasse als eine werdende Folge erhalten kann. Erst durch Hinzuziehung des dritten Erzeugungsprinzips konnte zum Ausdruck gebracht werden, daß auch die zweite Zahlenklasse in ihrer natürlichen Größenordnung als eine „dem Gesetze nach gegebene" fertig vorliegende Menge aufgefaßt wird. Da diese Auffassung wieder nur bei Zugrundelegung der Abstraktion der absoluten Realisierbarkeit gerechtfertigt ist, beruht auch das dritte Erzeugungsprinzip auf der Abstraktion der absoluten Realisierbarkeit. J. A. Petrov hat offenbar diesen Gedankengang Cantors übersehen. Er nahm eine für unsere Begriffe unzulässige Vereinfachung vor, indem er von den drei Cantorschen Erzeugungsprinzipien nur die ersten beiden in Betracht zog. Er schrieb: „Beim Aufbau der Zahlen sind also beide Erzeugungsprinzipien wesentlich und damit auch die beiden Abstraktionen der potentiellen und der absoluten Realisierbarkeit. Sie werden jedoch nicht gleichzeitig, sondern abwechselnd angewendet" (105, S. 46). Da das dritte Erzeugungsprinzip, welches schon bei der Definition der zweiten Zahlenklasse hinzugezogen werden mußte, von J. A. Petrov nicht berücksichtigt wurde, kann seine Lösung der Burali-Fortischen Antinomien nicht befriedigen. Er schrieb: „In der Cantorschen Theorie entstehen sie nur deshalb, weil diese Theorie die unbegrenzte Anwendung des ersten und zweiten Prinzips voraussetzt. Das ist aber mit dem Aufbau der Menge aller Ordinalzahlen ... unvereinbar" (105, S. 48). Damit sagt J. A. Petrov im Grunde genommen nur, daß die Menge aller Zahlen der zweiten Zahlenklasse durch kombinierte Anwendung des ersten und zweiten Erzeugungsprinzips allein nicht gebildet werden kann. Das hatte aber G. Cantor schon erkannt und folgerichtig das dritte Erzeugungsprinzip bereits bei der Bildung dieser Menge hinzugezogen.

Bei Zugrundelegung der drei Cantorschen Erzeugungsprinzipien ist bemerkenswert, daß E. Zermelo die Auffassung vertrat, daß „die drei Cantorschen Prinzipien schon bei der Bildung der ω-ten Zahlenklasse nicht ausreichen" (18, S. 199). Sicher gibt es Argumente, die für diese Auffassung sprechen. Wenn man aber E. Zermelos Auffassung teilen würde, dann müßte man konsequenterweise auch die Meinung vertreten, daß die ersten beiden Cantorschen Prinzipien schon für die Setzung der Zahl $\omega \cdot \omega$ $(= \omega^2)$ nicht ausreichen. Da wir jedoch diese Meinung nicht vertreten, teilen wir auch die Auffassung E. Zermelos nicht. Wir teilen eher die Auffassung G. Cantors, die in folgenden Worten zum Ausdruck kommt: „Mit Beobachtung (unter Beachtung – d. V.) dieser drei Prinzipien kann man mit der größten Sicherheit und Evidenz zu immer neuen Zahlenklassen und mit ihnen zu allen . . . sukzessive aufsteigenden Mächtigkeiten gelangen“ (18, S. 199).

G. Cantor betrachtete nun das System Ω aller finiten und transfiniten Ordinalzahlen. Er faßte das System Ω als eine wohlgeordnete Menge auf, der eine Ordinalzahl δ zukommt, die größer ist als alle Ordinalzahlen des Systems Ω. Dabei hat er allerdings nicht beachtet, daß durch kombinierte Anwendung der drei Erzeugungsprinzipien das System Ω höchstens als eine werdende Folge, keineswegs aber als eine fertig vorliegende Menge erhalten werden kann. Dennoch hätte diese Auffassung nicht zu einem Widerspruch geführt, wenn Cantor seinen revolutionierenden Grundgedanken, der zur Erschließung des Transfinitums geführt hat, konsequent fortgesetzt hätte. Dann hätte er nämlich erkennen müssen, daß für die Setzung der Ordinalzahl δ bereits ein weiteres Erzeugungsprinzip erforderlich ist. Dies hatte Cantor jedoch nicht erkannt, denn er nahm an, daß die Ordinalzahl δ im System Ω vorkommt. Damit hat er aber nichts anderes angenommen, als daß δ allein unter Beachtung der drei Erzeugungsprinzipien, die das Cantorsche Transfinitum determinieren, gesetzt wurde. Erst auf Grund dieser Annahme führte Cantors Auffassung zu dem logischen Widerspruch ($\delta < \delta \wedge \sim \delta < \delta$). Da jedoch diese Annahme nicht dem Cantorschen Grundgedanken bei der Erschließung des Transfinitums entspricht, muß sie verworfen werden. Eine konsequente Fortsetzung dieses Grundgedankens führt nämlich zu der Feststellung, daß die Setzung der Ordinalzahl δ bereits ein weiteres Erzeugungsprinzip erfordert, denn die Setzung der Ordinalzahl δ soll zum Ausdruck bringen, daß das System Ω aller finiten und transfiniten Ordinalzahlen in seiner natürlichen Größenordnung als eine „dem Gesetze nach gegebene“ fertig vorliegende Menge aufgefaßt wird. Diese Auffassung ist wieder nur bei Zugrundelegung der Abstraktion der absoluten Realisierbarkeit gerechtfertigt. Sie hat zur Konsequenz, daß die Ordinalzahl δ wiederum als „eine *neue* Zahl“ zu denken ist, die bei der Erschließung eines Supratransfinitums als kleinste supratransfinite Ordinalzahl erscheint. Als supratransfinite Ordinalzahl kann aber δ kein Element der Menge Ω aller finiten und transfiniten Ordinalzahlen sein.

Man kann also sagen, daß die drei Cantorschen Erzeugungsprinzipien bei der Bildung der Menge aller finiten und transfiniten Ordinalzahlen nicht ausreichen. Durch kombinierte Anwendung der drei Erzeugungsprinzipien kann man höchstens das System aller finiten und transfiniten Ordinalzahlen als eine werdende Folge, keineswegs aber als eine fertig vorliegende Menge erhalten. Daher kann die „Menge" aller Ordinalzahlen auch nicht auf Grund der drei Cantorschen Erzeugungsprinzipien gebildet werden. Durch die Feststellung, daß die „Menge" aller Ordinalzahlen weder im Sinne von Cantors Mengendefinition existiert, noch auf Grund der drei Cantorschen Erzeugungsprinzipien gebildet werden kann, wird schließlich das Zustandekommen der Burali-Fortischen Antinomie der Menge aller Ordinalzahlen in Cantors „naiver" Mengenlehre verhindert. Eine entsprechende Feststellung verhindert das Zustandekommen der Burali-Fortischen Antinomie der Menge aller Kardinalzahlen. J. A. Petrov bemerkt daher völlig richtig: „Die Ursache der Widersprüche besteht ... nicht darin, daß eine bestimmte Menge nicht gleichzeitig unendlich und aktual sein kann, sondern darin, daß man sich diese Menge als in einer Theorie gebildet vorstellt, in der sie nicht gebildet werden kann" (105, S. 48).

Wir haben mit diesen Ausführungen den Nachweis erbracht, daß die Mengenlehre Cantors nicht notwendig zu Antinomien führt. Es ist daher bedauerlich, daß man heute, nicht zuletzt auch wegen der von Cantor selbst entdeckten, eigentlich gar nicht vorhandenen Antinomien, von der „naiven" Mengenlehre Cantors spricht. In Wirklichkeit war diese Mengenlehre keineswegs naiv, sondern geradezu genial. Eine konsequente Fortsetzung des Cantorschen Grundgedankens bei der Erschließung des Transfinitums ließ erkennen, daß dem von Cantor begonnenen Prozeß der Konstruktion und Abstraktion unendlicher Zahlen kein Ende gesetzt ist. In diesem Prozeß erscheint das Wesen des Unendlichen wieder als das Unvollendbare.

Bezüglich der Mengenlehre, die G. Cantor uns geschaffen hat, muß also folgendes beachtet werden:

1. Die Cantorsche Mengendefinition führt nicht zu Widersprüchen, wenn in ihr der Begriff der Bestimmtheit hinreichend präzisiert wird.
2. Der Cantorsche Grundgedanke bei der Erschließung des Transfinitums führt nicht zu Widersprüchen, wenn man beachtet, daß das Cantorsche Transfinitum nicht die „letzte" der Mathematik

zugängliche Determination des Unendlichen darstellt, denn eine solche kann es nicht geben.

3. Da die Cantorsche Mengenlehre ihrem Wesen nach nicht zu Widersprüchen führt, ist die axiomatische Methode nicht notwendig, um die Antinomien der Mengenlehre zu überwinden.

Wenn man nun noch einmal Cantors Gedankengang bei der Erschließung des Transfinitums verfolgt, dann kann man feststellen, daß er durch eine wahrhaft dialektische Begriffserzeugung geprägt ist. Cantor hat wiederholt den Übergang von Möglichkeiten des gedanklichen Bildens und Setzens zum objektiv Bestehenden, vom durch gedankliche Operationen Erzeugbarsein zum Ansichsein vollzogen. Dabei ist zu beachten, daß dem durch gedankliche Operationen Erzeugbarsein die Abstraktion der potentiellen Realisierbarkeit zugrunde liegt, während das Ansichsein bereits auf der Abstraktion der absoluten Realisierbarkeit beruht.

In Übereinstimmung mit R. Courant und H. Robbins sei abschließend hervorgehoben: Die moderne Mengenlehre, deren Schöpfer Georg Cantor war, hat die Forderung, „das mathematische Unendliche in exakter Weise zu analysieren . . . mit bemerkenswertem Erfolg erfüllt. Cantors Mengenlehre hat viele Gebiete der Mathematik stark beeinflußt und ist für das Studium der logischen und philosophischen Grundlagen der Mathematik von fundamentaler Bedeutung geworden“ (24, S. 62).

Literaturverzeichnis

[1] *Adler, I.:* Die Neue Mathematik, Freiburg, Basel, Wien 1966

[2] *Alexandroff, P. S.:* Einführung in die Mengenlehre und die Theorie der reellen Funktionen, Berlin 1956

[3] *Alexandrow, A.:* Mathematik und Dialektik, in: Ideen des exakten Wissens, Stuttgart, 4/1971

[4] *Asser, G.:* Einführung in die höhere Mathematik, 1. Teil, PH Potsdam 1955

[5] *Asser, G.:* Einführung in die höhere Mathematik, 2. Teil, PH Potsdam 1955

[6] *Asser, G.:* Zum Verhältnis von Mathematik und objektiver Realität, in: Deutsche Zeitschrift für Philosophie, 2/1965

[7] *Asser, G.:* Einführung in die Mathematische Logik, Teil I, Leipzig 1959

[8] *Asser, G.:* Einführung in die Mathematische Logik, Teil II, Leipzig 1972

[9] *Bachmann, H.:* Transfinite Zahlen, Berlin, Göttingen, Heidelberg 1955

[10] *Baldus, R.:* Formalismus und Intuitionismus in der Mathematik, Karlsruhe 1924

[11] *Becker, O.:* Größe und Grenze der mathematischen Denkweise, München 1959

[12] *Becker, O.:* Grundlagen der Mathematik, Freiburg, München 1964

[13] *Bernays, P.:* Zur Rolle der Sprache in erkenntnistheoretischer Hinsicht, in: Synthese 13/1961

[14] *Bernays, P.:* Bemerkungen zur Philosophie der Mathematik, in: Akten des XIV. Internationalen Kongresses für Philosophie, Band III, Wien 1969

[15] *Bernays, P.:* Die schematische Korrespondenz und die idealisierten Strukturen, in: Dialectica, Vol. 24, Fasc. 1–3, 1970

[16] *Beth, E. W.:* Mathematisches Denken. Eine Einführung in die Philosophie der Mathematik (englisch), Dordrecht-Holland 1965

[17] *Bolzano, B.:* Paradoxien des Unendlichen, Leipzig 1920

[18] *Cantor, G.:* Gesammelte Abhandlungen, herausgegeben von E. Zermelo, Berlin 1932

[19] *Capelle, W.:* Die Vorsokratiker, Berlin 1961

[20] *Carnap, R.:* Der logische Aufbau der Welt, Berlin 1928

[21] *Carnap, R.:* Scheinprobleme in der Philosophie, Berlin-Schlachtensee 1928

[22] *Carnap, R.:* Die logizistische Grundlegung der Mathematik, in: Erkenntnis, Band 2, 1931
[23] *Carnap, R.:* Symbolische Logik, Wien 1954
[24] *Courant, R./Robbins, H.:* Was ist Mathematik?, Berlin, Göttingen, Heidelberg 1962
[25] *Cramer, W.:* Über den Begriff des Unendlichen, in: Blätter für Deutsche Philosophie, 11/1937/38
[26] *Cremer, H.:* Transfinite Ordnungszahlen, in: Mathematisch-Physikalische Semesterberichte, Göttingen, Band 1, 1950
[27] *Dedekind, R.:* Was sind und was sollen die Zahlen?, Berlin 1965
[28] *Dessauer, F.:* Auf den Spuren der Unendlichkeit, Frankfurt am Main 1958
[29] *Engels, F.:* Ludwig Feuerbach und der Ausgang der klassischen deutschen Philosophie, Berlin 1956
[30] *Engels, F.:* Dialektik der Natur, Berlin 1958
[31] *Engels, F.:* Herrn Eugen Dührings Umwälzung der Wissenschaft („Anti-Dühring"), Berlin 1959
[32] *Essler, W. K.:* Einführung in die Logik, Stuttgart 1966
[33] *Essler, W. K.:* Wissenschaftstheorie I, Definition und Reduktion, Freiburg, München 1970
[34] *Essler, W. K.:* Über Intensionen und Modalitäten, in: Notre Dame Journal of Formal Logic, Volume XI, Number 4, 1970
[35] *Fogarasi, B.:* Logik, Berlin 1956
[36] *Fraenkel, A.:* Zehn Vorlesungen über die Grundlegung der Mengenlehre, Leipzig, Berlin 1927
[37] *Fraenkel, A.:* Einleitung in die Mengenlehre, Berlin 1928
[38] *Fraenkel, A.:* Das Leben Georg Cantors, in: G. Cantor: Gesammelte Abhandlungen, herausgegeben von E. Zermelo, Berlin 1932
[39] *Fraenkel, A. A.:* Philosophie der Mathematik, in: Die Philosophie im XX. Jahrhundert, herausgegeben von F. Heinemann, Stuttgart 1959
[40] *Fraenkel, A. A.:* Mengenlehre und Logik, Berlin 1959
[41] *Frege, G.:* Die Grundlagen der Arithmetik, Breslau 1934
[42] *Gödel, K.:* Über formal unentscheidbare Sätze der Principia Mathematica und verwandter Systeme I, in: Monatshefte für Mathematik und Physik, Band 38, 1931
[43] *Gödel, K.:* Zusammenfassung der Resultate der Abhandlung „Über formal unentscheidbare Sätze der ‚Principia Mathematica' und verwandter Systeme", in: Erkenntnis, Band 2, 1931
[44] *Hausdorff, F.:* Mengenlehre, Berlin, Leipzig 1927
[45] *Hegel, G. W. F.:* Wissenschaft der Logik, Erstes Buch, Leipzig 1963
[46] *Hegel, G. W. F.:* Wissenschaft der Logik, Zweites Buch, Leipzig 1963
[47] *Hegel, G. W. F.:* Wissenschaft der Logik, Drittes Buch, Leipzig 1963
[48] *Hermes, H.:* Einführung in die Mathematische Logik, Münster 1957
[49] *Hermes, H.:* Aufzählbarkeit, Entscheidbarkeit, Berechenbarkeit, Berlin, Göttingen, Heidelberg 1961
[50] *Hermes, H.:* Methodik der Mathematik und Logik, in: Enzyklopädie der geisteswissenschaftlichen Arbeitsmethoden, 3. Lieferung, München, Wien 1968
[51] *Hermes, H.:* Einführung in die mathematische Logik, Klassische Prädikatenlogik, Stuttgart 1969

[52] *Hermes, H./Markwald, W.:* Grundlagen der Mathematik, in: Grundzüge der Mathematik I, Göttingen 1966
[53] *Hermes, H./Scholz, H.:* Mathematische Logik, in: Enzyklopädie der mathematischen Wissenschaften, Band I, Heft 1, Teil 1, Leipzig 1952
[54] *Heyting, A.:* Die formalen Regeln der intuitionistischen Logik, in: Sitzungsberichte der Preußischen Akademie der Wissenschaften, Physikalisch-mathematische Klasse, Berlin 1930
[55] *Heyting, A.:* Die intuitionistische Grundlegung der Mathematik, in: Erkenntnis, Band 2, 1931
[56] *Hilbert, D.:* Über das Unendliche, in: Mathematische Annalen, 95. Band, 1926
[57] *Hilbert, D.:* Die Grundlagen der Mathematik, Hamburger Mathematische Einzelschriften, 5. Heft, Leipzig 1928
[58] *Hilbert, D.:* Grundlagen der Geometrie, Siebente umgearbeitete und vermehrte Auflage, Leipzig, Berlin 1930
[59] *Hilbert, D.:* Naturerkennen und Logik, in: Die Naturwissenschaften, Jahrgang 18, 1930
[60] *Hilbert, D.:* Gesammelte Abhandlungen, Dritter Band, Berlin 1935
[61] *Hilbert, D.:* Mathematische Probleme, in: Die Hilbertschen Probleme, Leipzig 1971
[62] *Hilbert, D./Ackermann, W.:* Grundzüge der theoretischen Logik, Berlin, Göttingen, Heidelberg 1959
[63] *Hilbert, D./Bernays, P.:* Grundlagen der Mathematik, Erster Band, Berlin 1934
[64] *Hughes, G. E./Cresswell, M. J.:* Eine Einführung in die Modallogik (englisch), London 1968
[65] *Jungius, J.:* Über den propädeutischen Nutzen der Mathematik für das Studium der Philosophie, in: Festschrift der Hamburgischen Universität anläßlich ihres zehnjährigen Bestehens, Hamburg 1929
[66] *Kant, I.:* Kritik der reinen Vernunft, Leipzig 1944
[67] *Karmin, A. S.:* Über die dialektisch-materialistische Auffassung der Unendlichkeit (russisch), in: Vestnik Leningradskogo Universiteta, Seria ekonomiki, filosofii i prawa, 5/1959
[68] *Karmin, A. S.:* Zur Stellung des Unendlichkeitsproblems in der gegenwärtigen Wissenschaft (russisch), in: Voprosy Filosofii, 2/1965
[69] *Kisseljowa, N. A.:* Mathematik und Wirklichkeit (russisch), Moskau 1967
[70] *Klaua, D.:* Ein Aufbau der Mengenlehre mit transfiniten Typen, formalisiert im Prädikatenkalkül der ersten Stufe, in: Zeitschrift für Mathematische Logik und Grundlagen der Mathematik, Band 3, 1957
[71] *Klaua, D.:* Allgemeine Mengenlehre, Ein Fundament der Mathematik, Berlin 1964
[72] *Klaua, D.:* Allgemeine Mengenlehre, Zweite, erweiterte Auflage, Band I, Berlin 1968
[73] *Klaua, D.:* Allgemeine Mengenlehre, Zweite, erweiterte Auflage, Band II, Berlin 1969
[74] *Kolman, E.:* Die Entdeckung der mathematischen Pluralität in ihrer philosophischen Tragweite, in: Akten des XIV. Internationalen Kongresses für Philosophie, Band III, Wien 1969

[75] *Kolmogoroff, A.:* Zur Deutung der intuitionistischen Logik, in: Mathematische Zeitschrift, Band 35, 1932
[76] *Kolmogorow, A. N.:* Das Unendliche in der Mathematik, in: Große Sowjet-Enzyklopädie, Reihe Mathematik, Physik und Astronomie, 11/1954
[77] *Kolmogorow, A. N.:* Größe, Axiom, in: Große Sowjet-Enzyklopädie, Reihe Mathematik, Physik und Astronomie, 13/1954
[78] *Kraft, V.:* Mathematik, Logik und Erfahrung, Zweite, neubearbeitete Auflage, Library of Exact Philosophy, Volume 2, Wien, New York 1970
[79] *Krauth, L.:* Die Philosophie Carnaps, Library of Exact Philosophy, Volume 1, Wien, New York 1970
[80] *Küng, G.:* Ontologie und logistische Analyse der Sprache, Eine Untersuchung zur zeitgenössischen Universaliendiskussion, Wien 1963
[81] *Legostajewa (Fedina), A. M.:* Mengentheorie und Klassenlogik, in: Quantoren, Modalitäten, Paradoxien, herausgegeben von H. Wessel, Berlin 1972
[82] *Leibniz, G. W.:* Fragmente zur Logik, Berlin 1960
[83] *Lenin, W. I.:* Materialismus und Empiriokritizismus, Berlin 1960
[84] *Lenin, W. I.:* Aus dem philosophischen Nachlaß, Berlin 1961
[85] *Lietzmann, W.:* Das Wesen der Mathematik, Braunschweig 1949
[86] *Lorenzen, P.:* Über die Widerspruchsfreiheit des Unendlichkeitsbegriffes, in: Studium generale, 5/1952
[87] *Lorenzen, P.:* Das Aktual-Unendliche in der Mathematik, in: Philosophia Naturalis, Band 4, 1957
[88] *Lorenzen, P.:* Wie ist Philosophie der Mathematik möglich?, in: Philosophia Naturalis, Band 4, 1957
[89] *Lorenzen, P.:* Metamathematik, Mannheim 1962
[90] *Lorenzen, P.:* Differential und Integral, Eine konstruktive Einführung in die klassische Analysis, Frankfurt am Main 1965
[91] *Lorenzen, P.:* Einführung in die operative Logik und Mathematik, Zweite Auflage, Berlin, Heidelberg, New York 1969
[92] *Malsch, F.:* Geschichte der Mathematik, Leipzig 1923
[93] *Marx, K.:* Eine Sammlung von Erinnerungen und Aufsätzen, Berlin 1947
[94] *Marx, K.:* Thesen über Feuerbach, in: F. Engels: Ludwig Feuerbach und der Ausgang der klassischen deutschen Philosophie, Berlin 1956
[95] *Marx, K.:* Mathematische Manuskripte, Moskau 1968
[96] *Meljuchin, S. T.:* Das Problem der Unendlichkeit der Welt in der Philosophie und Naturwissenschaft (russisch), in: Voprosy filosofii, 6/1965
[97] *Meschkowski, H.:* Denkweisen großer Mathematiker, Braunschweig 1961
[98] *Meschkowski, H.:* Wandlungen des mathematischen Denkens, Braunschweig 1964
[99] *Meschkowski, H.:* Probleme des Unendlichen, Werk und Leben Georg Cantors, Braunschweig 1967
[100] *Meyer-Abich, A.:* Joachim Jungius – ein Philosoph vor Leibniz, in: Monographien zur philosophischen Forschung, Band I, Reutlingen 1947

[101] *Molodschi, W. N.:* Skizzen zu philosophischen Problemen der Mathematik (russisch), Moskau 1969
[102] *Neumann, J. v.:* Die formalistische Grundlegung der Mathematik, in: Erkenntnis, Band 2, 1931
[103] *Petrov, J. A.:* Einige logische und philosophische Probleme der Abstraktion der Unendlichkeit (russisch), in: Vestnik Moskowskogo Universiteta, Seria VIII, ekonomika, filosofia, 3/1964
[104] *Petrov, J. A.:* Einige logische und philosophische Aspekte des Unendlichkeitsproblems in der Mathematik, in: Sowjetwissenschaft, Gesellschaftswissenschaftliche Beiträge 1/1966
[105] *Petrov, J. A.:* Logische Probleme der Realisierbarkeits- und Unendlichkeitsbegriffe, Berlin 1971
[106] *Polya, G.:* Mathematik und plausibles Schließen, Band 1, Induktion und Analogie in der Mathematik, Basel, Stuttgart 1962
[107] *Polya, G.:* Mathematik und plausibles Schließen, Band 2, Typen und Strukturen plausibler Folgerung, Basel, Stuttgart 1963
[108] *Pomogajewa, J. F.:* Die Entwicklung der Philosophie Bertrand Russells, in: Deutsche Zeitschrift für Philosophie, 3/1972
[109] *Richter, V.:* Untersuchungen zur operativen Logik der Gegenwart, Freiburg, München 1965
[110] *Ruben, P.:* Zum Verhältnis von Philosophie und Mathematik, Dialektik und Logik – dargestellt am Widerspruch, in: Deutsche Zeitschrift für Philosophie, Sonderheft 1966
[111] *Ruben, P.:* Das philosophische Begründungsproblem der Mathematik und die Marxistisch-Leninistische Philosophie, in: Mitteilungen der Mathematischen Gesellschaft der DDR, Heft 1, 1973
[112] *Ruben, P./Wolter, H.:* Modell, Modellmethode und Wirklichkeit, in: Deutsche Zeitschrift für Philosophie, 10/1969
[113] *Rusawin, G. I.:* Über die Natur der mathematischen Erkenntnis (russisch), Moskau 1968
[114] *Russell, B.:* Einführung in die mathematische Philosophie, München 1930
[115] *Russell, B./Whitehead, A. N.:* Einführung in die mathematische Logik, München 1932
[116] *Schlosser, H.:* Zum Begriff des Unendlichen in der Mathematik, in: Wissenschaftliche Zeitschrift der Ernst-Moritz-Arndt-Universität Greifswald, Gesellschafts- und Sprachwissenschaftliche Reihe, Heft 3, 1972
[117] *Schmidt, A.:* Wie dürfen wir mit dem Unendlichen umgehen?, in: Mathematisch-Physikalische Semesterberichte, Göttingen, Band 1, 1950
[118] *Scholz, H.:* Metaphysik als strenge Wissenschaft, Köln 1941
[119] *Scholz, H./Hasenjaeger, G.:* Grundzüge der Mathematischen Logik, Berlin, Göttingen, Heidelberg 1961
[120] *Schröter, K.:* Die Grundlagenfragen der Mathematik und die Philosophie, in: Deutsche Zeitschrift für Philosophie, 1/1953
[121] *Schröter, K.:* Über den Gegenstand der mathematischen Logik, in: Deutsche Zeitschrift für Philosophie, 3/4/1953
[122] *Schröter, K.:* Über die Rolle von Syntax und Semantik in der Logik, in: Deutsche Zeitschrift für Philosophie, 1/1954

[123] *Schröter, K.:* Rezension zu V. Kraft: Der Wiener Kreis, Wien 1950, in: Deutsche Zeitschrift für Philosophie, 1/1954
[124] *Schröter, K.:* Das Gödelsche Theorem von den formal unentscheidbaren Sätzen der Principia Mathematica und verwandter Systeme, in: Deutsche Zeitschrift für Philosophie, 2/1954
[125] *Schröter, K.:* Die Tragweite und die Grenzen der axiomatischen Methode, in: Deutsche Zeitschrift für Philosophie, 4/1957
[126] *Schröter, K.:* Theorie des logischen Schließens I, in: Zeitschrift für Mathematische Logik und Grundlagen der Mathematik, Band 1, 1955
[127] *Schröter, K.:* Theorie des logischen Schließens II, in: Zeitschrift für Mathematische Logik und Grundlagen der Mathematik, Band 4, 1958
[128] *Schröter, K.:* Theorie des bestimmten Artikels, in: Zeitschrift für Mathematische Logik und Grundlagen der Mathematik, Band 2, 1956
[129] *Schröter, K.:* Eine Umformung des Heytingschen Axiomensystems für den intuitionistischen Aussagenkalkül, in: Zeitschrift für Mathematische Logik und Grundlagen der Mathematik, Band 3, 1957
[130] *Schröter, K.:* Mathematik und Gesellschaft, in: Mathematik in der Schule, Heft 9, Heft 10, 1966
[131] *Schtschegolkowa, G. M.:* Paradoxien in deduktiven Systemen, in: Quantoren, Modalitäten, Paradoxien, herausgegeben von H. Wessel, Berlin 1972
[132] *Schütte, K.:* Vollständige Systeme modaler und intuitionistischer Logik, Berlin, Heidelberg, New York 1968
[133] *Sinowjew, A. A.:* Komplexe Logik, Berlin 1970
[134] *Smirnow, G. A.:* Ist die Mathematik extensional?, in: Quantoren, Modalitäten, Paradoxien, herausgegeben von H. Wessel, Berlin 1972
[135] *Stachowiak, H.:* Rationalismus im Ursprung, Library of Exact Philosophy, Volume 4, Wien, New York 1971
[136] *Stegmüller, W.:* Sprache und Logik, in: Studium generale, 9/1956
[137] *Stegmüller, W.:* Das Universalienproblem einst und jetzt, in: Archiv für Philosophie, Band 6/7, 1956/57
[138] *Stegmüller, W.:* Unvollständigkeit und Unentscheidbarkeit, Wien 1959
[139] *Stegmüller, W.:* Eine Axiomatisierung der Mengenlehre, beruhend auf den Systemen von Bernays und Quine, in: Aufsätze zur Wissenschaftstheorie, Darmstadt 1970
[140] *Struik, D. J.:* Abriß der Geschichte der Mathematik, Berlin 1963
[141] *Swiderskij, W. I.:* Über die dialektisch-materialistische Auffassung der Widersprüchlichkeit der Unendlichkeit (russisch), in: Vestnik Leningradskogo Universiteta, Seria ekonomiki, filosofii i prawa, 5/1956
[142] *Swiderskij, W. I.:* Über die philosophische Auffassung des Endlichen und des Unendlichen (russisch), in: Voprosy filosofii, 6/1964
[143] *Thiele, E.-J.:* Ein axiomatisches System der Mengenlehre nach Zermelo und Fraenkel, in: Zeitschrift für Mathematische Logik und Grundlagen der Mathematik, Band 1, 1955
[144] *Thiele, H.:* „Klassische“ und „Moderne“ Algorithmenbegriffe, in: Mathematische und Physikalisch-Technische Probleme der Kybernetik, Berlin 1963

[145] *Thiele, H.:* Wissenschaftstheoretische Untersuchungen in algorithmischen Sprachen I, Berlin 1966
[146] *Thum, B.:* Mathematische Existenz, in: Deskription, Analytizität und Existenz, herausgegeben von P. Weingartner, Salzburg, München 1966
[147] *Voelkel, L.:* Über moderne Präzisierungen der Leibnizschen unendlich kleinen Zahlen, in: Wissenschaftliche Zeitschrift der Ernst-Moritz-Arndt-Universität Greifswald, Gesellschafts- und Sprachwissenschaftliche Reihe, Heft 3, 1972
[148] *Vogel, A.:* Klassische Grundlagen der Analysis, Leipzig 1952
[149] *Vogel, H.:* Über die Materie und ihre Eigenschaften, in: Deutsche Zeitschrift für Philosophie, 1/2/1960
[150] *Vogel, H.:* Zum Realitätsbegriff und zur Semantik der Termini „objektiv" und „real", in: Deutsche Zeitschrift für Philosophie, 1/1967
[151] *Volk, G.:* Die Krise der Mathematik und der logizistische Versuch der Neubegründung, in: Wissenschaftliche Zeitschrift der Ernst-Moritz-Arndt-Universität Greifswald, Gesellschafts- und Sprachwissenschaftliche Reihe, Heft 3, 1972
[152] *Waismann, F.:* Einführung in das mathematische Denken, Wien 1947
[153] *Weizsäcker, C. F. v.:* Operative Logik und Mathematik, in: Die Naturwissenschaften, Jahrgang 44, 1957
[154] *Wessel, H.:* Nachwort zu J. A. Petrov: Logische Probleme der Realisierbarkeits- und Unendlichkeitsbegriffe, Berlin 1971
[155] *Weyl, H.:* Philosophie der Mathematik und Naturwissenschaft, München, Berlin 1927
[156] *Weyl, H.:* Die Stufen des Unendlichen, Jena 1931
[157] *Weyl, H.:* Über den Symbolismus der Mathematik und mathematischen Physik, in: Studium generale, 6/1953
[158] *Whitehead, A. N.:* Einführung in die Mathematik, Wien 1948
[159] *Wittgenstein, L.:* Tractatus Logico – Philosophicus, London 1955
[160] *Mathematisches Wörterbuch, Band I,* herausgegeben von J. Naas und H. L. Schmid, Berlin, Leipzig 1961
[161] *Mathematisches Wörterbuch, Band II,* herausgegeben von J. Naas und H. L. Schmid, Berlin, Leipzig 1961
[162] *Philosophisches Wörterbuch, Band 1,* herausgegeben von G. Klaus und M. Buhr, Leipzig 1969
[163] *Philosophisches Wörterbuch, Band 2,* herausgegeben von G. Klaus und M. Buhr, Leipzig 1969

Druckfehlerberichtigung

1. Auf Seite 211 ist in der 2. Zeile der Index ω durch den Exponenten ω zu ersetzen, so daß sich für die erste ε-Zahl ergibt: $\varepsilon_0 = \omega^{\omega^{\cdot^{\cdot^{\cdot}}}}$.
2. Beim Druck ist auf den Seiten 64 bis 68 an einigen Stellen der Index i von a_{i_1} oder a_{i_n} verrutscht oder herausgefallen.
3. Das Zeichen ⌢ ist auf Seite 131 in der 24. Zeile zu eliminieren und auf Seite 169 in der 31. Zeile zu vervollständigen.
4. Es ist auf Seite 59 in der 1. Zeile die Zeichenreihe (Ha_i) durch die Zeichenreihe $H(a_i)$, auf Seite 114 in der 12. Zeile die Zeichenreihe 10) durch die Zeichenreihe (10) und auf Seite 255 in der 7. Zeile das Wort „klassische" durch das Wort „klassischen" zu ersetzen.
5. Auf Seite 115 ist in der 2. Zeile das Zeichen ϵ durch das Zeichen $\in$ und auf Seite 312 ist in der 26. Zeile das Zeichen $\longrightarrow$ durch das Zeichen $\rightarrow$ zu ersetzen.
6. Aus drucktechnischen Gründen wurden die Zeichen ∢, $\bar{I}$ und $\bar{O}$ auf den Seiten 34, 35 und 104 einem anderen Schriftsatz entnommen.
7. Die Übersichtlichkeit des Formelsatzes wurde durch die Setzung von Klammern verschiedener Arten, die nicht einheitliche Gestaltung der Abstände zwischen Zeichen und Zeichenreihen und die ausschließlich unter drucktechnischen Gesichtspunkten erfolgte Abtrennung von Zeichenreihen beeinträchtigt.

6112 Heitsch, Mathematik

FSC
www.fsc.org
MIX
Papier | Fördert gute Waldnutzung
FSC® C083411

Kolibri 360 GmbH
Ferdinand-Jühlke-Straße 7
99095 Erfurt, Deutschland
produktsicherheit@kolibri360.de